本书获闽南师范大学教材建设立项资助

Experiment in Microbiology

微生物学实验

主　编　张丹凤

副主编　胡元庆

参　编（按姓氏笔画排序）

朱秋强　刘　剑　李媛媛

张国广　陈　凡　陈羡德

林志超　郑俊贤　黄家福

北京大学出版社

PEKING UNIVERSITY PRESS

内 容 简 介

本书分为基础微生物学实验和应用微生物学实验两篇。第一篇基础微生物学实验主要包括微生物形态观察，培养基的配制与灭菌，微生物分离、纯化和保藏，微生物的生长，微生物的遗传与育种，微生物分子生物学，免疫学技术，微生物分类及鉴定 8 章内容；第二篇应用微生物学实验主要包括农业微生物学，食品微生物学，微生物发酵工程，食用菌栽培 4 章内容。全书共包含实验 117 个和附录 12 个。

本书可作为综合性大学、师范院校和其他高等院校微生物学、生物科学、生物工程、食品科学、农业科学和环境科学等专业专科、本科学生及硕士、博士研究生的教材，也可作为从事微生物学及相关教学、研究、管理和生产等科技人员的参考用书。

图书在版编目 (CIP) 数据

微生物学实验 / 张丹凤主编 . —北京：北京大学出版社，2023.3
ISBN 978-7-301-33889-6

Ⅰ. ①微… Ⅱ. ①张… Ⅲ. ①微生物学—实验—高等学校—教材 Ⅳ. ① Q93-33

中国国家版本馆 CIP 数据核字（2023）第 057515 号

书　　　名	微生物学实验
	WEISHENGWUXUE SHIYAN
著作责任者	张丹凤　主编
策 划 编 辑	王显超
责 任 编 辑	王显超　李娉婷
标 准 书 号	ISBN 978-7-301-33889-6
出 版 发 行	北京大学出版社
地　　　址	北京市海淀区成府路 205 号　100871
网　　　址	http://www.pup.cn　新浪微博：@ 北京大学出版社
电 子 邮 箱	编辑部 pup6@pup.cn　总编室 zpup@pup.cn
电　　　话	邮购部 010-62752015　发行部 010-62750672　编辑部 010-62750667
印 刷 者	北京圣夫亚美印刷有限公司
经 销 者	新华书店
	787 毫米 × 1092 毫米　16 开本　20.75 印张　489 千字
	2023 年 3 月第 1 版　2023 年 3 月第 1 次印刷
定　　　价	58.00 元

前　言

微生物学是一门集理论性、实践性、前沿性于一体的基础学科。微生物学实验是微生物学教学的重要环节，也是高等学校生物科学及相关专业的核心课程。随着科学的发展，微生物学实验技术已广泛地融入现代生命科学的各个领域，并将持续发挥举足轻重的作用。本书不仅全面、系统地介绍微生物学基本实验技术，还将微生物学理论和技术应用到农业、发酵工程、食品工程等科学研究和生产实践中。

在微生物学实验学习中，采用案例教学法可以有意识地引导学生参与到教学活动中，以学生为主体，提升学生学习兴趣，锻炼他们的综合能力和创新能力，有助于党的二十大报告中提出的科教兴国战略的实施，有助于强化现代化建设人才支撑。本书选取的实验案例紧扣实验内容，与学生学习的微生物学知识紧密联系在一起，形成一个有机整体。同时考虑微生物学知识的具体应用，将与微生物学密切相关的生产实践案例引入教材，可以更好地贴近实际生活和生产，具有更强的针对性和应用性。除此之外，本书还把国内外相关人员的一些最新科研成果用于案例和实验项目的设置上，真正做到科研服务教学。这些都将有助于学生将理论知识、实验技能和案例三者紧密联系起来，启发学生对案例和微生物实际应用的判断和解读，使得本书的内容更加丰富、更加立体。

本书参编人员均为长期从事微生物学教学与科研工作的骨干教师，具有丰富的微生物学理论知识和实践经验，他们的辛勤工作才使得本书顺利出版。北京大学出版社为本书出版给予了大力支持和帮助。本书在编写过程中还参考了许多优秀微生物学工作者的文献。编者在此一并表示衷心的感谢！

由于编者水平和能力有限，本书难免存在不妥和错漏之处，恳请广大师生、同行和读者随时提出宝贵意见和建议，我们一定及时改正和补充。

编者
2022 年 5 月

目　　录

第一篇　基础微生物学实验

第二篇　应用微生物学实验

附　录

第一篇　基础微生物学实验

第1章　微生物形态观察

微生物由于个体微小，肉眼难以看清，因此需要借助显微镜才能观察到。在显微镜下，可对其形状、大小、排列方式以及细胞结构进行观察，并向人们展示精彩纷呈的另一个世界。但是由于细胞很小又透明，在显微镜下不易观察，所以必须对它们进行染色。经过染色，菌体与背景形成强烈的对比，这样就可以根据微生物形态结构上的不同来区别和鉴定微生物的种类。常用的可以使整个细胞染上颜色的染色方法有简单染色法和革兰氏染色法等，也有可对某一细胞结构进行染色的芽孢染色法、鞭毛染色法、荚膜染色法等。在这些染色法里都会用到不同的染色剂，可以分成碱性染色剂和酸性染色剂两类。碱性染色剂带正电荷，其阳离子部分为发色基团，可与细胞中带负电荷的组分结合。酸性染色剂带负电荷，其阴离子部分为发色基团，可与细胞中带正电荷的组分结合。常见的染色剂有番红、伊红、刚果红、孔雀绿、美蓝、结晶紫、石炭酸复红等。

实验 1-1　光学显微镜的使用

【案例】

老话说"病从口入"，为了不让孩子因为"小脏手"而生病，家长操碎了心。我们在日常生活中经常会听到："小手那么脏，赶紧去洗洗，应该让你们在显微镜下看看自己的小手有多少细菌。"我们可以把孩子的小手直接放在显微镜下观察吗？如果不能，怎么做才能利用显微镜观察孩子手上的细菌？有什么注意事项吗？

【实验目的】

（1）掌握显微镜的工作原理、基本结构及各结构的功能。

（2）掌握低倍镜、高倍镜、油镜的使用方法。

（3）掌握显微镜维护的基本知识。

（4）了解细菌、酵母菌、青霉菌在显微镜下的基本形态特征。

【基本原理】

显微镜是人类伟大的发明。1676 年，列文·虎克（Leeuwenhoek）在人类历史上首次自制了单式显微镜，观察到了不同形态的微生物，使人们第一次看清楚了微生物。1873 年，德国物理学家、光学家恩斯特·阿贝（Ernst Abbe）提出了显微镜衍射成像理论，并提出显微镜分辨率的概念和分辨率是有限的结论；后来他还发明了油浸物镜（油镜），用于提高物镜与标本间介质的折射率，设计出了阿贝式聚光器，显著地提高了显微镜的分辨率。随着科技的发展，相差（Phase contrast）、暗视（Dark field）和荧光（Fluorescence）等新附件的出现，极大地促进了微生物的形态、结构和分类等的研究。光学显微镜的诞生，将肉眼的分辨率提高到微米（μm）级水平，目前常用的光学显微镜有生物显微镜、相差显微镜、暗视野显微镜、体视显微镜、荧光显微镜、偏光显微镜、倒置显微镜等。

现代普通光学显微镜结构是由机械系统和光学系统两部分组成（图 1-1）。

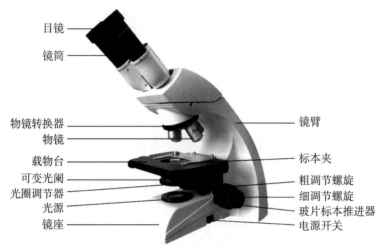

图 1-1　光学显微镜结构图

1. 机械系统部分

（1）镜座。镜座是显微镜的底座，用来支撑和稳定整个显微镜。

（2）镜臂。镜臂是移动显微镜时手握的部位，也是显微镜的基本骨架，同样具有支撑和稳定显微镜的作用。

（3）镜筒。连接在镜臂的前上方，镜筒上端有目镜，下端有物镜转换器和物镜，镜筒倾斜 45°。

（4）物镜转换器。连接于镜臂的下方，是安装物镜的部位，可自由转动调换不同倍数的物镜。

（5）载物台。在物镜的下方，用来放置玻片标本，中央有一个通光孔，载物台上有一个标本片夹，用以夹住玻片标本；载物台下方装有玻片标本推进器，可使玻片标本作前后、左右不同方向的移动。

（6）调焦装置。调焦装置有大螺旋和小螺旋两种螺旋，转动螺旋时使镜台作上下两个方向的移动，其中大螺旋称为粗调节螺旋，转动时可使载物台作大幅度地升降，可以迅速找到物像；小螺旋称为细调节螺旋，转动时可使载物台缓慢地升降，可以得到更清晰的物像。

2. 光学系统部分

（1）目镜。装在镜筒的上端，一般有 1～2 个目镜，上面刻有 5×、10×、15× 不同符号，表示其不同的放大倍数，一般常用的是 10× 的目镜。

（2）物镜。装在物镜转换器下，一般有 3～4 个物镜，上面刻有 10×、40× 和 100× 不同符号，表示其不同的放大倍数。其中 10× 的为低倍镜，镜头最短；40× 的为高倍镜，镜头比较长；100× 的为油镜，镜头最长。显微镜的放大倍数是目镜的放大倍数和物镜的放大倍数的乘积，如目镜为 10×，物镜为 40×，其放大倍数为 10×40=400。

（3）聚光器。位于载物台下方，由聚光镜和虹彩光圈组成，可通过聚光器升降调节手轮升降聚光器，它的作用是把光线集中到所要观察的标本上，调节视野中光的亮度。在聚光镜的下方安装有虹彩光圈，它由十几张金属薄片组成，推动光圈调节器调节光的强弱。

【材料与器皿】

1. 试剂

香柏油、镜头清洗液（$V_{无水乙醇}$：$V_{乙醚}$=70：30）。

2. 器皿和其他用品

擦镜纸、细菌标本、酵母菌标本、青霉菌标本、显微镜。

【实验方法】

1. 低倍镜观察

（1）安放显微镜。一手握住镜臂，一手托住镜座，不可以单手拿取显微镜，直立、平稳地取出显微镜放在实验台上，镜座距实验台边沿 3～5 cm。

（2）打开电源。接通电源，打开主开关，调节光亮度，将低倍镜转到镜筒下方，转动粗调节螺旋，使物镜与载物台距离约 1 cm。上升聚光镜，开大虹彩光圈，从目镜中观察，根据视野的亮度和标本明暗对比度来调节光圈大小，直到视野内得到均匀明亮的照明为止。

（3）放置标本。下降载物台至最低处，把待检的标本固定在载物台的标本夹中，移动载物台的纵向、横向移动手轮，使观察的标本处在物镜正下方。

（4）调节焦距。转动粗调节螺旋，逐渐下降物镜至视野内看见模糊物像，再转动细调节螺旋至物像清晰为止，并将最好的观察部位移至视野正中央。

2. 高倍镜观察

（1）转换镜头。在低倍镜下观察至清晰物像后，通过物镜转换器将高倍镜（40×）转至镜筒下方。转换镜头时，手不能直接触碰镜头，并且应从侧向观察，防止高倍镜与标本相碰，从而损坏标本和镜头。用目镜观察并调节光圈，调至光线明亮。

（2）高倍镜观察。微转动细调节螺旋，调焦至物像清晰为止。

3. 油镜观察

（1）滴加香柏油。在高倍镜下找到清晰的物像后，用粗调节螺旋提起镜筒，拿出标本，在标本中央滴 1 滴香柏油，并小心地将标本放入载物台上。

（2）转换镜头。将油镜（100×）转至镜筒下方。

（3）下降油镜。通过粗调节螺旋慢慢下降镜筒，从侧面观察使油镜浸入香柏油中，由于油镜工作距离较短，几乎与标本相碰，因此整个过程要缓慢，不能用力过猛，也不能将油镜压在标本上。

（4）调节亮度。从目镜内观察，进一步调节光线，使光线明亮、视野清晰。

（5）调节焦距。用粗调节螺旋缓慢地上升镜筒，直到看见模糊的物像，然后用细调节螺旋调节焦距至看清物像为止。如果油镜已离开香柏油但还未见到物像，必须再从侧面观察，将镜筒降下，重复上述操作至看见清晰的物像为止。

4.显微镜的维护

（1）取走标本。使用完毕后，上升镜筒，镜头离开通光孔，将所观察的标本取走，用擦镜纸擦去标本上的香柏油，再用擦镜纸蘸少许镜头清洗液擦拭，最后用一张干净的擦镜纸擦拭。

（2）显微镜清洁。用擦镜纸擦去油镜上的香柏油，紧接着用擦镜纸蘸少许镜头清洗液擦去油镜上残留的香柏油，最后用干净的擦镜纸擦净镜头。用擦镜纸清洁目镜及其他物镜，机械部分可以用布擦拭。

（3）显微镜整理。将显微镜各部分还原，转动物镜转换器，使物镜不与载物台通光孔相对，而是呈八字形；将照明强度调至最小，关闭电源，拔下电源插座；将载物台下降至最低位置，降下聚光器，光圈调节器回位；检查各部位没有损坏后，将显微镜盖上防尘罩后放入镜箱，归于原位放好。

【实验结果】

（1）绘制观察到的细菌和酵母菌的形态。

（2）绘制观察到的青霉菌分生孢子器形态特征并标上各部位的名称。

【注意事项】

（1）放置玻片标本的时候，要注意对准通光孔的中央，且不能反方向放置，防止与物镜相碰导致压坏玻片。

（2）进行任何显微观察时，必须先用低倍镜进行观察，看见物像后，再用高倍镜和油镜进行观察。

（3）使用高倍镜时，不得使用粗调节螺旋，转动调焦螺旋不要用力过猛，以防损坏显微镜。

（4）观察时注意双目齐睁，绘图时一只眼睛观察视野中的物像，另一只眼睛看着手里画出来的图像。

（5）使用完毕后，镜头要及时进行维护，特别是油镜。香柏油具有一定黏性且不溶于水，因此，如果使用完毕后不及时清洗，香柏油会黏附在镜头上，风干后镜头就变得模糊不清，甚至会导致报废。

实验 1-2　简单染色法

【案例】

有位同学利用结晶紫对大肠杆菌进行简单染色，观察时发现玻片上除了有紫色杆状的大肠杆菌，还有一些大的紫色结晶和紫色椭圆形比细菌大的生物体，这些生物体可能是什么呢？应采取什么措施解决这些生物体？

【实验目的】

（1）掌握微生物制片技术。

（2）掌握细菌简单染色法的基本原理。

（3）观察并比较不同细菌菌体形态和排列方式。

【基本原理】

简单染色法是采用单一染色剂对菌体进行染色，常用的染色剂有美蓝、石炭酸复红、结晶紫等碱性染色剂。染色的时长根据不同染色剂而有所不同，美蓝为 1～2 min，石炭酸复红约为 1 min，结晶紫约为 1 min。经过简单染色，载玻片上的细菌被染上颜色，使得菌体与背景形成鲜明的反差，便于观察菌体。因此，简单染色法适用于观察细菌的形态和排列方式。

细菌进行制片时必须进行固定，主要目的有 3 个：一是杀死细菌细胞，固定细胞形态；二是使细菌更加牢固地黏附在载玻片上，不容易被染色剂和水冲走；三是增加细菌对染色剂的通透性，增强染色效果。一般采用加热进行固定，但是加热固定要注意：加热固定温度不宜太高，避免破坏细菌原有形态，导致细胞收缩或膨胀；加热固定时间不宜太长，避免细菌碳化。

【材料与器皿】

1. 菌种

大肠杆菌（*Escherichia coli*）、金黄色葡萄球菌（*Staphylococcus aureus*）、乳酸链球菌（*Streptococcus lactis*）。

2. 试剂

草酸铵结晶紫染色剂、香柏油、镜头清洗液（$V_{无水乙醇}：V_{乙醚}=70：30$）、无菌水。

草酸铵结晶紫染色液配制方法：溶液 A（结晶紫 2.0 g 溶于 20 mL 95% 乙醇）和溶液 B（草酸铵 0.8 g 溶于 80 mL 蒸馏水）混合，滤纸过滤后即可使用。

3. 器皿和其他用品

擦镜纸、光学显微镜、载玻片、酒精灯、打火机、超净工作台、洗瓶、接种环、滤纸、记号笔、木夹子、吸水纸等。

【实验方法】

简单染色法的染色过程如图 1-2 所示。

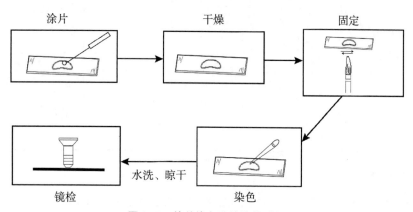

图 1-2　简单染色法的染色过程

1. 涂片

在一块干净的载玻片中央滴加一小滴无菌水，接种环在酒精灯上灼烧灭菌后，挑取少量菌种与载玻片上的水滴混匀成菌悬液，并涂布成均匀薄层。

2. 干燥

在室温下让涂片自然干燥。

3. 固定

用木夹子夹住载玻片的一端，载玻片在酒精灯外焰快速地通过 2～3 次，并以载玻片背面不觉烫手为宜，放置冷却后进行染色。

4. 染色

在菌膜上滴加染色液覆盖菌膜，染色 1 min。

5. 水洗

将载玻片倾斜，倾去染液，用洗瓶将多余的染色剂洗掉，不要对准菌膜进行冲洗，直至流下的水呈无色。

6. 晾干

用吸水纸吸去菌膜周围的水分，置室温下自然干燥。

7. 镜检

盖上盖玻片，用光学显微镜观察细菌形态和排列方式。

【实验结果】

（1）描述大肠杆菌、金黄色葡萄球菌、乳酸链球菌的形态和排列方式，并填入表 1-1。

（2）在表 1-1 中绘制光学显微镜下观察到的大肠杆菌、金黄色葡萄球菌、乳酸链球菌的形态图。

表 1-1　细菌简单染色结果

细菌	菌体形态	菌体排列方式	菌体形态图
大肠杆菌			○
金黄色葡萄球菌			○
乳酸链球菌			○

【注意事项】

（1）载玻片一定要干净无油渍，滴加无菌水时不要过多，避免干燥时间太长，但也不能过少，导致菌体涂不开。

（2）接种环挑取菌体一定不要过多，涂片时量应少而薄，尽量涂均匀，动作要轻柔，不要反复涂布，防止菌体变形或改变菌体细胞原有的排列方式。

（3）用水冲洗染色液时，不能对着菌膜直冲，而应倾斜载玻片，使水从手持载玻片的一端向另一端缓缓流下，水流不宜太急、太大，防止菌体被冲走。

（4）加染色液时只需要将涂布的位置覆盖住就可以了，不要担心染不上颜色而添加太多染色液，导致染色液流出载玻片，污染环境。

实验 1-3　革兰氏染色法

【案例】

革兰氏染色法不仅可以鉴定真细菌，还可以用于鉴定古菌、真菌、蓝细菌等。但是，如果对未知菌的革兰氏染色结果没有十分的把握，应如何判断染色结果的正确性与可靠性？有什么解决方案吗？

【实验目的】

（1）掌握革兰氏染色法的基本原理。

（2）掌握革兰氏染色的方法和操作步骤。

（3）巩固显微镜操作技术和无菌操作技术。

【基本原理】

革兰氏染色（Gram staining）是以丹麦医生汉斯·克里斯蒂安·革兰（Hans Christian Gram）的名字命名的。在对肺炎患者的肺部组织进行检查时，他发现某些细菌对特定染色剂具有很高的亲和力。因此，他首先采用草酸铵结晶紫染液进行初染，其次用卢戈氏碘液媒染，最后用乙醇脱色，发现肺炎球菌保持紫色，肺部组织背景为浅黄色，从而将细菌与被感染的肺部组织区分开来。后来，德国病理学家卡尔·魏格特（Carl Weigert）在革兰氏染色法的基础上加上番红复染，使其成为微生物学研究领域最常用、最重要的染色方法之一。它可将细菌分为革兰氏阴性菌（G⁻）和革兰氏阳性菌（G⁺）两类，这主要是由于这两种细菌的细胞壁成分和结构不同所引起的。

革兰氏染色的主要过程包括：首先，利用草酸铵结晶紫初染，菌体都染上紫色；其次，用碘液进行媒染，碘与结晶紫形成碘-结晶紫大分子复合物，被阻滞在细胞膜内；最后，用95%乙醇进行脱色，由于革兰氏阳性菌的细胞壁厚，肽聚糖含量高且交联度高，当遇乙醇脱色时，反而会因为失水而使肽聚糖网缩小，再加上细胞壁上脂质含量低，乙醇处理不会使细胞壁出现缝隙，因此碘-结晶紫大分子复合物仍被阻留在细胞壁内，菌体保持原有的紫色，但是革兰氏阴性菌细胞壁薄，肽聚糖含量低且交联度低，细胞壁脂质含量高，当遇乙醇进行脱色时，脂质发生溶解，细胞壁通透性增加，使得薄而松散的肽聚糖网不能阻挡碘-结晶紫大分子复合物的溶出，菌体脱色为无色，再用复染剂（如番红）染色后变为复染剂的颜色（红色）。

【材料与器皿】

1. 菌种

大肠杆菌（*Escherichia coli*）、金黄色葡萄球菌（*Staphylococcus aureus*）。

2. 试剂

草酸铵结晶紫染液、碘液、番红染液、95%乙醇、香柏油、镜头清洗液（$V_{无水乙醇} : V_{乙醚} = 70:30$）、无菌水。

3. 器皿和其他用品

酒精灯、洗瓶、载玻片、盖玻片、木质试管夹、接种环、吸水纸、擦镜纸、滤纸、超净工作台、显微镜等。

【实验方法】

1. 制片

取 1 滴无菌水滴在一干净的载玻片中央，按无菌操作用，接种环挑取少量的对数期菌体，与无菌水充分混匀，涂薄且均匀。涂片在空气中干燥后，用木质试管夹夹住载玻片一端，有菌膜一面向上，快速通过酒精灯外焰 3 次，使菌膜更好地固定在载玻片上。

2. 初染

滴加草酸铵结晶紫染液覆盖菌膜部位，染色 1～2 min 后倾去染液，以白色为背景，用木质试管夹夹住载玻片的一端，洗瓶对着载玻片上端让蒸馏水从上往下自然、缓慢地流下来，水洗至流出的水为无色，切忌对着菌膜进行冲洗。

3. 媒染

用碘液冲去载玻片上残留水迹，再用碘液媒染 1 min 后倾去碘液，水洗至流出的水为无色。

4. 脱色

倾斜载玻片，在白色背景下用滴管流加 95% 乙醇脱色 20～30 s，直至流出的乙醇为无色，立即水洗。

5. 复染

将载玻片上残留水用吸水纸吸去，用番红染液复染色 2 min，水洗，吸水纸吸去残留水并晾干。

6. 镜检

盖上盖玻片，先用低倍镜，再用高倍镜，最后用油镜进行观察，判断革兰氏染色结果，被染成紫色的是革兰氏阳性菌，被染成红色的是革兰氏阴性菌。

【实验结果】

（1）绘制油镜下观察的菌体图像。

（2）把革兰氏染色结果填入表 1-2。

表 1-2　革兰氏染色结果

细菌	菌体颜色	菌体形态	结果判定
大肠杆菌			
金黄色葡萄球菌			

【注意事项】

（1）使用对数期菌体进行革兰氏染色，这个阶段的菌体形态、生理特性一致，染色效果好，如果处于衰亡期，菌体呈现多形态。

（2）取菌不要太多，涂片要均匀，局部不宜过厚，以免脱色不完全造成假阳性。

（3）乙醇脱色是革兰氏染色成败的关键，应认真掌握好脱色时间，一般脱色时间为 20～30 s，脱色不充分会造成假阳性，脱色过度会造成假阴性。

实验 1-4　鞭毛染色法

【案例】

1983 年，马歇尔（Marshall）和沃伦（Warren）首次从人的胃黏膜活检标本中发现并分离出幽门螺杆菌（*Helicobacter pylori*），它是公共卫生最常见的病原菌之一，也是慢性 B 型胃炎和消化性溃疡的重要致病因子。幽门螺杆菌为单端丛生鞭毛，在致病机制中起着关键定植作用。鞭毛动力强的菌株致病力强，鞭毛动力弱的菌株致病力弱。赖夫生（Leifson）鞭毛染色法在胃活检标本幽门螺杆菌的诊断中具有高效、灵敏和成本低等优点。与组织学检查、快速尿素酶试验和细菌培养等方法比较，鞭毛染色法具有哪些优点？具有哪些实际应用价值？

【实验目的】

（1）掌握细菌鞭毛染色的原理。

（2）掌握细菌鞭毛染色的方法。

（3）观察并比较不同细菌鞭毛的差异。

【基本原理】

鞭毛是某些细菌表面的长丝状、波曲的蛋白质附属物，具有运动功能。鞭毛很细，直径为 $0.01\sim0.02\ \mu m$，通常只能用电子显微镜进行观察。但是通过特殊的鞭毛染色可将染色剂沉积到鞭毛表面上使鞭毛加粗，加粗的鞭毛能在普通光学显微镜下进行观察。鞭毛染色方法很多，基本原理都是在染色前采用不稳定的胶体溶液作为媒染剂处理菌体，让其沉积在鞭毛上，使鞭毛加粗，然后再进行染色。常用的鞭毛染色方法有两种：一种是硝酸银染色法，效果比较好；一种是 Leifson 染色法。鞭毛染色法主要用于观察菌体上鞭毛的有无、数量和着生位置，这些都可以作为菌种分类鉴定的依据。

【材料与器皿】

1. 菌种

铜绿假单胞菌（*Pseudomonas aeruginosa*）、普通变形杆菌（*Proteus vulgaris*）。

2. 试剂

（1）硝酸银染色液。

A 液：取 5.0 g 丹宁酸和 1.5 g 氯化铁，用蒸馏水溶解后，加入 1 mL 1% 氢氧化钠溶液和 2 mL 15% 甲醛溶液，最后用蒸馏水定容至 100 mL。

B 液：取 2.0 g 硝酸银，用蒸馏水溶解后定容至 100 mL。取出 10 mL B 液保留起来做回滴用；往 90 mL B 液中滴加浓氢氧化铵溶液，如果出现大量沉淀继续滴加浓氢氧化铵溶液，直至溶液中沉淀刚消失变澄清为止；接下来用保留的 10 mL B 液缓慢地逐滴加入，直到出现轻微和稳定的薄雾为止。该步骤非常重要，一定要格外小心，注意要边滴加边充分摇动。由于配好的染色液在 4 h 内使用效果最佳，所以最好现配现用。

（2）赖夫生染色液。

A 液：取 1.5 g 氯化钠，蒸馏水定容至 100 mL。

B 液：取 3.0 g 丹宁酸，蒸馏水定容至 100 mL。

C 液：取 1.2 g 碱性复红，用 95% 乙酸定容至 200 mL。

这3种母液可以放在4 ℃冰箱保存几个月。取等量的上述3种母液充分混匀，滤纸过滤后放入试剂瓶中盖紧，立即使用。

（3）其他试剂。碱性复红、95%乙醇、无菌水、蒸馏水、香柏油、镜头清洗液。

3. 器皿和其他用品

接种环、载玻片、酒精灯、吸管、洗瓶、吸水纸、擦镜纸、光学显微镜、超净工作台、记号笔、木夹子、滤纸、不锈钢载玻片架、镊子等。

【实验方法】

1. 硝酸银染色法

（1）载玻片清洗。选择新的、光滑无划痕的载玻片，浸泡于洗衣粉过滤液中（洗衣粉煮沸后用滤纸过滤），注意载玻片不要相互重叠，可以将载玻片置于专用的不锈钢载玻片架上，煮沸20 min，冷却后取出来用自来水冲洗干净、晾干，紧接着浸泡于95%乙醇溶液中至少24 h。

（2）菌种培养和菌液制备。用于染色的细菌在染色前，先在营养琼脂培养基连续传代活化4～5代，每代培养18～22 h，提高细菌的活性。将3～5 mL经预热到温度与菌种培养温度相同的无菌水缓慢地倒入斜面培养物中，在恒温培养箱中静置10～20 min，不要摇动试管，让没有鞭毛的老菌体下沉，而具有鞭毛的菌体在水中松开鞭毛并自行扩散，形成菌悬液。

（3）涂片。从95%乙醇中取出载玻片，在酒精灯火焰上灼烧一下，烧去乙醇，然后离开火焰。用吸管吸取上层的菌液滴到洁净的载玻片一端，稍稍倾斜载玻片，使菌液缓慢地流向另一端，用吸水纸吸去多余的菌悬液，在空气中自然干燥。

（4）染色。滴加A液覆盖菌膜，染色3～5 min，用蒸馏水轻轻地洗去A液。用B液冲洗残留水分后，再加B液覆盖菌膜，用酒精灯微火加热至有蒸汽冒出，维持数秒至1 min，加热时注意及时补充B液防止蒸干。如果菌膜上出现明显褐色，马上用蒸馏水冲洗，自然干燥。

（5）镜检。先用低倍镜，再用高倍镜，最后用油镜进行观察，多找一些视野进行观察就能看到细菌的鞭毛。

2. 赖夫生染色法

（1）菌液制备。菌液制备方法与硝酸银染色法一样。

（2）制片。载玻片准备与制片方法和硝酸银染色法一样，制片后用记号笔在载玻片背面将有菌区域划分成4个大小相等的区域。

（3）染色。滴加赖夫生染色液覆盖载玻片第一区，间隔数分钟后滴加染色液覆盖第二区，以此类推至第四区，其目的是确定最合适的染色时间，一般染色时间大约需要10 min。染色过程中注意观察，当第一区和第二区载玻片出现很细的铁锈沉淀，染色剂表面出现金色膜时，倾去染色液，立即用蒸馏水缓慢冲去染色液，自然干燥。

（4）镜检。用油镜观察菌体和鞭毛，注意观察鞭毛数量和着生方式。

【实验结果】

（1）将显微镜下观察到的鞭毛着生方式和鞭毛数量填入表1-3。

（2）绘制鞭毛菌体形态于表1-3中，并注明各部分名称。

表 1-3　细菌鞭毛染色结果

细菌	鞭毛着生方式	鞭毛数量	鞭毛菌体形态
铜绿假单胞菌			◯
普通变形杆菌			◯

【注意事项】

（1）鞭毛染色受菌龄的影响，幼龄菌鞭毛运动能力强，老龄菌鞭毛易脱落，导致观察不到鞭毛，所以要尽量选取对数生长期的菌种进行鞭毛染色。

（2）载玻片的清洁度是鞭毛染色的关键条件，因此一定要保证载玻片清洁、光滑、无油渍，否则菌液不能自由散开，造成菌体堆叠，鞭毛相互纠缠在一起，影响鞭毛的运动，不利于观察。

（3）鞭毛很细、很容易脱落，涂片的时候应将细菌轻轻加在载玻片上，整个操作过程要温柔、仔细、小心，防止鞭毛脱落。

（4）硝酸银染色法比较容易操作，但是染色剂必须现配现用，不能存放时间太长。但是，赖夫生染色法鞭毛最佳染色时间是本实验能否成功的关键，所以需要慎重操作。

实验 1-5　荚膜染色法

【案例】

肺炎双球菌是一种革兰氏阳性双球菌，能引起肺炎、中耳炎、菌血症、脑膜炎等疾病，致死率极高，儿童感染此菌的死亡率高达 40%。肺炎双球菌表面的荚膜与其致病性高度相关，在荚膜染色之前，需要将肺炎双球菌在小鼠体内连续传代，这是为什么呢？在配制感染小鼠的菌液时，为什么需要掌握菌液剂量和感染时间？

【实验目的】

（1）掌握荚膜染色法的原理和意义。

（2）掌握荚膜染色法的操作方法。

【基本原理】

荚膜是某些细菌细胞壁外的一层透明黏液状或胶质状物质，其主要成分为多糖，少数成分为蛋白质、多肽、多糖与多肽的复合物。荚膜的折光率低，与染色剂的亲和力弱，不易着色，并且荚膜可溶于水，用水冲洗时易被除去，因此荚膜染色比较困难。

一般采用负染色法观察荚膜，常用碳素墨水等进行负染色，菌体和（或）背景染色，但荚膜不着色，所以荚膜在菌体周围呈一圈浅色或无色的区域。或者采用特殊的荚膜染色法——硫酸铜（Copper sulfate）染色法，在显微镜下可清楚地观察到荚膜。

硫酸铜染色法以结晶紫作为初染剂，滴加在未经加热固定的菌膜上，菌体和荚膜均被染成深蓝紫色，但是由于荚膜为非离子型，初染剂只能微弱地附着于荚膜上。用 20% 硫酸铜溶液作为脱色剂，由于荚膜物质水溶性高，硫酸铜可除去微弱附着于荚膜上的初染剂，但硫酸铜无法除去与细胞壁结合的染色剂。这时硫酸铜作为复染剂，使已脱色的荚膜被染成浅蓝色或接近于灰白色，而菌体仍为深蓝紫色，从而将荚膜与菌体区分开来。

【材料与器皿】

1. 菌种

肠膜状明串珠菌（*Leuconostoc mesenteroides*）。

2. 试剂

1% 结晶紫染色液、20% 硫酸铜溶液、墨汁、1% 甲基紫水溶液、甲醇、95% 乙醇、6% 葡萄糖溶液、香柏油、镜头清洗液。

3. 器皿和其他用品

载玻片、盖玻片、记号笔、接种环、擦镜纸、显微镜、吸水纸、超净工作台等。

【实验方法】

1. 墨汁负染色法

（1）载玻片清洗。用 95% 乙醇清洗载玻片，彻底去除载玻片上的杂质和油渍。

（2）制片。在载玻片一端滴加 1 滴 6% 葡萄糖溶液，从试管斜面取少量菌体与其混匀，再取 1 环墨汁与其充分混匀。另取一块边缘光滑的载玻片作为推片，将推片一端的边缘置于混合液前方，然后稍向后拉与混合液接触，轻轻左右移动使混合液沿推片散开，随后以约 30° 角度迅速将混合液向载玻片另一端推动，使混合液在载玻片上铺成薄层，在空气中自然干燥形成菌膜。

（3）固定。滴加甲醇覆盖菌膜，固定 1 min 后倾去甲醇，在空气中自然干燥。

（4）染色。滴加 1% 甲基紫水溶液染色 1～2 min，用自来水轻轻冲洗至流出来的水为无色后，在空气中自然干燥。

（5）镜检。用高倍镜或油镜进行观察，背景为灰色，菌体为紫色，在菌体周围呈现清晰透明的荚膜。

2. 硫酸铜染色法

（1）制片。按常规方法取菌体涂片，在空气中自然干燥。

（2）染色。用 1% 结晶紫染色液染色 2 min。

（3）脱色。用 20% 硫酸铜溶液冲洗脱色，再用蒸馏水冲洗 1 次，用吸水纸吸干残液，在空气中自然干燥。

（4）镜检。在低倍镜下先观察到有荚膜的菌体细胞，再转换成高倍镜、油镜进行观察，荚膜为浅蓝色或接近于灰白色，菌体为深蓝紫色。

【实验结果】

描述菌体和荚膜的颜色，将显微镜下观察到的菌体、荚膜形态绘于表 1-4 中，并注明各部分名称。

表 1-4　肠膜状明串珠菌荚膜染色结果

染色方法	菌体颜色	荚膜颜色	菌体、荚膜形态
墨汁负染色法			○
硫酸铜染色法			○

【注意事项】

（1）荚膜含水量在 90% 以上，易变形，在制片过程中不宜采用加热固定的方法，以免荚膜皱缩变形，同时也要避免激烈的冲洗。

（2）用墨汁进行负染色时，应注意墨汁中不能有粗大的颗粒，否则影响观察结果；可以用 5% 黑色素水溶液代替墨汁进行负染色，染色效果好，染色后背景为黑褐色，荚膜为无色。

实验 1-6　芽孢染色法

【案例】

某科研人员从土壤里分离出一株对热具有较强抗性、产芽孢的细菌，但是通过普通加热方式促进染色，并没有得到很好的染色效果。除了通过加热的方法，还可以通过什么方法提高染色效果呢？

【实验目的】

（1）掌握芽孢染色法的基本原理和操作步骤。

（2）了解枯草芽孢杆菌及其芽孢的形态特征。

【基本原理】

某些细菌在其生长发育后期或环境中营养物缺乏时，细胞生长停止，在细胞内形成一个圆形或椭圆形、厚壁、含水量低、抗逆性强的休眠体，这就是芽孢。细菌是否能够形成芽孢以及芽孢的形状、大小、着生位置等特征可作为细菌分类、鉴定的重要指标之一。芽孢的结构较为复杂，具有多层结构，包括孢外壁、芽孢衣、皮层和核心 4 个结构层次。孢外壁主要含脂蛋白，芽孢衣主要含疏水性角蛋白，核心高度失水，这些都造成染色剂的通透性差、不易着色，但一旦被染上颜色后又难以脱色。因此，根据菌体和芽孢对染色剂的亲合力不同，可以采用特殊的芽孢染色法，比如用孔雀绿或碱性品红等弱碱性染色剂，在加热情况下，这些染色剂进入菌体和芽孢，进入菌体的染色剂水洗后可被脱色，但是进入芽孢的染色剂难以被水洗脱色，因此再利用对比度大的复染液（如番红）或衬托溶液（如黑色素溶液）进行处理，菌体和芽孢的颜色不同，易于区分，在显微镜下芽孢表现为折光性很强的小体。

【材料与器皿】

1. 菌种

苏云金芽孢杆菌（*Bacillus thuringiensis*）。

2. 试剂

（1）5% 孔雀绿溶液。称取 5.0 g 孔雀绿溶于蒸馏水中，定容至 100 mL。

（2）0.5% 番红溶液。称取 0.5 g 番红溶于少量的 95% 乙醇中，用蒸馏水定容至 100 mL。

（3）石碳酸复红染色液。A 液：0.3 g 碱性复红溶于 10 mL 95% 乙醇中；B 液：5.0 g 石炭酸溶于 95 mL 蒸馏水中；再将 A、B 两液混合，滤纸过滤即可。

（4）黑色素溶液。称取 10.0 g 水溶性黑色素溶于 100 mL 蒸馏水中，放入热水浴中加热 30 min，滤纸过滤 2 遍，定容到 100 mL，加入 0.5 mL 甲醛，混匀备用。

（5）其他试剂。香柏油、镜头清洗液。

3. 器皿和其他用品

酒精灯、三角瓶、接种环、载玻片、盖玻片、擦镜纸、显微镜、吸水纸、木夹子、滴管、试管、超净工作台等。

【实验方法】

1. 孔雀绿芽孢染色法

（1）制片。采用常规方法将稳定期的待检细菌制成涂片，自然晾干后在酒精灯火焰上通过 2～3 次加热固定。

（2）染色。滴加 5% 孔雀绿溶液覆盖菌膜，用木夹子夹住载玻片，在酒精灯火焰上加热至染液冒蒸汽时，开始计时 4～5 min，注意一定不能使染液沸腾或蒸干，必要时可添加染色液。

（3）水洗。倾去染液，待载玻片冷却后，用水轻轻地冲洗，直至流出的水为无色为止。

（4）复染。用 0.5% 番红溶液复染 1 min，水洗、晾干。

（5）镜检。在油镜下观察，芽孢呈绿色，菌体呈红色。

2. 碱性复红染色法

（1）制作菌悬液。取两支干净的试管，分别加入 0.2 mL 无菌水和 1 接种环的菌苔，振荡混合成浓厚的菌悬液。

（2）染色。加入 0.2 mL 石炭酸复红染色液至菌悬液中，充分混匀后，放入热水浴中加热 3～5 min。

（3）制片。取上述混合液 2～3 环，滴至洁净的载玻片上，涂片、自然晾干。

（4）脱色。将载玻片倾斜，用 95% 乙醇脱色至无红色液体流出为止。

（5）水洗。用蒸馏水冲洗，吸水纸吸干。

（6）复染。取黑色素溶液于菌膜处，立即涂开、涂薄，自然干燥。

（7）观察。用油镜观察，在淡紫灰色背景衬托下，菌体为白色，芽孢为红色。

【实验结果】

（1）描述芽孢染色后菌体、芽孢的形态和颜色以及芽孢的着生位置并填入表 1-5。

（2）绘制在显微镜下观察到的菌体和芽孢图。

表 1-5 芽孢染色结果

染色方法	菌体形态、颜色	芽孢形态、颜色、着生位置	显微镜观察
孔雀绿芽孢染色法			◯
碱性复红染色法			◯

【注意事项】

（1）选用适当菌龄的菌种，延滞期和对数生长期的细菌尚未形成芽孢，衰亡期的芽孢囊已破裂，稳定期的温度、pH、营养条件等都适宜产生芽孢。

（2）加热染色时，必须维持在微微冒蒸汽的状态，加热沸腾会导致菌体或芽孢囊破裂，加热不充分芽孢难以着色。

（3）脱色前，需要等待载玻片冷却后再用蒸馏水冲洗，否则骤然用冷水冲洗会导致载玻片破裂。

实验 1-7 放线菌的观察

【案例】

放线菌是一类重要的微生物，与人类的生活和生产密切相关。大约 70% 的抗生素和大量的免疫抑制剂、抗恶性细胞增殖、杀虫剂、酶制剂、有机酸等有益代谢产物都是由放线菌产生，因此对放线菌进行系统学研究、解析菌种之间的相互关系显得十分必要。从方法学的角度来讲，形态学方法主要根据基内菌丝和气生菌丝的有无和颜色差别，孢子丝的有无、形状及表面结构等形态学特征来对放线菌的各个类群进行区分。除了根据放线菌形态学特征进行系统学研究之外，还可以用什么方法进行研究？今后系统学研究的发展趋势是什么？

【实验目的】

（1）掌握放线菌形态观察的方法。

（2）了解放线菌的个体形态特征。

【基本原理】

放线菌（*Actinomycete*）是一类主要呈菌丝状生长、以孢子繁殖、陆生性很强的革兰氏阳性原核生物。放线菌的种类很多，菌丝一般无隔膜、分枝、呈现多核的单细胞状态，菌丝直径与细菌相似。根据菌丝的形态和功能，放线菌可分为以下几种。①基内菌丝（或者营养菌丝）：伸入培养基内层向四处扩展，形成大量色淡、较细的，具有吸收营养物质和排泄代谢废物的菌丝。②气生菌丝：当基内菌丝体发育到一定时期，长出培养基并伸向空中方向，分化出颜色较深、较粗的分枝菌丝，它叠生于营养菌丝之上，覆盖整个菌落表面。在油镜下观察，气生菌丝在上层、颜色较暗，基内菌丝在下层、较透明。③孢子丝：当气生菌丝成熟时，分化成孢子丝，通过横割分裂的方式产生成串的分生孢子。孢子丝的形态多样，有直、螺旋状、轮生、波曲、钩状等不同形态。孢子丝中的分生孢子也具有多种形态，有球形、椭圆形、杆状或柱状等，并且颜色丰富多彩，因此放线菌正面观的菌落表现出特定的颜色，可作为放线菌分类鉴定的重要依据之一。

为了了解放线菌的形态特征，可以通过以下几种方法进行观察。①印片法：将要观察的放线菌菌落或菌苔先印压在载玻片上，经染色后，主要用于观察孢子丝的形态、孢子的排列及其形状等，该方法简便。②插片法：将放线菌接种在琼脂平板上，插上灭菌盖玻片后培养，使放线菌菌丝沿着培养基表面与盖玻片的交接处生长而附着在盖玻片上。观察时，轻轻取出盖玻片，置于载玻片上，可以直接在显微镜下观察到放线菌自然生长状态下的特征，还可用于观察不同生长时期的形态特征。③搭片法：用无菌接种刀在凝固后的琼脂平板培养基上开槽，将菌种接种至槽口边缘，在接种后的槽面上放无菌盖玻片，培养后轻轻取出盖玻片观察。④玻璃纸法：玻璃纸具有半透膜性质，将灭菌的玻璃纸覆盖在琼脂平板表面，然后将放线菌接种于玻璃纸上，放线菌在玻璃纸上生长形成菌苔，揭下玻璃纸，固定在载玻片上直接镜检，可用于观察放线菌的自然生长状态和不同生长时期的形态特征。

放线菌观察法中的插片法和搭片法如图1-3所示。

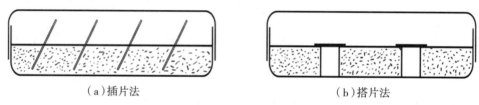

(a) 插片法　　　　　　　　　(b) 搭片法

图 1-3　放线菌观察法

【材料与器皿】

1. 菌种

细黄链霉菌（*Streptomyces microflavus*）、灰色链霉菌（*Streptomyces griseus*）。

2. 试剂

高氏1号琼脂培养基、石炭酸复红染色液。

3. 器皿和其他用品

酒精灯、玻璃涂布棒、培养皿、盖玻片、载玻片、接种环、镊子、显微镜、玻璃纸、接种刀、剪刀、滤纸等。

【实验方法】

1. 印片法

（1）取菌。接种刀火焰灼烧灭菌后，将平板上的细黄链霉菌或灰色链霉菌菌苔连同培养基切下一小块，菌面朝上放在一块干净的载玻片上。

（2）印片。另取一块干净的载玻片并微微加热，将这块微热过的载玻片，对准上述取下来的菌苔垂直地轻轻按压一下，不要用力过大以防压碎琼脂，使菌苔的部分菌丝体及孢子印压在载玻片上，并垂直地取出载玻片，载玻片不要水平移动，以防载玻片水平移动而破坏放线菌的自然形态。

（3）染色。翻转有印痕的载玻片通过火焰2～3次固定，用石炭酸复红染色液覆盖印片，染色1 min后水洗，自然条件下晾干。

（4）镜检。在油镜下观察并绘图，比较两种放线菌形态特征的区别。

2. 插片法

（1）制备平板。将冷却至约 50 ℃的高氏 1 号琼脂培养基倒在平板上，为了方便插盖玻片，培养基可以倒厚一些。

（2）接种和插片。①先划线后插片：挑取少量斜面上的细黄链霉菌或灰色链霉菌孢子，进行平板划平行线，接种量可以适当加大，用无菌镊子取无菌盖玻片，在已接种平板上以45° 斜插入培养基内，插入深度约占盖玻片 1/3～1/2。②先插片再接种：在一未经接种的培养基表面，以同样方式插入数块盖玻片，然后接种少量细黄链霉菌或灰色链霉菌孢子至盖玻片一侧的基部，且仅接种于其中央位置约占盖玻片长度的一半，以免菌丝蔓延至盖玻片的另一侧。

（3）培养。将插片平板倒置，放 28 ℃培养箱培养 3～7 d。

（4）取片。用镊子小心地取出一块盖玻片，把背面附着的菌丝体擦干净，将长有菌的一面培养基向上放在干净的载玻片上。

（5）镜检。用低倍镜、高倍镜观察基内菌丝、气生菌丝和孢子丝。

3. 搭片法

（1）开槽。用无菌接种刀在凝固后的无菌平板培养基上开槽，槽的宽度约 0.5 cm，取出槽内的琼脂条。

（2）接种。将细黄链霉菌或灰色链霉菌孢子来回划线接种至槽口边缘。

（3）搭片。在接种后的槽面上放数块无菌盖玻片。

（4）培养。平板置于 28 ℃培养箱培养 3～7 d，放线菌沿着槽边缘生长，会自然地黏附到槽面上的盖玻片表面。

（5）观察。按照插片法的取片和镜检方法，观察放线菌的菌丝。

4. 玻璃纸法

（1）玻璃纸灭菌。将玻璃纸剪成比培养皿略小的圆形状，将滤纸剪成培养皿大小的圆形纸片并稍润湿，然后借助滤纸把玻璃纸隔开放在培养皿中，湿热灭菌后备用。

（2）铺玻璃纸。用无菌镊子将灭菌过的玻璃纸平铺在高氏 1 号琼脂平板表面，用无菌玻璃涂布棒将玻璃纸与培养基之间的气泡除去。

（3）涂布菌液。将细黄链霉菌或灰色链霉菌孢子制成孢子悬液，取 0.1 mL 涂布在铺有玻璃纸的琼脂平板上。

（4）培养。接种后的平板倒置于 28 ℃培养箱培养 3～7 d，使之在玻璃纸上生长形成菌苔。

（5）制片。在一块洁净的载玻片上滴加一小滴水，将含菌玻璃纸小心剪下一小块，有菌面向上移至载玻片上，在玻璃纸与载玻片间不能有气泡，以免影响观察。

（6）观察。在显微镜下观察，先用低倍镜观察放线菌的立体生长情况，再用高倍镜观察基内菌丝、气生菌丝和孢子丝。观察时把视野中的光线调暗，气生菌丝在上层、色暗，基内菌丝在下层、较透明。

【实验结果】

（1）描述并比较两种放线菌菌丝的形态和颜色并填入表 1-6。

（2）在表 1-6 中绘制所观察放线菌菌丝形态图。

表 1-6 放线菌菌丝观察结果

	放线菌观察方法	菌丝形态、颜色	菌丝形态图
细黄链霉菌	印片法		
	插片法		
	搭片法		
	玻璃纸法		
灰色链霉菌	印片法		
	插片法		
	搭片法		
	玻璃纸法		

【注意事项】

（1）由于放线菌的生长速度比较慢，所以培养时间会比较长。

（2）玻璃纸法接种时，一定要注意玻璃纸与平板琼脂培养基间不能有气泡，避免影响其表面放线菌的生长。

实验 1-8　霉菌的观察

【案例】

食品霉变在生产和生活中广泛存在，有些霉变是有益的，被广泛应用于制药、酿造等方面的生产；有些霉变是有害的，可引起食品劣变，还会产生很强的毒素，造成人体食物中毒或致癌。

霉菌通过菌丝生长形成菌丝体，将谷粒牢固地黏在一起，导致谷物在储藏时结块、不易分离。我国谷物霉变主要发生在长江以南地区，每年使粮食减产 3%～7%。谷物霉变为什么主要发生在长江以南地区？用肉眼、放大镜和显微镜分别观察谷物表面的霉菌形态特征，有什么差别？

【实验目的】

（1）了解霉菌的形态特征。

（2）掌握观察霉菌形态特征的方法。

【基本原理】

霉菌（*Molds*）是一类菌丝体发达、个体大且结构复杂，但又不产生大型肉质子实体的丝状真菌。根据菌丝的结构和功能的不同，将伸入培养基内部吸收养料的菌丝称为营养菌丝，伸展到空气中的菌丝称为气生菌丝，气生菌丝发育到一定阶段分化成繁殖菌丝。各种霉菌的菌丝和孢子形态、颜色，是鉴别霉菌的重要依据。在长期进化过程中，因其生理功能和对不同环境的高度适应性，菌丝还可以分化成特殊的构造，比如假根、匍匐菌丝、吸器、附着胞、菌环等。虽然构造不同，但是它们的共同目标都是吸收营养物质。

【材料与器皿】

1. 菌种

产黄青霉（*Penicillium chrysogenum*）、黑曲霉（*Aspergillus niger*）、黑根霉（*Rhizopus nigricans*）、总状毛霉（*Mucor racemosus*）等斜面菌种。

2. 试剂

（1）马铃薯葡萄糖琼脂培养基（PDA）。去皮马铃薯 200 g、葡萄糖 20 g、蒸馏水 1000 mL、琼脂 15 g，pH 为 5.6 ± 0.2。

（2）乳酸石炭酸棉蓝染色液（用于真菌固定和染色）。石炭酸（结晶酚）20 g、乳酸 20 mL、甘油 40 mL、棉蓝 0.05 g、蒸馏水 20 mL。将棉蓝溶于蒸馏水中，再加入其他成分，微加热使其溶解，冷却后备用。

（3）乳酸 - 苯酚溶液。苯酚 10 g、乳酸（比重 1.21）10 g、甘油 20 g、蒸馏水 10 mL。苯酚在水中加热溶解，然后再加入乳酸及甘油。

（4）其他试剂。20% 甘油、树胶。

3. 器皿和其他用品

透明胶带、剪刀、培养皿、载玻片、"U"形玻棒搁架、盖玻片、圆形滤纸片、牛皮纸、细口滴管、镊子、显微镜、接种环、电磁炉、高压蒸汽灭菌锅、烘箱等。

【实验方法】

1. 载玻片法

（1）准备湿室。在培养皿底部铺一张等大的圆形滤纸，其上放一"U"形玻棒搁架，在搁架上放 1 块载玻片和 2 块盖玻片，盖上皿盖，用牛皮纸包扎，在 121 ℃湿热灭菌 20 min 后，放入 70 ℃烘箱中烘干，备用。

（2）接种。在超净工作台里，将载玻片和盖玻片放在"U"形玻棒搁架上的合适位置后，用接种环挑取少量待观察的霉菌孢子至湿室内的载玻片的 2 个合适位置上，接种时只要将带菌的接种环在载玻片上轻轻碰几下即可（务必记住接种的位置）。

（3）滴加培养基。用无菌细口滴管吸取少量融化的约 60 ℃的马铃薯葡萄糖琼脂培养基，滴加到载玻片的接种处，培养基应滴得圆而薄，直径大约 0.5 cm。

（4）加盖玻片。在培养基未彻底凝固前，用无菌镊子将另一无菌的盖玻片盖在琼脂培养基上，用镊子轻压，使盖玻片和载玻片间的距离约为 0.25 mm，不能有气泡，不能压扁、压碎培养基。

（5）添加保湿剂。每个培养皿倒入大约 3 mL 20% 的无菌甘油，使培养皿内的滤纸完全润湿，以保持皿内湿度，做好标记。

（6）培养。将制成的载玻片湿室放入 28 ℃恒温培养 3～7 d。

（7）显微观察。将湿室内的载玻片取出，直接置于低倍镜和高倍镜下观察霉菌标本的营养菌丝、气生菌丝和孢子丝的形态及特征。

（8）固定保存。观察到霉菌形态较清晰完整的片子，可制成标本作长期保存，滴加少量乳酸－苯酚固定，在盖玻片四周滴加树胶封固。

2. 印片法

（1）挑菌。滴加 1 滴乳酸石炭酸棉蓝染色液在载玻片中央，用解剖针从菌落边缘挑取少量带有孢子的霉菌菌丝，放入载玻片上的染色液中。

（2）加盖玻片。仔细地用解剖针将菌丝分散开来，盖上盖玻片，不能产生气泡，也不要移动盖玻片。

（3）镜检。先用低倍镜，必要时转换高倍镜镜检，观察霉菌菌丝有无分隔、分生孢子梗以及分生孢子的排列方式，并记录观察结果。

3. 根霉孢子囊与假根的培养和观察

（1）倒平板。将融化的 PDA 冷却至 50 ℃，倒入无菌培养皿，其量约为培养皿高度的 1/2。

（2）接种。用接种环蘸取斜面黑根霉的孢子，在平板表面划线接种。

（3）放载玻片。在培养皿上皿盖内放 1 块载玻片，或先在上皿盖内放置一"U"形玻棒搁架，再在其上放置 1 块载玻片。

（4）培养。将培养皿倒置于 28 ℃恒温培养箱培养 3～5 d 后，黑根霉的气生菌丝倒挂成胡须状，并且有许多菌丝与载玻片接触，这些附着在载玻片上的菌丝分化出假根和匍匐菌丝等结构，如图 1-4 所示。取出附着有黑根霉生长物的载玻片，在低倍镜下观察黑根霉的假根及从假根上分化出来的匍匐菌丝、孢子囊梗及孢子囊。

（5）显微观察。取出附着有黑根霉生长物的载玻片，在低倍镜下观察黑根霉的假根及从假根上分化出来的匍匐菌丝、孢子囊梗及孢子囊。

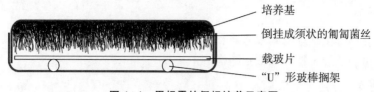

图 1-4　黑根霉的假根培养示意图

【实验结果】

（1）描述霉菌标本的营养菌丝、气生菌丝和孢子丝的形态及特征，并绘制霉菌的个体形态图（表 1-7），并注明各部位名称。

表 1-7　霉菌观察结果

菌种名称	观察方法	霉菌个体形态图
		○
		○
		○

（2）描述在低倍镜下观察黑根霉的假根及从假根上分化出来的匍匐菌丝、孢子囊梗及孢子囊的形态特征，并将拍摄的照片附上。

【注意事项】

（1）载玻片湿室培养时，盖玻片不能紧贴载玻片，要留有极小的缝隙，便于通气，并使各部分结构平行排列，方便观察。

（2）霉菌菌丝较粗，细胞易收缩变形，且孢子容易飞散，水分还易使菌丝、孢子和气泡混合成团，难以观察，因此制作标本常用乳酸石炭酸棉蓝染色液。此染色液制成的霉菌标本特点是：细胞不变形，且不易干燥，能保持较长时间；染色液本身呈蓝色，有一定染色效果。

实验 1-9　酵母菌的观察

【案例】

酵母菌与人类的生产实践密切相关，被认为是人类的第一种"家养微生物"。果酒是一种经过酵母菌发酵的低度饮料酒，酵母菌的选择直接影响果酒的口感和风味。由于酵母菌的多样性及代谢产物的差异，相较于单一酵母菌发酵，多种酵母菌混合发酵的果酒越来越受欢迎。果酒发酵为什么离不开酵母菌？如何观察果酒中不同的酵母菌？

【实验目的】

（1）掌握观察酵母菌细胞及其细胞器和孢子的基本原理。

（2）了解酵母菌的形态特征和细胞结构。

【基本原理】

酵母菌是一类能发酵糖类的单细胞真核微生物，通常呈球状、椭圆状、圆柱状或香肠状，其细胞直径一般为细菌直径的十倍左右。酵母菌的繁殖既有无性繁殖方式，也有有性繁殖方式。大多数酵母菌可通过多边出芽的方式进行无性繁殖，有些酵母菌可进行裂殖或产生节孢子、掷孢子、厚垣孢子等无性孢子进行无性繁殖。不仅如此，二倍体酵母菌在以乙酸盐为唯一或主要碳源，同时又缺乏氮源等特定条件下（如在醋酸钠培养基上），二倍体营养细胞转变形成子囊，减数分裂后形成4个子囊孢子。因此，酵母菌通过营养体单双倍体型、营养体单倍体型或者营养体双倍体型的方式完成生命史。

酵母菌在糖类较多、营养丰富的培养基上生长时，细胞内可贮存肝糖颗粒和脂肪粒，当环境中营养物质缺乏时，它们可作为酵母菌的碳源和能源。肝糖颗粒遇碘呈现红色，脂肪粒可被苏丹黑氧化成蓝黑色。在成熟的酵母菌细胞中，有一个大型的液泡，经中性红染色液染色，呈现红色。

美蓝是一种无毒性的染色剂，它的氧化型呈蓝色，还原型呈无色。用美蓝对酵母菌的活细胞进行染色时，由于细胞的新陈代谢作用，细胞内具有较强的还原能力，能使美蓝由蓝色的氧化型变为无色的还原型。因此，具有还原能力的酵母活细胞是无色的，而死细胞或代谢作用微弱的衰老细胞则呈蓝色或淡蓝色，借此可对酵母菌死细胞和活细胞进行鉴别。

【材料与器皿】

1. 菌种

酿酒酵母菌（*Saccharomyces cerevisiae*）。

2. 试剂

（1）酵母浸出粉胨葡萄糖培养基（YPD）。1%酵母粉、2%蛋白胨、2%葡萄糖、2%琼脂、1000 mL蒸馏水，115 ℃灭菌15 min。

（2）麦氏培养基（或醋酸钠培养基）。葡萄糖1.0 g、酵母粉2.5 g、醋酸钠8.2 g、氯化钾1.8 g、琼脂15.0 g、蒸馏水1000 mL，115 ℃灭菌15 min。

（3）其他试剂。0.1%美蓝染色液、中性红染色液、5%孔雀绿、0.5%番红、95%乙醇、苏丹黑-B染色液、碘液、二甲苯等。

3. 器皿和其他用品

显微镜、载玻片、盖玻片、擦镜纸、接种环、"V"形玻璃棒、培养皿等。

【实验方法】

1. 酵母菌活体染色观察——水印片法

（1）染色。在一块干净的载玻片中央滴加1滴0.1%美蓝染色液，用接种环取试管斜面中少量的酵母菌，与染色液混合均匀。

（2）盖片。染色2~3 min后，用镊子夹一块干净的盖玻片，小心地使其一边接触菌液，并慢慢地放下盖玻片，将菌液与染色液的液滴压开，一定不要产生气泡。

（3）镜检。先用低倍镜观察，再用高倍镜观察酵母菌个体形态和出芽情况，还可以从染色的颜色来区分死细胞（蓝色）与活细胞（无色）。染色约 30 min 后再次进行观察，计算死细胞数目是否增加。

（4）死亡率测定。计算 1 个视野里死细胞和活细胞数目，共计 5～6 个视野。酵母菌死亡率一般用百分数来表示：死亡率（%）= 死细胞总数 ÷ 死活细胞总数 × 100%。

2. 酵母菌液泡的观察

（1）染色。在洁净的载玻片中央滴加 1 滴中性红染色液，接种环取少量酵母菌与染色液混合，染色 5 min。

（2）镜检。盖上盖玻片，在显微镜下观察，细胞呈无色，液泡呈红色。

3. 酵母菌细胞内肝糖颗粒的观察

（1）染色。滴加 1 滴碘液于载玻片中央，取少量酵母菌与之混匀并进行染色。

（2）镜检。盖上盖玻片后，用显微镜观察细胞内的肝糖颗粒呈深红色，菌体呈淡黄色。

4. 酵母菌细胞内脂肪粒的观察

（1）制片。按照前述的常规方法进行制片，自然干燥。

（2）染色。滴加苏丹黑-B 染液覆盖菌膜，染色 5 min 后，水洗至流出来的水为无色。

（3）脱色。用二甲苯进行脱色，直至洗脱液为透明，自然干燥。

（4）复染。利用 0.5% 番红复染 30 s 后，进行水洗和自然干燥。

（5）镜检。利用显微镜观察，酵母细胞质呈粉红色，脂肪粒呈蓝黑色。

5. 酵母菌子囊孢子的观察

（1）酿酒酵母的活化。将酿酒酵母接种至新鲜的 YPD 培养基上，置于 28 ℃恒温箱培养 2～3 d，然后再传代 2～3 代。

（2）产孢培养。将上述活化的酿酒酵母接种至醋酸钠产孢培养基上，置于 30 ℃恒温箱培养 14 d。

（3）制片。按照常规的方法进行涂片、干燥和热固定，热固定温度不宜太高，以免使菌体变形。

（4）染色。滴加数滴孔雀绿覆盖菌膜染色 1 min 后，进行水洗，水洗至流出来的水为无色。

（5）脱色。滴加 95% 乙醇脱色 30 s 后进行水洗，终止脱色反应。

（6）复染。利用 0.5% 番红染色液复染 30 s，用水洗去染色液后，自然晾干。

（7）镜检。先用低倍镜观察，再用高倍镜观察，观察子囊孢子的数目、形状，子囊孢子呈绿色，子囊为粉红色。

（8）计算子囊形成率。随机取 3 个视野进行计数，分别计数产子囊孢子的子囊数和不产孢子的细胞，按下列公式计算子囊形成率：

子囊形成率（%）=3 个视野中形成子囊的总数 ÷3 个视野中（形成子囊的总数 + 不产孢子细胞总数）× 100%

【实验结果】

（1）描述并绘图说明所观察到的酵母菌形态特征，并计算死亡率。

（2）描述并绘图说明所观察到的酵母菌细胞器形态特征。

（3）描述并绘图说明所观察到的酵母菌子囊孢子形态特征，并计算子囊形成率。

【注意事项】

（1）用于活化酵母菌的 YPD 要新近配制，并表面湿润。

（2）酵母菌染色时，染色液不能太多也不能太少，否则盖上盖玻片时，菌液会溢出或出现大量气泡而影响观察；盖玻片不宜平着快速放下，避免产生气泡影响观察。

（3）在产孢培养基上可加大接种量，提高子囊形成率。

实验 1-10　微生物大小的测定

【案例】

某同学在对微生物的大小进行测定的时候，更换了物镜的镜头，但目镜和目镜测微尺没有变，在这种情况下，目镜测微尺每格所测量的镜台上的菌体细胞实际大小是否与原来一样？为什么？

【实验目的】

（1）了解微生物的大小。

（2）掌握微生物大小的测量方法。

【基本原理】

微生物的大小是其重要的形态特征，是微生物分类鉴定的重要依据之一。由于微生物很小，因此只能借助显微镜特殊的测量工具——显微镜测微尺进行测量，如图 1-5 所示。

显微镜测微尺是由镜台测微尺和目镜测微尺组成的。镜台测微尺是一中央有精确等分线的专用载玻片，一般将 1 mm 的直线等分成 100 格，每格长度为 0.01 mm，是专门用来校正目镜测微尺每格的长度。目镜测微尺是 1 块可放入目镜内的圆形玻片，在玻片中央把 5 mm（或 10 mm）刻成长度 50 等分（或 100 等分）。测量时将其放在目镜的隔板上，用来测量经显微镜放大后的微生物物像。由于目镜测微尺每格所代表的长度是随目镜、物镜的放大倍数而改变的，目镜测微尺上每格实际表示的长度也不一样，因此在使用前须用镜台测微尺进行校正，以求得一定放大倍数条件下，实际测量的目镜测微尺每格所代表的相对长度。然后移去镜台测微尺，换上待测样品，用校正好的目镜测微尺在同样放大倍数条件下测量微生物的大小。最后根据微生物相当于目镜测微尺的格数，计算出微生物的实际大小。

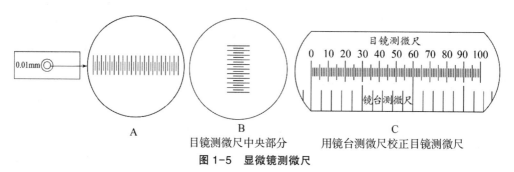

A

B
目镜测微尺中央部分

C
用镜台测微尺校正目镜测微尺

图 1-5　显微镜测微尺

【材料与器皿】

1. 菌液

酵母菌培养液、大肠杆菌培养液。

2. 器皿和其他用品

目镜测微尺、镜台测微尺、显微镜、擦镜纸、盖玻片、载玻片、滴管等。

【实验方法】

1. 目镜测微尺的校正

（1）取下目镜，把目镜上的透镜旋开，将目镜测微尺的刻度朝下，小心地装入目镜的隔板上，将目镜放回镜筒中。

（2）将镜台测微尺放在显微镜的载物台上，使刻度朝上。

（3）在低倍镜下找到镜台测微尺，然后在高倍镜下看清镜台测微尺的刻度。

（4）转动目镜，使目镜测微尺的刻度与镜台测微尺的刻度相平行。

（5）移动推动器，使目镜测微尺的 0 点与镜台测微尺的某一刻度重合。

（6）定位后，仔细寻找目镜测微尺和镜台测微尺第二个完全重合的刻度。

（7）计算两对重合线之间目镜测微尺的格数和镜台测微尺的格数，已知镜台测微尺的刻度每格长度为 0.01 mm。

目镜测微尺每格长度（mm）=（重合线之间镜台测微尺格数 ×10）÷ 目镜测微尺格数。

2. 菌体大小的测定

（1）取下镜台测微尺放回盒内，取一块洁净的载玻片，滴 1 滴菌液，盖上盖玻片，置于载物台上。

（2）在低倍镜下找到微生物，转换高倍镜进行测量。

（3）用目镜测微尺测量菌体宽和长（或者直径）占镜台测微尺的格数，再计算出菌体的大小。

（4）计算大小：菌体大小（mm）= 目镜测微尺格数 × 相应放大倍数下每格标定长度。

【实验结果】

（1）将目镜测微尺校正结果填入表 1-8。

表 1-8 目镜测微尺校正结果

物镜放大倍数	目镜放大倍数	目镜测微尺的校正值 /mm

（2）将微生物大小的测定结果填入表 1-9。

表 1-9 微生物大小的测定结果

微生物编号	目镜测微尺格数		实际大小 /mm	
	直径	长度	直径	宽度
1				
2				
3				
4				
5				
6				
7				
8				

续表

微生物编号	目镜测微尺格数		实际大小 /mm	
	直径	长度	直径	宽度
9				
10				
平均值				

【注意事项】

（1）测定微生物大小的时候，为了减小误差，至少要观察 10 个微生物，取平均值作为它的大小。

（2）镜台测微尺的玻片很薄，注意镜头和镜台测微尺之间的距离，以免压碎镜台测微尺或损坏镜头。

实验 1-11　细胞病变形态的观察

【案例】

某养殖场暴发病毒性传染病疫情导致猪大量死亡，为了分离病原体并初步了解这种病毒可能的传播途径，研究人员收集了病猪的五脏、口腔、粪便和尿液等样品进行处理，无菌过滤后接种至猪源细胞中。如何确定是否已经分离到病原体？如何初步判断该病原体的传播途径？

【实验目的】

（1）掌握细胞复苏、细胞传代、细胞铺板等细胞培养基本操作。

（2）熟悉不同病毒感染不同细胞后所产生的细胞形态变化。

【基本原理】

病毒是一种简单的微生物，自身不具有自主完成生命周期的物质基础，其进入易感细胞后将"劫持"宿主细胞的各种酶和细胞器等资源来高效地进行自身基因组的复制、病毒蛋白的表达和子代病毒的包装与释放。这一过程往往会对宿主细胞自身的生长和代谢造成影响，导致宿主细胞表现出一系列与正常细胞不同的形态特征改变，甚至导致宿主细胞发生裂解死亡，这些细胞形态学的变化被称为细胞病变。不同病毒感染细胞可能引起不同的细胞病变，通过细胞病变的有无及类型可用于初步判断特定样品是否含有病毒，因而常被用于病毒的分离实验。

【材料与器皿】

1. 病毒株与细胞株

杆状病毒（*Baculovirus*）、鼠巨细胞病毒（*Murine cytomegalovirus*）、寨卡病毒（*Zika virus*）、含 GFP 报告基因的慢病毒（*Lentivirus*）、sf21 昆虫细胞、NIH-3T3 细胞、Vero 细胞和293T 细胞。

2. 试剂与耗材

CCM3 培养基、DMEM 培养基、胎牛血清（Fetal Bovine Serum，FBS）、链霉素、青霉素、胰酶（0.25%）、聚凝胺（Polybrene）、无菌 PBS 缓冲液。

3. 器皿和其他用品

生物安全柜、倒置光学显微镜、倒置荧光显微镜、CO_2 培养箱、水套式恒温培养箱、冰箱、液氮罐、离心机、水浴锅、电动移液器、移液器、10 cm 细胞培养板、6 孔细胞培养板、10 mL 移液管、吸头等。

【实验方法】

1. 细胞复苏步骤（图 1-6）

（1）从 4℃冰箱中取出 CCM3 培养基（含 2% FBS、100 U/mL 链霉素和 120 U/mL 青霉素）和 DMEM 完全培养基（含 10% FBS、100 U/mL 链霉素和 120 U/mL 青霉素），置于水浴锅，使 CCM3 培养基预热至 27℃，DMEM 完全培养基预热至 37℃。

（2）从液氮罐中取出冻存的 sf21 昆虫细胞、NIH-3T3 细胞、Vero 细胞和 293T 细胞，将其置于水浴锅中快速化冻。

（3）将化冻后的细胞置于离心机中以 1000 r/min 转速离心 3 min，弃上清，使用新鲜培养基重悬细胞沉淀，将细胞悬液加至 10 cm 细胞培养板，每板补加相应培养基至 10 mL。

（4）将 sf21 昆虫细胞置于水套式恒温培养箱中进行培养，培养温度为 27℃；将 NIH-3T3 细胞、Vero 细胞和 293T 细胞置于 CO_2 培养箱中进行培养，培养温度为 37℃。

图 1-6　细胞复苏步骤

2. 细胞铺板

（1）使用倒置光学显微镜观察细胞，确认待用细胞密度达 90% 以上。

（2）使用电动移液器吸取培养基并吹打 sf21 昆虫细胞，使其从细胞培养皿上脱落；弃 NIH-3T3 细胞、Vero 细胞和 293T 细胞培养上清，每皿加入 5 mL 无菌 PBS 缓冲液润洗细胞，弃 PBS 缓冲液后每皿加入 1 mL 胰酶，晃动使细胞浸润胰酶，置于 37℃消化直至大多数细胞收缩变圆，弃胰酶后使用 DMEM 完全培养基将细胞吹下来。

（3）对细胞进行计数，在 6 孔细胞培养板的每个孔加入 1×10^6 个细胞，并补加培养基至 2 mL。

（4）采用十字交叉法将细胞摇晃均匀后将其置于培养箱中继续培养。

3. 病毒感染

待细胞长至 80% 汇合度后分别使用杆状病毒感染 sf21 昆虫细胞，使用鼠巨细胞病毒感染 NIH-3T3 细胞，使用寨卡病毒感染 Vero 细胞，使用带 GFP 报告基因的慢病毒感染 293T 细胞（补加 10 μg/mL Polybrene），感染复数（MOI）为 0.01，每组干扰两孔细胞，并设置两孔未感染细胞作为阴性对照，将细胞置于培养箱中继续培养。

4. 观察

感染后 3～7 d，对每组感染病毒孔和未感染病毒孔细胞形态进行观察，记录细胞形态变化情况；分别使用倒置光学显微镜和荧光显微镜对感染含 GFP 报告基因的慢病毒和未感染 GFP

报告基因的慢病毒孔细胞进行观察，记录在蓝光激发下细胞绿色荧光蛋白表达情况。

【实验结果】

（1）绘图并说明杆状病毒感染 sf21 昆虫细胞所产生的细胞病变特征。

（2）绘图并说明鼠巨细胞病毒感染 NIH-3T3 细胞所产生的细胞病变特征。

（3）绘图并说明寨卡病毒感染 Vero 细胞所产生的细胞病变特征。

（4）比较带 GFP 报告基因的慢病毒感染细胞后在普通倒置显微镜和荧光倒置显微镜下所观察到的现象，并解释原因。

【注意事项】

（1）寨卡病毒和 GFP 报告基因的慢病毒可能感染人，所有涉及病毒的操作都必须在生物安全柜内进行。

（2）病毒操作实验所产生的垃圾必须经过高压蒸汽灭菌无害化处理后方可丢弃。

第2章　培养基的配制与灭菌

　　培养基是人工配制的适合微生物生长繁殖或积累代谢产物的营养基质，用以培养、分离、鉴定、保存各种微生物或积累代谢产物。在自然界中，微生物种类繁多，营养类型多样，加上实验和研究目的不同，所以培养基的种类很多，使用的原料也各有差异。从营养学角度分析，培养基中一般含有微生物所必需的碳源、氮源、无机盐、生长因子及水分等。除此之外，培养基还应具有适宜的pH、氧化还原电位及渗透压。任何一种培养基一经制成就应及时彻底灭菌，以备培养微生物时使用。

　　在微生物实验、生产和研究工作中，通过灭菌杀死或除去培养基中及所用器皿中的一切微生物，是分离和获得微生物纯培养的必要条件。因此，对所用的培养器材、培养基都要求进行严格的灭菌，工作场所也应该消毒（或灭菌），才能保证工作顺利进行。灭菌是用物理或化学方法消除或杀灭物体上所有微生物（包括病原微生物、非病原微生物、细菌的繁殖体和芽孢等）的方法。灭菌的要求是把微生物存活的概率减少到最低限度。消毒是消除或杀灭外环境中的病原微生物及其他有害微生物的过程，用于消毒的化学药物称为消毒剂。实践证明，高温可使细胞原生质发生不可逆的变性而失去生命能力。因此，一般采用加热的方法作为灭菌和消毒的有效手段。紫外线有强杀菌作用，常用于工作室、接种室的空气消毒。许多化学药剂对微生物有毒害和致死作用，也常用作灭菌和消毒剂。

实验 2-1　牛肉膏蛋白胨培养基的制备

【案例】

　　利用阿须贝氏（Ashby's）培养基对不同土类中固氮细菌进行分离纯化后，分别接种于牛肉膏蛋白胨培养基、硅酸盐培养基和无机磷培养基上，观察菌株在不同培养基上的菌落形态特征。为什么要把同一种菌株接种到不同培养基上？这样做的优点是什么？还可以怎么做？

【实验目的】

　　（1）了解牛肉膏蛋白胨培养基的工作原理。

　　（2）掌握牛肉膏蛋白胨培养基的配制方法和操作过程。

【基本原理】

　　牛肉膏蛋白胨培养基是最普通的细菌培养基，应用范围广，有时又称普通培养基。1000 mL牛肉膏蛋白胨培养基配方为：牛肉膏 3.0 g、蛋白胨 10.0 g、NaCl 5.0 g、蒸馏水 1000 mL，pH为 7.4～7.6。其中牛肉膏含有丰富的营养物质，可以为微生物提供碳源、氮源、能源、生长因子等，蛋白胨含有胨、肽和氨基酸等丰富的含氮营养物质，主要提供氮源、碳源和维生素，NaCl 提供无机盐条件。

【材料与器皿】

1. 试剂

牛肉膏、蛋白胨、NaCl、琼脂、1 mol/L NaOH、1 mol/L HCl、蒸馏水。

2. 器皿和其他用品

三角瓶、试管、烧杯、玻璃棒、量筒、移液枪、吸头、电子天平、药匙、高压蒸汽灭菌锅、pH 试纸（pH 为 5.5～9.0）、棉花、牛皮纸、记号笔、棉绳、纱布、硅胶塞等。

【实验方法】

1. 称量

按照配方和用量分别称取各种成分，蛋白胨很容易吸湿，在称取时动作要迅速；牛肉膏用小烧杯或培养皿称取，然后用热水溶化后转移。称量药品时严防药品混杂，瓶盖不要盖错，一把药匙用于一种药品，或称取一种药品后，洗净，擦干，再称取另一种药品。

2. 溶化

向烧杯中加入少许蒸馏水，用微波炉加热，或者放在石棉网上文火加热，不时搅拌均匀，药品彻底溶解后定容，补足水分至所配培养基的量。若配制固体培养基，将按称量好的琼脂加入已溶化的上述液体培养基中，再加热溶解，并不时地搅拌防止琼脂糊底后溢出，最后补足所需的水量。

3. 调节 pH

用 NaOH 对牛肉膏蛋白胨培养基进行 pH 调节，缓慢加入 1 mol/L NaOH，边滴加边搅匀培养基，用 pH 试纸测量 pH，直到 pH 为 7.2～7.4。pH 调节时注意不要调过，以免回调影响培养基的离子浓度。

4. 过滤

用滤纸或四层纱布过滤，但一般使用的培养基此步骤可忽略，除非需要配制清澈透明的培养基。

5. 分装

根据实验要求，可将配制的培养基分装入试管或三角瓶中。

（1）液体分装：分装高度以试管高度的 1/4 为宜；分装三角瓶则根据需要而定，一般不超过三角瓶容量的 1/2，如果用于振荡培养，则根据通气量的要求酌情减少。

（2）固体分装：分装试管，装量不超过试管高度的 1/5，灭菌后摆放制成斜面，斜面总长度不超过试管的 1/2；分装三角瓶以不超过其容积的 1/2 为宜。

（3）半固体分装：分装高度不超过试管的 1/3 为宜，灭菌后垂直凝固后使用。分装过程中，注意不要使培养基沾在管（瓶）口上，以免接触棉塞或硅胶塞而引起细菌污染。

6. 加塞

培养基分装后，在试管口或三角瓶上塞上棉塞或硅胶塞，以阻止空气中微生物污染培养基，并保证有良好的通气性。

7. 包扎

加塞后，在棉塞或硅胶塞外包一层牛皮纸，用棉绳扎好，记号笔注明培养基的名称、配制日期和姓名等。

8. 灭菌

将上述培养基在 0.103 MPa、121 ℃条件下高压蒸汽灭菌 15 min。

9. 摆放斜面（图 2-1）

灭菌的试管培养基冷却至 50 ℃左右，将试管一端倾斜于玻璃棒或其他等高度的固体上，使斜面长度不超过试管长度的一半。

10. 倒平板

在超净工作台酒精灯火焰旁边，打开装有培养基的三角瓶，并将三角瓶口在酒精灯火焰上灼烧灭菌。左手拿培养皿，培养皿盖打开一个小缝隙，右手握三角瓶底部，倾入培养基，使培养基高度为培养皿高度的 1/2～2/3，迅速盖好皿盖，放在台面上，轻轻旋转培养皿，使培养基均匀地分布在培养皿中，冷凝后即成平板。倾注固体培养基如图 2-2 所示。

11. 无菌检验

将灭菌后的培养基、斜面和平板于 37 ℃培养箱中培养 24～28 h，以检验灭菌是否彻底。

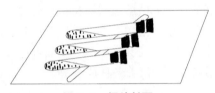

图 2-1　摆放斜面

图 2-2　倾注固体培养基

【实验结果】

（1）记录牛肉膏蛋白胨培养基的名称和成分。

（2）用流程图表示牛肉膏蛋白胨培养基的配制过程。

（3）记录无菌检验结果。

【注意事项】

（1）每种成分的称量要准确，保证比例正确。

（2）加热溶化时，不可用铜制或铁锅加热溶化，溶解过程要不断搅动，使得固体物质彻底溶解。

（3）加热过程要控制火力，不要让培养基沸出而损失营养成分。

（4）高压蒸汽灭菌时，注意物品不要过多、太挤，加热后要完全排出冷空气，保证灭菌温度达到设置温度。准确调节 pH 为 7.4～7.6。

（5）在称量试剂时要及时擦拭药匙，避免不同试剂间交叉污染。

实验 2-2　高氏 1 号培养基的制备

【案例】

放线菌在自然界中分布广泛，主要以孢子或菌丝状态存在于土壤、空气和水中，在含水量低、有机物含量高、中性或微碱性土壤中最为丰富。放线菌对人类健康的贡献十分突出，至今已报道过的抗生素中，约半数是从放线菌中分离得到。从土壤样品中分离具有抑菌作用的放线菌，如何测定放线菌的抑菌作用？如何优化高氏 1 号培养基配方和培养条件来增强放线菌的抑菌功能？

【实验目的】

（1）了解合成培养基的工作原理。

（2）掌握高氏 1 号培养基的制备方法。

【基本原理】

高氏 1 号培养基是一种用于培养和观察放线菌的合成培养基。1000 mL 高氏 1 号培养基的成分为：可溶性淀粉 20.0 g、NaCl 0.5 g、KNO_3 1.0 g、$K_2HPO_4 \cdot 3H_2O$ 0.5 g、$MgSO_4 \cdot 7H_2O$ 0.5 g、$FeSO_4 \cdot 7H_2O$ 0.01 g、琼脂 15.0～25.0 g、蒸馏水 1000 mL，pH 为 7.2～7.4。在培养基中含有多种化学成分，但它们相互作用可产生沉淀，比如磷酸盐和镁盐相互混合时易产生沉淀。因此，在混合培养基成分时，一般是按配方的顺序依次溶解各成分，甚至有时还需要将两种或多种成分分别灭菌，使用时再按比例混合。除此之外，还会在培养基中加入适量的抗菌药物，比如链霉素，可以抑制样品中细菌的生长，用来分离和培养各种放线菌。

【材料与器皿】

1. 试剂

可溶性淀粉、KNO_3、NaCl、$K_2HPO_4 \cdot 3H_2O$、$MgSO_4 \cdot 7H_2O$、$FeSO_4 \cdot 7H_2O$、琼脂、1 mol/L NaOH、1 mol/L HCl、链霉素、金霉素。

2. 器皿和其他用品

试管、三角烧瓶、烧杯、量筒、玻璃棒、电子天平、药匙、高压蒸汽灭菌锅、pH 试纸（pH 为 5.5～9.0）、胶塞、牛皮纸、记号笔、棉绳、牛皮纸等。

【实验方法】

1. 称量和溶化

根据所需要配制的体积计算各营养成分的用量，按用量先称取可溶性淀粉，放入小烧杯中，并用少量冷水将淀粉调成糊状，再加入少许沸水，加热，边加热边搅拌，使可溶性淀粉完全溶化。再称取其他各成分依次逐一溶化。对微量成分 $FeSO_4 \cdot 7H_2O$ 可先配成高浓度的贮备液后再加入，即先在 100 mL 蒸馏水中加入 1.0 g 的 $FeSO_4 \cdot 7H_2O$ 配成 0.01 g/mL，再进行计算，按体积加入 0.01 g/mL 的 $FeSO_4$ 贮备液即可。待所有药品完全溶解后，补充水分到所需的总体积。如要配制固体培养基，琼脂的溶化过程同实验 2-1。

2. 其他过程

pH 调节、分装、包扎、灭菌、做斜面、倒平板及无菌检查同实验 2-1。

【实验结果】

（1）记录培养基无菌检查的结果。

（2）分析高氏 1 号培养基的碳源、氮源、能源、无机盐的来源，并分析链霉素的作用。

【注意事项】

（1）由于可溶性淀粉不溶于冷水，易溶于沸水，所以需要边加热边搅拌至完全溶化。

（2）分装过程中尽量不要使培养基沾在瓶口或试管口，以免引起污染。

（3）配好的培养基需要立即灭菌，防止在室温放置太长时间，培养基营养成分被杂菌利用。

实验 2-3　马丁氏培养基的制备

【案例】

真菌在土壤中的数量小于细菌和放线菌，主要在有机质丰富、透气性好的偏酸性土壤中。分离土壤中的真菌并不难，但由于真菌菌落大，因此计数准确性较低，一般会采用加有链霉素和孟加拉红的马丁氏培养基分离土壤中真菌。按照培养基的功能来划分，马丁氏培养基属于什么培养基？这类培养基在微生物学研究中有什么重要作用？

【实验目的】

（1）了解真菌培养基的工作原理。

（2）掌握马丁氏培养基的制备方法。

【基本原理】

马丁氏培养基是一种用来分离真菌的培养基。配方如下：葡萄糖 10.0 g、蛋白胨 5.0 g、KH_2PO_4 1.0 g、$MgSO_4 \cdot 7H_2O$ 0.5 g、琼脂 15.0～20.0 g、孟加拉红 0.03 g、链霉素 30.0 mg、金霉素 2.0 mg、蒸馏水 1000 mL、pH 自然。其中葡萄糖主要提供碳源和能源，蛋白胨主要提供氮源，KH_2PO_4 和 $MgSO_4 \cdot 7H_2O$ 作为无机盐，为微生物提供钾离子和镁离子。而孟加拉红和链霉素可以抑制细菌的生长，而对真菌无抑制作用，因而真菌在这种培养基上可以得到优势生长，从而达到分离真菌的目的。

【材料与器皿】

1. 试剂

KH_2PO_4、$MgSO_4 \cdot 7H_2O$、蛋白胨、葡萄糖、琼脂、孟加拉红、链霉素、金霉素。

2. 器皿和其他用品

试管、三角烧瓶、量筒、玻璃棒、电子天平、药匙、高压蒸汽灭菌锅等。

【实验方法】

1. 称量和溶化

按培养基配方，准确称取除了孟加拉红、链霉素和金霉素外的各种成分，并依次溶化在少许水中。待各成分完全溶化后，再按每 1000 mL 培养基中加入 3.3 mL 1% 孟加拉红溶液的量加入孟加拉红，混匀后，加入琼脂加热溶化，补足水分到所需体积（方法同实验 2-1）。

2. 分装、加塞、包扎、灭菌、无菌检查

分装、加塞、包扎、灭菌和无菌检查都与实验 2-1 相同。

3. 链霉素和金霉素的加入

由于链霉素和金霉素受热容易分解，所以临用时，将培养基溶化后待温度降至 45 ℃左右时按量加入。可先将链霉素配成 30 mg/mL 的溶液，在 1000 mL 培养基中加入 30 mg/mL 链霉素液 1 mL，使链霉素终浓度为 30 μg/mL。金霉素同样配成 2 mg/mL 的溶液，在 1000 mL 培养基中加 2 mg/mL 金霉素液 1 mL，使金霉素终浓度为 2 μg/mL。

【实验结果】

（1）记录所配制培养基的名称、时间和数量。

（2）记录无菌检测结果。

【注意事项】

（1）加入链霉素和金霉素是为了抑制细菌的生长，但是抗生素对热不稳定，所以不能与培养基一起进行高压蒸汽灭菌，而是采用过滤除菌的方法，除菌后再加入，冷却至 45 ℃左右的培养基中。

（2）加入抗生素的培养基，最好是现配现用；如果是过一段时间再用，最好放入 4 ℃冰箱中保存，用之前再取出。

实验 2-4　血液琼脂培养基的制备

【案例】

羊血或兔血是微生物生长繁殖的良好营养物质，在 45～55 ℃的基础培养基中加入血液可以保存血液中某些不耐热的生长因子，促使细菌生长繁殖。由于红细胞未被破坏，有利于观察溶血，可对细菌作初步鉴别。链球菌常根据其在血琼脂培养基上溶血环的大小，分为甲、乙、丙三型。其中乙型溶血性链球菌可完全溶血，菌落周围会形成一个 2～4 mm 宽、界限分明、完全透明的无色溶血环，因此这类细菌称为溶血性链球菌。血液琼脂平板可以用于观察链球菌的溶血特征，该培养基与普通的营养培养基有何区别？贮存过期的血液可以用来制作血液琼脂培养基吗？为什么？

【实验目的】

（1）了解血液琼脂培养基的组成和特殊用途。

（2）掌握血液琼脂培养基的制备方法。

【基本原理】

血液琼脂培养基是一种含有脱纤维动物血（一般用兔血或羊血）的牛肉膏蛋白胨培养基，其配方如下：牛肉膏 3.0 g、蛋白胨 10.0 g、NaCl 5.0 g、琼脂 15.0～20.0 g、蒸馏水 1000 mL，pH 为 7.4～7.6，无菌脱纤维兔血（或羊血）100 mL。从它的配方可以看出，血液琼脂培养基里含有牛肉膏蛋白胨培养基的营养成分，可以满足细菌所需的各种营养；此外，有脱纤维兔血（或羊血）还含有辅酶（如 V 因子）、血红素（X 因子）等特殊生长因子。营养如此丰富的血液培养基不仅用于培养、分离和保存对营养要求苛刻的一些病原微生物，还可用于测定细菌的溶血作用。

【材料与器皿】

1. 材料

动物检疫合格的健康兔或羊。

2. 试剂

牛肉膏、蛋白胨、NaCl、NaOH、琼脂。

3. 器皿和其他用品

装有 5～10 粒玻璃珠的无菌三角瓶、无菌注射器、无菌培养皿、量筒、pH 试纸、硅胶塞、牛皮纸、记号笔等。

【实验方法】

（1）配制牛肉膏蛋白胨琼脂培养基。按照实验 2-1 的方法配制牛肉膏蛋白胨琼脂培养基。

（2）制备脱纤维兔血（或羊血）。用带有 18 号针头的注射器以无菌操作抽取动物全血，其中兔采用心脏取血，羊采用颈静脉取血，取血完毕，拔出针头，并立即注入装有无菌玻璃珠（直径大约为 3 mm）的无菌三角瓶中，然后振荡三角瓶 10 min 左右，形成的纤维蛋白块会沉淀在玻璃珠上，把含血细胞和血清的上清液倒入无菌容器，即得到脱纤维兔血（或羊血），置冰箱中备用。

（3）制备血液琼脂平板。将牛肉膏蛋白胨琼脂培养基溶化，待冷却至 45 ℃左右时，以无菌操作按 10% 的量加入无菌脱纤维兔血（或羊血），立即摇动，使血液和培养基充分混匀，迅速以无菌操作倒入无菌培养皿，不要产生气泡，冷却凝固后制成血液琼脂平板。

（4）无菌检测。上述平板置 37 ℃过夜，如无细菌生长即可放 4 ℃冰箱中备用。

【实验结果】

（1）记录所配制培养基的名称、数量与时间。

（2）记录无菌检验情况。

【注意事项】

（1）无菌脱纤维兔血（或羊血）制备过程必须严格无菌操作，血液装入三角瓶中应摇动足够时间，防止凝血。

（2）加入脱纤维血液需等待培养基冷却至 45 ℃左右，保证脱纤维血液中某些不耐热营养物质不失活和血细胞的完整，便于观察细菌的溶血作用。

实验 2-5　伊红美蓝鉴别培养基的制备

【案例】

伊红美蓝培养基是一种常用的鉴别培养基，但是含有营养成分不明确的蛋白胨，为了避免蛋白胨可能对细菌生长带来的影响，可以怎么优化伊红美蓝培养基配方以提高结果的准确率？又可以用什么指标来判断优化后的伊红美蓝培养基效果？

【实验目的】

（1）了解伊红美蓝鉴别培养基的工作原理。

（2）掌握伊红美蓝鉴别培养基的制备方法。

【基本原理】

伊红美蓝培养基是一种常见的鉴别培养基，其配方如下：蛋白胨 10.0 g、乳糖 10.0 g、磷酸氢二钾 2.0 g、2% 伊红水溶液 20 mL、0.65% 美蓝水溶液 10 mL、琼脂 20.0～30.0 g、蒸馏水 1000 mL，pH=7.2。因为含有乳糖、美蓝和伊红，多种肠道细菌会强烈分解乳糖而产生大量混合酸，细菌带上正电荷被伊红染成红色，再与美蓝结合形成深紫色菌落，从菌落表面的反射光中还可以看到绿色金属光泽。几种产酸能力弱的肠道菌则形成棕色的菌落。不分解乳糖、不产酸的细菌，形成无色透明菌落。革兰氏阳性菌在此培养基上受到抑制，不能生长。

【材料与器皿】

1. 试剂

蛋白胨、乳糖、琼脂、磷酸氢二钾、2% 伊红水溶液、0.65% 美蓝水溶液。

2. 器皿和其他用品

试管、三角瓶、烧杯、量筒、玻璃棒、培养基分装器、天平、药勺、高压蒸汽灭菌锅、pH 试纸（pH 为 5.5～9.0）、棉花、牛皮纸、硅胶塞、记号笔、棉绳、纱布等。

【实验方法】

1. 称量

按照配方称取 1000 mL 培养基相应量的蛋白胨、乳糖、磷酸氢二钾。

2. 溶化

在烧杯中加入 900 mL 蒸馏水，溶化培养基各成分。

3. 调节 pH

调节 pH 至 7.2。

4. 加入伊红和美蓝溶液

按 1000 mL 培养基的量中加入 2% 伊红水溶液 20 mL 和 0.65% 美蓝水溶液 10 mL。

5. 加琼脂

加入琼脂加热溶化后，补足水分定容至 1000 mL。

6. 分装和灭菌

分装、加塞、包扎，115 ℃高压蒸汽灭菌 15 min。

7. 无菌检测

置 37 ℃过夜，如无菌生长即可放 4 ℃冰箱中备用。

【实验结果】

（1）记录所配制培养基的名称、数量、时间和颜色。

（2）记录无菌生长情况。

【注意事项】

（1）培养基含有乳糖，灭菌温度过高时会发生一定程度的焦化，影响培养基效果，所以一般采用 115 ℃高压蒸汽灭菌。

（2）因为伊红和美蓝溶液有颜色，所以须在加入它们前调节 pH。

实验 2-6　谷氨酸发酵生产培养基的制备

【案例】

谷氨酸是人体必需的氨基酸，也是常用的食品增鲜剂，每人每天允许谷氨酸摄入量为 $0 \sim 120.0$ μg/kg，在食品加工中一般用量为 $0.2 \sim 1.5$ g/kg。工业生产中，采用微生物发酵法进行大规模生产，需要配制种子培养基和发酵培养基，种子培养基与发酵培养基有何区别？在发酵的过程中，需要对哪些发酵条件进行控制？理由是什么？

【实验目的】

（1）了解发酵培养基的工作原理。

（2）掌握发酵培养基的制备方法。

【基本原理】

发酵培养基不仅是一种可用于微生物生长繁殖的培养基，还是一种有利于代谢产物合成的培养基。它既可以使菌种接种后能够迅速生长，达到一定的菌体浓度，又能够使细菌迅速合成产物。所以发酵培养基的组分既要丰富、全面，又要碳氮比合适、速效和迟效碳源与氮源互相搭配，添加缓冲剂维持 pH 稳定，并且还要有菌体生长所需的生长因子和产物合成所需要的化合物、促进剂等。当菌体生长和产物合成两个阶段所需的最佳营养条件不同时，可考虑采用分批补料的方式来满足营养要求。

发酵培养基因菌种、工艺条件、设备和原料来源的不同而不同。比如谷氨酸生产菌种 T6-13 的发酵培养基配方如下：水解糖 140.0 g、玉米浆 0.6 mL、Na_2HPO_4 1.7 g、KCl 0.5 g、$MgSO_4 \cdot 7H_2O$ 0.6 g、尿素 50.0 g、蒸馏水 1000 mL、pH=7.0。

【材料与器皿】

1. 试剂

水解糖、玉米浆、Na_2HPO_4、KCl、$MgSO_4 \cdot 7H_2O$、尿素、蒸馏水、NaOH、HCl。

2. 器皿和其他用品

试管、三角瓶、烧杯、量筒、玻璃棒、电子天平、药匙、高压蒸汽灭菌锅、棉花、牛皮纸、记号笔、棉绳、pH 试纸、纱布等。

【实验方法】

1. 称量

按照培养基的配方，准确称量各成分。

2. 溶化

在烧杯中加入适量的水后加热，然后依次加入各组分，使其溶解，待完全溶解后补足损失水分。

3. 调节 pH

如果偏酸，加入 1 mol/L NaOH 调节 pH 至 7.0；如果偏碱，滴加 1 mol/L HCl 调节 pH 至 7.0。

4. 分装和灭菌

分装、加塞、包扎，121 ℃高压蒸汽灭菌 20 min。

【实验结果】

记录所配制培养基的名称、数量和时间。

【注意事项】

（1）一般情况下，发酵培养基碳源含量高于种子培养基。

（2）大规模工业生产时，原料不仅要求来源广泛、充足，还要成本低廉，有利于目的产物的分离提取。

实验 2-7　紫外线杀菌法

【案例】

紫外线杀菌技术是基于现代防疫学、医学和光动力学的基础，利用紫外线 UVC 波段杀灭包括细菌、病毒、真菌、立克次氏体和支原体等各种微生物。医院操作间、手术室、食品加工车间、微生物学实验室等都是紫外线消毒的重要场所，但是如何保证它的杀菌效果？杀菌剂量如何确定？紫外线对人体也有一定的伤害，可以通过哪些方式来规避紫外线对人体的伤害？

【实验目的】

（1）了解紫外线杀菌的工作原理。

（2）掌握紫外线杀菌的操作技术。

【基本原理】

紫外线杀菌技术是利用紫外线进行的一种物理杀菌方法。波长 200～300 nm 的紫外线都具有杀菌作用，其中 260 nm 的杀菌效果最好，紫外线的杀菌效率与强度和时间的乘积成正比。紫外线的杀菌机理主要是因为它诱导了胸腺嘧啶二聚体的形成和 DNA 链的交联，从而抑制了DNA 的复制。另外，由于辐射能使空气中的 O_2 电离成 [O]，再使 O_2 氧化成 O_3 或使水（H_2O）氧化生成过氧化氢（H_2O_2），O_3 和 H_2O_2 均具有杀菌作用。紫外线杀菌，被广泛应用于空气、物体表面、饮用水和废水等处理。紫外线灯距离照射物不超过 1.2 m 为宜。为了加强紫外线的灭菌效果，照射前可在无菌室内喷洒 3%～5% 的石炭酸溶液，一方面使空气中附着微生物的尘埃降落，另一方面也可以杀死部分细菌。无菌室内的桌子、凳子可用 2%～3% 的来苏尔擦洗，然后再开紫外灯照射，增强杀菌效果，达到杀菌目的。

【材料与器皿】

1. 试剂

牛肉膏蛋白胨琼脂培养基平板、5% 石炭酸溶液。

2. 器材和其他用品

紫外灯、超净工作台、恒温培养箱等。

【实验方法】

1. 单用紫外线灯照射

在无菌室内或超净工作台里打开紫外线灯，照射 30 min。

（1）打开牛肉膏蛋白胨琼脂培养基平板的上盖 15 min 后，盖上皿盖，放入 37 ℃恒温培养箱中培养 24 h，重复 3 次。

（2）观察并计数每个平板上生长的菌落数。如果不超过 4 个，说明杀菌效果良好；否则，需要延长紫外灯照射时长，或与其他措施联用。

2. 化学消毒剂与紫外线灯联合使用

（1）在无菌室内或超净工作台里，先喷洒 5% 石炭酸溶液，再用紫外线灯照射 15 min。

（2）其他操作步骤同单用紫外灯照射方法。

【实验结果】

将两种灭菌操作的结果记录到表 2-1 中。

表 2-1　两种灭菌操作的结果

处理方法	平板菌落数	灭菌效果比较
紫外线灯照射		
5% 石炭酸 + 紫外线灯照射		

【注意事项】

（1）紫外线对眼结膜和视神经有损伤作用，对皮肤有刺激作用，不能让紫外线灯照射到人或在紫外线灯光下工作。

（2）紫外线灯表面应保持清洁，一般每两周用酒精棉球擦拭一次，发现灯管表面有灰尘、油污时，应及时擦拭。

（3）利用紫外线灯消毒物品表面时，应让物品表面直接接受紫外线灯照射，并且要有足够的照射剂量，才能达到良好的杀菌效果。

实验 2-8　化学灭菌法

【案例】

目前，大多数无菌医疗器械生产企业采用环氧乙烷进行杀菌。它不仅可以与蛋白质上的氨基、羧基、羟基和巯基发生烷基化作用，还具有很强的穿透性和氧化性，所以是一种广谱高效的灭菌剂。但是环氧乙烷有一定的毒性，容易吸附在多种物品上，造成残留。环氧乙烷在不同物品残留量不同，有哪些因素会影响环氧乙烷的残留量？可以通过什么手段测定环氧乙烷残留量？

【实验目的】

（1）了解化学灭菌法的工作原理。

（2）掌握化学灭菌法的操作技术。

【基本原理】

对微生物具有杀灭作用的化学药品称为化学杀菌剂，其杀灭效果主要取决于微生物的种类与数量、物体表面的光洁度或多孔性以及杀菌剂的性质等。化学灭菌法可分为气体灭菌法和液体灭菌法。气体灭菌法是指采用气态杀菌剂（如臭氧、环氧乙烷、甲醛蒸汽等）进行灭菌的方法，特别适合于不耐加热灭菌的医用器具、设备和设施的消毒等。临床常用的环氧乙烷低温灭菌法、过氧化氢等离子体灭菌法、低温蒸汽甲醛灭菌法都是这种方法。液体灭菌法是指采用液体杀菌剂进行杀菌的方法，适合于皮肤表面、器具和设备等消毒。75% 乙醇、1% 聚维酮碘溶液、0.1%～0.2% 苯扎溴铵（新洁尔灭）、2% 左右的酚或煤酚皂溶液等都是液体灭菌法常用的试剂。不同化学杀菌剂对不同微生物的杀菌作用不同，即使是同一种化学杀菌剂对不同微生物的杀菌能力也不一致。因此，应注意化学杀菌剂的浓度及使用过程中其他因素的干扰和影响。

【材料与器皿】

1. 试剂

牛肉膏蛋白胨琼脂培养基、链霉素、青霉素、5% 石炭酸溶液、无菌水。

2. 菌种

培养 48 h 的金黄色葡萄球菌斜面菌种、培养 24 h 的大肠杆菌斜面菌种和副溶血弧菌斜面菌种。

3. 器材和其他用品

无菌培养皿、1 mL 无菌吸头、移液器、接种环、酒精灯、打火机、0.5 cm 的圆形滤纸片、尖头小镊子、记号笔等。

【实验方法】

（1）将牛肉膏蛋白胨琼脂培养基加热熔化，冷却至 50 ℃备用。

（2）各取一支金黄色葡萄球菌斜面菌种、大肠杆菌斜面菌种和副溶血弧菌斜面菌种，分别加入 9 mL 无菌水制成菌悬液备用。

（3）取无菌培养皿 9 副，用记号笔在皿底分别标上相应的菌种名称。

（4）取已经熔化冷却至 50 ℃左右的牛肉膏蛋白胨琼脂培养基 3 瓶，无菌条件下分别加入上述 3 种细菌的菌悬液 1 mL，混合均匀。

（5）将上述已混匀的牛肉膏蛋白胨琼脂培养基，按无菌操作倒入无菌培养皿中，每瓶混匀的培养基各倒 3 副培养皿，冷却凝固后用记号笔在培养皿底部写上供试化学杀菌剂的名称。

（6）将圆形滤纸片分别浸没于 2×10^{-4} U 链霉素、2×10^{-4} U 青霉素和 5% 石炭酸溶液中。

（7）用无菌镊子夹出浸有化学药物的滤纸片，放在细菌平板上，用镊子轻轻压实，每种化学杀菌剂重复 3 次，28 ℃下培养 48 h，观察结果并进行拍照。

【实验结果】

观察不同化学杀菌剂的抑菌效果，将抑菌圈直径填入表 2-2。

表 2-2　抑菌圈直径

菌株	抑菌圈直径（mm）		
	2×10^{-4} U 链霉素	2×10^{-4} U 青霉素	5% 石炭酸溶液
金黄色葡萄球菌			
大肠杆菌			
副溶血弧菌			

【注意事项】

（1）化学杀菌剂的杀菌浓度要足够高。

（2）注意化学杀菌剂能够起作用的温度和时长。

实验 2-9　高压蒸汽灭菌法

【案例】

目前国内常应用亚甲蓝 / 光照法处理血浆，用于灭活血浆中的病毒。但血浆实验的相关耗材经常采用高压蒸汽灭菌法和环氧乙烷法进行灭菌，相比较而言，高压蒸汽灭菌法最大的优点是什么？是不是所有耗材都可以用高压蒸汽灭菌法？为什么？

【实验目的】

（1）了解高压蒸汽灭菌法的基本原理。

（2）掌握高压蒸汽灭菌法的操作技术。

【基本原理】

高压蒸汽灭菌法是一种可杀灭包括芽孢在内的所有微生物的灭菌方法，适用于普通培养基、生理盐水、手术器械、玻璃容器、注射器、敷料等物品的灭菌。它是将待灭菌的物品放在一个密闭的加压灭菌锅内，通过加热，使灭菌锅隔套间的水沸腾而产生蒸汽，待水蒸气急剧地将锅内的冷空气从排气阀完全驱除干净，关闭排气阀，继续加热，此时由于蒸汽不能溢出，增加了灭菌锅内的压力，从而使沸点升高至高于 100 ℃的温度，导致菌体蛋白凝固变性而达到灭菌的目的。

【材料与器皿】

1. 试剂

牛肉膏蛋白胨培养基。

2. 器皿和其他用品

牛皮纸包扎好的培养皿、塞紧棉塞的三角瓶和试管、高压蒸汽灭菌锅。

【实验方法】

（1）将高压蒸汽灭菌锅内层灭菌框取出，再向锅内加入适量的水，使水面与三角搁架相平为宜，每次灭菌前都需要补足水量。

（2）待灭菌物品放入灭菌框后，再将灭菌框垂直放回高压蒸汽灭菌锅内。放置待灭菌物品注意不要装得太挤，避免妨碍蒸汽流通而影响灭菌效果。三角瓶与试管口端均不要与框壁接触，以免冷凝水淋湿包口的牛皮纸而透入棉塞。

（3）盖上锅盖，以两两对称的方式同时旋紧相对的两个螺栓，使螺栓松紧一致，勿漏气；安全阀处于关闭状态，排气阀处于打开状态。

（4）接通电源，设定温度和灭菌时间，用"▲"或"▼"键进行调整，按一下温度设置键设置温度，然后按一下灭菌时间设置键设置灭菌时间，再按一下校正温度设置键设置校正温度为"0"，最后按几秒工作键，工作指示灯亮起，代表系统正常工作，显示高压蒸汽灭菌锅内的实际温度，开始加热进入灭菌过程。

（5）随着加热的进行，锅内的冷空气不断地被排出来。待冷空气完全排尽后，关上排气阀，锅内的温度随蒸汽压力增加而逐渐上升。当锅内压力升到所需压力 1.05 kg/cm²、温度为121 ℃时，灭菌开始计时 20 min。

（6）灭菌所需时间到达后，切断电源，让灭菌锅内温度和压力自然下降，待压力降至 0 时，打开排气阀，旋松螺栓，打开盖子，待大量的水蒸气蒸发后，取出灭菌物品。如果压力未降到0时，打开排气阀，会因为锅内压力突然下降，使容器内的培养基由于内外压力不平衡而冲出三角瓶口或试管口，造成棉塞沾染培养基而发生污染。

（7）将取出的灭菌培养基放入 37 ℃培养箱培养 24 h，经检查若无杂菌生长，即可待用。

【实验结果】

观察灭菌培养基灭菌前后外观的改变，并记录在 37 ℃培养箱中的无菌检查结果。

【注意事项】

（1）灭菌物品不宜过大（体积不应大于 30 cm×30 cm×30 cm），灭菌锅内物品的放置总量不应超过灭菌锅内容积的 85%。各灭菌物品之间应留有空隙，以便于蒸汽流通、渗入物品中央。

（2）如果盛装物品的容器是封闭状态，应将容器盖稍微旋松。

（3）灭菌过程应将冷空气充分排空，防止实际温度低于设置温度。

（4）注意安全，每次灭菌前，应检查灭菌器是否处于良好的工作状态，灭菌过程务必随时观察压力及温度情况。

（5）灭菌完毕后减压不要过猛，压力表回归"0"位后才可打开锅盖。

实验 2-10　过滤除菌法

【案例】

过滤除菌法越来越多地应用于食品工业上，比如啤酒、黄酒、白酒、酱油、醋、牛奶、果汁、饲料等的过滤除菌，相对于食品工业上的其他常用灭菌方法，有什么显著优势？在食品工业上，如何选择合适的滤膜材质？

【实验目的】

（1）了解过滤除菌法的基本原理。

（2）掌握微孔滤膜过滤除菌的操作技术。

【基本原理】

过滤除菌法是用物理阻留的方法将液体或空气的细菌除去，从而达到去除杂菌的目的。此法主要用于血清、毒素、抗生素、疫苗、维生素等不耐热液体的除菌，一般不能除去病毒、支原体和 L 型细菌。在过滤除菌过程中需要用到微小孔径的过滤器，当液体或空气通过含有微小孔径的过滤器时，只有小于孔径的物体（如液体和空气）通过，大于孔径的物体不能通过。一般采用抽气减压的方法进行操作。常用的过滤器有微孔滤膜（常用微孔滤膜直径为 0.45 μm 和 0.22 μm）、陶瓷过滤器、硅藻土过滤器、石棉过滤器、烧结玻璃板过滤器等。

过滤除菌法可将细菌与病毒分开，因此广泛应用于病毒和噬菌体的研究工作中。此外，微生物工业生产上所用的大量无菌空气以及微生物工业使用的超净工作台，都是根据过滤除菌法的原理设计的。比如在发酵工业中，使空气通过多层的棉花和活性炭来滤除空气中的细菌。目前，发酵工业中已逐步采取以超细玻璃纤维代替棉花、活性炭作为滤除空气杂菌的工业技术。

【材料与器皿】

1. 菌种

培养 24 h 的大肠杆菌（*Escherichia coli*）斜面菌种。

2. 试剂

牛肉膏蛋白胨液体培养基、营养琼脂培养基、无菌水。

3. 器皿和其他用品

无菌试管、1 mL 和 200 μL 无菌吸头、接种环、酒精灯、打火机、孔径为 0.22 μm 和 0.45 μm 滤膜、微孔过滤器、涂布棒、注射器、超净工作台、镊子等。

【实验方法】

（1）将 0.22 μm 和 0.45 μm 的滤膜分别装入清洗干净的微孔过滤器中，压平旋紧，用牛皮纸包装好后高压蒸汽灭菌。

（2）接取大肠杆菌斜面菌种到牛肉膏蛋白胨液体培养基中，置于 37 ℃摇床振荡培养 16 h。

（3）按照 10 倍稀释法，将过夜培养的大肠杆菌进行连续 10 倍稀释至 10^{-6}，各取稀释菌液 100 μL 涂布到普通营养琼脂上，37 ℃恒温培养 24 h。

（4）另取 100 μL 菌液加入 5 mL 的牛肉膏蛋白胨液体培养基中，用注射器吸取菌液稀释液，将灭菌的微孔过滤器的入口连接于装有菌液稀释液，出口处对准无菌试管口。将注射器中的菌液加压缓缓挤入，使液体一滴一滴地流出，切勿用力过猛而导致液体流出速度过高，导致细菌被挤压通过滤膜。

（5）取 100 μL 过滤后的培养液涂布于营养琼脂培养基上，置于 37 ℃培养箱恒温培养 24 h。

（6）培养结束后，观察细菌生长状况。

【实验结果】

观察和比较有、无用过滤除菌的培养液在营养琼脂培养基上的生长情况，并分析细菌过滤器的除菌效果。

【注意事项】

（1）过滤时应控制好力度，防止细菌通过滤膜甚至滤膜破裂。

（2）把滤膜装进过滤器时要旋紧，避免出现渗漏现象。

（3）过滤的全过程都应该在无菌条件下进行操作。

第3章 微生物分离、纯化与保藏

在自然状态下，各种微生物一般都是杂居混生在一起的。为从混杂的试样中获得所需的微生物纯种，或是在实验室中把受污染的菌种重新纯化，都离不开菌种分离纯化的方法。因此，掌握纯化分离技术是每一个微生物学工作者的基本功之一。

纯化分离方法可分两大类：一类是在细胞水平上的纯化；另一类是在菌落水平上的纯化。细胞水平上的纯化分离方法包括用分离湿室作单细胞分离、用显微操纵器作单细胞分离和用菌丝尖端切割法作单细胞分离；菌落水平上的纯化分离方法包括平板表面划线法、平板表面涂布法和琼脂培养基浇注法。分离单细胞以达到菌株纯化的方法在微生物遗传等研究中十分重要，但是通常设备要求较高，技术不易掌握。相比较之下，菌落水平的纯化方法简便、设备简单、分离效果良好，所以被一般实验室普遍选用。

微生物菌种是国家的重要自然资源，但是易受外界环境的影响而发生小概率的变异，导致菌种优良性状的退化或死亡。而优良菌株的获得是一项艰苦的工作，所以需要做好菌种保藏工作。微生物菌种保藏的最主要目的是使菌种经过一定时间保藏后仍然保持活力，不污染杂菌，形态和生理特征稳定。理想的微生物菌种保藏方法应具备下列条件：① 长期保藏后微生物菌种仍保持存活；② 保证高产突变株不改变基因型及表型，特别是不改变代谢产物生产的高产能力。无论何种保藏方法，都主要是根据微生物本身的生理生化特点，人为地创造适宜条件，使微生物处于代谢不活跃、生长繁殖受抑制的休眠状态。一般人为创造的环境主要有低温、干燥、缺氧及缺乏营养等。在此种条件下，可使微生物菌株很少发生突变和死亡，以达到保持纯种和存活的目的。常用的菌种保藏方法有：斜面菌种低温保藏法、液体石蜡保藏法、砂土管保藏法、冷冻干燥保藏法、液氮超低温保藏法。

对于需要保藏的微生物除了选择适宜的保藏方法外，还需要挑选典型、优良、纯正的菌种，并保证微生物的代谢处于不活跃或相对静止的状态（比如选择细菌的芽孢、真菌的孢子等材料）。对于不产孢子的微生物来说，既要使其新陈代谢处于最低水平，又要保证其不会死亡，从而达到长期保藏的目的。另外，尤其要注意在进行菌种保藏之前，必须设法保证它是典型的纯培养物。在菌种保藏过程中要进行严格的管理和检查，发现问题应及时处理。

实验 3-1 平板划线分离法

【案例】

在分离南美白对虾病原菌的时候经常采用平板划线分离法，用接种环蘸取虾肝胰腺在 TSA、TCBS、2216E 等培养基上进行划线分离。据报道，研究人员应用 TCBS 培养基从上海金山区的南美白对虾中分离筛选出 5 株疑似病原菌。除了平板划线分离法还可以用什么方法对南美白对虾病原菌进行分离？与平板划线法相比，各有何优缺点？

【实验目的】

（1）了解平板划线分离法的基本原理。

（2）掌握平板划线分离法的操作方法。

【基本原理】

平板划线分离法是将混杂在一起的不同种微生物或同种微生物群体中的不同细胞，通过在分区的平板表面上作多次划线稀释，形成较多的独立分布的单个细胞，经培养而繁殖成相互独立的多个单菌落。通常认为这种单菌落就是某微生物的"纯种"。实际上同种微生物数个细胞在一起通过繁殖也可形成一个单菌落，故在科学研究中，特别在遗传学实验或菌种鉴定工作中，必须对实验菌种的单菌落进行多次划线分离，才可获得可靠的纯种。

具体的划线形式有多种，这里介绍一种经过长期实践并证明可获得良好实验效果的方法：将平板分成 A、B、C、D 4 个面积不同的小区进行划线，A 区面积最小，作为待分离菌的菌源区，B 和 C 区为经初步划线稀释的过渡区，D 区则是关键的单菌落收获区，它的面积最大，出现单菌落的概率也最高。由此可知，这 4 个区的面积安排应做到 D＞C＞B＞A。

【材料与器皿】

1. 菌种

酿酒酵母（*Saccharomyces cerevisiae*）和粘红酵母（*Rhodotorula glutinis*）的混合培养斜面菌种。

2. 试剂

马铃薯葡萄糖琼脂培养基。

3. 器皿和其他用品

无菌培养皿、水浴锅、三角瓶、接种环、超净工作台、恒温培养箱等。

【实验方法】

1. 融化培养基

将装有马铃薯葡萄糖琼脂培养基的三角瓶放入热水浴中加热至沸腾，直至充分融化。

2. 倒平板

待培养基冷却至 50 ℃左右后，按无菌操作法倒 4 只平板（每皿约倒 20 mL），平置，待凝。

3. 作分区标记

在皿底用记号笔划分成 4 个不同面积的区域，使 A<B<C<D，且各区间的夹角应为 120° 左右，以便使 D 区与 A 区所画出的线条相平行、美观。

4. 划线操作

（1）挑取菌样。选用平整、圆滑的接种环，按无菌操作法挑取少量含菌试样。

（2）先划 A 区。将平板倒置于煤气灯火焰旁，用左手取出平板的皿底，使平板表面大致垂直于桌面，并让平板面向火焰。右手持含菌的接种环，先在 A 区轻巧地画 3～4 条连续的平行线当作初步稀释的菌源，再烧去接种环上的残余菌样。

（3）划其余区。将烧去残菌后的接种环在平板培养基边缘冷却一下，并使 B 区转至划线位置，把接种环通过 A 区（菌源区）而移至 B 区，随即在 B 区轻巧地画上 6～7 条致密的平行线，接着再以同样的操作在 C 区和 D 区画上更多的平行线，并使 D 区的线条与 A 区平行（但不能与 A 区或 B 区的线条接触），最后，将左手所持皿底放回皿盖中。烧去接种环上的残菌。

5. 恒温培养

将划线后的平板置 28 ℃倒置培养 2～3 d。

6. 挑单菌落

良好的结果应在 C 区出现部分单菌落，而在 D 区则出现较多独立分布的单菌落。然后从典型的单菌落中挑取少量菌体至试管斜面，经培养后即为初步分离的纯种。

7. 清洗培养皿

将废弃的带菌平板高压蒸汽灭菌后再进行清洗、晾干。

【实验结果】

（1）提交划线分离效果最好和最差的两个培养皿上的菌落照片，并分析其中的原因。

（2）描述分离的酿酒酵母和粘红酵母的菌落形态特征。

【注意事项】

（1）为了取得良好的划线效果，可事先用圆纸垫在空的培养皿内画上 4 区，并用接种环练习划线动作，待通过模拟练习熟练操作和掌握划线要领后，再正式进行平板划线。

（2）用于划线的接种环，环柄宜长些（约 10 cm），环口应十分圆滑，划线时环口与平板间的夹角宜小些，动作要轻巧，以防划破平板。

实验 3-2　浇注平板法和涂布平板法分离菌种

【案例】

以污水处理厂的活性污泥为实验样品，利用浇注平板法和涂布平板法对活性污泥中的细菌进行分离，纯化并得到纯的菌种。在浇注平板法中固体培养基内菌落是如何分布的？不同层次上的菌落形态、大小上有何区别？为什么？同一稀释度的菌液，在两种方法的分离计数中所出现的菌落是否相同？为什么？

【实验目的】

（1）了解采用浇注平板法和涂布平板法分离微生物纯种的原理。

（2）掌握浇注平板法和涂布平板法的具体操作方法。

【基本原理】

　　浇注平板法是将待分离的试样用生理盐水等稀释液作梯度系列稀释后，取其中一合适稀释度的少量菌悬液加至无菌培养皿中，立即倒入 50 ℃左右融化的固体培养基，经充分混匀后，置室温下培养。最后可从其表面和内层出现的许多单菌落中，选取典型代表，将其转移至斜面上培养后保存，此即为初步分离的纯种。

　　涂布平板法是指取少量梯度稀释菌悬液，置已凝固的无菌平板培养基表面，然后用无菌的涂布棒把菌液均匀地涂布在整个平板表面，经培养后，在平板培养基表面会形成多个独立分布的单菌落，然后挑取典型的代表移接至斜面，经培养后保存。

　　在分离某一新菌种时，为保证所获纯种的可靠性，一般可用上述方法反复分离多次来实现。

【材料与器皿】

　　1. 菌种

　　大肠杆菌（*Escherichia coli*）和金黄色葡萄球菌（*Staphylococcus aureus*）的混合菌液。

　　2. 试剂

　　牛肉膏蛋白胨固体培养基、无菌生理盐水。

　　3. 器皿和其他用品

　　无菌培养皿、试管、移液管、玻璃涂布棒、标签纸、记号笔等。

【实验方法】

　　1. 浇注平板法

　　（1）培养皿编号。取 6 支无菌培养皿，分别编上 10^{-4}、10^{-5} 和 10^{-6} 3 种稀释度（各 2 皿）。

　　（2）稀释菌样。取 6 支无菌试管，依次编号为 $10^{-1} \sim 10^{-6}$，在各管中分别加入生理盐水 4.5 mL，然后进行逐级稀释。

　　（3）吸取菌液。从 10^{-4}、10^{-5} 和 10^{-6} 各管中，分别吸出 0.2 mL 菌液加至相应编号的无菌培养皿中。

　　（4）浇培养基。向各培养皿中分别倒入充分融化并冷却至 50 ℃左右的固体培养基，并立即将菌液和培养基充分混匀，然后放平，静置待凝。

　　（5）恒温培养。将含菌平板倒置在各组的培养皿中，在 37 ℃恒温培养箱中培养 24 h 左右。

　　（6）挑单菌落。用灭菌后的接种环分别挑取大肠杆菌和金黄色葡萄球菌的单菌落至试管斜面，经培养后保存。

　　2. 涂布平板法

　　（1）浇制平板。先将融化并冷却至 50 ℃左右的牛肉膏蛋白胨固体培养基倒入无菌培养皿中，每皿约 15 mL，共 6 皿。待均匀铺开后，放平，待凝。分别编上 10^{-4}、10^{-5} 和 10^{-6}，各 2 皿。

　　（2）菌样稀释。取 6 支无菌试管，依次编号为 $10^{-6} \sim 10^{-1}$，在各管中分别加入生理盐水 4.5 mL，然后进行逐级稀释。

　　（3）滴加菌液。从 10^{-4}、10^{-5} 和 10^{-6} 各管中分别吸出 0.2 mL 菌液到相应编号的平板表面上。

（4）涂布平板。左手执培养皿，并将皿盖开启一缝，右手拿涂布器把平板上的一滴菌液轻轻涂开、均匀铺满整个平板，并防止平板培养基破损。

（5）平板培养。将平板倒置放在各组的培养皿中，置 37 ℃恒温培养箱中培养 24 h 左右。

（6）挑单菌落。同上述浇注平板法。

【实验结果】

将浇注平板法和涂布平板法的结果记录在表 3-1 中。

表 3-1　浇注平板法和涂布平板法的结果

菌落结果描述		浇注平板法			涂布平板法		
		10^{-4}	10^{-5}	10^{-6}	10^{-4}	10^{-5}	10^{-6}
个 / 皿	大肠杆菌						
	金黄色葡萄球菌						
分布描述	大肠杆菌						
	金黄色葡萄球菌						
菌落特征	大肠杆菌						
	金黄色葡萄球菌						

【注意事项】

（1）在浇注平板法中，注意培养基不能太热，否则会烫死微生物；在混匀时，动作要轻巧，应多次顺或逆时针方向旋动。

（2）作涂布用的平板，琼脂含量可适当高些，倒平板时培养基不宜太热，否则易在平板表面形成冷凝水，导致菌落扩展或蔓延。平板凝固后可将皿盖打开留一开口，放在超净工作台用无菌风吹一段时间，保证平板表面无冷凝水形成。

（3）挑取单菌落时，应注意选取分散、独立并具有典型特征的菌落，以尽快获得纯种。

实验 3-3　液体培养基稀释分离法

【案例】

据报道，通过液体培养基稀释分离法与水滴稀释法对陕北黄土高原生物结皮土生藻类进行分离培养，采用光学显微镜观察结皮微藻的形态特征，并进行分子鉴定。结果显示，共纯化获得 7 种结皮藻类，经光学显微镜初步确定，其中 5 株为绿藻，2 株为蓝藻。液体培养基稀释分离法的优缺点是什么？如何改进其缺点？

【实验目的】

（1）了解用液体培养基稀释分离法的原理。

（2）掌握液体培养基稀释分离法的具体操作方法。

【基本原理】

液体培养基稀释分离法是通过不断稀释使被分离的样品分散到最低限度以获得纯培养物的方法。利用液体培养基将待分离的样品进行连续稀释，目的是得到高度稀释的效果，使 1 支试管中最多分配到一个微生物。如果经过稀释后的大多数试管中没有微生物生长，那么有微生物生长的试管得到的培养物可能就是由一个微生物个体繁殖而来的纯培养物。

【材料与器皿】

1. 材料

含单细胞藻类的河泥或稻田土。

2. 试剂

（1）牛肉膏蛋白胨培养基。牛肉膏 3.0 g、蛋白胨 10.0 g、NaCl 5.0 g、琼脂 15.0～20.0 g、蒸馏水 1000 mL，pH=7.4。

（2）BBM 培养基。

BBM 培养基贮液 A：$NaNO_3$ 10.0 g、$MgSO_4 \cdot 7H_2O$ 1.0 g、KH_2PO_4 7.0 g、$CaCl_2 \cdot 2H_2O$ 1.0 g、K_3PO_4 3.0 g、NaCl 1.0 g、蒸馏水 400 mL。

BBM 培养基微量元素溶液：① EDTA（乙二胺四乙酸）50.0 g、KOH 31.0 g，溶于 1000 mL 蒸馏水中；② $FeSO_4 \cdot 7H_2O$ 4.98 g，加入溶有 1 mL 浓 H_2SO_4 的 1000 mL 蒸馏水中；③ H_3PO_4 11.42 g，溶于 1000 mL 蒸馏水中；④ $ZnSO_4 \cdot 7H_2O$ 8.82 g、$MnCl_2 \cdot 4H_2O$ 1.44 g、MnO_3 0.71 g、$CaSO_4 \cdot 5H_2O$ 1.57 g、$Co(NO_3)_2 \cdot 6H_2O$ 0.49 g，溶于含 1 mL 浓 H_2SO_4 的 1000 mL 蒸馏水中。

BBM 液体培养基：取贮液 A 10 mL 加入 986 mL 蒸馏水和微量元素溶液①～④各 1 mL 即为 BBM 培养基。

（3）其他试剂。无菌水。

3. 器皿和其他用品

试管、移液器、无菌吸头等。

【实验方法】

（1）稀释土壤混悬液。称取土样 0.5 g，迅速倒入 49.5 mL 无菌水中，振荡 5～10 min，使土样充分打散，即成 10^{-2} 的土壤混悬液。取 21 支无菌试管，依次编号为 10^{-3}～10^{-9}，在各管中分别加入 BBM 培养基 0.9 mL，然后取 0.1 mL 10^{-2} 的土壤混悬液进行连续 10 倍稀释，每个梯度重复 3 次。

（2）确定稀释度。将各稀释梯度的培养基置于 25～30 ℃光照培养 2～3 w，观察生长情况，以有生长的最低生长稀释度为最低稀释梯度，并以此为预实验。

（3）液体稀释分离纯种。根据上述预实验结果，按步骤（1）方法用无菌水对土壤混悬液进行梯度稀释至最低稀释梯度，然后将最低稀释梯度培养基再用 BBM 液体培养基稀释 10 倍，分装到 10 支试管或离心管中。将稀释分装好的培养基置于 25～30 ℃光照培养 2～3 w，观察生长情况，培养后大多数试管或离心管中没有藻类生长，有藻类生长的即视为藻类纯种。

（4）判断。对有藻类生长的试管或离心管进行无菌检查，取 0.1 mL 步骤（3）中有藻类生长的培养基涂布到牛肉膏蛋白胨琼脂培养基上，没有细菌菌落生长的表示该藻样中没有细菌等其他微生物，为藻类纯培养物，若有菌落生长则应进行进一步纯化。

（5）观察。用显微镜观察分离到的藻类形态。

【实验结果】

（1）记录土壤样品最低稀释梯度。

（2）根据显微镜观察到的藻类形态绘制形态图。

【注意事项】

（1）为了抑制细菌生长可以在 BBM 培养基中添加链霉素等抑制肽聚糖合成的抗生素。

（2）进行梯度稀释的时候要充分混匀以降低实验误差，增加最低稀释梯度的准确性。

实验 3-4　真菌的单孢子分离法

【案例】

据报道，采用单孢子分离法从苹果病叶中分离苹果褐斑病病原菌苹果盘二孢，随后通过形态学和分子生物学手段明确了单胞分生孢子与双胞分生孢子的关系，并对单胞分生孢子的萌发、侵染及致病性进行了研究。在分离单孢子前，为何最好先让孢子萌发再进行？是否可用20% 甘油或营养琼脂代替水琼脂做保湿剂？为什么？

【实验目的】

（1）了解真菌单孢子分离法的原理。

（2）掌握一种简易有效的单孢子分离方法。

【基本原理】

单孢子分离在真菌和其他真核微生物遗传规律的研究、分类鉴定、育种和菌种保藏等工作中十分重要，是获得纯种微生物的有效方法。

采用自制的厚壁磨口毛细吸管，吸取预先已适当萌发的孢子悬液，多处点种在作为分离湿室的培养皿盖的内壁上，然后在低倍镜下逐个检查，当发现某一液滴内仅有 1 个萌发的孢子时，即作一记号，然后在其上盖一小块营养琼脂片，让其发育成微小菌落，最后把它移植至斜面培养基上，经培养后即获得了由单孢子发育而成的纯种。

【材料与器皿】

1. 菌种

米曲霉（*Aspergillus oryzae*）。

2. 试剂

查氏液体培养基、查氏培养基斜面、4% 水琼脂。

3. 器皿和其他用品

厚壁磨口毛细滴管（自制）、移液管、三角瓶（内装有玻璃珠）、培养皿、记号笔、玻璃管、乳胶管、脱脂棉等。

【实验方法】

（1）自制毛细滴管。截取一段细玻璃管或破废移液管，一端在火焰上烧红、软化，使管壁增厚，然后用镊子将滴管的尖端拉成很细的厚壁毛细管状，再在合适的部位用金刚砂片割断。毛细滴管口必须是厚壁状并用细砂轮片或金刚砂仔细磨平。厚壁磨口毛细滴管和简易孢子过滤装置见图 3-1 所示。

（2）毛细滴管的标定。磨制好的滴管应标定一下体积。精确的标定是在毛细管的一定体积内灌装满水银，然后称水银质量，再查出此温度下水银的密度而求出体积（体积＝质量／密度）。另外，不很精确的标定方法是在 0.1 mL（100 μL）吸管中吸满水，然后用待测毛细滴管吸取其中的水，再用吸水纸吸去毛细管中的水，如此反复吸 10 次，若共吸去的水为 0.05 mL（50 μL），则可求得该毛细滴管的体积约为 5 μL。

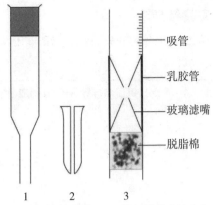

1- 毛细滴管全貌；2- 管口部分（放大）；
3- 简易孢子过滤装置

图 3-1　厚壁磨口毛细滴管和简易孢子过滤装置

（3）毛细滴管的检验和灭菌。凡符合要求的毛细滴管，在载玻片上滴样时，其中的液体要流得均匀、快速，点形圆整，每点的面积应略小于低倍镜视野。一般要求每微升的孢子悬液可点上 50 小滴。经检验合格后在其尾端塞上少许棉花，外面用干净的纸张包扎后，灭菌备用。

（4）准备分离湿室。在直径 9 cm 的无菌培养皿中，倒入 8～10 mL 4% 水琼脂，作保湿剂。在皿盖外壁上用记号笔整齐地画 49 或 56 个直径约 3 mm 小圈作点样记号。

（5）制备萌发孢子悬液。用无菌接种环在试管斜面上挑取生长良好的米曲霉孢子若干环，接入盛有 10 mL 查氏液体培养基（无琼脂）和玻璃珠的无菌三角瓶中，振荡 5 min 左右，使孢子充分散开。然后在 10 mL 吸管口上套上一灭菌后的简易过滤装置。以此从三角瓶中吸取数毫升孢子悬液于无菌试管中，经血细胞计数板准确计数后，用查氏液体培养基调节孢子悬液浓度，使其每毫升含 5×10^4～1.5×10^5 个孢子。然后将它放入 28 ℃恒温培养箱中培养 8 h 左右，促使孢子适度萌发。

（6）点样。点样前若皿盖内表面有冷凝水，则可先用微火在背面加热去除，然后用厚壁磨口毛细滴管吸取数微升已初步萌发的孢子悬液，立即快速轻巧地把它一一点在皿盖内壁的相应黑圈记号内。

（7）检出单孢子液滴。把点样后的分离小室放在显微镜的镜台上，用低倍镜依次检查每一液滴内有无孢子，若某液滴内只有一个孢子且是发芽的，则可在皿盖上另作一记号（见图 3-2）。

（8）盖上薄片状培养基。将少量查氏琼脂培养基倒入无菌并保持 45～50 ℃的培养皿内，让其迅速铺开，形成均匀的薄层，待其

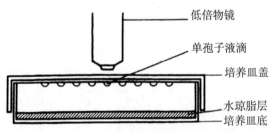

图 3-2　单孢子分离用的湿室与显微镜检查示意图

凝固后，用无菌小刀将它切成若干小片（每片长和宽约 25 mm），然后一一挑起并盖在有记号的单孢子液滴上，最后盖上皿盖。

（9）恒温培养。将上述分离小室放 28 ℃恒温培养箱中培养 24 h 左右，使每一单孢子都长成 1 个微小菌落以便于移种操作。

（10）移入斜面。微型小刀经火焰灭菌并冷却后，用它把长有单菌落的琼脂薄片移种到新鲜的查氏培养基斜面上，在 28 ℃下培养 4～7 d 后，即可获得由单孢子发育成的生长良好的纯种（菌株）斜面。

【实验结果】

将单孢子分离的结果记录于表 3-2 中。

表 3-2 单孢子分离的结果

孢子悬液/(个/毫升)	每皿点样数/(个)	每皿萌发单孢子数/(个)	每皿形成微菌落数/(个)	成功率/(%)

【注意事项】

（1）毛细滴管必须选用厚壁且管口平整的，液滴要小而圆，面积应小于低倍镜的视野。

（2）用作分离小室中保湿剂的琼脂，不必倒得太厚以免影响透光度和造成浪费。

实验 3-5　真菌的菌丝尖端切割分离法

【案例】

为了解贵州关岭余甘子内生真菌的多样性，取贵州省关岭县 10 月份野生健康成熟新鲜的余甘子果实，采用组织分离法对果实进行内生真菌分离，按照菌丝尖端切割法接种至马铃薯葡萄糖琼脂（PDA）培养基进行纯化。请问如果某丝状真菌已污染了细菌，应如何分离纯化它？

【实验目的】

（1）了解丝状真菌菌丝尖端切割分离法的原理。

（2）掌握丝状真菌菌丝尖端切割分离法的操作技术。

【基本原理】

丝状真菌的分离纯化除了单孢子分离法外，还可采用菌丝尖端切割分离法，此法对不形成孢子的丝状真菌更有效，而且还可淘汰被污染的细菌。

由于真菌菌丝具有穿透琼脂培养基的能力，因而只要将菌丝接种到适合真菌生长的培养基平板表面上，然后在上面覆盖一片无菌的盖玻片，并稍向下压，使盖玻片与培养基间不留空隙，以抑制气生菌丝的生长，营养菌丝就可穿过琼脂培养基而在盖玻片四周延伸。当气生菌丝尚未长出前，将平板置低倍镜下观察，寻找菌丝生长稀少的区域，做好标记，然后用接种针或无菌小刀将菌丝尖端连同琼脂块一起切下，移至适合该真菌生长的斜面培养基上，即可获得纯种。如用水琼脂代替固体培养基制平板则更好，原因是其中营养少，菌丝生长稀疏，在显微镜下观察更清晰，切取单根菌丝尖端也方便，故分离效果更佳。

如丝状真菌被细菌污染，可使用酸性培养基，即在浇注平板前加入一定数量的酸（盐酸、磷酸或乳酸）与培养基混合，使培养基的 pH 为 4.0～5.0，从而抑制了细菌的生长。也可在适合真菌生长的培养基中添加适量抗生素，如青霉素、链霉素或氯霉素等抑制细菌生长，以达到排除细菌的目的。

【材料与器皿】

1. 菌种

不产孢子的赤霉素产生菌——藤仓赤霉（*Gibberella fujikuroi*）或其他待分离的菌种。

2. 试剂

1.5% 水琼脂或查氏培养基、马铃薯葡萄糖琼脂斜面。

3. 器皿和其他用品

无菌培养皿、无菌盖玻片、无菌薄壁玻璃管、镊子、小刀等。

【实验方法】

（1）倒平板。化无菌的水琼脂（或查氏培养基），待冷却至 50 ℃左右即倒入无菌培养皿中（平板不宜太厚，否则影响透明度）平置，待凝固。

（2）接菌。将待分离的真菌菌丝接种于平板中央。

（3）覆盖盖玻片。取一无菌盖玻片盖在接菌的部位，用镊子轻轻向下压平。

（4）培养。将培养皿倒置于 28 ℃恒温培养箱中培养 48 h。

（5）观察。将整个平板倒置于显微镜镜台上，用低倍镜，在盖玻片周围寻找菌丝生长较稀疏的区域，并在待分离菌丝尖端处的皿底外壁上画一圆圈，使欲分离的菌丝尖端正好处在圆圈内。

（6）移种。用无菌薄壁玻璃管在平板培养基相应处打洞，再将平板置于显微镜下观察，检查欲分离的菌丝是否处于玻璃管打下的琼脂块内，确证后再用较硬的接种针将琼脂块移至马铃薯葡萄糖琼脂斜面上，经培养后即成为由单一菌丝发育成的纯菌种。

【实验结果】

（1）将分离纯化的结果记录于下表 3-3 中。

表 3-3　分离纯化的结果

培养条件			图示切割菌丝尖端的部位	斜面菌苔有无污染杂菌	备注
培养基	培养温度 /℃	培养时间 /h			

（2）描述被分离真菌在斜面培养基上生长的形态特征。

【注意事项】

（1）挑菌丝时要小心，要保证挑取的是单菌丝。

（2）要及时观察，掌握好挑单菌丝的时间，否则随着培养时间的延长，盖玻片周围会长出大量的气生菌丝，从而影响分离操作和效果。

实验 3-6　土壤微生物分离与纯化

【案例】

据报道，以大青山退化生态系统中能维持生存的油松、虎榛子两个树种根际土壤为研究对象，对其微生物分离条件、抑制剂选用进行研究。在传统土壤微生物分离培养方法的基础上，通过正交试验和单因素试验分别对影响土壤细菌、放线菌、霉菌和酵母菌分离效果的几个重要因素作了探索性研究，并确立了根际土壤细菌、放线菌、霉菌和酵母菌最佳分离条件组合。分离不同微生物时，如何选择培养基？主要依据什么原理？

【实验目的】

（1）了解从土壤中分离微生物的方法。

（2）掌握土壤细菌、放线菌、霉菌和酵母菌的菌落特征。

【基本原理】

自然条件下，微生物常以群落存在，这种群落往往是不同种类微生物的混合体。土壤是微生物生活的良好环境，土壤微生物的种类和数量极其丰富，因此土壤是人类开发利用微生物资源的重要基地。土壤中的微生物数量与种类主要与土壤肥力有关，肥沃的土壤中多，贫瘠的土壤中少。其生理类群则与土壤的其他理化性质（如通气、pH）有关。

为了研究某种土壤微生物的特性，必须从这些混杂的微生物中获得纯培养。分离微生物时，一般是根据不同微生物对营养、pH、氧气等要求的不同，供给它们适宜的生活条件，或加入某种抑制剂造成只利于此菌生长，不利于其他菌生长的环境，从而淘汰不需要的菌。

【材料与器皿】

1. 材料

土壤样品。

2. 试剂

已灭菌的牛肉膏蛋白胨琼脂培养基、高氏 1 号琼脂培养基、马丁氏琼脂培养基、无菌水等。

3. 器皿和其他用品

培养皿、移液器、天平、称量纸、药匙、试管架、接种环、酒精灯、超净工作台等。

【实验方法】

1. 土壤稀释分离

（1）取土壤。取表层以下 5～10 cm 处的土壤样品，放入灭菌的袋中备用，或放在 4 ℃冰箱中暂存。

（2）制备稀释液（要无菌操作）。

① 制备土壤悬液。取土样 0.5 g，迅速倒入带玻璃珠的无菌水瓶中（玻璃珠用量以充满瓶底为好），振荡 5～10 min，使土样充分打散，即成 10^{-2} 的土壤悬液。

② 稀释。用移液器吸取 10^{-2} 的土壤悬液 0.5 mL，放入 4.5 mL 无菌水中，即为 10^{-3} 稀释液，如此重复，可依次制成 10^{-3}～10^{-7} 的稀释液。注意：操作时每一个稀释度换 1 个吸头；每稀释 1 个梯度，要将吸头插入液面，吹吸至少 3 次，以减少稀释产生的误差。

（3）混菌法培养微生物。

① 细菌。吸取 10^{-6}、10^{-7} 稀释液各 1 mL，分别接入相应编号的培养皿中，每个稀释度接 3 个培养皿。然后取冷却至 50 ℃的牛肉膏琼脂培养基，分别倒入以上培养皿中，迅速轻轻摇动培养皿，使菌液与培养基充分混匀，但不沾湿培养皿的边缘，待琼脂凝固即成细菌平板，倒平板时要注意无菌操作。

② 放线菌。吸取 10^{-5}、10^{-4} 稀释液各 1 mL，加入相应编号的培养皿各 3 个，选用高氏 1 号培养基，用与细菌相同的方法倒入培养皿中，便可制成放线菌平板。

③ 霉菌。吸取 10^{-2}、10^{-3} 稀释液各 1 mL，分别接入相应编号的培养皿中，每个稀释度接 3 个培养皿，按上述①的方法倒入马丁氏琼脂培养基，培养霉菌。

④ 酵母菌。若土样取自果园或菜园的土壤，在③即可能分离到。

（4）培养。将接种好的细菌、放线菌、霉菌平板倒置，即皿盖朝下放置，于 28～30 ℃恒温培养，细菌培养 1～2 d，放线菌培养 5～7 d，霉菌 3～5 d。可用于观察菌落，和进一步纯化分离或直接转接斜面。

2. 平板划线分离微生物

（1）倒平板。按无菌操作要求，在洁净工作台或在火焰旁操作，取融化并冷却至不烫手的固体培养基（约 50 ℃），倒入无菌培养皿，倒量以铺满皿底为限，平放待其冷却凝固，备用。

（2）划线分离。使用接种环，从待纯化的菌落或待分离的斜面菌种中蘸取少量菌样，在相应培养基平板划线分离，划线的方法多样，目的是获得单个菌落。

（3）培养。培养方法同（1）进行土壤稀释分离。

（4）菌落观察。从培养好的未知平板中，挑选 8 个不同的单菌落，逐个编号，根据菌落识别要点区分未知菌落，并将其形态观察结果填入表 3-4。

3. 斜面接种

（1）标记。取新鲜固体斜面培养基，分别做好标记（写上菌名、日期、接种人等），然后用无菌操作方法，把待接菌种接入以上培养基斜面中。

（2）接种。用接种环蘸取少量待接菌种，然后在新鲜斜面上"Z"字形划线，方向是从下部开始，一直划至上部，接种后恒温培养。注意划线要轻，不可把培养基划破。

【实验结果】

（1）记录土壤稀释分离结果，计算出每克土壤中细菌、放线菌、霉菌、酵母菌的数量。

计算方法：选择长出菌落数 20～300 个之间的培养皿进行计数，按以下公式：

$$总菌数 = 同一稀释度几次重复的菌落平均数 \times 稀释倍数$$

（2）分别记录平板划线、斜面接种的结果。

记录未知菌落平板划线的菌落特征观察结果（填入表 3-4）。提交代表细菌、放线菌、霉菌和酵母菌的斜面试管种各 1 支，并附各自形态特征观察记录。

表 3-4　未知菌落的形态观察记录表

菌落编号	培养基	湿		干		菌落描述						透明度	判断结果
		厚薄	大小	松密	大小	表面	边缘	隆起形状	颜色				
									正面	反面	水溶性色素		
1													
2													
3													
4													
5													
6													
7													

【注意事项】

（1）一般土壤中，细菌最多，放线菌及霉菌次之，而酵母菌主要见于果园及菜园土壤中，故从土壤分离细菌时，要取较高的稀释度，否则菌落连成一片不能计数。

（2）在土壤稀释分离操作中，每稀释 10 倍，要更换 1 次吸头，使计数准确。

（3）放线菌的培养时间较长，故制作平板的培养基用量可适当增加。

（4）观察菌落特点时，要选择分离独立的单个较大菌落，对培养皿和试管要编好号码，切勿随意移动开盖，以免搞混菌号。

实验 3-7　乳酸菌的分离与纯化

【案例】

有文献报道，从动物粪便中分离乳酸菌，得到产酸快、代谢物抑菌活性强的乳酸菌菌株共 6 株；从泡菜汁中分离乳酸菌，筛选出 3 株产酸量较高、生长良好的菌株。乳酸菌的生长环境有何特点？在有氧环境下能否分离到乳酸菌？

【实验目的】

（1）了解乳酸菌的生物学特性。

（2）掌握分离乳酸菌的基本原理和操作技术。

【基本原理】

乳酸菌是指发酵糖类主要产物为乳酸的一类无芽孢、革兰氏染色阳性细菌的总称。大多数不运动，少数以周毛运动。根据细胞形态可分为两大类，即乳酸链球菌和乳酸杆菌。乳酸菌生长繁殖过程需要多种氨基酸、维生素及微氧，一般会添加西红柿、酵母膏、吐温等物质，促进乳酸菌的生长；也会添加乙酸盐，抑制有些细菌的生长，但是对乳酸菌无害。在培养基平板上，乳酸菌菌落一般比较小，为 $1 \sim 3$ mm，圆形隆起，表面光滑，呈乳白色、灰白色或暗黄色；在产酸周围还能产生 $CaCO_3$ 溶解圈——溶钙圈。乳酸菌革兰氏染色后呈紫色，为革兰氏阳性菌。

【材料与器皿】

1. 菌种

酸奶中的乳酸菌。

2. 试剂

牛肉膏、蛋白胨、酵母膏、番茄汁、葡萄糖、吐温、碳酸钙、溴甲酚绿、琼脂、无菌水。

3. 器皿和其他用品

培养皿、电热套、高压蒸汽灭菌锅、电子分析天平、涂布棒、酒精灯、无菌试管、三角瓶、移液器、无菌吸管。

【实验方法】

1. 乳酸菌培养基的配制

（1）乳酸菌培养基配方。牛肉膏 2.0 g、蛋白胨 2.0 g、酵母膏 2.0 g、番茄汁 40.0 g、葡萄糖 2.0 g、吐温 0.1 mL、碳酸钙 3.4 g、溴甲酚绿 0.02 g、琼脂 4.0 g、无菌水 200 mL。

（2）称量。按照培养基配方依次称取药品放入烧杯中。

（3）溶化。在烧杯中加入略小于 200 mL 无菌水，加热至沸腾。依次加入药品，用玻璃棒不断搅拌，待其完全溶解后，加入琼脂，搅拌至完全溶化，最后补足损失的水分。

（4）分装。将配置的乳酸菌培养基装入三角瓶中，加棉塞、包扎。

（5）灭菌。将乳酸菌培养基在压力 0.11 MPa、温度 121 ℃条件下灭菌 20 min。

2. 倒平板

将灭菌后的乳酸菌培养基冷却至 55~60 ℃时，倒平板，倒好后，在室温下培养 2~3 d，或 37 ℃培养 24 h，进行无菌检查后再使用。

3. 制备稀释液

量取酸奶 10 mL，放入盛有 90 mL 无菌水并带有玻璃珠的三角瓶中，振荡约 20 min，使酸奶与无菌水充分混合，将酸奶分散。用一只 1 mL 无菌吸管从中吸取 1 mL 酸奶悬浊液注入盛有 9 mL 无菌水的试管中，吹吸 3 次充分混匀。然后用移液器从此试管中吸取 1 mL 注入另一盛有 9 mL 无菌水的试管中，以此类推，制成 10^{-3}、10^{-4}、10^{-5} 各种稀释程度的酸奶稀释液。

4. 涂布

将上述每种培养基的 3 个平板底面分别用记号笔写上 10^{-3}、10^{-4}、10^{-5} 3 种稀释度，然后用移液器分别从 10^{-3}、10^{-4}、10^{-5} 3 管酸奶稀释液中吸取 0.2 mL 对号放入写好稀释度的平板中，用无菌玻璃涂布棒轻轻地涂布均匀。

5. 培养

将接种后的平板后倒置于 37 ℃培养 3~5 d。

6. 纯化

待菌落长出后，选中目标菌落。用接种钩或无菌牙签挑取菌落边缘，并移植于新的乳酸菌培养基。注意每 1 个培养皿只能用于纯化 1 个菌落。将重新接种后的培养皿置于 37 ℃环境下培养 3~5 d。可连续重复此步骤 3~5 次进一步分离纯化，直到获得纯培养，并可进行显微镜观察乳酸菌的形态特征。

7. 保藏

将分离到的目标菌株接种于乳酸菌培养基斜面上，37 ℃培养后保存至 4 ℃冰箱中备用。

【实验结果】

（1）记录并描述乳酸菌菌落的特征。

（2）记录并描述显微镜下乳酸菌的形态特征。

【注意事项】

筛选乳酸菌时，注意挑取典型特征的菌落以及溶钙圈比较大的菌落，结合镜检观察，有利高效分离筛选乳酸菌。

实验 3-8 利用选择性培养基分离固氮菌

【案例】

据文献报道，为了获得禾本科牧草根际土壤固氮菌分布的基本情况及优势菌株，于牧草旺盛生长季节，从内蒙古锡林郭勒天然草地的羊草、大针茅、冰草、糙隐子草根际土壤、原土体以及根内进行了固氮菌的分离，并统计了数量分布。结果表明，内蒙古锡林郭勒草地土壤中普遍存在固氮菌，而且禾本科牧草根际显著高于自由土体中的固氮菌数量。其中大针茅根际不仅固氮菌数量多而且菌株固氮酶活性高。自然界的自生固氮菌主要有哪些类群？它们能制成菌肥用于农业生产吗？为什么？

【实验目的】

（1）了解自生固氮菌的生物学特性。

（2）掌握从土壤中分离自生固氮菌的方法。

【基本原理】

氮是植物生长不可缺少的物质，是合成蛋白质的主要来源。自生固氮菌能够独立进行固氮，可利用空气中的氮气作为氮源，能够把空气中植物无法吸收的氮气转化成氮肥，源源不断地供植物享用。因此，用无氮培养来分离固氮菌，既能使固氮菌旺盛生长，又能使混合菌体中的其他微生物种类难以生长，具有选择作用。但在分离培养时一定要严格控制培养基成分（所用琼脂要用蒸馏水浸泡、洗涤几次），以防带入少量的含氮化合物而使微嗜氮微生物生长。此外，用选择性培养基分离固氮菌还要注意挑菌落的时间，因为在无氮培养基上生长的固氮菌，如果培养时间过长，会向培养基中分泌含氮化合物，从而造成固氮菌大菌落的四周有少数微嗜氮菌落生长。严格讲，用上述方法分离所得到的菌，还应测定它的固氮酶活性，才能最后肯定其是否为固氮菌。

【材料与器皿】

1. 材料

肥沃菜园土。

2. 试剂

（1）阿须贝无氮培养基：磷酸二氢钾 0.2 g、硫酸镁 0.2 g、氯化钠 0.2 g、碳酸钙 5.0 g、甘露醇 10.0 g、硫酸钙 0.1 g、琼脂 18.0 g、蒸馏水 1000 mL，pH 为 6.8～7.0。

（2）改良瓦克斯曼 77 号无氮琼脂培养基：葡萄糖 10.0 g、磷酸二氢钾 0.5 g、$MgSO_4 \cdot 7H_2O$ 0.2 g、1% $MnSO_4 \cdot 4H_2O$ 溶液 2 滴、1% $FeCl_3$ 溶液 2 滴、琼脂 20.0 g、蒸馏水 1000 mL，pH 为 7.0～7.2。

3. 器皿和其他用品

无菌吸头、移液器、无菌培养皿、无菌水、接种环、酒精灯。

【实验方法】

（1）好氧自生固氮菌的加富培养。从土壤中直接分离自生固氮菌比较困难，须进行加富培养才容易成功，加富方法如下：将欲分离的土样均匀地撒在无菌的阿须贝平板上，28～30 ℃培养 4～7 d。选土粒周围有浑浊、半透明的、胶状菌落（有的在后期能产生褐色或黑褐色的色素）。进一步采用平板划线法可得到自生固氮菌的纯培养。

（2）好氧自生固氮菌的分离培养。将改良瓦克斯曼 77 号无氮琼脂培养基倒入无菌平板中，凝固后将平板放在超净工作台里稍微打开一个口子，吹风约 20 min，以除去平板表面的水分。将土样或加富后的土粒样品用无菌水分别稀释至 10^{-1}、10^{-2}、10^{-3} 稀释度，并取各稀释度的菌液 0.1 mL 加在平板上，用无菌刮铲涂匀后，放 28～30 ℃恒温培养 7 d，经过 1 w 后，长出的菌落即为好气性自生固氮菌。

（3）挑菌培养并保存。接种纯化的菌株在适当的培养基上置于 28～30 ℃培养好后，放于冰箱中保存备用。

【实验结果】

记录并描述气性自生固氮菌的菌落特征。

【注意事项】

（1）用于涂布土样的平板培养基，琼脂含量应稍高些，并使平板表面干燥，以利于菌液的吸收。

（2）固氮菌培养时要注意培养基的成分不能有含氮化合物。

实验 3-9   厌氧细菌的分离与纯化

【案例】

据报道，采用平皿夹层厌氧法、焦性没食子酸法、Hungat 滚管法 3 种方法对污水处理厂厌氧池和巴盟铜矿的水样进行筛选，通过液体富集与固体纯化相结合的方法对菌种进行分离纯化，得到 6 株厌氧脱硫菌。分别对 6 株脱硫菌作了形态学、生理生化及分子生物学鉴定，并考察了环境因素对其生长的影响，从而得出它们的最适生活环境。试比较和分析这 3 种不同厌氧培养技术的优缺点。

【实验目的】

（1）掌握碱性焦性没食子酸法的原理。
（2）学习几种厌氧微生物的培养方法。

【基本原理】

厌氧微生物在自然界分布广泛，种类繁多，作用也日益引起人们重视。培养厌氧微生物的技术关键是要使该类微生物处于去除了氧或低氧化还原势低的环境中。一般厌氧菌的培养方法有：① 碱性焦性没食子酸法；② 厌氧罐培养法；③ 庖肉培养基法。

其中碱性焦性没食子酸法是在密闭的容器中，利用焦性没食子酸与碱溶液（NaOH、

Na_2CO_3 和 $NaHCO_3$）作用后形成易被氧化的碱性没食子酸盐，再与容器中的氧结合，生成焦性没食子橙，从而除掉密封容器中的氧。这种方法的优点是无须使用特殊及昂贵的设备，操作简单，适于任何可密封的容器，可迅速建立厌氧环境；缺点是在氧化过程中会产生少量的一氧化碳，对某些厌氧菌的生长有抑制作用。同时，NaOH 的存在会吸收掉密封容器中的二氧化碳，对某些厌氧菌的生长不利。用 Na_2CO_3 和 $NaHCO_3$ 代替 NaOH，可部分克服二氧化碳被吸收问题，但会减缓吸氧速率。

【材料与器皿】

1. 材料

巴氏梭菌（*Clostridium pasteurianum*）、荧光假单胞菌（*Pseudomonas fluorescens*）、菜园土。

2. 试剂

牛肉膏蛋白胨培养基、焦性没食子酸、10% NaOH、灭菌的石蜡凡士林（1:1）。

3. 器皿和其他用品

棉花、小试管、带橡皮塞或螺旋帽的大试管、灭菌的玻璃板（直径比培养皿大 3～4 cm）、灭菌的滴管、烧瓶、小刀等。

【实验方法】

1. 培养皿法分离厌氧微生物

（1）土壤稀释液的制备：按连续 10 倍稀释的方法，无菌操作将土壤稀释至 10^{-5} 即可。

（2）分别取 1 mL 10^{-3}、10^{-4}、10^{-5} 土壤稀释液与 20 mL 牛肉膏蛋白胨琼脂培养基进行混合，各做 3 次重复。

（3）取已灭菌的培养皿盖，铺上一薄层灭菌脱脂棉，将 1.0 g 焦性没食子酸放于其上。

（4）将已加入菌液的牛肉膏蛋白胨琼脂培养基倒平板，待其凝固干燥。

（5）滴加 10% NaOH 溶液约 2 mL 于焦性没食子酸上，切勿使溶液溢出棉花，立即将已接种的平板覆盖于培养皿盖上，必须将脱脂棉全部罩住，焦性没食子酸反应物切勿与培养基表面接触。

（6）用溶化的石蜡凡士林液密封皿底与皿盖的接触处。

（7）置 30 ℃恒温箱中培养。

（8）观察培养结果，统计厌氧细菌的数量。

2. 大管套小管法培养厌氧细菌

（1）在已灭菌的大试管中放入少许无菌棉花和焦性没食子酸，焦性没食子酸的用量按它在过量碱液中能每克吸收 100 mL 空气中的氧来估计，本实验用量约 0.5 g。

（2）按无菌操作方法，将分离到的厌氧细菌（培养皿法分离厌氧微生物）接种在小试管内的牛肉膏蛋白胨琼脂斜面上。

（3）按无菌操作方法，分别将巴氏梭菌和荧光假单胞菌接种在 2 只小试管的牛肉膏蛋白胨琼脂斜面上，作为对照。

（4）迅速滴入 10% NaOH 溶液于大试管中，使焦性没食子酸润湿，并立即放入除掉棉塞并已接种菌的小试管斜面（小试管口朝上），塞上橡皮塞或拧上螺旋帽。

（5）置 30 ℃恒温箱中培养，观察培养结果。

【实验结果】

记录各厌氧培养法的实验结果，并结合实验对照进行分析说明。

【注意事项】

由于焦性没食子酸遇碱性溶液后即会迅速发生反应并开始吸收氧气，因此采用此法进行厌氧微生物培养时必须注意只有在一切准备工作都已齐备后，再向焦性没食子酸上滴加 NaOH 溶液，并迅速封闭大试管或平板。

实验 3-10　大肠杆菌噬菌体的分离与纯化

【案例】

某实验室最近发生了一件怪事，实验室在发酵培养大肠杆菌时，在其培养初期可以观察到大肠杆菌浓度不断增高，但随着培养时间的继续延长，菌液吸光值却不断下降，最后菌液除了可观察到些许沉淀之外培养基基本变成透明。针对此现象各实验室人员展开了讨论，有人认为是培养器皿没有清洗干净导致上批发酵所使用的其他种类抗生素在培养皿内有残留；有人认为可能发生了噬菌体污染导致大肠杆菌被裂解；还有人认为是细菌发酵培养基配置错误导致培养基 pH 等不适合大肠杆菌生长，大家各抒己见，但都没有证据来证明自己观点。你比较赞同哪种推测？为什么？你认为可设计哪些实验来对这些推测进行验证？

【实验目的】

（1）了解噬菌体分离纯化的原理。
（2）掌握大肠杆菌噬菌体的分离纯化方法。

【基本原理】

噬菌体是一种特异侵染细菌的病毒，与动植物病毒类似，在结构上表现为蛋白质外壳包裹核酸核心而形成核衣壳，噬菌体同样也不能自主完成复制，必须侵入宿主菌才能够完成复制周期。在 T4 噬菌体的侵染过程中，噬菌体通过其尾部附着于细菌的细胞壁，并通过溶菌酶的作用在细胞壁打开一个缺口，尾鞘像肌动蛋白和肌球蛋白的作用一样进行收缩而露出尾鞘，尾鞘可伸入细胞壁内把位于噬菌体头部的核酸注入细菌细胞内，蛋白质外壳仍留在细胞壁外面，不参与噬菌体的复制过程。噬菌体在完成侵染宿主细胞后，其基因组在细菌细胞内进行复制、转录，并完成噬菌体蛋白的表达，随后噬菌体在宿主体内装配成完整的噬菌体颗粒，并通过裂解宿主菌或者分泌的方式从宿主菌中释放出来。对于烈性噬菌体（如 T4 噬菌体）而言，噬菌体的复制将导致宿主菌的裂解，可使浑浊的菌液逐渐变得清亮或较为清亮；而对于温和型噬菌体（如 M13 噬菌体），子代噬菌体通过分泌的方式进行释放，其并不直接导致宿主菌的裂解。在对环境样本中噬菌体的分离实验，尤其是噬菌体效价较低的样本中分离噬菌体往往可以利用噬菌体的这种特性，在样品中加入敏感菌株进行混合培养，使噬菌体得到增殖和富集。

一般来说，从自然环境样本中所分离的噬菌体往往不纯，其可能包含多种类型的噬菌体，因而往往需要对分离获得的噬菌体进行纯化。噬菌体的纯化常采用双层琼脂平板法，在有宿主菌生长的琼脂平板上，噬菌体能够裂解细菌或者限制被侵染细菌生长，从而形成透明或浑浊的空斑（也被称为噬菌斑），对样本进行有限稀释，在较高稀释程度下一个噬菌体可侵染产生一个噬菌斑，利用这种现象可实现对混合噬菌体样本进行纯化。

【材料与器皿】

1. 材料

大肠杆菌(*Escherichia coli*)、猪粪冲洗液。

2. 试剂

3×LB 培养基、1×LB 培养基、含 0.5% 琼脂的 LB 固体培养基、含 1.5% 琼脂的 LB 固体培养基。

3. 器皿和其他用品

玻璃培养皿、接种环、玻璃培养管、巴斯德吸管、洗耳球、玻璃涂布棒、100 mL 三角瓶、离心管、0.22 μm 针头过滤器、10 mL 注射器、吸头、恒温振荡器、恒温培养箱、离心机、微波炉、水浴锅、移液器等。

【实验方法】

1. 噬菌体的分离

(1)宿主菌的培养。取 1 根无菌玻璃试管，倒入 5 mL LB 液体培养基，取冻存于 -80 ℃ 的大肠杆菌菌株，解冻后吸取 10 μL 加入试管中，37 ℃ 恒温培养箱中振荡过夜培养。

(2)噬菌体的增殖。取 1 个已灭菌的 100 mL 三角瓶，加入 10 mL 3×LB 培养基、20 mL 经 0.22 μm 针头过滤器过滤的猪粪冲洗液和 0.3 mL 大肠杆菌过夜培养物，混合后于 37 ℃ 恒温培养箱中振荡培养 12～24 h。

(3)噬菌体裂解液制备。将以上混合液倒入 50 mL 离心管，5000 r/min 离心 10 min，取离心后上清液，0.22 μm 过滤器无菌过滤获得噬菌体裂解液。

(4)噬菌体检测。制备含 1.5% 琼脂的 LB 固体培养平板，吸取 0.15 mL 大肠杆菌过夜培养物滴至 LB 固体培养平板表面，使用无菌玻璃涂布棒将菌液涂布均匀。待菌液干后在表面不同区域滴加数小滴噬菌体裂解液，并置于 37 ℃ 恒温培养箱中培养过夜。检查培养平板表面，若有出现噬菌斑则说明所制备的噬菌体裂解液中含有噬菌体，也说明从猪粪冲洗液中成功分离出噬菌体。

2. 噬菌体的纯化

(1)制备含 1.5% 琼脂的底层 LB 固体培养平板。取含 1.5% 琼脂的 LB 固体培养基置于微波炉加热熔化，取 15 mL 倒入玻璃培养皿，均匀覆盖玻璃培养皿底部，冷却形成底层培养平板。

(2)制备上层培养琼脂培养基覆盖层。

① 取 0.2 mL 噬菌体裂解液进行 5 倍比梯度稀释，稀释 5 个梯度。

② 分别取 0.1 mL 噬菌体裂解液原液及稀释液与 0.1 mL 大肠杆菌过夜培养物混合。

③ 使用微波炉加热熔化含 0.5% 琼脂的 LB 固体培养基，将其冷却至 50～55 ℃，各取 15 mL 将其与上述噬菌体和大肠杆菌混合液相混合，混匀后迅速倒至前面所制备的含底层培养基的平板上，铺匀后室温静置使上层培养基凝固，再将其置于 37 ℃ 恒温培养箱中培养约 24 h。

(3)噬菌斑纯化。

① 取出平板，检查是否出现噬菌斑，观察噬菌斑的形态特征并进行计数，尽量在较高稀释度的组别中选择所要分离的噬菌斑，取无菌巴斯德吸管，在头部套上洗耳球，用吸管尖端吸取特定噬菌斑并接入含大肠杆菌的液体培养基中，置于 37 ℃ 恒温振荡器进行振荡培养。

② 若观察到菌液由浑浊变清则可进行噬菌体裂解液的制备，并使用该噬菌体裂解液重复

前面所描述的噬菌体空斑纯化步骤 2～3 轮，以确保所出现的噬菌斑形态特征一致，从而完成噬菌体的纯化。

【实验结果】

（1）描述各种分离平板上所得到的噬菌斑的大小、形态等特征。

（2）将各平板上所出现的噬菌斑数量记录在表 3-5 中。

（3）简笔画画出未纯化的噬菌体噬菌斑及经纯化后噬菌体所产生的噬菌斑。

表 3-5　噬菌斑数量

噬菌体样稀释度	10^{-1}	10^{-2}	10^{-3}	10^{-4}	10^{-5}
噬菌斑数 / 个					

【注意事项】

（1）所有噬菌体相关操作应在生物安全柜中进行，防止噬菌体外泄而影响其他实验中大肠杆菌的培养。

（2）在制备噬菌体裂解液时，为了尽量提高所获得的噬菌体效价，可在噬菌体感染的宿主菌中加入少量氯仿，在漩涡振荡器上振荡 1 min，室温静置 5 min 后再离心收集上清液。

（3）在用双层琼脂平板法进行噬菌体分离、纯化或效价测定时，上层敏感菌液与噬菌体样品的混匀与吸附时间不宜太长，一旦加入上层半固体琼脂后，要立即混匀浇注平板上层并迅速铺平。

实验 3-11　植物病毒的分离和提纯

【案例】

研究人员发现某烟草种植基地所种植的烟草出现较大面积的异常，部分叶片的叶肉细胞出现畸形裂变，部分烟草叶片厚度不均，叶片出现斑点，呈现出黄绿相间的不同区域，叶片组织出现坏死，在老叶片上出现大面积的褐色坏死斑，叶片性状扭曲、皱缩，严重影响烟草质量。对于这种情况，有研究人员认为可能是烟草缺乏某种营养物质而导致烟草生长不良，可通过施加特定肥料来改善这种情况；也有研究人员认为可能是烟草受到某种植物病毒的侵染，需要对病原体进行确定以研究对策。你认为可能是由什么原因导致烟草叶片出现异常？如何能尽快确定是营养元素缺乏还是植物病毒感染而导致这种异常？

【实验目的】

（1）了解植物病毒对种植业的危害。

（2）熟悉常见植物病毒分离和纯化的原理。

（3）掌握常见植物病毒分离和纯化的操作步骤。

【基本原理】

植物病毒对农业生产具有很大危害，病毒侵染宿主植物后不仅与宿主争夺生长所需的营养物质，而且破坏植物的养分输导，改变宿主植物的代谢平衡，使植物的光合作用受到抑制，进而导致植物生长困难，产生畸形、黄化等症状，严重的将造成宿主植物的死亡。在很多经济作物上都曾分离到植物病毒，植物病毒侵染作物可能导致作物严重减产，甚至是绝产，加强对植物病毒的研究具有十分重要的意义。

要对一种植物病毒进行研究并制定有效的病毒病害防治策略，往往需要先对该植物病毒进行分离与纯化。植物病毒的分离与纯化主要是利用病毒与宿主细胞组分性质上的差异，尽可能地从宿主中提取获得高纯度并具有感染性的病毒粒子。植物病毒的分离和纯化首先需要选择合适的宿主植物，一种类型的病毒往往有多种宿主植物，而病毒在不同类型的植物或同一类型植物不同部位的含量可能存在很大的差异，最好选用病毒含量高、宿主植物成分容易除去的材料进行抽提和纯化；其次是从被感染的植物组织中抽提病毒粗提液，一般在植物材料中加入合适缓冲液并采用绞碎、捣碎或研磨等方式来破碎植物组织，再使用纱布进行过滤以除去细胞残渣而获得病毒粗提液；再次是采用诸如离心、加热、冷冻、过滤、吸附剂吸附处理和酶处理等各种物理和化学方式将病毒粗提液中的病毒粒子与其他组分分开；从次是使用病毒沉淀、差速离心、超速离心或凝胶层析等方法将病毒从澄清后的病毒粗提液中进一步纯化出来；最后，对所纯化的病毒进行电镜观察、纯度鉴定和保存。

【材料与器皿】

1. 材料

苜蓿花叶病毒感染的烟草嫩叶。

2. 试剂

$Na_2HPO_4·12H_2O$、抗坏血酸、氯仿、醋酸铵、氨水、蔗糖。

3. 器皿和其他用品

高速离心机、超速离心机、pH 计、分析天平、超速离心管、移液器、研钵等。

【实验方法】

1. 病毒粗提液的制备

称取 100 g 苜蓿花叶病毒感染 10～14 d 的烟草嫩叶，切碎，加入 100 mL 由 0.2 mol/L Na_2HPO_4 和 0.1 mol/L 抗坏血酸以 1∶1 比例配制的缓冲液（pH=7.0）进行研磨。再加入 50 mL 氯仿，进一步充分研磨成浆，使用两层纱布过滤获得病毒粗提液。

2. 病毒粗提液初分离

将经纱布过滤的病毒粗提液 3000 g 离心 10 min，分离出水相置于室温过夜（注意：不要吸到有机相），再次对病毒粗提液 3000 g 离心 10 min，分离出离心上清液。

3. 病毒的纯化

（1）将上步骤获得的上清液 75000 g、4 ℃离心 2 h，弃上清，使用 2 mL 0.01 mol/L 醋酸铵（pH=7.0）重悬含病毒的沉淀。

（2）将病毒重悬液 8000 g 离心 10 min，分离出上清液。

（3）使用 0.01 mol/L 醋酸铵（pH=7.0）配置浓度为 10%、20%、30% 和 40% 的蔗糖，将以上浓度的蔗糖按低密度到高密度的顺序小心加入，使超速离心管从管口到管底形成从低到高的密度梯度。

（4）小心将病毒重悬液加至管口，超速离心对病毒进行分离。

（5）离心结束后取出超速离心管，从上到下依次取出样品，每管 0.5 mL。

（6）使用电镜对样品进行观察，确定纯化后病毒所处位置。

蔗糖密度梯度离心如图 3-3 所示。

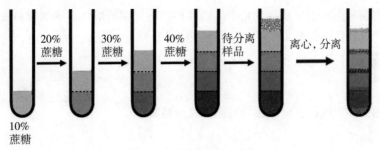

10%
蔗糖

图 3-3 蔗糖密度梯度离心

4. 病毒活性验证

用刷子对四季豆叶片进行摩擦造成机械损伤，将纯化的病毒接种于叶片伤口，持续观察叶片病变情况。

【实验结果】

（1）根据电镜观察结果对病毒形态特征进行描述，分析超速离心后离心管上层、中层和下层病毒形态的差异之处。

（2）对纯化后病毒接种叶片后的现象进行监测并记录监测结果。

【注意事项】

在制备蔗糖密度梯度时应先往超速离心管加低浓度蔗糖溶液，再用长注射器将注射器口插到管底缓慢加入较高浓度蔗糖溶液，如此反复，从而形成蔗糖密度梯度。

实验 3-12 斜面传代低温保藏法

【案例】

对于种植食用菌的普通农户来说，由于保藏菌种的设备条件有限，因此通常采用斜面传代低温保藏法保藏菌种，比如平菇、草菇、木耳、双孢蘑菇等。适合菌种保藏的培养基应具备哪些条件？农户在菌种保藏时要注意哪些环节？

【实验目的】

（1）了解斜面传代低温保藏法的原理。

（2）学会利用斜面传代低温保藏法进行保藏菌种。

【基本原理】

斜面传代低温保藏法是微生物菌种保藏的常用方法之一。斜面传代低温保藏法的优点是操作简单，无须使用特殊设备，费用低廉，可大量的保存（尤其是适用于生产中需要大量的斜面菌种及研究中短期菌种的需要），适宜各类微生物菌种的保藏，缺点是保存时间短，一般保存1～6个月（对不同微生物的保藏时间则因菌种而异），需要每隔一定时间重新传代保藏，所以容易产生菌种衰退现象，易污染杂菌。选用斜面传代低温保藏法还要注意选用适宜菌种生长的培养基。

斜面传代低温保藏法是将微生物接种在适宜的斜面培养基上，在适宜条件下进行培养，使菌种生长旺盛并长满斜面，对于具有休眠体的菌种培养至休眠细胞的产生阶段，然后经检查无污染后，将斜面试管放入4℃冰箱中进行保存，每隔一定时间进行传代培养后，再继续保藏。

对于厌氧微生物菌种可进行穿刺接种培养，或接种后将灭菌的液体石蜡倒入斜面进行保藏，或采用庖肉培养基进行培养保藏。

【材料与器皿】

1. 菌种

待保藏的细菌、放线菌、酵母菌、霉菌等斜面菌种。

2. 试剂

营养琼脂培养基（斜面培养和保藏细菌用）、麦芽汁琼脂培养基（斜面培养和保藏酵母菌用）、高氏1号琼脂培养基（斜面培养和保藏放线菌用）、PDA培养基（斜面培养和保藏霉菌用）。

3. 器皿和其他用品

培养箱、超净工作台、冰箱（4℃）、接种针、接种环、酒精灯、标签等。

【实验方法】

（1）斜面培养基无菌检验。对待接种的营养琼脂斜面培养基、麦芽汁琼脂斜面培养基、高氏1号琼脂斜面培养基和PDA斜面培养基进行无菌检验，检验无菌后备用。

（2）接种。将待保藏的细菌、放线菌、酵母菌、霉菌菌种在无菌超净工作台上分别接种于相应的斜面培养基并进行培养，每一菌种要求接种3支以上斜面。

（3）贴标签。接种后将标有菌名、培养基的种类、接种时间、接种人的标签贴于试管斜面的正上方。

（4）培养。将接种后并贴好标签的斜面试管放入恒温培养箱进行培养，培养至斜面铺满菌苔。细菌于37℃培养24～36 h，酵母菌于28～30℃培养36～60 h，放线菌和霉菌于28℃培养3～7 d。对于厌氧微生物采用厌氧方式培养以满足微生物的生长。观察记录并比较各保藏菌种接种前后的培养特征（菌苔特征）和菌体形态特征。

（5）保藏。将培养结束的斜面试管及时放入4℃冰箱中保藏。为防止棉塞受潮，可用牛皮纸包扎，或换上无菌硅胶塞，也可以用溶化的固体石蜡熔封棉塞或胶塞。

（6）无菌检验。同时将培养结束后的斜面菌种各挑取1支，通过斜面菌苔特征观察、镜检等实验确定所培养的斜面菌种是否保持原种的特性。对于不符合要求的菌种须重新制作斜面进行培养，检查合格后才能用作斜面菌种的保藏。

【实验结果】

（1）写出斜面传代低温保藏菌种的操作过程和条件。

（2）将所培养的各斜面菌种特征填入下表3-6中。

表3-6　各斜面菌种特征

菌种		细菌	放线菌	酵母菌	霉菌
菌种名称					
菌苔特征	转接前				
	转接后				
菌体特征	转接前				
	转接后				

【注意事项】

（1）接种环挑取菌落或孢子前要充分冷却，避免烫死菌种，取出接种环时避免碰触试管壁。

（2）塞棉塞时不要用试管去迎接棉塞，以免试管在移动时纳入不洁空气，引起污染。

实验 3-13　液体石蜡保藏法

【案例】

据文献报道，用半固体琼脂培养基穿刺接种加液体石蜡封藏在室温下保存埃尔托型霍乱弧菌 28 株。结果显示，在保存 3、6、9、12、18 个月后，对细菌的形态、生理、生化特性进行观察，发现有 28 株、28 株、28 株、26 株、17 株弧菌生长良好，未见变异，分别占原菌株的 100%、100%、100%、92.9% 和 65.4%。这说明液体石蜡保藏法可以较好地保藏霍乱弧菌，但是为什么 18 个月后情况就开始发生变化？液体石蜡保藏法是否适合于利用石蜡的微生物保藏？为什么？

【实验目的】

（1）了解液体石蜡保藏菌种的原理。

（2）掌握液体石蜡保藏菌种的操作方法。

（3）掌握菌种恢复培养的方法。

【基本原理】

液体石蜡保藏法是将无菌液体石蜡加入已经生长好的培养物斜面或液体培养物上面，置于室温或 4~6 ℃进行保藏，使微生物处于隔氧状态，降低代谢速度。其中液体石蜡进行高压蒸汽灭菌后，在 40 ℃恒温箱中干燥去除水分；或者在 105~110 ℃下干热灭菌 2 h。液体石蜡的用量以高出培养物 1 cm 为宜。

液体石蜡保藏法简单有效，无须使用特殊的设备，适用于丝状真菌、酵母菌、细菌和放线菌菌种保藏，尤其对于难以进行冻干保藏的微生物菌种的保藏更为有效。放线菌、霉菌及产芽孢的细菌一般可保藏 2 年，酵母菌和不产芽孢的细菌可保藏 1 年。

【材料与器皿】

1. 菌种

待保藏的细菌、放线菌、酵母菌、霉菌等斜面菌种。

2. 试剂

营养琼脂培养基斜面、麦芽汁琼脂培养基斜面、高氏 1 号琼脂培养基斜面、PDA 培养基斜面、医用液体石蜡（密度 0.83~0.89 g·cm^{-1}）。

3. 仪器和其他用品

培养箱、超净工作台、高压蒸汽灭菌锅或干燥箱、冰箱（4 ℃）、接种针、接种环、250 mL 三角瓶、瓶塞、牛皮纸（或锡箔纸）、无菌吸管、酒精灯、标签等。

【实验方法】

1. 斜面培养基无菌检验

对待接种的营养琼脂斜面培养基、麦芽汁琼脂斜面培养基、高氏 1 号琼脂斜面培养基和 PDA 斜面培养基进行无菌检验，检验无菌后备用。

2. 接种

将待保藏的细菌、放线菌、酵母菌、霉菌菌种分别在超净工作台上转接到相应的适宜培养基上，每一菌种接种 3 支以上斜面。

3. 贴标签

接种后将标有菌名、培养基的种类、接种时间、接种人的标签贴于试管斜面的正上方。

4. 培养

将接种后并贴好标签的斜面放入恒温培养箱中培养至斜面铺满菌苔。细菌于 37 ℃ 培养 24～36 h；酵母菌于 28～30 ℃ 培养 36～60 h；放线菌和霉菌于 28 ℃ 培养 3～7 d。观察记录并比较各保藏菌种接种前后的培养特征（菌苔特征）和菌体形态特征。

5. 液体石蜡的灭菌

（1）将液体石蜡分装于三角瓶中，装量不超过三角瓶体积的 1/3，塞上棉塞，外包牛皮纸或锡箔纸。

（2）将分装并包扎好的液体石蜡于 121 ℃ 灭菌 30 min，然后在 40 ℃ 恒温箱中干燥 2 h 去除水分；或者在 105～110 ℃ 下干热灭菌 2 h。灭菌后的石蜡，如果水分已除净，为均匀透明状液体。

6. 添加液体石蜡

在超净工作台上用无菌吸管吸取灭菌液体石蜡加入已培养好的斜面试管中，石蜡的加入量以高出培养物 1 cm 为宜，塞上胶塞。

7. 保藏

将加入液体石蜡的保种试管竖直放置于室温或 4～6 ℃ 冰箱中保藏。

8. 菌种恢复培养

当要使用保藏菌株时，直接用接种环取斜面菌种，接种于适宜的新鲜培养基上，置于适宜条件下培养。由于菌体外粘有液体石蜡，生长较慢且有黏性，因此，一般待生长繁殖后再转接一次即能得到良好的培养物。注意：从液体石蜡保藏的菌种管挑菌后，接种环上沾有菌体和液体石蜡，因此，接种环在火焰上灭菌时要先烤干再灼烧，以防菌液飞溅，污染环境。

【实验结果】

（1）写出液体石蜡保藏菌种的操作过程和条件。

（2）将所培养的各斜面菌种特征填入表 3-7 中。

（3）将各菌种的石蜡保藏条件填入表 3-7 中。

表 3-7　各斜面菌种特征和石蜡保藏条件

菌种		细菌	放线菌	酵母菌	霉菌
菌种名称					
菌苔特征	转接前				
	转接后				

续表

菌种		细菌	放线菌	酵母菌	霉菌
菌体特征 （照片）	转接前				
	转接后				
保藏条件					

【注意事项】

（1）液体石蜡易燃，在用液体石蜡保藏菌种时要注意防止火灾。移接时应避免与火焰接触，以免液体石蜡燃烧。

（2）保藏场所应保持清洁、干燥，防止棉塞污染。

（3）在低温下保藏要严防液体石蜡冻结。保藏期间应定期检查，如培养物露出液面，应及时补充无菌液体石蜡。如发现异常应重新培养、保藏。

实验 3-14　冷冻干燥保藏法

【案例】

专业菌种保藏机构或公司通常会采用冷冻干燥保藏法对菌种进行保藏，尤其是在菌种交流的时候，因为该方法保存的菌种便于长距离和长时间运输。冷冻干燥保藏时，由于保藏时间长，不仅要特别注意菌种的纯度，还要注意菌种的质量。在冷冻干燥保藏过程中，影响菌种质量的因素有哪些？如何控制菌种质量？

【实验目的】

（1）了解冷冻干燥保藏菌种的原理。

（2）掌握冷冻干燥保藏菌种的操作方法。

【基本原理】

冷冻干燥保藏法，又称冷冻真空干燥保藏法，将待保藏菌种的细胞或孢子悬液悬浮于冷冻保护剂中，在低温（-45 ℃）下将菌种快速冷冻，并在真空条件下使冰升华，除去大部分水。冷冻干燥保藏法集中了菌种保藏中低温、干燥、缺氧和添加保护剂等多种有利于菌种保藏的条件，使微生物代谢处于相对静止的状态，适合于菌种的长期保藏，菌种保藏时间一般可达 10～20 年。除少数不产生孢子只产生菌丝体的丝状真菌不宜采用此方法保藏外，其他类型的微生物均适用，比如细菌、放线菌、酵母菌等。因此它具有保藏范围广、存活率高等特点，是目前最有效的菌种保藏方法之一，但是也具有操作过程烦琐、需要冻干机等特点。

由于冷冻过程产生的冰晶及冰晶升华过程可对细胞产生伤害，因此在冷冻过程中需要加入冷冻保护剂。目前常用的冷冻保护剂有脱脂奶粉（牛奶）、蔗糖、动物血清等。脱脂奶粉（牛奶）的浓度为 10%，需要配置成 20% 的浓度，采用 110 ℃ 灭菌 20 min。蔗糖浓度为 0.5～1.0 mol/L，高压蒸汽灭菌。动物血清可采用马血清、牛血清等，采用过滤法除菌，浓度为 10%。

使用冷冻干燥菌种时，将保藏管打开后，直接加入新鲜的液体培养基使冻干粉溶解、混匀，然后将菌液在相应的斜面或平板培养基上培养，即可重新获得具有活力的菌种。

【材料与器皿】

1. 菌种

待保藏的细菌、放线菌、酵母菌、霉菌等斜面菌种。

2. 试剂

营养琼脂斜面培养基、麦芽汁琼脂斜面培养基、高氏 1 号琼脂斜面培养基、PDA 斜面培养基、无菌脱脂牛奶（或奶粉）、2% 盐酸溶液。

3. 器皿和其他用品

培养箱、超净工作台、冷冻真空干燥机、安瓿瓶（中性硬质玻璃，内径 6 mm，长度 10 cm）、灭菌长滴管、移液管、接种针、接种环、250 mL 三角瓶、棉花、瓶塞、牛皮纸（或锡箔纸）、灭菌吸管、酒精灯、标签、蒸馏水等。

【实验方法】

1. 准备安瓿瓶

（1）安瓿瓶先用 2% 盐酸溶液浸泡过夜，再用自来水冲洗至中性，最后用蒸馏水冲洗 3 次，烘干。

（2）将标有菌名、制种日期的标签放入安瓿瓶，瓶口塞上棉花后用牛皮纸包扎，注意有字的一面朝向管壁。

（3）将包扎好的安瓿瓶于 121 ℃灭菌 30 min，备用。

2. 制备菌悬液

（1）斜面培养物的培养。将待保藏的细菌、放线菌、酵母菌、霉菌分别接种于适宜培养基上，置于适宜温度下培养，获得生长良好的培养物。一般细菌培养 24~28 h，酵母菌培养 3 d，放线菌和霉菌培养 7~10 d。如果为芽孢菌，可采用其芽孢保藏；放线菌和霉菌可采用孢子保藏。

（2）菌悬液的制备。吸取 2~3 mL 无菌脱脂牛奶加入斜面菌种管中（脱脂牛奶可从市场购买或自行制备，自行制备方法：① 将新鲜牛奶煮沸，然后将装有煮沸牛奶的容器置于冷水中，待脂肪漂浮于液面成一层时，除去上层油脂；② 将上述牛奶于 3000 r/min、4 ℃离心 15 min，再除去上层油脂，即制成脱脂牛奶），然后用接种环轻轻刮下培养物，使培养物充分而均匀分散在脱脂牛奶中制成细胞（或孢子）悬液，调整菌悬液浓度为 10^8~10^{10} CFU/mL。

3. 分装菌悬液

用移液器将待保藏的细菌、放线菌、酵母菌、霉菌的菌悬液分装于灭菌安瓿瓶中，每瓶 0.2 mL。重新塞上棉塞。注意分装时不要将菌液粘在管壁上。

4. 菌悬液冷冻干燥

（1）将装有菌液的安瓿瓶置于低温冰箱中进行冷冻，温度为 -40 ℃。

（2）将冷冻后的安瓿瓶放入真空冻干机，控制真空度小于 13.33 Pa，接近干燥状态时逐渐降到 3~4 Pa。当安瓿瓶中的培养物呈酥松块状或松散片状，并从安瓿瓶内壁脱落，可认为已初步干燥，冻干结束。

5. 封瓶

干燥后，在 3~4 Pa 真空度下进行封瓶，密封结束后去除真空。

6. 保藏

将保藏管于 5 ℃以下保存，低温有利于菌种的稳定性。

7. 复苏

（1）用手指弹保藏管，使制备好的细菌、放线菌、酵母菌、霉菌培养物冻干粉在保藏管下端。

（2）在超净工作台中用 70% 酒精棉球擦拭保藏管无培养物一端，用砂轮在该端保藏管锉一道沟，用无菌纱布包好保藏管，用手掰开保藏管；或者在酒精灯火焰上灼烧无培养物的保藏管端，然后用酒精棉球擦拭保藏管端部使其破裂。

（3）在保藏管中加入 0.5～1.0 mL 适宜液体培养基，使冻干菌种复水。

（4）将上述含冻干菌种的液体培养基接种于斜面培养基或平板培养基，在适宜条件下培养。或者直接取少量粉状培养物接种于液体培养基、固体培养基，在适宜条件下培养。

【实验结果】

（1）写出冷冻干燥保藏菌种的操作过程和条件。

（2）将复苏后菌种的生长情况和菌落特征填入表 3-8 中。

表 3-8　复苏后的菌种的生长情况和菌落特征

菌种	细菌	放线菌	酵母菌	霉菌
菌种名称				
生长情况				
菌落特征				

【注意事项】

（1）在进行真空干燥过程中，安瓿管内的样品应该保持冻结状态，这样在抽真空时样品不会因产生泡沫而外溢（离心式冷冻真空干燥机在抽真空前期，由于转动，短期内样品可不呈冻结状态）。

（2）熔封安瓿管时，封口处火焰灼烧要均匀，否则易造成漏气。

实验 3-15　液氮超低温保藏法

【案例】

设备完善的专业菌种保藏机构，如中国普通微生物菌种保藏管理中心（China General Microbiological Culture Collection Center，CGMCCC），通常会采用液氮超低温保藏法进行菌种保藏，主要原因是保藏时间长。复苏过程的操作关键是什么？在液氮中保藏菌种要注意哪些问题？

【实验目的】

（1）了解液氮超低温保藏菌种的原理。

（2）掌握液氮超低温保藏菌种的操作方法。

（3）掌握液氮超低温保藏菌种的复苏方法。

【基本原理】

从 20 世纪 70 年代起，国外已经采用液氮超低温保藏法保藏微生物菌种。它是以甘油、二甲基亚砜等作为保护剂，在液氮超低温（−196 ℃）下保藏菌种的方法。一般微生物在 −130 ℃以下新陈代谢活动就完全停止了，可保藏菌种 10～20 年，因此，液氮超低温保藏法比其他任何保藏方法都要优越，被世界公认为防止菌种退化的最有效方法。该方法适用于各种微生物菌种的保藏，甚至连藻类、原生动物、支原体等都能用此法获得有效的保藏。

液氮超低温保藏菌种的原理是菌种细胞从常温过渡到低温，并在降到低温前，使细胞内的自由水通过细胞膜外渗出来，以免膜内因自由水凝结成冰晶而使细胞损伤。采用液氮超低温保藏菌种的一般过程为：① 离心收集对数生长中期至后期的细胞；② 用新鲜培养基重新悬浮所收集的细胞；③ 加入甘油或二甲基亚砜；④ 混匀后分装入保藏管或安瓿瓶中，进行超低温保藏。

由于在超低温条件下水可形成冰晶对细胞产生一定的伤害，因此需要控制降温速度，同时加入冷冻保护剂。一般认为降温的速度控制在 1～10 ℃/min，细胞死亡率低，随着降温速度加快，细胞死亡率相应提高。冷冻保护剂一般选择甘油、二甲基亚砜、糊精、血清蛋白、吐温 80 等。最常用的是甘油和二甲基亚砜，因为它们可以渗透到细胞内，并且进入和游离出细胞的速度比较慢，通过强烈的脱水作用而保护细胞。所使用的甘油采用高压蒸汽灭菌，二甲基亚砜采用过滤灭菌。如果菌种生长在斜面上，可直接用含甘油的新鲜液体培养基洗涤收集。

采用超低温保藏的菌种，由于在较低温度下呈冻结状态。因此，在使用时需要进行复苏，以减少冰晶对细胞的伤害。复苏时快速将保藏管放入 37～40 ℃水浴，轻轻摇动加速冰晶的溶解，然后将保藏细胞转入该菌种适宜的新鲜培养液混匀后，再接种至适宜新鲜培养基斜面或平板进行培养即可获得有活力的菌株。

【材料与器皿】

1. 菌种

待保藏的细菌、放线菌、酵母菌、霉菌等斜面菌种。

2. 试剂

营养琼脂培养基（斜面）、肉汤培养基、麦芽汁培养基（斜面、液体）、高氏 1 号培养基（斜面、液体）、PDA 培养基（斜面、液体）以及含 20% 甘油的上述各种液体培养基、灭菌 40% 甘油、2% 盐酸溶液。

3. 器皿和其他用品

培养箱、超净工作台、冰箱（4 ℃）、液氮罐、安瓿瓶（中性硬质玻璃，内径 6 mm，长度 10 cm）、灭菌长滴管、灭菌移液管、接种针、接种环、棉花、牛皮纸（或锡箔纸）、灭菌吸管、酒精灯、酒精喷灯、记号笔等。

【实验方法】

1. 准备安瓿瓶

（1）先用 2% 盐酸溶液浸泡安瓿瓶并过夜，再用自来水冲洗至中性，最后用蒸馏水冲洗 3 次，烘干。

（2）瓶口塞上棉花后用牛皮纸包扎。

（3）将包扎好的安瓿瓶于 121 ℃灭菌 30 min。

2. 待保藏菌种菌悬液的制备

（1）从斜面制备菌悬液。

① 将待保藏的细菌、放线菌、酵母菌、霉菌菌种接种于适宜培养基上，置于适宜温度下培养，获得生长良好的培养物。一般细菌培养 24～28 h，酵母菌培养 3 d，放线菌和霉菌培养 7～10 d。如果为芽孢菌，可采用其芽孢保藏。放线菌和霉菌可采用孢子保藏。

② 每一斜面加入 5 mL 含 20% 甘油的液体培养基（适宜该菌种生长的培养基）。

③ 用接种环轻轻刮下孢子或菌体，再用双手搓动试管，使培养物充分而均匀分散在培养基中，即制成菌悬液。

④ 每一安瓿瓶中分装 0.5～1.0 mL 菌悬液。

⑤ 立即用酒精喷灯封安瓿瓶口，并检查瓶口，确保严密、不漏气。

⑥ 在安瓿瓶上注明菌名和制种日期。

⑦ 将封口后的安瓿瓶于 4 ℃冰箱中放置 30 min。

（2）从液体培养物制备菌悬液。

① 将待保藏的细菌、放线菌、酵母菌、霉菌菌种接种于适宜的液体培养基中，置于适宜温度下培养，获得生长良好的培养物。

② 在液体培养基中加入等体积灭菌 40% 甘油，轻轻振荡混匀。

③ 每一安瓿瓶中分装 0.5～1.0 mL 菌悬液。

④ 立即用酒精喷灯封安瓿瓶口，并检查瓶口，确保严密、不漏气。

⑤ 在安瓿瓶上注明菌名和制种日期。

⑥ 将封口后的安瓿瓶于 4 ℃冰箱中放置 30 min。

（3）采用分段降温法控速冷冻并保藏。

① 将安瓿瓶从 4 ℃冰箱中取出，置于铝盒或布袋中，放入 -40～-20 ℃冰箱中 1～2 h。

② 取出安瓿瓶并迅速放入液氮罐中快速冷冻并保藏，这种降温法冷冻速率大约每分钟下降 1～1.5 ℃。注意在保藏期间液氮会缓慢挥发，不同结构的液氮罐，液氮挥发量不同，一般 10 d 内挥发量为 15%，因此要注意及时补充液氮。

3. 复苏

（1）从液氮罐中取出保藏管，立即置于 37～40 ℃水浴中，并轻轻振动以加速溶冰。

（2）用无菌吸管将保藏管中的细菌、放线菌、酵母菌、霉菌培养物移入含有 2 mL 相应的无菌新鲜液体培养基，并反复吹吸混匀。

（3）取混匀的培养液 0.1～0.2 mL 转接至斜面或平板培养基上，在适宜的条件下培养。

【实验结果】

（1）写出液氮超低温保藏菌种的操作过程和条件。

（2）将复苏后的菌种的生长情况和菌落特征填入表 3-9 中。

表 3-9　复苏后的菌种的生长情况和菌落特征

菌种	细菌	放线菌	酵母菌	霉菌
菌种名称				
生长情况				
菌落特征				

【注意事项】

（1）放在液氮中保藏的安瓿管，瓶口确保严密、不漏气，否则当安瓿管从液氮中取出时，因进入管中的液氮受外界较高温度的影响而急剧气化、膨胀，致使安瓿管爆炸。

（2）从液氮罐取安瓿管时面部必须戴好防护罩，戴好手套，以防冻伤。

实验 3-16　砂土管保藏法

【案例】

据文献报道，采用砂土管保藏方法对部分抗生素产生菌进行保藏，36～38 年后检查保藏效果，结果表明 36 年后总存活率高达 83% 以上，对其中部分真菌测定活性，存活菌株都保持原活性。影响砂土管保藏法保存年限的因素有哪些？

【实验目的】

（1）了解砂土管保藏法的工作原理。

（2）掌握砂土管保藏法的操作技术。

【基本原理】

砂土管保藏法是将待保藏菌种接种于斜面培养基上，经培养后制成孢子悬液，将孢子悬液滴入已灭菌的砂土管中，孢子即吸附在砂子上，将砂土管置于真空干燥器中，吸干砂土管中水分，经密封后置于 -4 ℃冰箱中保藏。在砂土干燥条件下，微生物细胞代谢活动减缓，繁殖速度受到抑制，可减少菌株突变，延长存活时间。所以，此法利用干燥、缺乏营养、低温等因素综合抑制微生物生长繁殖，多用于产芽孢的细菌、产生孢子的放线菌和霉菌。

【材料与器皿】

1. 菌种

待保藏的放线菌、霉菌等斜面菌种。

2. 试剂

蒸馏水、10% 盐酸、肉汤培养基等。

3. 器皿和其他用品

40 目筛子、小试管或安瓿管、橡皮塞或棉塞、干燥器、真空泵、河砂、瘦黄土或红土等。

【实验方法】

（1）河砂处理。取河砂若干加入 10% 盐酸，加热煮沸 30 min 除去有机质。倒去盐酸溶液，用自来水冲洗至中性，最后一次用蒸馏水冲洗，烘干后用 40 目筛子过筛，弃去粗颗粒，备用。

（2）土壤处理。取非耕作层不含腐殖质的瘦黄土或红土加自来水浸泡洗涤数次，直至中性。烘干后碾碎，用 100 目筛子过筛，粗颗粒部分丢掉。

（3）砂土混合。处理妥当的河砂与土壤按 3∶1 的比例掺和（或根据需要而用其他比例，甚至可全部作砂或土）均匀后，装入 10 mm×100 mm 的小试管或安瓿管中，每管分装 1 g 左右，塞上棉塞，进行灭菌（通常采用间歇灭菌 2～3 次），最后烘干。

（4）无菌检查。每 10 支砂土管随机抽 1 支，将砂土倒入肉汤培养基中，30 ℃培养 40 h，若发现有微生物生长，所有砂土管则需重新灭菌，再做无菌实验，直至证明无菌后方可使用。

（5）菌悬液的制备。取生长健壮的新鲜斜面菌种，加入 2～3 mL 无菌水（18 mm×180 mm 的试管斜面菌种），用接种环轻轻地将菌苔洗下，制成菌悬液。

（6）样品分装。每支砂土管（注明标记后）加入 0.5 mL 菌悬液（刚刚使砂土润湿为宜），用接种针拌匀。

（7）干燥。将装有菌悬液的砂土管放入干燥器内，干燥器底部盛有干燥剂，用真空泵抽干水分后火焰封口（也可用橡皮塞或棉塞塞住试管口）。

（8）保存。将砂土管置于 4 ℃冰箱中或室温干燥处，每隔一定的时间进行检测。

（9）复活。当需要使用菌种进行复活培养时，在无菌条件下打开砂土管，取部分砂土粒于适宜的斜面培养基上（或取砂土少许移入液体培养基内），在适宜的条件下进行培养和转接。

【实验结果】

（1）写出砂土管保藏菌种的操作过程和条件。

（2）将复苏后的菌种的生长情况和菌落特征填入表 3-10 中。

表 3-10　复苏后的菌种的生长情况和菌落特征

菌种	细菌	放线菌	霉菌
菌种名称			
生长情况			
菌落特征			

【注意事项】

如果河砂中有机物较多，可用 20% 盐酸浸泡，尽量去除有机物。

第4章　微生物的生长

　　微生物具有吸收多、转化快的共性，因此在合适的外界环境条件下，微生物不断地从外界环境吸收营养物质，并按其自身的代谢方式不断地进行新陈代谢。如果合成代谢的速度超过了分解代谢，则表现为原生质的总量不断增加，因此微生物个体不断生长；微生物个体生长达到一定程度后就会引起个体数目的增加，由原来的一个个体逐渐发展成为一个群体，这就是繁殖。微生物生长旺、繁殖快的共性，保证它们能够有巨大的数量。

　　测定微生物生长的方法都是直接或间接地以微生物的原生质含量或数量为依据进行测定的。微生物生长量的测定方法就是基于原生质总量进行测定，因此测定生长量的方法有直接法和间接法。直接法有测体积法和称干重法；间接法有比浊法和生理指标法。微生物繁殖数的测定方法是基于个体数目进行测定，因此测定繁殖数的方法也有直接法和间接法，但这些方法只适用于单细胞微生物（如细菌、酵母菌）的计数，而对于放线菌和霉菌等丝状微生物，只能计数其孢子数。常用的直接法有显微镜直接计数法（如血球计数板法）和间接计数法（如平板菌落计数法）。

　　微生物生长繁殖过程中，一系列的新陈代谢活动会影响外界环境。反之亦然，除营养因素外，很多外界环境因素也会影响微生物的生长和繁殖，比如温度、pH、氧气、渗透压、紫外线、化学药剂和抗生素等。因此，人们可以通过控制环境条件，促进有益微生物的生长和繁殖，为生产实践活动提供更多的有益产品；但是对于有害微生物，则可采取有效的措施来防止、抑制或杀灭它们。

实验 4-1　微生物的显微镜直接计数法

【案例】

　　某检验人员想知道某品牌干酵母活菌存活率，他是如何通过显微镜直接计数法检测其存活率的？如何尽量减少检测误差？如何保证结果的可靠性？

【实验目的】

（1）了解细菌计数板的构造与原理。

（2）掌握利用细菌计数板进行微生物直接计数的方法。

【基本原理】

　　显微镜直接计数法直观快速、操作简单，适用于各种含单细胞菌体的纯培养悬浮液，如细菌和酵母菌等，但是需要利用计数板进行计数。彼得罗夫·霍泽（Petrof Hausser）细菌计数板比较薄，可用油镜观察菌体，因此适合于一般细菌的计数；血球计数板比较厚，不能使用油镜观察菌体，因此适合于较大的酵母菌或霉菌孢子的计数。

两种计数板都是一块特制的厚型载玻片，其结构和使用原理相同。图 4-1 所示为细菌计数板构造。载玻片上有 4 条槽，构成 3 个平台，中间的平台较宽，它的中间又被一短横槽分隔成两半，每个半边上面刻有 1 个方格网，每个方格网共分为 9 个大方格，中间的大方格即为计数室。计数室的构造有两种：一种是一个计数室分成 25 个中方格，而每个中方格又分成 16 个小方格；另一种是计数室分成 16 个中方格，而每个中方格又分成 25 个小方格。不管计数室是哪种构造，它们都有一个共同点，即计数室都由 400 个小方格组成。中方格之间用双线分开，以便区分。一个大方格边长为 1 mm，则每个大方格的面积为 1 mm²，盖上盖玻片后，盖玻片与载玻片之间的高度为 0.1 mm，所以计数室的容积为 0.1 mm³（1.0×10^{-4} mL）。不同规格计数板的计数方法有所差异。16 个中方格规格的计数板，需要按对角线方位计算左上、左下、右上和右下 4 个中方格的菌数；25 个中方格规格的计数板，除统计上述 4 个中方格的菌数外，还须统计中央一中方格共 5 个中方格的菌数。根据统计的菌数可求得每个中方格的菌数平均值 A，若菌液稀释倍数为 B，则 25 个中方格的计数板 1 mL 菌液中的总菌数 $= A \times 25 \times 10^{-4} \times B$（个）；同理，如果是 16 个中方格的计数板，则 1 mL 菌液中的总菌数 $= A \times 16 \times 10^{-4} \times B$（个）。

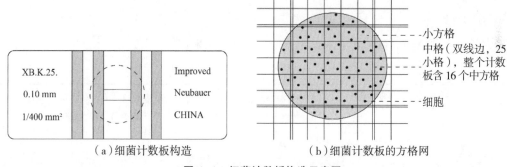

（a）细菌计数板构造　　　　　　（b）细菌计数板的方格网

图 4-1　细菌计数板构造示意图

显微镜直接计数法对一定体积菌悬液的总菌数进行计数，没办法区分死菌和活菌。为了分别对死菌和活菌进行计数，可以通过对菌体染色，染色剂可用美蓝或吖啶橙。

【材料与器皿】

1. 菌液

大肠杆菌（*Escherichia coli*）菌液。

2. 试剂

镜头清洗液、95% 酒精、75% 酒精、香柏油、美蓝染色液。

3. 器皿和其他用品

显微镜、盖玻片、细菌计数板、移液器、脱脂棉、吸水纸、擦镜纸、棉球等。

【实验方法】

1. 计算总菌数

（1）清洗计数室。用蘸有 95% 酒精的棉球轻轻擦洗计数板计数室，用蒸馏水清洗计数板，用吸水纸吸干计数室的水分，最后用擦镜纸擦干净。显微镜观察清洗后的计数室是否干净，如无污物即可进行计数。

（2）计数。将洁净的盖玻片置于细菌计数板的两条嵴上，用移液器吸取少许混匀的菌悬液在盖玻片边缘滴一小滴，让菌悬液沿细缝靠毛细渗透作用自行渗入计数室，并充满计数室平台。加样后静置约 5 min 后，将细菌计数板置于显微镜镜台上，先用低倍镜找到计数室所在的位置，再转换成高倍镜找到清晰的计数室线条，最后用油镜进行观察和计数。根据计数中方格中的菌体数，求得每个中方格中细菌数的平均值，乘以 25（或 16）就得出一个大方格中的总菌数，最后再根据公式换算成每毫升菌液中的含菌数。

（3）清洗。计数完毕后，计数板和盖玻片用 75% 酒精浸泡消毒后，再用流水清洗干净，用吸水纸吸干或在自然条件下晾干，最后用擦镜纸擦干净，放回盒内。

2. 死菌和活菌计数

（1）活体染色。先取 9 mL 美蓝染色液滴在试管中，再取 1 mL 菌液，将两种溶液混合，则可对菌体进行染色，10 min 后进行计数。

（2）清洗计数室。清洗方法同前。

（3）计数。加菌液方法同前，计数中方格中死菌（蓝色）数和活菌（无色）数，可计算出活菌的比例。

（4）清洗。清洗方法同前。

【实验结果】

将大肠杆菌菌液的计数结果填入表 4-1 中，并计算菌液浓度。

表 4-1　大肠杆菌菌液的计数结果

计数次数	每个中方格的细胞数					5 个中方格细胞数的平均值	菌液稀释倍数	菌液浓度 /（个 / 毫升）	菌液浓度平均值 /（个 / 毫升）
	1	2	3	4	5				
1									
2									
3									
4									
5									

【注意事项】

（1）计数前，菌悬液浓度不能太高，否则会导致每个小方格中细菌数太多，使细菌易重叠在一起，不利于计数，需要进行稀释后再计数；如果菌悬液浓度太低，则有些小方格细胞数量太少甚至没有微生物，导致计数误差太大。因此尽量控制菌悬液浓度为 10^6 个 / 毫升，一般每个小方格内 5～10 个菌体或孢子为宜。

（2）计数时，如果有菌体压在中方格线上，压在中方格底线上和右侧线上的菌体计入本格内，或压在中方格顶线上及左侧线上的菌体计入本格内，即四条边线上的微生物只数其中两条线上的菌体。

（3）每个样品都需要重复计数 3～5 次，取其平均值作为最终结果；如果每次计数的菌悬液浓度数值相差过大，则需要重新计数。

实验 4-2　微生物间接计数法——平板菌落计数法

【案例】

在《食品微生物学检验　菌落总数测定》（GB 4789.2—2022）中规定，利用倾注平板法对食品检样的细菌进行培养，在 36 ℃ ±1 ℃环境下培养 48 h ±2 h，计数获得每克（毫升）检样中形成的微生物菌落总数。为什么标准里没有选择平板涂布法而选择倾注平板法？为什么要培养 48 h 后才观察结果？

【实验目的】

（1）了解平板菌落计数法的原理。

（2）掌握平板菌落计数的方法。

【基本原理】

在生产实践和科学研究中，有时候需要测定一些样品，比如水、食品、药品、饮料等的活菌数。平板菌落计数法是根据在固体培养基上形成的菌落是由一个单细胞繁殖而成的子细胞群体这一特征而设计的一种计数方法，是计算样品中活菌数的常用方法，其操作过程如图 4-2 所示。计数时，先将待测样品精确地进行一系列稀释，充分混匀，再取一定量的稀释菌液倾注或平板涂布到培养基中（或上），并均匀分布于培养基内（或上），经培养后，每个细胞生长繁殖形成菌落，统计菌落形成单位（Colony Forming Unit，CFU），即可换算出样品中的活菌数。由于此法只计算样品中的活菌数，不计算死菌数，所以此法又称为活菌计数法。

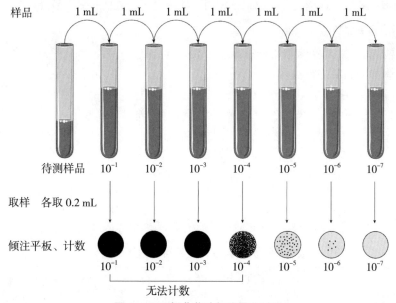

图 4-2　平板菌落计数法操作过程

【材料与器皿】

1. 菌种

大肠杆菌（*Escherichia coli*）菌液。

2.试剂

营养琼脂培养基。

3.器皿和其他用品

酒精灯、培养皿、超净工作台、玻璃涂布棒、无菌吸头、移液器、装有 9 mL 无菌水具塞试管、硅胶塞、试管架、记号笔等。

【实验方法】

1.倾注平板法

（1）编号。取 7 支装有 9 mL 无菌水具塞试管，依次编号为 10^{-1}、10^{-2}、10^{-3}、10^{-4}、10^{-5}、10^{-6}、10^{-7}；取 12 个无菌培养皿，分别编号为 10^{-4}、10^{-5}、10^{-6}、10^{-7}，每个稀释度各 3 个培养皿。

（2）菌液稀释。移液器吸取 1 mL 大肠杆菌菌液加入 10^{-1} 的试管中，移液吸头吹吸混合至少 3 次后，振荡混匀菌液，制成 10^{-1} 的稀释液。从 10^{-1} 稀释度的菌液中取 1 mL 加入 10^{-2} 试管中，振荡混匀制成 10^{-2} 的稀释液。其他稀释度的菌液按此过程进行 10 倍系列梯度稀释，每稀释 1 个梯度都要更换 1 个吸头。

（3）取样。分别精确吸取 10^{-4}、10^{-5}、10^{-6}、10^{-7} 的稀释菌液各 0.2 mL，加入对应编号的无菌培养皿中，不同稀释度菌液的移液吸头不能混用，每个稀释度重复做 3 个培养皿。

（4）倾注平板培养。向上述加有不同稀释度菌液的培养皿中倒入 50 ℃左右的营养琼脂培养基 15～20 mL，放到水平位置，迅速旋转培养皿使菌体稀释液和培养基充分混匀，静置凝固后，在 37 ℃恒温培养箱中倒置培养。

（5）计数。培养 48 h 后取出培养皿进行计数，一般选择菌落数在 30～300 的稀释度计数较为合适，计算出同一稀释度 3 个平板上的平均菌落数，并根据下列公式进行计算：

每毫升菌液中菌落形成单位（CFU/mL）＝同一稀释度 3 次重复的平均菌落数 × 稀释倍数 ×5

2.平板涂布法

（1）倒培养基。将营养琼脂培养基融化并冷却至约 50 ℃后，倒入平板，每个培养皿倒入 15～20 mL，静置凝固后进行编号。

（2）菌液稀释。具体方法同上。

（3）取样。吸取 0.2 mL 菌液至对应稀释度编号的培养皿培养基上。

（3）平板涂布。用灭菌过的玻璃涂布棒将菌液涂布在培养基上，涂布均匀并涂开，然后倒置于 37 ℃恒温培养箱中培养 48 h。

（4）计数。培养 48 h 后取出培养皿进行计数，计数方法与计算公式同上。

【实验结果】

计数并计算每毫升大肠杆菌菌液的活菌数，并将结果填入表 4-2 中。

表 4-2 大肠杆菌菌液的活菌数计数结果

菌液稀释度	菌落数 / 个				每毫升菌液菌落形成单位数 /（CFU/mL）
	1	2	3	平均值	
10^{-4}					
10^{-5}					
10^{-6}					
10^{-7}					

【注意事项】

（1）平板菌落计数时，同一稀释度重复至少 3 次，取平均值进行计算，以减小误差；同时，同一稀释度不同重复的菌落数也不能相差太大，否则实验结果不准确。

（2）吸取不同稀释度菌液时要注意更换吸头，且在吸取该菌液前先振荡混合再吸取。

（3）倾注平板培养时要注意培养基温度，一般 50 ℃左右为宜，如果温度太高，会把细菌杀死；如果温度太低，培养基还未倾注就凝固了。

（4）计数时，如果有 2 个稀释度菌落数为 30～300，按两者菌落总数比值决定：若比值小于 2，取平均值；若比值大于 2，则取较小的菌落总数。所有稀释度的菌落数均大于 300 时，则应以稀释度最高的平板菌落数计算。所有稀释度的菌落数均小于 30 时，则应以稀释度最低的平板菌落数计算。

（5）根据不同稀释度计算出的每毫升菌液的活菌数也不能差异太大，不然就代表试验结果有问题。

（6）平板涂布时，菌液一般以 0.1～0.2 mL 为宜。如果菌液太多，涂不开或在培养基表面仍有菌液在流动，不易形成单菌落；如果菌液太少，不易涂开或涂均匀。

实验 4-3　细菌生长曲线的测定

【案例】

利用光电比浊法测定某一产色素细菌的生长曲线时，发现它不但没有衰亡期，还在出现稳定期后又有增长趋势，不具有典型单细胞细菌的生长曲线，这是为什么呢？对这类细菌应采用什么方法测定生长曲线？

【实验目的】

（1）掌握细菌生长曲线的基本特征及测定原理。

（2）掌握测定细菌生长曲线的方法。

（3）学会利用细菌生长曲线计算代时。

【基本原理】

细菌的个体极其微小，所以研究某一个细菌细胞在生长过程中细胞内发生的生物化学变化和细胞学变化是十分困难的。因此，一般是以其群体生长作为细菌生长的指标。细菌的群体生长可通过生长曲线进行表示，细菌生长曲线是定量描述液体培养基中细菌群体生长规律的实验曲线。细菌生长曲线的测定方法是将少量单细胞细菌接种到一定体积的液体培养基中，在适宜的温度和通气等条件下培养，菌体迅速繁殖并发生规律的增长。如果以培养时间为横坐标、以菌体数目的对数值为纵坐标，就可以得到一条典型的细菌生长曲线，包括延滞期、指数期、稳定期和衰亡期 4 个时期。

通过生长曲线的对数期，可以计算出细菌生长的重要指标——代时（Generation Time，GT）。代时可通过直接法和间接法进行计算。

（1）直接法是利用公式计算，即 $GT = \dfrac{t_2 - t_1}{3.22\left(\lg x_2 - \lg x_1\right)}$。其中，$x_1$ 为对数期开始某时刻的细菌数；x_2 为对数期另一时刻的细菌数；t_1 为 x_1 的培养时间（h 或 min），t_2 为 x_2 的培养时间（h 或 min）。

（2）间接法是在对数期取 2 个生长量，比如 $A_{600-1}=0.3$，$A_{600-2}=0.6$，在横坐标查出相应的培养时间，$t_{600-1}=80\ min$，$t_{600-2}=120\ min$，所以代时 $G=t_{600-2}-t_{600-1}=120-80=40（min）$。

比浊法（Turbidimetry Method）是常用于测定培养液中细菌数量的方法，根据菌悬液的透光量间接地测定细菌数量。某一波长的光线，通过菌悬液时，由于菌体的散射及吸收作用，光

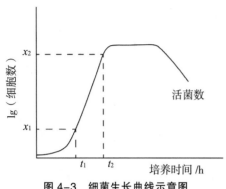

强度被减弱。在一定范围内，细菌细胞浓度与透光度 T（Transmittance）成反比，与吸光度 A（Absorbance）成正比。因此，根据这一原理，将样品放在一定体积的比色皿中，通过光电比色计或分光光度计测定样品中的 A 值，来代表细菌的生物量。一般光波长的选择通常为 400～700 nm，常采用 600 nm。比浊法的优点是简便、快速，还可以连续测定，适合于自动化控制。本实验用分光光度计 S（Spectrophotometer）进行光电比浊，测定不同培养时间菌悬液的 A 值，绘制生长曲线，如图 4-3 所示。

图 4-3 细菌生长曲线示意图

【材料与器皿】

1. 菌种

大肠杆菌（*Escherichia coli*）。

2. 试剂

营养肉汤培养基（Nutrient Broth，NB）、蒸馏水。

3. 器皿和其他用品

摇床、移液器、吸头、比色皿、分光光度计、擦镜纸、洗瓶等。

【实验方法】

1. 菌种培养

挑取大肠杆菌单菌落接种到 10 mL NB 中，37 ℃振荡过夜。

2. 培养和接种

（1）分开培养：吸取 5 mL 大肠杆菌培养液转入装有 95 mL NB 的三角瓶内，混合均匀后分别取 5 mL 混合液放入 11 支无菌大试管中，用记号笔分别标明培养时间，即 0 h、2 h、4 h、6 h、8 h、10 h、12 h、14 h、16 h、24 h 和 28 h，放入 37 ℃摇床中振荡培养，分别在相应的时点间取出相应标记的试管，立即放入 4 ℃冰箱内贮存，最后同时用比浊法测定其 A 值。

（2）统一接种：取 5 mL 大肠杆菌培养液转入装有 95 mL NB 的三角瓶内，放入 37 ℃摇床中振荡培养，在 0 h、2 h、4 h、6 h、8 h、10 h、12 h、14 h、16 h、24 h 和 28 h 时间点，取 2 mL 菌液放入 5 mL 离心管内，立即放入 4 ℃冰箱内贮存，最后同时用比浊法测定其 A 值。

3. 校正

用未接种的 NB 作空白对照，选用 600 nm 波长进行光电比浊测定，在分光光度计上调节零点，以作测定时的阴性对照。

4. 测定

测定样品中各个培养时间的 A_{600} 值，以 A_{600} 值为纵坐标，以培养时间为横坐标，绘制大肠杆菌的生长曲线。

5.计算代时

利用生长曲线计算大肠杆菌的代时。

【实验结果】

（1）将比浊法测得的大肠杆菌生长结果填入表 4-3。

表 4-3　比浊法测得的大肠杆菌生长结果

培养时间 /h	0	2	4	6	8	10	12	14	16	24	28
A_{600}											

（2）以培养时间为横坐标，以 A_{600} 为纵坐标，制作大肠杆菌的生长曲线。

（3）根据绘制的生长曲线，计算大肠杆菌的代时。

【注意事项】

（1）测定 A_{600} 时，应以未接种的培养基作为空白对照进行校正。

（2）测定生长曲线所用的培养基不能含有颗粒和沉淀，否则会影响吸光度，造成实验结果产生偏差。

（3）测定 A_{600} 要注意菌液浓度不能太高，如果 A_{600} 超过 1，需要先稀释再进行测定，最后再乘以稀释倍数得到最终的 A_{600}。

（4）测定生长曲线时，要注意细菌培养温度、摇床转速、培养液体积、培养容器等都要一致，以减少误差。

实验 4-4　霉菌生长曲线的测定——干重法

【案例】

某同学在测定霉菌生长曲线时，如果利用液体培养基培养可通过干重法进行测定，但是如果利用固体培养基培养，可以通过什么方法测定生长曲线？如何减少误差？

【实验目的】

（1）掌握干重法测定霉菌生长曲线的实验方法。

（2）了解霉菌生长曲线的基本特征。

【基本原理】

霉菌孢子碰到合适的固体培养基，就会发芽生长产生菌丝，霉菌的生长表现为菌丝顶端细胞的不断向前延伸和细胞内含物的增加，生长发育到一定阶段形成无性孢子或有性孢子，无性孢子和有性孢子又可继续萌发产生菌丝，重复以上生长史产生大量的菌丝。但当霉菌在液体培养基中培养时，借助菌丝断裂片段进行繁殖，以松散的絮状沉淀或交织紧密的菌丝球在液体培养基中生长。

霉菌在液体培养基培养过程中，它的生长特征是研究霉菌的重要生物学指标。在生产实践和科学研究中，霉菌的生长通常以单位时间内菌体质量（主要是干重）的变化进行表示。因此，常测定菌体的干重代表霉菌生长情况。相比较于其他单细胞微生物的典型生长曲线而言，霉菌具有非"典型"的生长曲线，大致可分为 3 个阶段，即生长延滞期、快速生长期和生长

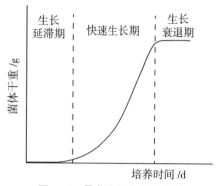

图 4-4 霉菌生长曲线示意图

衰退期（图 4-4）。与典型生长曲线相比，虽然缺乏指数生长期，却有一段培养时间与菌体干重的立方根成线性关系的快速生长时期。

【材料与器皿】

1. 菌种

黑曲霉（*Aspergillus niger*）斜面培养物。

2. 试剂

马铃薯葡萄糖培养基（Potato Dextrose，PD）、无菌水。

3. 器皿和其他用品

超净工作台、恒温培养摇床、干燥箱、真空泵、分析天平、砂芯漏斗、无菌滤纸、移液器、无菌三角瓶、血球计数板、酒精灯、接种环等。

【实验方法】

（1）孢子悬液制备。在黑曲霉斜面培养物中加入少量无菌水，用无菌接种环轻轻刮培养物表面使孢子分散于无菌水中，再用移液器把孢子悬液转移至无菌空三角瓶中，振荡混匀，孢子打散后，用无菌滤纸过滤得到孢子悬液。先用血球计数板测定孢子悬液浓度，再按适当比例进行稀释，使其最终浓度为 10^6 个 / 毫升。

（2）接种。取 13 个装有 100 mL PD 的三角瓶，分别做好标记：0、1 d、2 d、2.5 d、3 d、3.5 d、4 d、4.5 d、5 d、5.5 d、6 d、6.5 d、7 d。振荡混匀孢子悬液，吸取 1 mL 孢子悬液接入 PD 中。

（3）培养。把接种后的三角瓶置于 30 ℃摇床上振荡培养，转速 180 r/min，按上述标记的时间取出相应的培养物进行测定。

（4）称重。先对滤纸进行称重，记录滤纸质量。再将三角瓶内全部培养物抽滤于 1 张滤纸上，抽滤物放入 100 ℃烘箱中烘干至恒重。最后用分析天平称重，求出菌体干重。

（5）绘制生长曲线。以培养时间为横坐标、以菌体干重为纵坐标，绘制黑曲霉的生长曲线。

【实验结果】

（1）将干重法测得的黑曲霉生长量填入表 4-4。

表 4-4 不同培养时间黑曲霉干重测量结果

培养时间 /d	滤纸重量 /g	菌体和滤纸重量 /g	菌体干重 /g
0			
1			
2			
2.5			
3			
3.5			
4			

续表

培养时间 /d	滤纸重量 /g	菌体和滤纸重量 /g	菌体干重 /g
4.5			
5			
5.5			
6			
6.5			
7			

（2）以培养时间为横坐标，以菌体干重为纵坐标，绘制黑曲霉的生长曲线。

【注意事项】

（1）如果孢子悬液太低导致摇瓶培养时菌丝球太少，应适当提高孢子悬液的浓度或接种量。

（2）烘干抽滤物时，一定要烘干至恒重，减少误差。

实验 4-5　动物病毒的培养与扩增

【案例】

某养殖场暴发病毒性传染病疫情导致大量猪死亡，当前已成功分离出导致该疫情的病毒株，为了尽快控制该疫情，需要尽快研发出有效的疫苗。研究人员计划在当前所分离病毒株的基础上研制减毒疫苗。请问可采取哪些方式来制备减毒病毒株？相较于其他形式的疫苗，减毒疫苗对传染病的防控有什么优缺点？

【实验目的】

（1）掌握病毒的培养及扩增方法。

（2）熟悉常见的病毒保存方式。

【实验原理】

病毒的结构十分简单，绝大多数病毒在结构上表现为由蛋白质组成的外壳包裹核酸核心。病毒自身由于缺乏增殖过程所需的酶系统而不表现出生命特征，病毒只有侵入活的宿主细胞，并借助宿主细胞内的酶系统及其细胞结构才能完成增殖过程。多数病毒的增殖过程包含吸附、侵入、病毒组分的合成、病毒粒子的组装和释放等过程。病毒一般通过暴露于病毒表面的蛋白特异性地结合细胞表面受体而完成吸附过程，对于具有包膜的病毒，一般通过病毒表面的包膜蛋白来结合受体；对于无包膜病毒，主要通过衣壳蛋白来特异结合细胞受体。病毒结合受体吸附于细胞表面后，可通过病毒包膜与细胞膜发生融合的方式或者被细胞膜包裹形成内吞体的方式进入宿主细胞；此外，部分病毒可通过注射的方式将病毒（如 T4 噬菌体）核酸注入细胞内。病毒粒子进入细胞后，可通过脱衣壳的方式释放病毒核酸，病毒核酸在细胞内借助细胞所提供的原料、能量、细胞酶系统和其他细胞结构完成核酸复制及病毒蛋白的合成，病毒结构蛋白通过包裹核酸组装成核衣壳并通过细胞裂解或出芽的方式释放至细胞外。病毒从吸附至释放的完整过程被称为病毒的复制周期，病毒通过 1 个复制周期可产生数十倍至数千倍数量的子代病毒。

【材料与器皿】

1. 病毒株与细胞株

鼠巨细胞病毒(*Murine cytomegalovirus*)、NIH-3T3 细胞。

2. 试剂

DMEM 培养基、胎牛血清(FBS)、链霉素、青霉素、胰酶(0.25%)、无菌 PBS 缓冲液。

3. 器皿及其他用品

生物安全柜、倒置光学显微镜、CO_2 培养箱、小型高速离心机、水浴锅、移液器、10 cm 细胞培养板、10 mL 移液管、吸头等。

【实验方法】

1. 细胞扩增培养

(1)复苏 NIH-3T3 细胞,将其置于 CO_2 培养箱中培养,培养条件为 37 ℃、5% CO_2。

(2)使用倒置光学显微镜观察细胞,待细胞密度超过 90% 时进行传代。

(3)弃旧培养基,每块 10 cm 培养板使用 5 mL 无菌 PBS 缓冲液润洗细胞,弃 PBS 缓冲液后每板加入 1 mL 胰酶,晃动培养板使细胞充分浸润,将细胞置于 37 ℃水浴锅消化直至大多数细胞收缩变圆,弃胰酶后使用 DMEM 完全培养基(含 10% FBS,100 U/mL 链霉素和 120 U/mL 青霉素)将细胞吹落。

(4)将细胞悬液平分至 3~5 个 10 cm 培养板,每个培养板补加新鲜 DMEM 培养基至 10 mL。

(5)采用十字交叉法将细胞摇晃均匀后置于 CO_2 培养箱中培养。

2. 病毒接种

(1)取细胞密度达 80% 且状态良好的细胞,弃旧培养基,补加 10 mL 新鲜 DMEM 培养基。

(2)从 -80 ℃冰箱中取出冻存的病毒,快速化冻后接种于细胞(MOI=0.01),将接种病毒后的细胞置于 CO_2 培养箱中静置培养。

3. 病毒收获

(1)使用倒置光学显微镜观察病毒感染后的细胞,待 100% 细胞发生病变后开始收获病毒。

(2)使用电动移液器将病变后的细胞吹下,将细胞悬液加入离心管,在小型高速离心机上以 2000 r/min 的转速离心 10 min。

(3)将离心上清液分离出来,使用适当体积(如每块 10cm 培养板 1mL)的冻存保护液(9% 蔗糖、25 mmol/L 组氨酸、150 mmol/L NaCl,pH=6.0)将细胞沉淀重悬,并置于液氮中速冻,室温化冻,反复冻融 3 次。

(4)将经反复冻融裂解后的细胞在小型高速离心机上以 2000 r/min 的转速离心 10 min,将离心后获得的细胞裂解上清液与前面步骤所收集的培养上清液相混合。

4. 病毒分装与保存

将病毒液分装至 1.5 mL EP 管(1 mL/管),标记后冻存于 -80 ℃冰箱。

【实验结果】

(1)记录病毒扩增过程及病毒保存信息。

(2)测定扩增所获得病毒液的滴度,分析扩增前后病毒液体积及具有感染活性的病毒粒子数量的变化情况。

【注意事项】

（1）涉及病毒操作过程须在生物安全柜中完成。

（2）使用液氮进行反复冻融操作时需要佩戴手套、护目镜等措施来防止液氮泼溅而导致冻伤。

实验 4-6　空斑法测定动物病毒滴度

【案例】

某养殖场暴发病毒性传染病导致大量猪死亡，当前已成功分离出导致该疫情的病毒株并完成减毒病毒株的制备，前期对减毒疫苗的免疫原性评价试验结果显示，每针剂中活病毒数量要达到 2×10^4 PFU，免疫后才能够获得良好的保护效果。病毒滴度（PFU/mL）是通过什么方法获得的？是否还有其他方法来测定病毒滴度？研究人员制备了一批疫苗，如何来初步评价这批疫苗是否合格？

【实验目的】

（1）了解动物病毒滴度测定常用的方法及其原理。

（2）掌握使用空斑形成实验（空斑法）测定动物病毒滴度的方法。

【基本原理】

空斑法是被广泛应用的病毒滴度测定的金标准，也被广泛应用于病毒的分离纯化。病毒经连续梯度稀释后接种至汇合度为 100% 的单层细胞上，病毒感染细胞后在细胞上方覆盖低熔点琼脂糖培养基，一方面细胞能从低熔点琼脂糖培养基中吸收生存所需要的营养物质，另外一方面低熔点琼脂糖培养基能够限制病毒的扩散。病毒在完成一轮感染后从细胞内释放出来的子代病毒由于受到低熔点琼脂糖培养基的限制而只能感染并裂解邻近的细胞，1 个病毒粒子感染细胞后经过多轮"感染—裂解—再感染"的过程将在初始感染位置附近形成一块无细胞区域。使用染色液对细胞进行染色后，相对于着色的细胞区域，无细胞区域将表现为肉眼可分辨的无色的"空斑"（图 4-5）。使用较高稀释度稀释的病毒所感染的细胞中每个空斑可视为 1 个病毒粒子感染细胞所导致，通过计算该稀释度病毒感染后所出现的空斑数量，将其乘以病毒的稀释度即可计算出单位体积病毒原液中所含的具有感染性的病毒粒子数量。

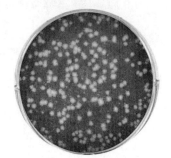

图 4-5　空斑实验结果

【材料与器皿】

1. 病毒株与细胞株

鼠巨细胞病毒（*Murine cytomegalovirus*）、NIH-3T3 细胞。

2. 试剂

DMEM 培养基、胎牛血清（FBS）、链霉素、青霉素、胰酶（0.25%）、无菌 PBS 缓冲液。

3. 器皿和其他用品

生物安全柜、倒置光学显微镜、CO_2 培养箱、离心机、水浴锅、10 cm 细胞培养板、移液器、吸头等。

【实验方法】

1. 细胞培养与细胞铺板

（1）复苏 NIH-3T3 细胞，将其置于 CO_2 培养箱中培养，培养条件为 37 ℃、5% CO_2。

（2）使用倒置光学显微镜观察细胞，待细胞密度达到 90% 以上时开始进行铺板。

（3）弃旧培养基，每 10 cm 培养板使用 5 mL 无菌 PBS 缓冲液润洗细胞，弃无菌 PBS 缓冲液后每板加入 1 mL 胰酶，将细胞置于 37 ℃ 水浴锅消化直至大多数细胞收缩变圆，弃胰酶后使用 DMEM 完全培养基（含 10% FBS，100 U/mL 链霉素和 120 U/mL 青霉素）将细胞吹落。

（4）对细胞进行计数，以 2×10^6 个细胞/孔将细胞铺至六孔板，共铺 5 块六孔板。

（5）采用十字交叉法将细胞摇晃均匀后置于 CO_2 培养箱中培养直至细胞密度达到 100%。

2. 病毒稀释

取待测滴度的病毒原液，在 EP 管中进行 10 倍连续梯度稀释，连续做 10 个稀释度。连续梯度稀释的具体方法如下：取 10 个 1.5 mL EP 管，每管加入 900 μL DMEM 完全培养基，向第 1 个管中加入 100 μL 病毒原液，混匀后，吸取 100 μL 加入第 2 个管混匀。依次类推，做 10 个稀释度（稀释倍数：$10^{-10} \sim 10^{-1}$）。

3. 病毒接种

（1）取不同稀释度稀释的病毒感染六孔板细胞，每个稀释度感染 3 个孔，每孔加入 100 μL 稀释后的病毒，置于 37 ℃ 水浴锅孵育 1～2 h。

（2）取 4% 低熔点琼脂糖培养基（事先配置并经高压蒸汽灭菌）加热溶解后使用 DMEM 完全培养基稀释至 0.8%，置于 40 ℃ 水浴锅待用。

（3）病毒感染孵育结束后，吸去培养上清，将稀释好的低熔点琼脂糖培养基小心加入孔中，2 毫升/孔，室温下静置至培养基凝固，置于 CO_2 培养箱中继续培养。

4. 空斑观察及滴度计算

（1）每天观察细胞病变情况，待出现明显病变后每孔加入 2 mL 5% 甲醛溶液，固定过夜。

（2）小心剔除覆盖层，用自来水轻柔冲洗孔内残留的琼脂。

（3）每孔加入 1 mL 0.1% 中性红染液或者 0.15% 结晶紫染液，染色 1 h。

（4）用吸头吸掉染液，使用自来水轻柔清洗。

（5）对合适的稀释度下感染病毒所出现的空斑进行计数。

【实验结果】

（1）对空斑数量进行计数，其结果记录在表 4-5 中。

表 4-5　空斑数量实验结果记录

	10^{-1}	10^{-2}	10^{-3}	10^{-4}	10^{-5}	10^{-6}	10^{-7}	10^{-8}	10^{-9}	10^{-10}
复孔 1										
复孔 2										
复孔 3										

注：若部分稀释度下空斑数过密或融合而无法计数，则无须填写。

（2）根据合适病毒稀释度下的空斑数量计算病毒滴度，病毒滴度计算公式：

病毒滴度（PFU/mL）=（复孔 1 空斑数量 + 复孔 2 空斑数量 + 复孔 3 空斑数量）/

$3 \times 10 \times$ 病毒稀释度

【注意事项】

（1）涉及病毒的相关操作需要在生物安全柜中进行。

（2）用于计算病毒滴度的病毒稀释度空斑数量既不能过多，也不能过少，空斑数量过多可能出现空斑融合或多个病毒进入同一个细胞，空斑数量过少可能导致计算误差增大。

实验 4-7　动物病毒生长曲线的绘制

【案例】

某养殖场暴发病毒性传染病疫情，导致大量猪死亡，当前已分离出导致该疫情的病毒株并成功获得一株减毒病毒株。然而，该减毒病毒株基因组可能发生多位点突变而导致其与野生型病毒在表型上表现出一系列的差异，为了评估使用该减毒病毒株制备减毒疫苗的可行性，需要对该减毒病毒株进行复制特征的鉴定。为什么减毒病毒株的复制特征对疫苗的成苗性具有重要影响？如何对病毒的复制特征进行鉴定？

【实验目的】

（1）了解绘制动物病毒生长曲线的意义。

（2）掌握动物病毒生长曲线的绘制方法。

【实验原理】

病毒生长曲线定量描述了病毒在特定培养条件下所表现出的群体生长规律，病毒生长曲线一般以感染时间作为横坐标，以细胞内外具有感染性的病毒粒子数量的对数值作为纵坐标绘制而成。病毒生长曲线的绘制在病毒学的研究中具有十分重要的意义。例如，通过分析病毒的生长曲线可确定特定的感染条件下病毒的最佳收获时间；在病毒基因功能研究中，可通过分析特定基因敲除的毒株与野生型毒株在生长曲线上的差异，考察特定基因对病毒生长的影响；在病毒性疫苗的研究中，可通过病毒生长曲线来评估病毒的生产量，进而为疫苗的研究提供借鉴；等等。

根据不同时间段病毒从感染的细胞内释放的情况，典型的病毒生长曲线一般可分为 3 个阶段（图 4-6）：第一个阶段为潜伏期，其主要是病毒刚加入细胞后的一段时间，在该阶段发生的事件主要包括病毒吸附、入侵、脱衣壳、病毒组分的合成、子代病毒的组装等，该阶段最显著的特征是没有具有感染性的病毒粒子产生和释放，培养上清液中的病毒数量基本不变甚至出现一定程度的下降；第二个阶段为对数期，在该阶段具有感染性的子代病毒开始不断形成和释放，培养上清液中具有感染性的病毒粒子数量不断增加，感染的进程为子代病毒形成和释放的速率表现为先升高后下降；第三个阶段为稳定期，在该阶段中没有新的病毒粒子得到释放或者释放的具有感染性的病毒粒子数量与失活的病毒粒子数量相当，细胞外具有感染性病毒粒子的数量达

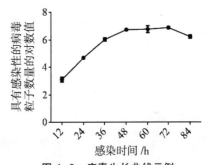

图 4-6　病毒生长曲线示例

到最高值并基本不变。在部分情况下，病毒生长曲线还存在衰退期，尤其是较容易失活的病毒，在该阶段很少有新的病毒粒子释放，而细胞外的病毒部分失活而导致具有感染性病毒粒子的数量出现下降。病毒生长曲线所表现的一系列特征（如各阶段时间的长短、病毒复制速率的大小、病毒的最大产出量等）可用于表征病毒的群体生长规律，是病毒学研究的有力工具。

【材料与器皿】

1. 病毒株与细胞株

鼠巨细胞病毒（*Murine cytomegalovirus*）、NIH-3T3 细胞。

2. 试剂

DMEM 培养基、胎牛血清（FBS）、链霉素、青霉素、0.25% 胰酶、无菌 PBS 缓冲液等。

3. 器皿和其他用品

生物安全柜、倒置光学显微镜、CO_2 培养箱、离心机、水浴锅、电动移液器、移液器、10 cm 细胞培养板、六孔细胞培养板（以下简称六孔板）、吸头、液氮罐等。

【实验方法】

1. 细胞复苏与培养

（1）从液氮罐中取出 1 管 NIH-3T3 细胞，在 37 ℃水浴锅中化冻，在离心机中以 1000 r/min 的速度离心 3 min 后，用新鲜 DMEM 培养基重悬细胞沉淀，用移液器将细胞悬液加入 10 cm 细胞培养板并补加新鲜 DMEM 培养基至 10 mL，十字交叉法混合均匀后置于 CO_2 培养箱中培养，培养条件为 37 ℃、5% CO_2。

（2）使用倒置光学显微镜观察细胞，每天观察一次，待细胞密度超过 90% 时进行传代培养。

2. 病毒接种

取 3 板 3T3 细胞，将其密度调整至 80% 左右，弃旧培养上清，加入 10 mL 新鲜 DMEM 培养基（含 2% FBS），按 MOI=0.1 接种病毒。

3. 取样

每 24 h 吸取 100 μL 培养上清，在离心机中以 5000 r/min 的速度离心 3 min 后分离出上清，并将其冻存至 −80 ℃冰箱，连续取样 10 d。

4. 空斑法测定病毒滴度

（1）取若干板 3T3 细胞进行消化，使用 DMEM 培养基重悬后对细胞悬液进行计数，以 2×10^6 个细胞 / 孔的密度将细胞铺至 6 孔板，共铺 90 块 6 孔板。

（2）采用十字交叉法，将细胞摇晃均匀后置于 CO_2 培养箱中培养，直至细胞汇合度达到 100%。

（3）取出冻存于 −80 ℃冰箱的各时间点收集的 30 个样品，按 10 倍比进行梯度稀释，每个样品做 9 个稀释度（稀释倍数：$10^{-9} \sim 10^{-1}$）。

（4）取不同稀释度稀释的病毒感染 6 孔板细胞，每个稀释度感染 2 孔，每孔加入 100 μL 稀释后的病毒。置于 37 ℃培养 1~2 h 后弃上清，每孔加入 2 mL 含 0.8% 低熔点琼脂糖的 DMEM 培养基（含 2% FBS），室温静置直至固体培养基凝固，置于 CO_2 培养箱中继续培养。

（5）每天观察细胞病变情况，待出现明显病变后，每孔加入 2 mL 5% 甲醛溶液，固定过夜后小心剔除覆盖层，用自来水轻柔冲洗孔内残留的琼脂。

（6）每孔加入 1 mL 0.1% 中性红染液或者 0.15% 结晶紫，染色 1 h，吸掉染液，用自来水轻柔清洗。

（7）计算每个样品的病毒滴度。

【实验结果】

（1）对各样品的病毒滴度进行计算，并记录在表 4-6 中。

表 4-6　不同时间点样品的病毒滴度统计表

样品	1DPI	2DPI	3DPI	4DPI	5DPI	6DPI	7DPI	8DPI	9DPI	10DPI
板 1										
板 2										
板 3										

注：板 1、板 2 和板 3 为重复组；DPI=Days Post Infection。

（2）以感染时间为横坐标，以各时间点 3 个样本的平均病毒滴度的对数值为纵坐标绘制病毒生长曲线，在图上标示出每个时间点病毒滴度的 SD（标准偏差）。

【注意事项】

（1）涉及病毒的相关操作需要在生物安全柜中进行。

（2）计算病毒滴度的病毒稀释度空斑数量既不能过多，也不能过少，空斑数量过多可能出现空斑融合或多个病毒进入同一个细胞，空斑数量过少可能导致计算误差增大。

实验 4-8　大肠杆菌噬菌体效价的测定

【案例】

抗体是由 B 淋巴细胞转化而来的浆细胞所分泌的，抗体因可以和抗原进行特异性结合而被广泛应用于肿瘤、类风湿关节炎和系统性红斑狼疮等重大疾病的治疗，抗体药物是一种发展迅猛的靶向药物。在抗体药物研发的过程中，经常使用亲和力成熟的技术手段来提高抗体与相应抗原的亲和力。亲和力成熟的常用技术手段是使用随机引物来对抗体重链和轻链可变区进行扩增而产生随机突变，将随机突变的基因以单链抗体的方式展示在噬菌体表面，再通过体外筛选来获得亲和力更高的抗体基因突变组合。在亲和力成熟过程中，为了获得更多的抗体基因突变组合来进行筛选，需要获得高库容的噬菌体库，而噬菌体库的库容越高，筛选到高亲和力的抗体基因的概率就越大。为什么噬菌体库的库容越大筛选到高亲和力抗体基因的概率就越大？如何测定噬菌体库的库容？

【实验目的】

（1）熟悉噬菌体滴度测定的原理。

（2）掌握双层琼脂平板法测定噬菌体滴度的具体操作方法。

【实验原理】

噬菌体是一种特异侵染细菌的病毒，噬菌体的生命周期主要包括吸附，核酸注入，噬菌体组分合成、组装和释放等过程。噬菌体效价测定普遍采用的方法是双层琼脂平板法，其主要原理是噬菌体在侵入宿主菌后进行增殖后释放大量子代噬菌体，子代噬菌体因琼脂固体培养基限制而不断继续感染邻近的细菌，噬菌体在不断侵染的过程中导致宿主菌裂解死亡或生长停滞而形成肉眼可分辨的噬菌斑。除了部分噬菌体对宿主菌的侵染具有一定的选择性（如 M13 噬菌体只侵染 F⁺ 大肠杆菌），噬菌体对敏感宿主菌的侵染是随机的，在噬菌体浓度较高时，可能出现多个噬菌体进入同一个宿主菌而只产生 1 个噬菌斑的情况，因而，在测定噬菌体效价时，往往需要对待测噬菌体进行梯度稀释，以尽量减少多个噬菌体侵染同一宿主菌的情况，从而使根据噬菌斑计算出的噬菌体效价与真实效价相近。

根据噬菌体复制后形成的子代噬菌体释放模式的不同，所形成的噬菌斑一般表现为两种形态：第一种类型的噬菌体（如 T2 噬菌体）采用裂解宿主菌的方式来释放子代噬菌体，这种类型的噬菌体所形成的噬菌斑一般较为清亮；第二种类型的噬菌体（如 M13 噬菌体）采用分泌的方式释放子代噬菌体，该过程并不导致宿主菌的裂解，但噬菌体在细胞内的增殖会干扰细菌的生长而导致被侵染的宿主菌生长速度大大下降，这种类型的噬菌斑背景中仍含有宿主菌而导致噬菌斑略为浑浊。

【材料与器皿】

1. 菌种

大肠杆菌（*Escherichia coli*）。

2. 样品

待测的 T2 噬菌体样品

3. 试剂

3×LB 液体培养基、1×LB 液体培养基、含 0.5% 琼脂的 LB 固体培养基、含 1.5% 琼脂的 LB 固体培养基。

4. 器皿和其他用品

培养皿、接种环、玻璃培养管、15 mL 离心管、1.5 mL 离心管、吸头、恒温振荡器、恒温培养箱、离心机、微波炉、水浴锅、移液器等。

【实验方法】

1. 宿主菌的培养

取一根无菌玻璃培养管，倒入 5 mL LB 液体培养基，取冻存于 –80 ℃冰箱中的大肠杆菌菌株，化冻后吸取 10 μL 加入无菌试管中，于 37 ℃恒温振荡器中培养过夜。

2. 下层琼脂平板制备

取含 1.5% 琼脂的 LB 固体培养基放于微波炉中加热熔化，将其按 10 毫升/皿加入无菌玻璃培养皿，室温静置使其凝固。

3. 待测噬菌体样品的稀释

取 10 个无菌 1.5 mL EP 管，在管盖上分别标记稀释倍数 10^{-10}～10^{-1}，在每个 EP 管中分别加入 0.9 mL LB 液体培养基。

从待测噬菌体样品中取 0.1 mL 加入标记为 10^{-1} 的 EP 管中，混合均匀；从标记为 10^{-1} 的 EP 管中取出 0.1 mL 样品加入标记为 10^{-2} 的 EP 管中，混合均匀；以此类推，直至稀释至 10^{-10} EP 管。

4. 上层琼脂培养基的制备

从以上 10 个稀释度的样品中分别取 0.1 mL，并分别与 0.1 mL 宿主菌（以下称为大肠杆菌）过夜培养液混合，每个稀释度样品重复制备 3 个。

使用微波炉加热熔化含 0.5% 琼脂的 LB 固体培养基，将其冷却至 50 ℃左右，分别取 10 mL，并分别与上述噬菌体和大肠杆菌的混合液相混合，混合均匀后迅速倒至前面所制备的下层琼脂平板上，铺匀后室温静置使上层培养基凝固，再将其置于 37 ℃恒温培养箱中培养 24 h。

5. 噬菌斑观察与计数

取出平板，仔细观察平板上所形成的噬菌斑，对噬菌斑进行计数。

【实验结果】

（1）观察双层琼脂平板上的噬菌斑，对噬菌斑的形态特征进行描述。

（2）将各稀释度噬菌斑的计数结果填入表 4-7。

表 4-7　各稀释度噬菌斑的计数结果

编号	稀释度									
	10^{-1}	10^{-2}	10^{-3}	10^{-4}	10^{-5}	10^{-6}	10^{-7}	10^{-8}	10^{-9}	10^{-10}
板 1										
板 2										
板 3										

注：若某个稀释度下的噬菌斑过密或融合而无法计数，则无须填写计数结果。

（3）根据合适的噬菌体稀释度（10～100 个噬菌斑 / 板）下噬菌斑数量进行噬菌体效价计算。噬菌体效价计算公式：噬菌体效价（PFU/mL）=（板 1 噬菌斑数量 + 板 2 噬菌斑数量 + 板 3 噬菌斑数量）/3 × 10 × 噬菌体稀释度。

【注意事项】

（1）尽量在位于屏障系统的生物安全柜中操作噬菌体相关实验，以防止噬菌体外泄而影响大肠杆菌的培养。

（2）当噬菌体侵染需要依赖菌毛时，宿主菌培养的振荡速度不要过快，以防破坏菌毛。

（3）上层琼脂在加热熔化后需冷却至 50 ℃左右再混入噬菌体和大肠杆菌的混合液，以防温度过高杀死部分大肠杆菌。

实验 4-9　溶原性细菌的检测与鉴定

【案例】

某制药公司在使用工程菌发酵生产抗生素的过程中，因为临近下班时间，技术人员为了准时下班，在生产罐经高温蒸汽消毒后未等到罐体充分冷却就将工程菌从种子罐转移至生产罐中，结果发现工程菌在转移至生产罐后没有生长迹象，菌液浓度逐渐降低。为了节约成本，充分利用生产罐中的培养基，后续多次尝试继续往生产罐中转移工程菌，但依然无法逆转菌液浓度持续降低的状况。工程菌从种子罐转移至生产罐后不能继续生长而菌液浓度会持续下降，其可能的原因是什么？如何证明你的推测？

【实验目的】

（1）了解噬菌体的种类及生活史。

（2）熟悉溶原菌检测和鉴定的常用方法及原理。

（3）掌握溶原菌检测和鉴定的具体操作方法。

【基本原理】

噬菌体是一种特异侵染细菌的病毒，噬菌体的生长史分为两种途径：裂解途径和溶原途径。根据噬菌体生长史的差异，可将其分为烈性噬菌体和温和噬菌体。烈性噬菌体仅能进行裂解生长，其在进入宿主菌后立刻开始增殖，并在增殖后期导致宿主细胞裂解而释放出子代噬菌体。温和噬菌体生长史同时具有溶原周期和溶菌周期，在溶原周期中，噬菌体感染宿主菌后并不立刻进行增殖，其基因组整合于宿主菌基因组上形成前噬菌体，前噬菌体基因组可随着宿主菌基因组的复制而复制，并随细菌分裂而分配至子代细菌基因组。前噬菌体可自发地（少数情况下）或在某些理化因素（如紫外线照射、高温和丝裂霉素 C 处理等）或在生物因素的影响下，从宿主菌基因组上脱离而进入溶菌周期，增殖产生大量子代噬菌体并导致宿主菌裂解。此外，溶原噬菌体侵染宿主菌并进入溶原周期后宿主菌将获得超感染免疫性，溶原性细菌将不能够被之前感染并使之溶原化的同种噬菌体再感染。

由于溶原性细菌在各种因素的诱导下具有进入溶菌生长周期的能力，这将给涉及细菌发酵的产业带来潜在威胁，因此在确定生产用菌株前对其进行检测和鉴定是十分重要的。在溶原性细菌的检测中可人为给予特定理化因素进行处理来诱导溶原菌进入溶菌生长周期，同时由于溶原性细菌具有超感染免疫性，需要将敏感性菌株与诱导后的细菌进行共培养，若能观察到噬菌斑出现，则可认为所鉴定的细菌为溶原性细菌。

【材料与器皿】

1. 菌株

敏感性大肠杆菌、溶原性大肠杆菌。

2. 试剂

$2 \times$ LB 液体培养基、$1 \times$ LB 液体培养基、含 0.5% 琼脂的 LB 固体培养基、含 1.5% 琼脂的 LB 固体培养基、噬菌体抗血清、0.2% 柠檬酸钠溶液。

3. 器皿和其他用品

氯仿、生理盐水、玻璃培养皿、100 mL 三角瓶、30 W 紫外灯、玻璃培养管、50 mL 离心管、1.5 mL EP 管、吸头、0.22 μm 针头过滤器、恒温振荡器、恒温培养箱、离心机、微波炉、移液器、漩涡混合仪等。

【实验方法】

1. 溶原性细菌的培养扩增

取一根无菌玻璃试管，倒入 5 mL LB 液体培养基，吸取 10 μL 待测溶原性细菌，加入玻璃试管中，于 30 ℃恒温振荡器中培养过夜。从过夜培养物中取 1 mL 菌液加入至装有 20 mL LB 液体培养基的三角瓶中，于 37 ℃恒温振荡器中培养 2～3 h 至生长对数期。

2. 待测样品潜在噬菌体的排除

在上一步骤所获得的对数期菌液中加入噬菌体抗血清或 0.2% 柠檬酸钠溶液，以除去可能存在的游离及菌体表面所附着的噬菌体，再将处理后的菌液装入 50 mL 离心管中，在离心机中以 5000 r/min 的速度离心 10 min，分离出上清，使用双层琼脂平板法检测待测样品中是否存在游离或吸附待测菌表面的噬菌体。

3. 待测溶原性细菌的诱导

使用无菌生理盐水清洗 2 次上一步骤离心所获得的菌体沉淀，再使用生理盐水重悬菌体使菌液最终浓度达到 10^{11} 个 / 毫升，在无菌玻璃培养皿中加入 5 mL 菌体悬液，放置于 30 W 紫外灯 30 cm 处，照射 30 s，立即加入 5 mL 2×LB 液体培养基，混匀后置于 37 ℃恒温培养箱中避光培养 2 h。

4. 待测溶原菌的鉴定

（1）取含 1.5% 琼脂的 LB 固体培养基，按 10 mL/ 皿加入无菌玻璃培养皿，室温静置使其凝固。

（2）在上述诱导后的菌液中加入几滴氯仿，在漩涡振荡器上振荡 1 min，室温静置 5 min 后再离心收集上清，上清用 0.22 μm 针头过滤器无菌过滤，可获得诱导后溶原菌裂解液。

（3）对诱导后溶原菌裂解液按 10 倍比进行连续梯度稀释，稀释倍数为 10^{-1}、10^{-2}、10^{-3} 和 10^{-4}。

（4）从以上 4 个稀释度的样品中分别取 0.1 mL 样品，分别与 0.1 mL 敏感大肠杆菌过夜培养物混合，每个稀释度样品重复制备 3 个。

（5）将含 0.5% 琼脂的 LB 固体培养基冷却至 50 ℃左右，分别与 10 mL 上述噬菌体和大肠杆菌混合液相混合，混合均匀后迅速倒至前面所制备的下层琼脂培养基平板上，铺匀后室温静置使上层培养基凝固，再将其置于 37 ℃恒温培养箱中培养 24 h。

（6）取出培养后的平板进行观察，如果观察到噬菌斑，则证明待测菌是溶原菌。

【实验结果】

（1）观察双层琼脂平板上是否出现噬菌斑，如果有噬菌斑，对其形态特征进行描述。

（2）将噬菌斑的计数结果填入表 4-8。

表 4-8　噬菌斑的计数结果

编号	称释度			
	10^{-1}	10^{-2}	10^{-3}	10^{-4}
板 1				
板 2				
板 3				

注：若某个稀释度下的噬斑过密或融合而无法计数，则无须填写计数结果。

【注意事项】

（1）尽量在位于屏障系统的生物安全柜中操作噬菌体相关实验，以防止噬菌体外泄而影响大肠杆菌的培养。

（2）上层琼脂在加热熔化后需冷却至 50 ℃左右再混入大肠杆菌和噬菌体，以防温度过高杀死部分大肠杆菌。

实验 4-10 温度对微生物生长的影响

【案例】

低温可降低细菌细胞的代谢活力，使细胞生长、繁殖停止，因此可用于菌种保藏。但是有些细菌的斜面培养物放入 4 ℃冰箱中过夜保藏，再对它接种进行液体培养，细菌却生长不起来了，这是什么现象呢？可能是什么原因造成的呢？

【实验目的】

（1）了解温度对微生物生长的影响。
（2）掌握温度对微生物生长影响的实验操作方法。

【基本原理】

温度是影响微生物生长、繁殖的重要物理因素之一，它不仅影响细胞中生物大分子的稳定性，还影响酶的活性、细胞膜的流动性和物质的溶解度。温度过低，会使酶的活性受抑制，使细胞新陈代谢活动减弱；温度过高，会导致生物大分子蛋白质和核酸变性，从而破坏细胞膜的完整性。

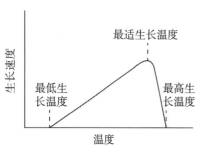

图 4-7 温度对微生物生长的影响

从整体上看，微生物生长的温度范围很广，堪称"生物界之最"，一般为 -10～100 ℃，极端下限为 -30 ℃，极端上限为 150 ℃。但是如果对某一具体的微生物而言，其只能在一定的温度范围内生长。在这一特定的温度范围内，每种微生物都有自己的生长温度三基点：最低生长温度、最适生长温度和最高生长温度（图 4-7）。最适生长温度是微生物分裂代时最短或生长速率最高的培养温度。根据最适生长温度的不同，可把微生物分成嗜冷菌、中温菌和嗜热菌。如果以最适生长温度为基点，随着温度的上升或下降，微生物的生长速率随之下降；当温度稍低于最低生长温度或者稍高于最高生长温度，微生物不生长或处于休眠状态，当温度过低或过高时，都会导致微生物死亡。但是，有些微生物细胞的特殊构造可以提高其对热的耐受能力，比如枯草芽孢杆菌在 121 ℃下湿热 20 min 或 160～180 ℃下干热 2 h 才能被彻底消灭。这主要是因为枯草芽孢杆菌具有芽孢这一特殊细胞结构，芽孢含水量低、壁厚且致密、含有特殊的物质——吡啶 2,6- 二羧酸钙，所以具有高耐热性。

【材料与器皿】

1. 菌种

大肠杆菌（*Escherichia coli*）、枯草芽孢杆菌（*Bacillus subtilis*）。

2. 试剂

牛肉膏蛋白胨琼脂培养基、牛肉膏蛋白胨液体培养基。

3. 器皿和其他用品

移液器、三角瓶、三角瓶塞、恒温摇床、试管、恒温培养箱、冰箱、分光光度计、比色皿、吸头等。

【实验方法】

1. 斜面培养

（1）斜面接种。取 6 支牛肉膏蛋白胨试管斜面，分别接种大肠杆菌和枯草芽孢杆菌。

（2）培养。接种大肠杆菌和枯草芽孢杆菌的 6 支试管分别标记 4 ℃、16 ℃、28 ℃、37 ℃、45 ℃、60 ℃，并一一对应地放入相应恒温培养箱中培养 48 h。

（3）观察。观察细菌的生长情况，并做实验记录。

2. 液体培养

（1）接种。在装有 50 mL 牛肉膏蛋白胨液体培养基中，按 1% 接种量分别接种处于指数期的大肠杆菌和枯草芽孢杆菌菌液，设置 3 个接种和 3 个不接种的对照组。

（2）培养。分别在不同温度（4 ℃、16 ℃、28 ℃、37 ℃、45 ℃、60 ℃）条件下，在恒温摇床中进行振荡培养。

（3）测定。培养 8 h 后，以不接种的培养基作为空白对照，测定 A_{600}，以培养温度为横坐标，以 A_{600} 为纵坐标，绘制细菌生长曲线。

【实验结果】

（1）将斜面培养观察结果填入表 4-9 中，并比较和分析两种细菌在不同温度下生长情况的区别和最适生长温度。

表 4-9　不同温度对斜面培养生长的影响

细菌	温度 /℃	是否有生长	菌落特征
大肠杆菌	4		
	16		
	28		
	37		
	45		
	60		
枯草芽孢杆菌	4		
	16		
	28		
	37		
	45		
	60		

（2）在图 4-8 中绘制大肠杆菌和枯草芽孢杆菌的生长曲线，并与斜面培养的结果进行比较。

【注意事项】

（1）在液体培养条件下，应选择不含有沉淀物或絮状物的液体培养基，并且培养后的菌悬液呈均匀状态。

（2）采用不同恒温摇床进行实验时，摇床转速要一致。

（3）装液体培养基的三角瓶规格要一样，三角瓶塞规格也要一样。

图 4-8　微生物的生长曲线图

实验 4-11　pH 对微生物生长的影响

【案例】

泡菜制作过程中，为什么会产生酸且有清香的气味？长时间保存的泡菜不会腐烂，这是为什么呢？

【实验目的】

（1）了解 pH 对微生物生长的影响。

（2）掌握 pH 对微生物生长影响的实验操作方法。

【基本原理】

对于微生物生长来说，环境的 pH 是非常重要的。如果从整体角度上讲，微生物生长 pH 范围极广，在 2.0<pH<10.0 都可以生长，有少数种类还可超出这一范围，但是绝大多数种类生活在 pH 为 5.0～9.0 的环境。如果具体到某一种微生物，则其有生长的最低、最适和最高的 pH 三基点（表 4-10）。比如大肠杆菌生长的最低 pH 为 4.3，最适 pH 为 6.0～8.0，最高 pH 为 9.5。最适 pH 是指某种微生物代时最短或生长速率最高时的 pH。当外界环境 pH 低于最低 pH 或超过最高 pH 时，微生物生长受到抑制或停止。

环境 pH 会对微生物的生命活动产生巨大影响，反过来，微生物生命活动也会改变环境的 pH。这就是实验中经常见到的培养微生物的过程中培养基 pH 发生改变的原因。

表 4-10　不同微生物生长的 pH

微生物	最低 pH	最适 pH	最高 pH
一般细菌	3.0～5.0	6.5～8.0	8.0～10.0
一般放线菌	5.0	7.0～8.0	10.0
一般酵母菌	2.5	3.8～6.0	8.0
一般霉菌	1.5	4.0～5.8	7.0～11.0

【材料与器皿】

1. 菌种

大肠杆菌（*Escherichia coli*）。

2. 试剂

牛肉膏蛋白胨液体培养基、浓度为 1 mol/L 的 HCl 溶液、浓度为 1 mol/L 的 NaOH 溶液。

3. 器皿和其他用品

摇床、分光光度计、比色皿、试管、酒精灯、移液器、吸头、超净工作台、pH 试纸等。

【实验方法】

1. 培养基配制

配制牛肉膏蛋白胨液体培养基后，用浓度为 1 mol/L 的 HCl 溶液和浓度为 1 mol/L 的 NaOH 溶液分别调培养液 pH 至 4.5、6.0、7.5、9.0、10.5，各取 5 mL 分装至试管中，每个 pH 分装 3 管，121 ℃灭菌 20 min。

2. 接种

取指数生长期的大肠杆菌菌液，按 1% 的接种量进行接种，设置 3 个不接种的菌液作为阴性对照。

3. 培养和测定

在 37 ℃、180 r/min 条件下振荡培养 8 h，用分光光度计测定菌液的吸光度 A_{600}，绘制菌株生长的 pH 曲线，并判断大肠杆菌生长的最适 pH。

【实验结果】

将大肠杆菌菌株生长的 pH 曲线绘制在图 4-9 中，并判断它生长的最适 pH。

【注意事项】

（1）测定不同种属菌株生长的最适 pH，需要选择不同的培养基，不选用易形成沉淀的培养基，以防影响 A_{600} 的测定。

（2）一般情况下，最适 pH 的菌液 A_{600} 为 0.6～1.0 时就可以测定 A_{600} 值。

（3）取样接种和测定 A_{600} 前，都需要将菌液混合均匀再取样。

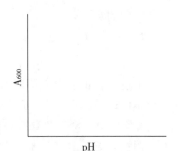

图 4-9　大肠杆菌菌株生长的 pH 曲线

实验 4-12　渗透压对微生物生长的影响

【案例】

海产品和腌制品备受人们的喜爱，但是这些食物有时候会引起食用者中毒，甚至一只蟹脚或一只虾也会引起食用者中毒，这可能是什么原因造成的呢？可以通过什么方法进行预防？

【实验目的】

（1）了解渗透压对微生物生长的影响。

（2）掌握渗透压对微生物生长影响的操作方法。

【基本原理】

渗透压是溶液中可用压力来度量的一个物化指标。等渗溶液最适宜微生物的生长。处于低渗溶液时，微生物的细胞吸水膨胀，形成很高的膨胀压，而且低渗溶液中营养物质含量较低，会影响微生物的生长；处于高渗溶液时，微生物细胞发生质壁分离，微生物生长受到抑制。在长期进化过程中，微生物已进化出一套高度适应渗透压的特性。所以，大多数微生物在 5～30 g/L NaCl 浓度条件下可以正常生长，在 100～150 g/L NaCl 浓度条件下就会受到抑制，但是某些嗜盐微生物在 300 g/L 以上 NaCl 浓度条件下仍可正常生长。

【材料与器皿】

1. 菌种

大肠杆菌（*Escherichia coli*）、金黄色葡萄球菌（*Staphylococcus aureus*）、溶藻弧菌（*Vibrio alginolyticus*）。

2. 试剂

酵母粉、蛋白胨、NaCl、NaOH。

3. 器皿和其他用品

试管、摇床、分光光度计、酒精灯、移液器、培养皿、吸头、三角瓶、超净工作台等。

【实验方法】

1. 培养基配制

分别配制含 1%、3%、5%、7%、9%、12%、15%、20%、25% NaCl 的 LB 液体和固体培养基，NaOH 调节 pH 至 7.0，121 ℃高压蒸汽灭菌 20 min。

2. 平板培养

将上述融化的、含有不同 NaCl 浓度的 LB 固体培养基倒入平板，分别用记号笔在皿底划分 3 个不同区域，在这 3 个区域划线接种同一种细菌，即每种菌的每个 NaCl 浓度下重复接种 3 次。大肠杆菌、金黄色葡萄球菌、溶藻弧菌分别划线接种于含有不同 NaCl 浓度的培养基平板上，倒置平板于 30 ℃下恒温培养 24 h，观察并记录细菌的生长情况。

3. 液体培养

按 1% 的接种量将上述 3 种细菌的指数期培养液分别接种到含有不同 NaCl 浓度的培养基中，每个 NaCl 浓度下重复接种 3 次，并将不接种细菌的液体培养基作为阴性对照，在 30 ℃下恒温振荡培养。8 h 后测定菌液的 A_{600}，绘制微生物生长的盐度曲线图。

【实验结果】

（1）记录并比较大肠杆菌、金黄色葡萄球菌、溶藻弧菌在不同 NaCl 浓度条件下的生长情况，结果填入表 4-11。（"+++"为生长良好、"++"为生长一般、"+"为生长较差、"-"为不生长。）

表 4-11 不同 NaCl 浓度条件下的生长情况

NaCl 浓度 /%	1	3	5	7	9	12	15	20	25
大肠杆菌									
金黄色葡萄球菌									
溶藻弧菌									

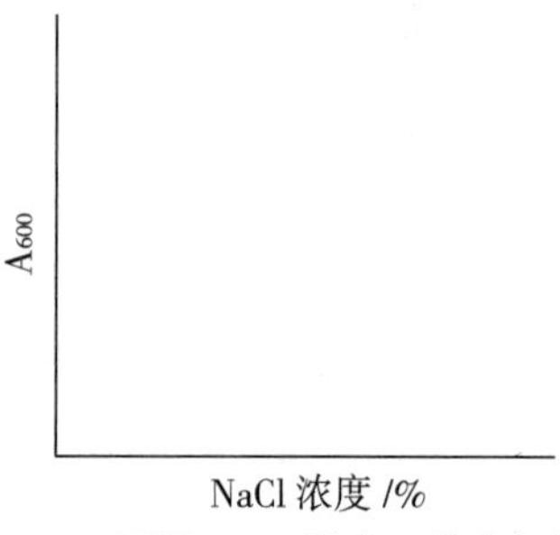

图 4-10 不同 NaCl 浓度下的生长曲线

（2）在图 4-10 中绘制大肠杆菌、金黄色葡萄球菌、溶藻弧菌在不同 NaCl 浓度下的生长曲线。

【注意事项】

（1）配制高浓度 NaCl 培养基时，由于大量的 NaCl 会占用一定的体积，所以要注意预留 NaCl 所占用的体积。

（2）进行预实验时，可以设定差别较大的 NaCl 浓度，然后根据预实验的结果，再设置更精细的 NaCl 浓度范围。

（3）最适生长 NaCl 浓度下，菌液 A_{600} 在 1.0 左右测定 A_{600} 值；为了更好地观察 NaCl 浓度对微生物生长的影响，可以连续 3 d 测定它们的生长情况。

（4）有些菌株生长最适 NaCl 浓度和 NaCl 上、下限浓度会随着温度的不同而有所改变，因此重复实验时必须保证温度的一致性。

实验 4-13 氧气对微生物生长的影响

溶氧浓度是工业发酵控制重要的参数之一，比如在金霉素发酵中，如果生长期短时间停止通风，就可能影响其生长期的糖代谢途径，造成金霉素产量降低。短时间停止通风是如何影响微生物的糖代谢途径？除此之外，还有其他什么原因影响微生物的糖代谢途径？工业上如何应对这种现象？

【实验目的】

（1）了解微生物生长与氧气的关系。

（2）掌握氧气对微生物生长影响的测定方法。

【基本原理】

氧气对微生物的生命活动有着极其重要的影响，但是无论是有氧环境还是无氧环境都有微生物存在。按照微生物对氧气的需求或耐受能力的差异，可细分为好氧菌、兼性厌氧菌、微好氧菌、耐氧菌和厌氧菌。大多数细菌都是好氧菌，氧气的供应成为好氧菌生长、繁殖的限制因子，因此在微生物生长的生产实践和科学研究中，都需要保证足够的通气量。在生产实践中，需要有良好的通气、搅拌等必要装置，以提高溶解氧浓度；在科学研究中，可以利用棉塞或纱布密封、减少瓶内液量和振荡培养等措施控制氧气的供应量。不同氧需求微生物在液体培养基中的生长状态如图 4-11 所示。

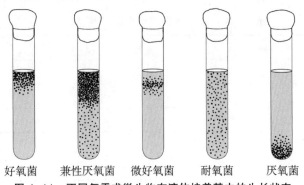

好氧菌　　兼性厌氧菌　　微好氧菌　　耐氧菌　　厌氧菌

图 4-11 不同氧需求微生物在液体培养基中的生长状态

【材料与器皿】

1. 菌种

荧光假单胞菌（*Pseudomonas fluorescens*）。

2. 试剂

LB 培养基。

3. 器皿和其他用品

试管、三角瓶、接种环、8 层纱布、线绳、微量移液器、吸头、摇床、分光光度计、酒精灯、培养皿、滤纸、超净工作台等。

【实验方法】

1. 不同转速对细菌生长的影响

（1）配制培养基。配制 LB 液体培养基，各取 50 mL LB 液体培养基，分别装入 12 个 250 mL 的三角瓶中，瓶口统一用 8 层纱布密封，121 ℃灭菌 20 min。

（2）接种。取指数期的荧光假单胞菌菌液作为供试种子，按 1% 的接种量移入 12 个装有 50 mL LB 培养基的三角瓶中，分别做好编号，编号为 1～12 号。

（3）细菌培养。将 1～3 号三角瓶静置于 37 ℃恒温培养箱中培养；将 4～6 号三角瓶置于 90 r/min 的摇床、将 7～9 号三角瓶置于 180 r/min 的摇床、将 10～12 号三角瓶置于 270 r/min 的摇床，在 37 ℃恒温下振荡培养 8 h。

（4）以未接种的培养基作为阴性对照，用分光光度计测定 A_{600} 值，比较不同转速下荧光假单胞菌的生长情况。

2. 瓶装量对细菌生长的影响

（1）配制培养基。配制 LB 培养基，取 12 个 250 mL 三角瓶，每 3 个三角瓶分别装入 50 mL、100 mL、150 mL 和 200 mL 的 LB 液体培养基，分别做好编号，所有三角瓶均用 8 层纱布密封，灭菌备用。

（2）取指数期的荧光假单胞菌菌液作为供试种子，按 1% 的接种量移入上述 12 个装有不同体积 LB 液体培养基的三角瓶中，在 37 ℃恒温下，180 r/min 的摇床中振荡培养 8 h。

（3）以空白 LB 液体培养基作为阴性对照，用分光光度计测定 A_{600} 值，确定最适生长的培养基瓶装量。

【实验结果】

（1）记录不同转速下荧光假单胞菌的 A_{600}（表 4-12），并确定最佳的培养转速。

表 4-12　不同转速下荧光假单胞菌的 A_{600}

转速 /（r/min）	A_{600}			A_{600} 平均值
	1	2	3	
0				
90				
180				
270				

（2）记录不同培养基瓶装量下荧光假单胞菌的 A_{600}（表 4-13），并比较最适生长的培养基瓶装量。

表 4-13　不同培养基瓶装量下荧光假单胞菌的 A_{600} 生长情况

瓶装量 /mL	A_{600}			A_{600} 平均值
	1	2	3	
50				
100				
150				
200				

【注意事项】

（1）进行摇瓶实验时，除转速或瓶装量不一样之外，应注意保证其他实验条件一致，包括接种用的菌液应采用相同的培养基。

（2）由于氧气的供应量对兼性厌氧菌的影响不大，所以本实验尽量选择好氧菌。

实验 4-14　紫外线对微生物生长的影响

【案例】

有报道表明使用紫外线消毒 60 s，水中大肠杆菌的损伤率达到 100%，其损伤机制是诱发大肠杆菌的抗氧化系统，这个系统会增加相关酶的含量和增强相关酶的活性，从而影响细胞膜的功能，进而破坏细胞膜的完整性和流动性，从而抑制细菌的生长繁殖。抗氧化系统的哪些酶可能参与了这个过程？在使用紫外线消毒时，哪些因素会影响消毒效果？针对上述影响因素，可采用什么控制措施来提高消毒效果？

【实验目的】

（1）了解紫外线对微生物生长的影响与作用机制。

（2）掌握检测紫外线对微生物生长影响的方法。

【基本原理】

紫外线（Ultraviolet）是一种低能量、真空中波长为 10～400 nm 的光线，可以引起 DNA 损伤，具有杀菌作用。DNA 分子中的嘧啶对紫外线的敏感性较嘌呤强，可使 DNA 分子中相邻的嘧啶形成嘧啶二聚体，导致局部 DNA 分子无法配对，从而引起微生物的突变或死亡。

紫外光可分为 A 射线、B 射线和 C 射线（分别简称 UVA、UVB 和 UVC）3 种，波长范围分别为 315～400 nm、280～315 nm 和 190～280 nm。因为核酸的吸收波峰为 260 nm，蛋白质的吸收波峰为 280 nm，所以 UVC 的杀菌作用最强。高辐射剂量、长时间、短距离的紫外线，很容易杀死微生物，适用于房间、超净工作台等的空气及物体表面的消毒。但是因为紫外线的穿透能力弱，不易透过物体，所以即使只是一层玻璃或一层纸就可以阻挡紫外线，导致微生物可以存活。不仅如此，如果经紫外线照射后受损害的细胞立即暴露在可见光下，可明显降低其死亡率，这就是光复活作用。紫外线对微生物生长的影响如图 4-12 所示。

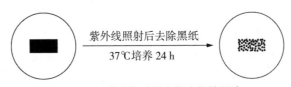

图 4-12　紫外线对微生物生长的影响

【材料与器皿】

1. 菌种

大肠杆菌（*Escherichia coli*）、金黄色葡萄球菌（*Staphylococcus aureus*）、枯草芽孢杆菌（*Bacillus subtilis*）。

2. 试剂

牛肉膏蛋白胨琼脂培养基。

3. 器皿和其他用品

无菌长方形黑纸、紫外灯、培养皿、恒温培养箱、超净工作台、移液器、吸头等。

【实验方法】

1. 倒平板

按无菌操作将牛肉膏蛋白胨琼脂培养基倒入 12 个培养皿中。

2. 涂布

用吸头吸取 0.1 mL 菌液均匀地涂布于平板上。

3. 放黑纸

在无菌条件下，将无菌长方形黑纸放置于培养基表面。

4. 紫外线处理

打开培养皿上盖，在距离 UVC 紫外灯 30 cm 处分别照射 5 min、10 min、15 min。

5. 培养

用无菌镊子取出黑纸，盖上皿盖，放入 37 ℃恒温培养箱中倒置培养 48 h。

6. 观察

观察有黑纸覆盖和没有黑纸覆盖区域细菌的生长情况，并比较不同紫外线照射时段细菌的生长情况。

【实验结果】

（1）将不同紫外线照射时段细菌的生长情况填入表 4-14。

（2）比较和分析紫外线对细菌生长的影响。

表 4-14　不同紫外线照射时段细菌的生长情况

菌种	紫外线处理时长 /min	黑纸覆盖处菌落生长情况	黑纸未覆盖处菌落生长情况
大肠杆菌	5		
	10		
	15		
金黄色葡萄球菌	5		
	10		
	15		
枯草芽孢杆菌	5		
	10		
	15		

【注意事项】

（1）紫外线照射前先放入黑纸，照射时一定要打开培养皿的皿盖，照射后取出黑纸。加盖黑纸或取出黑纸均须进行无菌操作。

（2）紫外线辐射对人体皮肤和眼睛有害，进入有紫外线的场所前，可用遥控器远程关闭紫外灯。

实验 4-15　化学药剂对微生物生长的影响

【案例】

几乎所有的食源微生物在一定的条件下都能形成生物被膜，有报道显示生物被膜可提高细菌对消毒剂的抵抗能力 50～5000 倍，这也是细菌对消毒剂产生耐药的重要原因之一。有什么措施可以清除生物被膜的形成并提高消毒剂的杀菌效果？使用消毒剂时应注意什么事项？

【实验目的】

（1）了解化学药剂对微生物生长的影响。

（2）掌握化学药剂对微生物生长影响的操作方法。

【基本原理】

在人体内外和周围环境中有许多有益的微生物，但也有一些有害的微生物。有害的微生物威胁人类健康，并造成巨大的经济损失。一些化学药剂对微生物生长有杀灭或抑制作用，因此在生产实践和科研实验中常利用化学药剂进行灭菌或消毒。

化学消毒剂（Disinfectant）是一种对一切活细胞、病毒和生物大分子都有毒性，不能作为活细胞或机体内治疗用的化学药剂，常用来杀灭或抑制物体表面、空气、周围环境等的微生物。常用化学消毒剂主要有有机溶剂类、氧化剂类、重金属盐类、表面活性剂、卤素及其化合物、染色剂和酸类等。各种化学消毒剂对不同微生物的杀菌能力不同，而且同种化学消毒剂对不同微生物的杀菌能力也不同。一般以石炭酸系数来比较不同化学消毒剂的杀菌能力。石炭酸系数是指在一定时间内，将某一消毒剂作不同程度稀释，该消毒剂杀死全部供试微生物的最高稀释度与达到同样效果的石炭酸最高稀释度的比值。不同化学消毒剂的石炭酸系数不同，石炭酸系数越大，表示该消毒剂杀菌能力越强；石炭酸系数越小，表示该消毒剂杀菌能力越弱。

【材料与器皿】

1. 菌种

大肠杆菌（*Escherichia coli*）、金黄色葡萄球菌（*Staphylococcus aureus*）。

2. 试剂

LB 琼脂培养基、LB 液体培养基、5% 石炭酸、75% 酒精、2.5% 碘酒、0.1% 杜灭芬、5 g/L CuSO$_4$、1% 来苏尔、30 g/L 龙胆紫、5% 甲醛、石炭酸。

3. 器皿和其他用品

培养皿、涂布棒、移液器、吸头、滤纸片、恒温培养箱、酒精灯、超净工作台、镊子、烧杯等。

【实验方法】

1. 滤纸片法

（1）接种。挑取金黄色葡萄球菌单菌落接种至装有 5 mL LB 液体培养基的培养皿中，置于 37 ℃恒温培养箱中，过夜培养。

（2）倒平板。先将 LB 琼脂培养基熔化，再冷却至 50 ℃倒平板，注意培养基厚度要均匀，并在培养皿底部将培养皿划分为 4 个区域，按化学消毒剂名称对培养皿做好标记。

（3）涂菌。吸取 0.2 mL 金黄色葡萄球菌菌液加入上述平板中，涂布棒在酒精灯火焰上灼烧灭菌，冷却后，将菌液涂布均匀。

（4）贴滤纸片。用镊子取无菌滤纸片分别浸入 75% 酒精、2.5% 碘酒、5% 石炭酸、0.1% 杜灭芬、5 g/L CuSO$_4$、1% 来苏尔、30 g/L 龙胆紫、5% 甲醛溶液中，在容器内壁沥去多余溶液，每种化学消毒剂的 3 片滤纸片分别贴在同一平板上的 3 个小区域内，将浸有无菌生理盐水的滤纸片作为阴性对照，贴在同一平板的第 4 个小区域内。

（5）观察。将上述平板置于 37 ℃恒温箱中倒置培养 24 h，观察并用游标卡尺测量透明抑菌圈的直径。化学药剂对微生物生长的影响如图 4-13 所示。

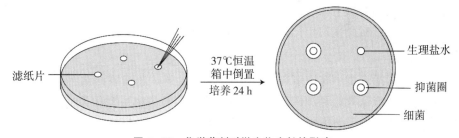

图 4-13　化学药剂对微生物生长的影响

2. 石炭酸系数测定

（1）消毒剂稀释。将石炭酸用无菌蒸馏水稀释配成浓度为 1∶40、1∶50、1∶60、1∶70 及 1∶80 的溶液，将来苏尔用无菌蒸馏水稀释配成浓度为 1∶150、1∶200、1∶250、1∶300 及 1∶350 的溶液。各取 5 mL 分别装入试管，每个浓度分装 3 管，并做好标记。

（2）消毒剂处理。在装有不同浓度石炭酸和来苏尔的试管中分别加入 0.5 mL 指数期的大肠杆菌菌液并摇匀，处理 10 min。

（3）接种。取 30 支装有 5 mL LB 液体培养基的试管，取其中 15 支标记石炭酸 5 种浓度的试管，另外 15 支标记来苏尔 5 种浓度的试管，每种浓度 3 管。从经消毒剂处理过的各试管中吸取 50 μL 菌液，接入已标记好的相应 LB 液体培养基的试管中。

（4）观察。将上述试管放入 37 ℃恒温培养箱，48 h 后观察并记录细菌生长情况。

（5）石炭酸系数计算。找出大肠杆菌用消毒剂处理 10 min 后不生长的来苏尔和石炭酸的最大稀释倍数，计算二者比值得到来苏尔石炭酸系数。

【实验结果】

（1）将滤纸片法检测各种化学消毒剂对金黄色葡萄球菌的杀菌效果填入表 4-15。

表 4-15　化学消毒剂对金黄色葡萄球菌的杀菌效果

消毒剂	抑菌圈直径 /mm	消毒剂	抑菌圈直径 /mm
5% 石炭酸		5 g/L CuSO$_4$	
75% 酒精		1% 来苏尔	
2.5% 碘酒		30 g/L 龙胆紫	
0.1% 杜灭芬		5% 甲醛	

（2）以大肠杆菌为供试菌，记录测定石炭酸和来苏尔不同稀释倍数下大肠杆菌生长情况，并计算来苏尔的石炭酸系数填入表 4-16。（注：以"+"表示细菌生长，以"−"表示细菌不生长。）

表 4-16　不同稀释倍数下大肠杆菌生长情况及石炭酸系数表

消毒剂	稀释倍数	大肠杆菌生长情况	石炭酸系数
石炭酸	40		
	50		
	60		
	70		
	80		
来苏尔	150		
	200		
	250		
	300		
	350		

【注意事项】

（1）滤纸片法中，滤纸片的形状、大小要一致，且不要在培养基表面移动。

（2）涂布平板要均匀，涂布后让培养基稍微吸收菌液后再放入滤纸片。

（3）滤纸片法中，培养皿不能倒置培养，以防滤纸片掉落。

实验 4-16　抗生素对微生物生长的影响

【案例】

在进行细菌转化实验时，转化有氨苄青霉素抗性质粒的大肠杆菌 DH5α，培养 24 h 后发现培养皿上不仅有长得比较快、比较大的菌落，还有包围在大菌落周围密密麻麻的小菌落，为什么平板上会出现大小不同的菌落呢？是不是由于杂菌的污染所引起的呢？应如何避免？

【实验目的】

（1）了解抗生素对微生物生长的影响。

（2）掌握抗生素对微生物生长影响的测定方法。

【基本原理】

抗生素（Antibiotic）是一类由微生物或其他生物在生命活动过程中产生的次生代谢产物或其人工衍生物，很低的浓度就可能抑制或杀死其他生物。不同抗生素的抗菌谱不同，根据它们抗菌谱的不同，可分为广谱抗生素和窄谱抗生素。比如青霉素对革兰氏阳性菌治疗效果较好，但是对革兰氏阴性菌治疗效果较差，属于窄谱抗生素；而四环素对许多革兰氏阳性菌和革兰氏阴性菌都有作用，属于广谱抗生素。衡量抗生素的杀（抑）菌作用，常通过稀释法、比浊法、管碟法等进行测定，其中牛津杯法是管碟法中最常用的方法。

【材料与器皿】

1. 菌种

大肠杆菌（*Escherichia coli*）。

2. 试剂

LB 液体培养基、LB 琼脂培养基、MH 肉汤培养基、无菌生理盐水、1000 μg/mL 卡那霉素（称取 10 mg 卡那霉素，用蒸馏水溶解后，10 mL 容量瓶定容，0.22 μm 细菌过滤器过滤除菌）。

3. 器皿和其他用品

灭菌的培养皿、打孔器、酒精灯、打火机、移液器、吸头、恒温培养箱、三角瓶、接种环、牛津杯、超净工作台等。

【实验方法】

1. 稀释法

（1）二倍稀释浓度为抗生素。在一个无菌的 1.5 mL 离心管中加入 600 μL MH 肉汤培养基和 200 μL 浓度为 1000 μg/mL 的卡那霉素，振荡混匀得到浓度为 400 μg/mL 的卡那霉素 MH 肉汤培养基。在无菌 96 孔板中第 1～11 列的孔中分别加入 100 μL MH 肉汤培养基，在第 12 列的孔中加入 200 μL MH 肉汤培养基；用移液器吸取 100 μL 浓度为 400 μg/mL 的卡那霉素 MH 肉汤培养基到加入 96 孔板第 1 列的孔中，混合均匀后，吸取 100 μL 浓度为 200 μg/L 的卡那霉素 MH 肉汤培养基加入第 2 列的孔中，依次重复直至稀释至第 10 列，第 10 列孔中吸出 100 μL 浓度为 0.39 μg/L 的卡那霉素 MH 肉汤培养基扔掉。

（2）加菌液。取培养至指数期的大肠杆菌，测定 A_{600} 后，用 MH 肉汤培养基进行稀释，稀释 A_{600} 为 0.02，向第 1～11 列孔加入 100 μL 稀释好的菌悬液，混合均匀。第 1～10 列卡那霉素的浓度依次为 100 μg/mL、50 μg/mL、25 μg/mL、12.5 μg/mL、6.25 μg/mL、3.13 μg/mL、1.56 μg/mL、0.78 μg/mL、0.39 μg/mL、0.20 μg/mL，每个浓度做 3 个平行对照组，在 37 ℃恒温培养箱培养 18 h。第 11 列没有抗生素但有菌液，作为阳性对照（CK-P）；第 12 列既没有抗生素也没有菌液，作为阴性对照（CK-N）。该实验设置 3 次重复操作。

（3）测定。用酶标仪测定 96 孔板中菌液在波长 600 nm 处的吸光值，结合肉眼观察，判定卡那霉素的最小抑菌浓度（Minimum Inhibitory Concentration，MIC）。

2. 固体稀释法

（1）制备不同抗生素浓度的平板。分别吸取 2 mL、1 mL、500 μL、250 μL、125 μL、62.5 μL、31.3 μL、15.6 μL、7.8 μL、4.0 μL 浓度为 1000 μg/mL 的卡那霉素到各无菌培养皿中，各加入 20 mL 熔化并冷却至 50 ℃的 LB 琼脂培养基，立即混匀、冷却凝固，分别制备浓度为

100 μg/mL、50 μg/mL、25 μg/mL、12.5 μg/mL、6.25 μg/mL、3.13 μg/mL、1.56 μg/mL、0.78 μg/ mL、0.39 μg/mL、0.20 μg/mL 的卡那霉素的平板，同时制备不添加卡那霉素的平板。

（2）接种。每个平板划分成 3 个大小相同的区域，用接种环接种指数期的大肠杆菌菌液进行平板划线，每个抗生素浓度重复操作 3 次；在无抗生素的平板上分别进行划线接种和无划线接种作阳性对照（CK-P）和阴性对照（CK-N）。

（3）培养与观察。将所有平板倒置放入 37 ℃恒温培养箱培养 24 h，观察细菌生长情况，无菌生长最低抗生素浓度为该抗生素的 MIC。

3. 牛津杯法

（1）制备平板。取熔化、冷却至 50 ℃的 LB 琼脂培养基，倒入培养皿，冷却凝固、备用。

（2）制备菌悬液。取培养至指数期的大肠杆菌菌液，利用细菌计数板进行计数，用无菌生理盐水进行稀释，稀释获得浓度为 10^8 个细菌 / 毫升的菌悬液。

（3）涂布。取 100 μL 浓度为 10^8 个细菌 / 毫升的菌悬液进行平板涂布，涂布均匀。

（4）稀释抗生素。用无菌生理盐水对卡那霉素进行稀释，分别获得浓度为 100 μg/mL、50 μg/mL、25 μg/mL、12.5 μg/mL、6.25 μg/mL、3.13 μg/mL、1.56 μg/mL、0.78 μg/mL、0.39 μg/mL、0.20 μg/mL 的卡那霉素稀释液。

（5）滴加抗生素。在每个 LB 琼脂平板上轻轻放置 4 只牛津杯，其间距应相等，其中 3 只牛津杯分别加入 200 μL 某一浓度的抗生素稀释液，第 4 只牛津杯加入 200 μL 无菌生理盐水。

（6）培养与观察。盖上牛津杯的皿盖，轻轻地放入 37 ℃恒温培养箱培养 18 h 后，观察各培养皿细菌的生长情况和抑菌圈的形成情况，用游标卡尺测量抑菌圈直径。若抑菌圈直径 <10 mm，则为无抑菌作用，若抑菌圈 >15 mm，则为高度抑菌作用，介于两者之间为中度抑菌作用。

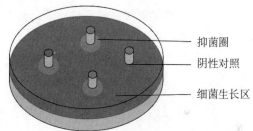

抑菌圈
阴性对照
细菌生长区

图 4-14　牛津杯法结果示意图

牛津杯法结果示意图如图 4-14 所示。

【实验结果】

（1）记录液体稀释法中不同抗生素浓度下细菌的生长情况，填入表 4-17，并判断卡那霉素对大肠杆菌的 MIC 值。（注：用"+"代表有菌生长，用"-"代表无菌生长。）

表 4-17　液体稀释法中不同抗生素浓度下细菌的生长情况

牛津杯编号	抗生素浓度 /（μg/mL）											
	100	50	25	12.5	6.25	3.13	1.56	0.78	0.39	0.20	CK-P	CK-N
1												
2												
3												

（2）记录固体稀释法中不同抗生素浓度下细菌的生长情况，填入表 4-18，并判断卡那霉素对大肠杆菌的 MIC 值。（注：用"+"代表有菌生长，用"-"代表无菌生长。）

表 4-18　固体稀释法中不同抗生素浓度下细菌的生长情况

牛津杯编号	抗生素浓度 /（μg/mL）											
	100	50	25	12.5	6.25	3.13	1.56	0.78	0.39	0.20	CK-P	CK-N
1												
2												
3												

（3）记录牛津杯法中不同抗生素浓度下抑菌圈的直径，填入表 4-19。

表 4-19　牛津杯法中不同抗生素浓度下抑菌圈的直径

牛津杯编号	抗生素浓度 /（μg/mL）										
	100	50	25	12.5	6.25	3.13	1.56	0.78	0.39	0.20	CK-N
抑菌圈直径 /mm											

【注意事项】

（1）稀释抗生素时，要混合均匀，否则会影响结果的准确性。

（2）实验中要选择对相应抗生素敏感的菌株作为供试菌株。

（3）牛津杯放置时一定要轻且平稳，不能移动牛津杯，防止牛津杯里的液体溅出，且培养皿应正放培养，而不是常规的倒置培养。

（4）牛津杯法中要注意控制细菌的浓度，否则会影响抑菌圈的大小。

实验 4-17　厌氧微生物的培养

【案例】

在全基因组测序技术的推动下，有研究显示全球微生物数量达到了 10^{30}，其中超过 70% 分布在陆相和海相深部缺氧沉积物中，但厌氧微生物的可培养性低于 0.1%，绝大部分厌氧微生物都处于未培养状态。目前可以通过高通量测序技术、开发新装置和设备、优化培养条件等促进厌氧微生物的可培养性。试分析有哪些因素限制了厌氧微生物的培养？今后可利用什么方法提高厌氧微生物的可培养性？

【实验目的】

（1）了解厌氧微生物与好氧微生物培养方法的区别。

（2）掌握厌氧微生物的培养方法。

【基本原理】

厌氧菌的细胞内缺乏超氧化物歧化酶和细胞色素氧化酶，大多数还缺乏过氧化氢酶，分子氧对它们有毒害，即使是短期接触也会抑制生长甚至导致死亡。培养厌氧菌时，首先，配制特殊的培养基，在厌氧菌培养基中，除保证厌氧菌生长所需的 6 类营养要素之外，还需要加入半胱氨酸、维生素 C、庖肉、巯基乙醇等还原剂，必要时，还要加入刃天青等氧化还原电势指示剂。其次，需要特殊的培养方法，比如亨盖特滚管技术，操作比较复杂，对实验仪器的要求也比较高，如厌氧罐、厌氧手套箱等。庖肉培养法、高层琼脂柱法、碱性焦性没食子酸法等相对比较简单，可用于一些对厌氧环境要求相对较低的一般厌氧菌的分离和培养，亨盖特滚管技术、厌氧罐、厌氧手套箱等的操作比较复杂，用于严格厌氧菌的分离和培养。本实验将主要介绍 3 种常用的厌氧培养技术：庖肉培养基法、碱性焦性没食子酸法和厌氧罐培养法。

庖肉培养基法主要用于厌氧菌的液体培养，但是通用性较差。它是将精瘦牛肉或猪肉经处理后配成庖肉培养基，其中既含有易被氧化的不饱和脂肪酸等氧化性物质，又含有谷胱甘肽等还原性物质，可形成负氧化还原电势差，再加上将培养基煮沸驱氧及用液体石蜡凡士林封闭液面。

碱性焦性没食子酸法适于任何可密封的容器，可快速形成厌氧环境，成本低、操作简便，但是在氧化过程中会产生少量的一氧化碳，对某些厌氧菌有抑制作用。它利用焦性没食子酸与碱溶液（NaOH、Na_2CO_3 或 $NaHCO_3$）作用后形成易被氧化的碱性没食子盐，在氧气作用下氧化形成黑、褐色的焦性没食子橙，从而除掉密封容器中的氧。

厌氧罐培养法可实现培养过程的厌氧环境，但是不能实现培养基配制、微生物接种环节的厌氧环境，而且仪器昂贵、操作不方便。它是以钯或铂作为催化剂，催化氧气与氢气化合生成水，除掉厌氧罐中的氧气形成厌氧环境（图 4-15）。同时适量的 CO_2（2%～10%）对大多数厌氧菌生长有促进作用，所以在供氢的同时还需向厌氧罐内供给一定量的 CO_2。厌氧罐中 CO_2 和 H_2 可采用钢瓶灌注的外源法供给，也可以利用各种化学反应在罐中生成的内源法。比如利用镁与氯化锌制成产氢气袋，遇水后发生反应产生 H_2；碳酸氢钠加柠檬酸水后产生 CO_2。厌氧罐中一般使用的厌氧度指示剂都是根据美蓝在氧化态时呈蓝色，而在还原态时呈无色的原理设计的。

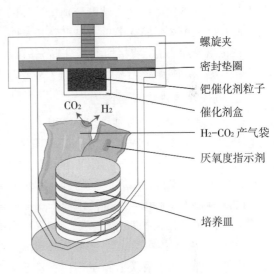

图 4-15　厌氧罐结构示意图

（图中标注：螺旋夹；密封垫圈；钯催化剂粒子；催化剂盒；H_2-CO_2 产气袋；厌氧度指示剂；培养皿；CO_2　H_2）

$$Mg + ZnCl_2 + 2H_2O \rightarrow MgCl_2 + Zn(OH)_2 + H_2 \uparrow$$
$$3NaHCO_3 + C_6H_8O_7 \rightarrow Na_3(C_6H_5O_7) + 3H_2O + 3CO_2 \uparrow$$

【材料与器皿】

1. 菌种

丙酮丁醇梭菌（*Clostridium acetobutylicum*）、铜绿假单胞菌（*Pseudomonas aeruginosa*）。

2. 试剂

（1）庖肉培养基。称取已去除脂肪和筋膜的新鲜牛肉 500 g，切成小块，加入蒸馏水 1000 mL，小火煮 1 h，冷却后纱布过滤，挤出肉汁，肉汁保留备用。肉渣切成细粒或用绞肉机绞碎。在肉汁里加入蒸馏水，定容至 2000 mL 后，加入 20 g 蛋白胨、2 g 葡萄糖、5 g NaCl，搅拌溶解后加入肉渣。测定上层溶液 pH，并调节 pH 至 8.0，在瓶外壁标注液体高度，煮沸 10～20 min，补足水量至标注线，调节 pH 至 7.4。将溶液和肉渣摇匀后分装于试管中，肉渣占培养基 1/4 左右，在 121 ℃下高压灭菌 15 min。如果当天不用培养基，应在其表面加一层石蜡凡士林，隔绝氧气。

（2）RCM 培养基。蛋白胨 10 g、牛肉膏 10 g、酵母膏 10 g、葡萄糖 5 g、无水乙酸钠 3 g、可溶性淀粉 1 g、盐酸半胱氨酸 0.5 g、NaCl 5 g、琼脂 15～20 g、蒸馏水 1000 mL，pH=7.4。

（3）其他试剂。牛肉膏蛋白胨琼脂培养基、10% NaOH、凡士林、灭菌的石蜡凡士林（1∶1）、催化剂等。

3. 器皿和其他用品

真空泵、烧杯、恒温培养箱、电磁炉、棉花、厌氧罐、产气袋、厌氧指示袋、无菌的带橡皮塞的大试管、滴管、烧瓶和小刀等。

【实验方法】

1. 庖肉培养基法

（1）接种。如果庖肉培养基灭完菌后已存放了一段时间，需将培养基先置于沸水浴中加热 10 min，除去培养基中的溶解氧，然后冷却。在火焰上微微加热盖在庖肉培养基液面的石蜡凡士林，使其熔化。取 2 支试管分别接种环丙酮丁醇梭菌和铜绿假单胞菌。接种后试管直立静置，使石蜡凡士林凝固并密封液体培养基表面。

（2）培养和观察。将接种了丙酮丁醇梭菌和铜绿假单胞菌的庖肉培养基置于 30 ℃恒温培养箱中培养，观察 2 种菌的生长状态，并注意观察培养基肉渣颜色的变化和密封石蜡凡士林层的状态。

2. 碱性焦性没食子酸法

（1）准备培养基和接种。取 2 支装有 RCM 培养基的大试管和 2 支装有牛肉膏蛋白胨琼脂培养基的大试管在水浴中煮沸 10 min，除去其中溶解氧，迅速冷却制作斜面。2 支装有 RCM 培养基大试管中的 1 支接种丙酮丁醇梭菌，另外 1 支作空白对照；2 支装有牛肉膏蛋白胨培养基大试管中的 1 支接种铜绿假单胞菌，另外 1 支作空白对照。

（2）制造无氧环境。在带活塞的干燥器底部，预先放入焦性没食子酸粉末，焦性没食子酸的质量按照干燥器体积加入，一般 100 mL 体积大约需要 1 g。倾斜放入装有 10% NaOH 溶液的烧杯，NaOH 的体积（mL）一般为焦性没食子酸质量的 10 倍。将已接种的 4 支大试管放入干燥器内，再放入 1 管美蓝指示剂（煮沸至无色）。盖上干燥器盖，涂抹凡士林封口，密封后接通真空泵，抽气 3～5 min，关闭活塞。稍微倾斜干燥器，使烧杯中的 NaOH 溶液倒入焦性没食子酸中，两者混合，相互作用，发生吸氧反应，使干燥器内形成无氧环境。

（3）培养与观察。将干燥器置于 30 ℃恒温培养箱中培养，定期观察斜面上菌种的生长情况并记录，同时注意美蓝指示剂颜色的变化情况，若为无色，即为厌氧环境。

3. 厌氧罐培养法

（1）准备厌氧罐。将催化剂盒内的钯取出并置于 140～160 ℃烘箱内处理 1～2 h，使其活化后，再放回催化剂盒内。

（2）接种。取 2 个 RCM 培养基平板和 2 个牛肉膏蛋白胨培养基平板，用记号笔做好标记，它们分别划线接种丙酮丁醇梭菌和铜绿假单胞菌。取 2 种培养基平板的其中 1 个平板放入 30 ℃恒温培养箱中培养，另 1 个平板放在厌氧罐培养皿支架上，放进厌氧培养罐内。

（3）厌氧罐操作。剪开 H_2 和 CO_2 发生袋的一角，将其置于罐内金属架的夹上，再向袋中加入约 10 mL 水。同时剪开指示剂袋，使指示条暴露，立即放入罐中，迅速密闭厌氧罐，将固定梁旋紧。

（4）将厌氧罐置于 30 ℃温室培养，观察细菌生长情况和罐内指示剂变化情况。

【实验结果】

描述和比较厌氧的丙酮丁醇梭菌和好氧的铜绿假单胞菌在厌氧培养法中的生长情况，填入表 4-20。

表 4-20 厌氧的丙酮丁醇梭菌和好氧的铜绿假单胞菌在厌氧培养法中的生长情况

培养方法	菌种名称	是否生长	液体培养特征	固体培养特征
庖肉培养基法	丙酮丁醇梭菌			
	铜绿假单胞菌			
碱性焦性没食子酸法	丙酮丁醇梭菌			
	铜绿假单胞菌			
厌氧罐培养法	丙酮丁醇梭菌			
	铜绿假单胞菌			

【注意事项】

（1）刚灭完菌的庖肉培养基可先接种，再用石蜡凡士林封闭液面，减少操作上的麻烦。如果要放置一段时间，就必须先加石蜡凡士林封闭液面，接种前再熔化石蜡凡士林。

（2）对于一般厌氧菌，接种后的庖肉培养基可直接放在恒温培养箱中培养；但是，对于严格厌氧菌，应放入厌氧罐中培养。

（3）焦性没食子酸遇到碱性溶液后，立即发生反应并开始吸收氧气，因此应该在一切准备工作就绪后，才能让焦性没食子酸与碱性溶液反应，并快速封闭容器。

（4）厌氧罐的催化剂是将钯或铂包被于还原性硅胶或氧化铝小球上的"冷"催化剂，在常温下就具有催化活性，可反复使用。但是在厌氧菌培养过程中形成的 CO、水汽、H_2S 等都会使催化剂受到污染而失去活性，所以这种催化剂每次使用后都必须在 140～160 ℃的烘箱内烘 1～2 h，使其重新活化，并密封后放在干燥处直到下次使用。

（5）厌氧罐培养法需先做好前期准备工作，再向气体发生袋中注水，加水后立即密封厌氧罐，防止产生的 H_2 和 CO_2 外泄，导致厌氧环境生成失败。

（6）本实验以专性好氧菌铜绿假单胞菌为对照，可以比较氧气对专性好氧菌和厌氧菌的影响，并以此判断厌氧罐是否处于无氧状态。

实验 4-18 药物对动物病毒生长的抑制能力分析

【案例】

某养殖场暴发病毒性传染病疫情导致大量猪发病，当前已分离出导致该疫情的病毒株。为了阻断该传染病的进一步传播，惯常的处理方法是对病猪进行宰杀并焚烧处理，但这种处理方法将给养殖场带来巨大损失。为了尽可能降低损失，养殖场委托某研究机构对该传染病的治疗性药物进行研发，希望能够对病猪进行有效的治疗。哪些物质可研发成为治疗性药物？如何评估某种物质是否具有治疗价值？

【实验目的】

（1）熟悉治疗性药物在传染病防控中的重要意义。

（2）了解治疗性药物的种类及其治疗机理。

（3）掌握治疗性药物治疗价值的评估方法。

【基本原理】

病毒是一种十分古老的生物，人类与病毒的斗争贯穿于整个人类生活史，从未间断。病毒是一种结构十分简单的生物，其不能自主完成复制，而必须通过侵染宿主细胞并借助宿主细胞的物质原料、酶系统和其他系统才能够完成复制。在许多情况下，病毒对宿主细胞资源的占有具有掠夺性，其往往干扰宿主细胞生长增殖所需的物质的合成，严重影响到宿主细胞正常的功能，甚至导致宿主细胞的裂解死亡，从而造成宿主机体功能障碍。

治疗性药物是人类应对病毒性疾病的重要工具，其作用的机制是抑制病毒的增殖，避免病毒在"侵染—增殖—再侵染"的过程中对机体造成的损害。病毒侵染宿主细胞并完成复制周期的过程主要包括病毒吸附、入侵、脱衣壳、病毒组分（核酸和蛋白质）的合成、病毒粒子的装配和释放等，任一过程的干扰都可能影响到病毒的复制，而治疗性药物研发的重要方向主要是靶向干扰病毒复制周期的特定过程。当前，已有许多靶向干扰病毒复制周期的药物面市，如患者的康复期血浆常被用于阻断病毒表面蛋白与细胞受体的结合，从而阻断病毒在细胞表面上的吸附；甲型流感治疗药物——金刚烷胺能够改变细胞膜表面电荷而影响病毒包膜与细胞膜融合，从而阻断病毒的入侵；被 FDA 授权用于新型冠状病毒感染的治疗药物——瑞德西韦是一种核苷类物，其可抑制病毒 RNA 依赖的 RNA 聚合酶活性，从而抑制病毒核酸的复制；被用于治疗艾滋病的药物——洛匹那韦/利托那韦可以通过抑制病毒蛋白酶活性，从而抑制病毒的成熟过程；被用于甲型流感和乙型流感治疗的药物——奥司他韦的代谢产物可选择性抑制流感病毒的神经氨酸酶，进而抑制新形成的病毒颗粒从被感染细胞中释放。

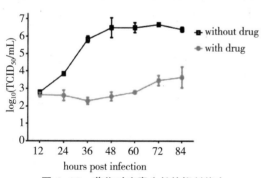

图 4-16　药物对病毒生长的抑制能力

病毒生长曲线定量描述了病毒在特定条件下培养所表现出的群体生长规律，生长曲线以宿主细胞感染病毒后所产生的成熟子代病毒为考察指标，药物对病毒复制周期任一过程的干扰都将会对子代病毒的形成造成影响，最终导致病毒生长曲线的改变。在抗病毒药物的体外筛选实验中，常同时设置加药和未加药对照组，通过比较加药组与未加药组的病毒生长曲线的变化情况来评估药物对病毒生长的抑制能力（图 4-16），从而对药物的治疗潜力进行评估。

【材料与器皿】

1. 病毒株与细胞株

单纯疱疹病毒 I 型（HSV-1）、Vero 细胞。

2. 试剂

DMEM 完全培养基、胎牛血清（FBS）、双抗（链霉素和青霉素）、胰酶（0.25%）、无菌 PBS 缓冲液、阿昔洛韦、DMSO 溶剂。

3. 器皿和其他用品

生物安全柜、倒置光学显微镜、CO_2 培养箱、离心机、水浴锅、电动移液器、移液器、10 cm 细胞培养板、6 孔细胞培养板、吸头等。

【实验方法】

1. 细胞复苏与培养

（1）从液氮罐中取出 1 管 Vero 细胞，置于 37 ℃水浴锅中恒温水浴化冻后，放入离心机中以 1000 r/min 的速度离心 3 min 后，用新鲜 DMEM 完全培养基重悬细胞沉淀，将细胞悬液加入 10 cm 细胞培养板中并补加新鲜培养基至 10 mL，十字交叉法混合均匀后置于 CO_2 培养箱中培养，培养条件为 37 ℃、5% CO_2。

（2）使用倒置光学显微镜每天观察细胞，待细胞密度超过 90% 时进行传代培养。

2. 病毒接种

取 6 板 Vero 细胞，将其密度调整至 80% 左右，弃旧培养上清，加入 10 mL 新鲜 DMEM 完全培养基（含 2% FBS），在其中 3 块板加入浓度为 600 μmol/L 的阿昔洛韦，在另外 3 块板中加入等体积的 DMSO 溶剂作为对照组，在 6 板细胞中按 MOI=0.1 接入病毒。

3. 取样

每 12 h 吸取 100 μL 培养上清，置于离心机中以 5000 r/min 的速度离心 3 min 后分离出上清，并将其冻存至 −80 ℃冰箱，连续取样直至细胞感染后 84 h。

4. 空斑法测定病毒滴度

（1）取若干板 Vero 细胞进行消化，使用 DMEM 完全培养基重悬后对细胞悬液进行计数，以 2×10^6 个细胞 / 孔的密度将细胞铺至 6 孔细胞培养板，共铺 126 块 6 孔细胞培养板。

（2）采用十字交叉法将细胞混合均匀后置于 CO_2 培养箱中培养，直至细胞密度达到 100%。

（3）取出冻存于 −80 ℃冰箱的各时间点收集的 42 个样品，按 10 倍比进行梯度稀释，每个样品做 9 个稀释度（稀释倍数：$10^{-9} \sim 10^{-1}$）。

（4）取不同稀释度稀释的病毒感染培养于 6 孔板的细胞，每个稀释度感染 2 个孔，每孔加入 100 μL 稀释后的病毒。置于 37 ℃培育 1～2 h 后弃上清，每孔加入 2 mL 含 0.8% 低熔点琼脂糖的 DMEM 完全培养基（含 2% FBS），室温静置直至固体培养基凝固后，置于 CO_2 培养箱中继续培养。

（5）每天观察细胞病变情况，待出现明显病变后，每孔加入 2 mL 5% 甲醛溶液，固定过夜后小心剔除覆盖层，用自来水轻柔冲洗孔内残留的琼脂。

（6）每孔加入 1 mL 中性红染液（0.1%）或者结晶紫（0.15%）染色液染色 1 h，吸掉染液，使用自来水轻柔冲洗。

（7）计算每个样品的病毒滴度。

【实验结果】

（1）对各样品的病毒滴度进行计算，并记录在表 4-21 中。

表 4-21　各样品的病毒滴度计算表

病毒类别及编号		12 h	24 h	36 h	48 h	60 h	72 h	84 h
Acyclovir	1							
	2							
	3							
DMSO	1							
	2							
	3							

注：Acyclovir-1、Acyclovir-2 和 Acyclovir-3，DMSO-1、DMSO-2 和 DMSO-3 为重复组。

（2）以感染时间为横坐标，以加药组和未加药组 3 个样本平均病毒滴度的对数值为纵坐标，标示出每个时间点病毒滴度的 SD（标准偏差）。

（3）分析比较加药组和未加药组病毒的生长曲线，并对结果进行说明。

【注意事项】

（1）HSV-1 能够感染人体，需要在生物安全柜中操作与病毒相关的实验。

（2）选择用于计算病毒滴度的病毒稀释度空斑数量既不能过多，也不能过少，空斑数量过多可能出现空斑融合或多个病毒进入同一个细胞，空斑数量过少可能导致计算误差增大。

第5章　微生物的遗传与育种

微生物具有个体小、生活周期短、常能在简单的合成培养基上迅速增殖等特点，并且可以在相同条件下获得大量个体，是进行遗传和育种研究的良好物种。微生物遗传和育种研究就是利用遗传学原理和技术，对微生物进行改造，以期能获得生产、科研性能优良的微生物。由于微生物是生物的重要组成部分，优良的微生物在酿酒、酶制剂、制药、污水处理等领域发挥着重要作用。因此，对微生物，尤其是工业微生物进行诱变选育，筛选出符合规模化生产要求、性能优良的菌种，对行业发展具有重要意义。本章实验中菌种选育的基本内容一部分是用人工方法诱导菌种变异，再按照工业生产的要求进行筛选来获得新的菌种。另一部分内容的研究目的是基因表达、调控的方式，并进行基因重组、转化，使之高效表达。

实验 5-1　紫外线诱变技术及抗药性突变株的筛选

【案例】

对链霉菌原生质体进行紫外诱变处理，处理后的原生质体悬液分别涂布于含链霉素的再生平板上和不含链霉素的再生平板上。如何统计紫外线作用于原生质体的存活率和抗药性致死突变率？本次实验共获得了 280 株抗药性突变株，发生正突变的突变株为 63 株，正突变率是多少？

【实验目的】

（1）以紫外线处理细菌细胞为例，学习微生物诱变育种的基本技术。

（2）了解和熟悉抗药性突变株的筛选原理与方法。

【基本原理】

紫外线是一种物理诱变剂，紫外线诱变是微生物育种中最早使用的一种诱变技术。紫外线诱变已经用于大量不同的菌种，如芽孢杆菌、链霉菌等的选育中。紫外线波长为 200～380 nm，但对诱变最有效的波长为 253～265 nm（核酸的吸收高峰）。诱变一般采用的紫外灭菌灯，其光谱集中在 253 nm。紫外线诱变的主要作用是可引起 DNA 分子结构发生变化，即 DNA 双链之间或同一条链上两个相邻的胸腺嘧啶之间形成二聚体，从而引起菌种的遗传特性发生变异，最终导致菌种表型变化或死亡。生产和科研中可利用此法获得突变株。紫外线照射后造成的 DNA 损伤，经可见光照射，可在光解酶的作用下，使胸腺嘧啶二聚体解开，修复损伤的 DNA。因此，微生物细胞经紫外线诱变处理后的操作，应在红光下进行，处理后的微生物应置于暗处培养。

链霉素是一种氨基糖苷类抗生素，其杀菌机理与细菌核糖体 30 S 小亚基结合，使其不能与大亚基结合组成有活性的核糖体，从而抑制蛋白质的合成。细菌对链霉素产生抗药性的作用机理主要是由于编码核糖体蛋白的 *rps*L 基因或其他基因发生突变，导致相应的核糖体蛋白发生改变，使蛋白质合成不再受链霉素抑制。

经诱变剂处理后的微生物细胞，虽然突变数量大大增加，但突变的数目在总群体中仍只占极小的比例，为了准确、快速地筛选到目标突变株，我们需要通过一个有效的筛选方法，达到淘汰野生型，保留极少数目标突变型的目的。由于微生物在紫外线诱变处理后要过一段时间才出现表型改变的现象，即表型延迟现象，所以诱变处理后的菌液应该先移到新鲜的培养液中培养一段时间，不仅可以使表型趋于稳定，还可使突变株数目增多，便于后续检出突变株。

梯度平板法是定向筛选抗药性突变株的一种有效方法。通过制备药物浓度梯度的平板，在其上涂布诱变处理后的细胞悬液，先培养再从其上选取抗药性菌落等步骤，可定向筛选到相应抗药性突变株，达到定向培育的效果。

【材料与器皿】

1. 菌株

枯草芽孢杆菌（*Bacillus subtilis*）。

2. 试剂

链霉素（750 μg/mL）、无菌生理盐水、牛肉膏蛋白胨培养基。

3. 器皿和其他用品

UVB 紫外线照射箱、恒温培养箱、离心机、超净工作台、无菌培养皿、无菌试管、无菌锥形瓶、无菌移液管、无菌涂布棒、量筒、烧杯、显微镜等。

【实验方法】

1. 菌悬液的制备

取经 37 ℃ 恒温培养 16～18 h 的枯草芽孢杆菌斜面，用无菌生理盐水将苔洗下，并倒入无菌锥形瓶振荡 30 min。将上述菌液离心（3000 r/min，离心 15 min），弃去上清液，将菌体用无菌生理盐水洗涤 2～3 次，制成菌悬液。用显微镜直接计数法计数，调整细胞浓度为 10^8 个 / 毫升，吸取 3 mL 菌液于装有磁力搅拌棒的无菌培养皿（直径 6 cm）中。

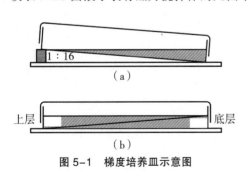

图 5-1　梯度培养皿示意图

2. 梯度平皿制备

一般先将培养皿（直径 9 cm）一侧搁高约 5 mm，倒入约 10 mL 熔化的牛肉膏蛋白胨培养基，待凝固后放回水平位置（图 5-1）。再加入含有链霉素（100 μg/mL）等体积的相同培养基。凝固后，即成链霉素浓度从 100 μg/mL 到 0 μg/mL 逐渐递减的梯度平板。然后，在培养皿底部标记"→"符号，以示药物浓度的梯度变化。

3. 紫外线的诱变作用

（1）将紫外灯打开，预热 30 min，以使紫外灯强度稳定。紫外灯功率为 15 W，照射距离为 30 cm（垂直距离）。

（2）取 2 套无菌培养皿（直径为 6 cm），分别加入 2 mL 菌液，照射 1 min 后，打开皿盖并计时，分别照射 1 min 和 3 min，达到照射时间后立即盖上皿盖，关闭紫外灯。

（3）在红灯下，将上述经诱变处理的菌悬液吸到含有 3 mL 牛肉膏蛋白胨液体培养基的离心管中，混合均匀后用黑纸包裹严密，置于 37 ℃ 恒温培养箱中培养过夜。

4.菌液涂布

取增殖后的菌液离心（3500 r/min、10 min），弃去上清液，再加入少量生理盐水（约 0.2 mL），制成较浓的菌液后，用无菌生理盐水稀释 $10^{-6} \sim 10^{-4}$ 倍。然后，精确吸取 0.1 mL 的菌悬液到梯度平皿上，用无菌涂布棒涂匀。将上述平板置 37 ℃恒温培养箱中培养 48 h，将在药物高浓度区域内出现的单菌落分别接种到斜面上，培养后进行抗药性测定。

5.菌落计数及存活率、致死率计算

将培养 48 h 后的平板取出进行细菌菌落计数，根据对照平板上菌落数，计算出每毫升菌液中的活菌数，并记录在表 5-1 中。

存活率 = 处理后每毫升菌液中活菌数 / 对照每毫升菌液中活菌数 × 100%

致死率 =（对照每毫升菌液中活菌数 - 处理后每毫升菌液中活菌数）/ 对照每毫升菌液中活菌数 × 100%

【实验结果】

表 5-1　紫外线处理后枯草芽孢杆菌的存活率和致死率

处理时间 /min	稀释倍数			存活率（%）	致死率（%）
	10^{-4}	10^{-5}	10^{-6}		
1					
3					
0（对照）					

6.抗药性测定

（1）制备含药平板。分别取链霉素溶液（750 μg/mL），加入无菌培养皿中，再加入已融化且温度降到 50 ℃左右的牛肉膏蛋白胨培养基 15 mL，轻摇混合均匀。平置凝固后，即成为 10 μg/mL、20 μg/mL、30 μg/mL 和 40 μg/mL 浓度的药物平板。另准备一个不加药物的对照平板。

（2）抗药性测定。将每个皿底用记号笔分成 8 等分，注明 1～8 号。然后将抗药菌株逐个接种到上述 4 种浓度 8 个小分格的培养基上，以及对照皿上。将所有培养皿倒置于 37 ℃恒温培养箱中培养过夜。第 2 天观察各菌株的生长状况，并记录在表 5-2 中。

表 5-2　枯草芽孢杆菌抗药性测定结果

菌株号	含药平板 /（μg/mL）	对照平板（不含药物）
1		
2		
3		
4		
5		
6		
7		
8		
出发菌株		

注：用"+"表示生长，用"-"表示不生长。

【注意事项】

（1）微生物体内含有光解酶，可以消除因紫外线照射产生的嘧啶二聚体，因此，紫外线诱变后的实验操作均需要在暗室或红光下进行，并将涂布后的菌液平板用黑纸包扎后再培养。

（2）制备含有药物的平板时，药物要与培养基充分混匀；操作过程严格按照无菌操作进行，避免出现杂菌，与抗药性菌株混淆。

实验 5-2　营养缺陷型菌株的筛选和鉴定

【案例】

以金针菇单核菌株为试验材料，对其原生质体采用功率为 10 W 的紫外线进行垂直距离照射的诱变处理，处理后原生质体溶液分别涂布到再生培养基和添加尿嘧啶的再生培养基上。该实验要如何设置对照组？对于筛选出的尿嘧啶营养缺陷型突变菌株，如何进行鉴定？

【实验目的】

（1）了解营养缺陷型菌株选育的原理。

（2）掌握营养缺陷型菌株的筛选与鉴定的技术方法。

【基本原理】

从自然界中直接分离到的微生物称为野生型菌株（Wild type strain）。野生型菌株经过人工诱变或自发突变失去合成某种生长因子的能力，只能在完全培养基或补充了相应的生长因子（氨基酸、维生素、核酸等）的基本培养基中才能正常生长的变异菌株，称为营养缺陷型菌株（Auxotrophic strain）。营养缺陷型菌株不仅广泛用于核苷酸及氨基酸等产品的生产，还是研究代谢途径和基因重组遗传规律必不可少的遗传标记菌种。

通过人工诱变选育营养缺陷型菌株一般分为 4 个环节：诱变剂处理、淘汰野生型、检出营养缺陷型菌株、鉴定营养缺陷型菌株。本实验选用亚硝基胍（Nitrosoguanidine，NG）为诱变剂，其有超诱变剂之称，诱发的突变主要是 GC-AT 转换，另外还有小范围切除、移码突变及GC 对的缺失等，能使细胞发生一次或多次突变，诱变效果好、效率高，常用于诱发营养缺陷型菌株。营养缺陷型菌株的检出有点植对照法、影印法、夹层法及限量补充法等。本实验采用点植对照法筛选营养缺陷型，将经过 NG 诱变处理的菌液涂布在完全培养基平板上，长出菌落后将其分别用牙签转接到方位相同的另一基本培养基和完全培养基平板上，观察比较 2 个平板的菌落生长情况，进行营养缺陷型菌株的检出，再经过生长谱法的鉴定，便可具体得出为何种营养物质的缺陷型菌株。

【材料与器皿】

1. 菌种

大肠杆菌（Escherichia coli）。

2. 试剂

（1）混合氨基酸。将 21 种氨基酸按表 5-3 组合，各取 100 mg 左右。烘干研细，制成 6 组混合氨基酸粉剂，分装避光保存备用。另外，取全部（21 种）氨基酸混合在一起（每种 20 mg左右），烘干研细后保存，作为初步鉴定用。

表 5-3　6 组混合氨基酸粉剂

组别	氨基酸组合					
1	赖氨酸	精氨酸	蛋氨酸	胱氨酸	亮氨酸	异亮氨酸
2	缬氨酸	精氨酸	苯丙氨酸	酪氨酸	色氨酸	组氨酸
3	苏氨酸	蛋氨酸	苯丙氨酸	谷氨酸	脯氨酸	天冬氨酸
4	丙氨酸	胱氨酸	酪氨酸	谷氨酸	甘氨酸	丝氨酸
5	鸟氨酸	亮氨酸	色氨酸	脯氨酸	甘氨酸	谷氨酰胺
6	瓜氨酸	异亮氨酸	组氨酸	天冬氨酸	丝氨酸	谷氨酰胺

（2）混合碱基。称取腺嘌呤、次黄嘌呤、黄嘌呤、鸟嘌呤、胸腺嘧啶、尿嘧啶和胞嘧啶各 50 mg，混合烘干磨细后避光保存备用。

（3）混合维生素。将硫胺素、核黄素、吡哆醇、泛酸、对氨基苯甲酸、肌醇、烟酰胺、胆碱和生物素各取 50 mg 混合，烘干磨细后避光保存备用。

（4）基本培养基（MM）。葡萄糖 2%、柠檬酸钠 0.1%、$(NH_4)_2SO_4$ 0.2%、K_2HPO_4 0.4%、KH_2PO_4 0.6%、$MgSO_4 \cdot 7H_2O$ 0.02%、琼脂 2%、pH=6.0。

（5）完全培养基（CM）。与基本培养基的配方相同，另加入 1.0 g 蛋白胨，调节 pH 至 6.0。

（6）液体完全培养基。在以上完全培养基的基础上不添加琼脂。

（7）其他。亚硝基胍（NG）、磷酸缓冲液（pH=6.0，0.2 mol/L）、生理盐水、无菌水、甲酰胺、浓 NaOH 等。

3．器皿和其他用品

冷冻高速离心机、试管、培养皿、锥形瓶、涂布棒、接种环、牙签、恒温培养箱等。

【实验方法】

1．菌悬液制备

大肠杆菌接种于完全液体培养基的试管中，在 37 ℃恒温培养箱中培养 18～24 h。次日，无菌操作取 10 mL 培养液放入 15 mL 无菌离心管中，以 3500 r/min 的速度离心 10 min，弃上清液，收集菌体沉淀。在上述沉淀中加入 5 mL 无菌生理盐水，悬浮沉淀，备用。

2．诱变处理

（1）NG 配制。称取 1.5 mg 的 NG 放入无菌离心管，加入 0.15 mL 甲酰胺助溶，再加入 pH =6.0 的磷酸缓冲液 1 mL，使其完全溶解，在 28 ℃水浴中保温备用。

（2）NG 诱变。取 5 mL 菌悬液加入上述含有 NG 的离心管中，充分混合均匀，立即放入 28 ℃的水浴锅中保温 30 min。取出后，以 6000 r/min 的速度离心 5 min，将上清液倒入浓 NaOH 中。加 5 mL 磷酸缓冲液重悬菌体，再用磷酸缓冲液清洗 2 次，以去除菌体表面残余的 NG，弃去废液，加 5 mL 无菌生理盐水制成菌悬液。处理完毕后，将接触过 NG 的器皿，以及丢弃的上清液，均用 1 mol/L 的 NaOH 溶液浸泡过夜后再清洗，彻底分解破坏残余 NG。

3．营养缺陷型的检出

（1）菌悬液稀释。诱变处理后的菌悬液按 10 倍梯度稀释。

（2）平板分离。将 15 mL 完全培养基倒入无菌培养皿中，待培养基凝固后吸取 0.1 mL 适宜浓度的菌液加入培养皿中，无菌涂布棒涂布均匀，在 28 ℃恒温培养箱中培养 1～2 d，直至长出菌落。

（3）牙签点种。取完全培养基和基本培养基各 1 个平板，用记号笔在其背面画小格，用灭菌的牙签或接种针将完全培养基上已长出的菌落，分别点种到基本培养基和完全培养基平板上的相应位置（图 5-2），同时 28 ℃培养，然后观察、对比菌落生长情况。点种时，需注意要先点基本培养基，再点完全培养基。如果基本培养基上不生长，而完全培养基相应位置上长出菌落，可初步判定为营养缺陷型菌株。

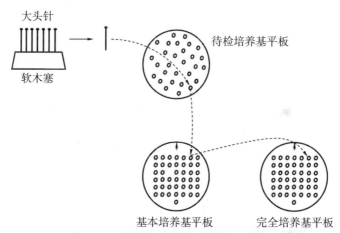

图 5-2 点植对照法检出营养缺陷型菌株

4. 缺陷类型的初测

（1）菌种培养。将疑似营养缺陷型的菌株接种到完全培养基斜面上，编上菌号，在 28 ℃恒温培养箱中培养 1～2 d 后取出，供鉴定用。

（2）营养缺陷型种类鉴别。

① 取疑似营养缺陷型菌株的新鲜斜面，加入 5 mL 无菌水，刮下表面菌苔，制成菌悬液。

② 取 0.5 mL 菌液滴加于无菌空平皿内，一菌一皿，每皿倾注 15 mL 融化并冷却至 45～50 ℃的基本琼脂培养基，摇匀待其冷凝。

③ 每个平皿划分为 3 个区域，在每个区域的中央放上一小片分别浸润了混合氨基酸、混合核酸碱基和混合维生素溶液的滤纸片。置 28 ℃恒温培养箱中培养 24 h，观察各菌株的生长情况。在添加了哪种营养的基本培养基上生长，即表明此菌株属于该类营养物质的营养缺陷型突变菌株。

5. 生长谱测定

初测所选出的营养缺陷型菌株中，有可能是氨基酸缺陷型、核酸碱基缺陷型或维生素缺陷型菌株，其中，氨基酸缺陷型突变菌株较为常见。对氨基酸缺陷型菌株来说，将待测菌株细胞用生理盐水洗涤后，吸取 1 mL 菌液加入无菌培养皿中，倾注约 15 mL 熔化并冷却至 45～50 ℃的基本琼脂培养基，在冷凝后的平皿背面，用记号笔画出 6 个均匀的区域，在每个区域中央放入少量各组已混合的氨基酸滤纸片，并轻轻按压（共 6 组，表 5-3）。经培养后，观察滤纸片周围有无菌落生长。如果菌落生长在两氨基酸扩散的交叉处，其生长圈呈双凸透镜状，说明该菌落为双重氨基酸缺陷型。若是核酸碱基或维生素缺陷型菌株，可按上法在各区域中分别加入单种核酸碱基或维生素，培养后就可确定属于哪一种核酸碱基或维生素缺陷型菌株。

【实验结果】

请在表 5-4 中记录营养缺陷型突变菌株的缺陷类型。

表 5-4　营养缺陷型突变菌株的缺陷类型记录表

缺陷型菌株编号	生长区	缺陷类型	缺陷的标记	备注
1				
2				
3				
4				
5				
6				
7				
8				
9				
10				

【注意事项】

NG 是一种强烈的致癌剂，操作时要戴橡皮手套，穿工作服，戴口罩。用称量瓶称质量，最好在通风橱中进行。凡是接触过 NG 的器皿必须单独处理，用过的废液须经浓碱处理后单独收集。

实验 5-3　酵母菌的原生质体融合

【案例】

为了选育高性能的酒精酵母菌，利用双亲灭活和 PEG 诱导，对酿酒酵母 GGFS 16 和 GJ 2008 单倍体细胞进行原生质体融合实验。各取灭活后的双亲原生质体（浓度为 10^6 个 / mL）0.5 mL 分别置于 1.5 mL 离心管中，加入 1 mL 促溶剂，在 32 ℃恒温箱中保温 40 min，以 4000 r/min 的速度离心 10 min，收集菌体，以高渗缓冲溶液洗涤 2 次。在高渗再生平板上一共长出 42 株融合子，试计算融合率的大小。

【实验目的】

（1）了解酵母菌原生质体制备和再生的原理和方法。

（2）掌握酵母菌原生质体融合的原理和方法。

【基本原理】

原生质体融合即体细胞杂交，是指将不同种、属，甚至不同科的原生质体通过人工方法诱导融合，然后进行离体培养，使其再生的技术。根据融合时细胞的完整程度，原生质体融合可分为两大类：①对称融合（Symmetric fusion），即两个完整的细胞原生质体融合；②非对称融合（Asymmetric fusion），利用物理或化学方法使某亲本的核或细胞质失活后再进行融合。用于细胞核或细胞质失活的方法分为物理和化学两大类：①物理方法常采用射线处理，如 X 射线、γ 射线等，还有离心、振动等方法，它们能使细胞核失活；②化学方法目前常用的试剂有聚乙二醇（polyethylene glycol，PEG）诱导融合，细胞核失活试剂有碘乙酰胺（Iodoacetamide，IOA）、碘乙酸（Iodoacetic acid）；细胞质失活试剂有罗丹明，它是一种亲脂染色剂，能够抑制线粒体的氧化磷酸化过程而达到失活作用。

微生物细胞融合有 4 个环节：①细胞壁消解；②原生质体融合；③细胞核重组；④原生质体细胞壁再生。通常用溶菌酶消除坚固的细菌细胞壁，用 PEG 促使原生质体融合，用高渗的加富培养基保障原生质体再生。在细胞融合的过程中，细胞核重组是随机发生的，无法人为控制，这是细胞融合育种的不足之处。

本实验的融合材料为酵母菌。酵母菌细胞外围是一层细胞壁，主要由葡萄糖、甘露聚糖、蛋白质等组成。只有除去细胞壁，才能使原生质体游离出来，目前去除细胞壁的方法绝大多数采用酶解法，一般选用 1%～2% 的蜗牛酶。由于酵母菌原生质体融合后的重组体容易发生回复突变，利用亲本菌株的单倍体细胞进行融合，能够有效地降低回复突变率。因此，酵母菌原生质体制备一般取对数生长期的单倍体细胞，此时细胞代谢活跃、生长率高，群体细胞的化学组成、形态及生理特征比较一致。

【材料与器皿】

1. 菌株

酿酒酵母两种营养缺陷型菌株 thr⁻ 和 his⁻。

2. 试剂

（1）YEPD 完全培养基。酵母粉 10 g/L、蛋白胨 20 g/L、葡萄糖 20 g/L，pH=6.0 的高渗柠檬酸，115 ℃湿热灭菌 20 min。

（2）YEPD 高渗完全培养基。配方同（1），但用 0.6 mol/L NaCl 配制。

（3）YNB 基本培养基。硫酸铵 5.0 g/L、L- 组氨酸盐 0.01 g/L、LD- 蛋氨酸 0.02 g/L、LD- 色氨酸 0.02 g/L、生物素 0.000002 g/L、泛酸钙 0.0004 g/L、叶酸 0.000002 g/L、肌醇 0.002 g/L、烟酸 0.0004 g/L、对氨基苯甲酸 0.0002 g/L、盐酸吡哆醇 0.0004 g/L、核黄素 0.0002 g/L、盐酸硫胺素 0.0004 g/L、硼酸 0.0005 g/L、硫酸铜 0.00004 g/L、碘化钾 0.0001 g/L、氯化铁 0.0002 g/L、硫酸锰 0.0004 g/L、钼酸钠 0.0002 g/L、硫酸锌 0.0004 g/L、磷酸二氢钾 1.0 g/L、硫酸镁 0.5 g/L、氯化钠 0.1 g/L、氯化钙 0.1 g/L，pH=5.4 ± 0.2。

（4）YNB 高渗基本培养基。配方同（3），但用 0.6 mol/L NaCl 配制。

（5）预处理溶液。0.05 mol/L EDTA-Na₂ 溶液、0.2% β- 巯基乙醇。

（6）蜗牛酶 5 mg/mL。用 pH=6.0 的高渗柠檬酸缓冲液配制。

（7）酶液。1% 蜗牛酶、0.6 mol/L NH₄Cl、50 mol/L 二硫苏糖醇，过滤除菌。

（8）助溶剂。30% PEG 6000，0.1 mol/L CaCl₂，pH=7.0。

以上培养基和缓冲液均在 115 ℃下 30 min 高温灭菌，酶液经 0.22 μm 微孔滤膜过滤除菌。

（9）双层平板。上层平板加 0.6% 的琼脂，下层平板加 2.0% 的琼脂。

（10）其他试剂。无菌水。

3. 器皿和其他用品

试管、三角瓶、培养皿、摇床、恒温培养箱、恒温水浴锅、离心机、接种环、移液管等。

【实验方法】

1. 原生质体制备

（1）菌种培养。挑取新鲜斜面的两株酿酒酵母菌分别接种于 YEPD 液体培养基，于 28 ℃恒温水浴锅中振荡培养 24 h，再转接培养 16 h 至对数生长期。取样放于离心机中以 5000 r/min 的速度离心 10 min，菌体沉淀用柠檬酸缓冲液悬浮。

（2）预处理。菌悬液离心（5000 r/min，10 min）去除培养基，加入预处理液，于 30 ℃恒温水浴锅中振荡处理 15 min，柠檬酸冲液清洗并离心（5000 r/min，10 min）。

（3）酶解。菌体沉淀悬液中加入 5 mg/mL 蜗牛酶液悬浮，于 30 ℃恒温水浴锅中以 100 r/min 的速度振荡酶解。每隔 10 min 取样镜检酶解情况。

（4）收集原生质体。镜检观察到 70%～80% 的酵母变成原生质体后，低速离心（3000 r/min、15 min）收集原生质体。高渗缓冲液洗涤 2 次，离心收集沉淀悬浮高渗缓冲液。

2. 原生质体融合

将已制备成功的双亲原生质体悬液（1×10^7 个/毫升～1×10^8 个/毫升）各 3 mL 混合，离心（3000 r/min，10 min）后弃上清液，加入 3 mL 助溶剂，轻轻振荡悬浮原生质体，置 30 ℃恒温水浴锅中保温 20 min。隔 3～4 min 轻轻摇动 1 次，使助溶剂与原生质体充分接触。融合结束后，立即加入 10 mL 高渗 YEPD 培养基，离心（2000 r/min，10 min）后弃去上清液，获得原生质体融合物。

3. 融合子再生

原生质体融合物用 0.6 mol/L 的 NaCl 悬浮，并梯度稀释至 10^{-4}。分别从 10^{-1}、10^{-2}、10^{-3} 稀释度的原生质体悬液中吸取 200 µL，加入 5 mL 融化并冷却至 45 ℃的 YNB 上层高渗再生培养基中，混匀，迅速倒入已凝固的 YNB 基本培养基底层平板上，铺平待其冷凝。另从 10^{-2}、10^{-3}、10^{-4} 稀释度的原生质体悬液中取 200 µL，用双层平板法培养于 YEPD 高渗完全培养基上。待平板冷凝后，倒置于恒温培养箱内，30 ℃培养 3～5 d，计算菌落数。

4. 排除异核体

由于双亲本均为营养缺陷型菌株，YNB 基本培养基上长出的菌落可基本排除原始亲本菌株。但除了真正的融合体外，还包括细胞质融合而核尚未融合的异核体，由于其不是真正的融合体，繁殖过程中极易分离，因此可通过在基本培养基上多次转接而加以排除。排除异核体后通过以下公式计算原生质体融合率。

原生质体融合率（%）=（融合子数 × 稀释倍数）/（再生完全培养基上总菌落数 × 稀释倍数）×100%

【实验结果】

（1）拍照记录菌体、原生质体及原生质体融合。

（2）计算原生质体融合率。

【注意事项】

（1）整个分离制备和再生过程都需要在无菌条件下操作。

（2）需严格控制酶量及酶解的时间，确保得到的原生质体质膜不受损伤。

实验 5-4　Ames 试验法

【案例】

用 Ames 试验法对鼠伤寒沙门氏菌株 TA100 进行蒲葵子正丁醇提取物的致突变试验，结果显示，蒲葵子正丁醇提取物剂量在 5～500 µg/mL，Ames 试验法检测出伤寒阳性，而在 0.025 µg/mL 与 0.5 µg/mL 剂量下，Ames 试验法未检测出伤寒阳性，是否说明蒲葵子正丁醇提取物在 0.025 µg/mL 与 0.5 µg/mL 剂量下绝对安全？为什么？

【实验目的】

（1）了解 Ames 试验法检测致突变剂和致癌剂的基本原理。

（2）掌握 Ames 试验点法的操作技术和评价方法。

【基本原理】

癌症是威胁人类生命最严重的疾病之一。由美国加利福尼亚大学 B. N. Ames 教授于 1975 年建立的鼠伤寒沙门菌/哺乳动物微粒体试验（也称 Ames 试验）是目前公认的检测诱变剂与致癌剂的最灵敏与最快速的常规检测法之一，其检测癌症阳性和致癌物吻合率高达 83%，是一种利用微生物进行基因突变的体外致突变试验法。它利用一种突变型微生物菌株与被检化学物质接触，如果该化学物具有致突变作用，则可使突变微生物发生回复突变，变为原养型微生物。具体过程为，利用一系列鼠伤寒沙门菌的组氨酸营养缺陷型（his⁻）菌株与被检测物接触后发生的回复突变来检测其致突变性和致癌性。由于这些菌株在不含组氨酸的基本培养基上不能生长，而在遇到致突变剂后常发生 his⁻ 变为 his⁺ 的回复突变，则可以在基本培养基上能正常生长，并形成肉眼可见的菌落，所以在短时间内即可根据回复突变率来判断被检物是否具有致突变或致癌性能。该法适用于测试混合物，是应用最广泛的检测基因突变的体外试验。

目前，Ames 试验的常规方法有点试法和平板掺入试验法两种。前者主要是一种定性试验，后者可定量测试样品致突变性的强弱。本实验仅以点试法为例加以简介。

【材料与器皿】

1. 菌种

鼠伤寒沙门菌（*Salmonella typhimurium*）TA98 菌株。

2. 试剂

（1）牛肉膏蛋白胨液体培养基。牛肉膏 3.0 g、蛋白胨 10.0 g、NaCl 5.0 g、pH=7.2，分装试管每支 3 mL，121 ℃高温灭菌 20 min。

（2）底层培养基。$MgSO_4 \cdot 7H_2O$ 0.2 g、柠檬酸 2.0 g、K_2HPO_4 10.0 g、磷酸氢铵钠（$NH_4NaHPO_4 \cdot 4H_2O$）3.5 g、葡萄糖 20.0 g、琼脂粉 15.0 g、蒸馏水 1000 mL，pH=7.0，112 ℃高温灭菌 30 min。

（3）上层半固体培养基。NaCl 0.5 g、琼脂粉 0.6 g、蒸馏水 100 mL，将上述各组分混合加热融化后再加入 10 mL 的 0.5 mmol/L L-组氨酸+0.5 mmol/L D-生物素混合液，加热混匀后速分装试管，每管 3 mL，121 ℃高温灭菌 20 min。

（4）0.5 mmol/L L-组氨酸+0.5 mmol/L D-生物素混合液（1.22 mg D-生物素、0.7 mg L-组氨酸溶于 10 mL 温热的蒸馏水中）。

（5）无菌水、某些咸菜液（经细菌滤器过滤）或其他未知的可能致突变溶液、4-硝基-O-苯二胺液（4-NOPD，200 μg/mL）、市售染发剂（稀释 10 倍）。

3. 器皿和其他用品

恒温培养箱、恒温摇床、水浴锅、培养皿、移液管（1 mL、5 mL）、试管、无菌圆滤纸片（直径 5 mm）、镊子等。

【实验方法】

1. 菌悬液的制备

从鼠伤寒沙门菌 TA98 菌株斜面上挑取一环菌苔转接于一含有 3 mL 牛肉膏蛋白胨液体培

养基的试管中，将此试管置于 37 ℃恒温摇床上以 220 r/min 的速度振荡培养 10～12 h，使菌悬液浓度达到约 1×10^9 个 / 毫升。

2. 倒底层平板

将试验用的底层培养基彻底熔化，冷至约 50 ℃后，平均倒入 8 块平板上。

3. 熔化上层半固体培养基

将含有上层半固体培养基的试管置于沸水浴中彻底熔化，然后将上述试管置于 50 ℃水浴锅中保温。

4. 加菌液和倒含菌的上层半固体培养基

用一支 1 mL 移液管吸取上述制备的鼠伤寒沙门菌 TA98 菌株菌悬液，后在上述每支上层半固体培养基试管中加入 0.1 mL 菌悬液，并用两个手掌搓匀，迅速倒在底层平板上，使它铺满底层（共重复 8 皿）平放，待凝。

5. 无菌滤纸圆片蘸取各样液并置于平板表面

先将镊子尖端蘸取乙醇并过火灭菌，再用此镊子取无菌滤纸圆片并浸入含无菌水的小培养皿中，后将此圆片在皿壁轻碰一下（去除多余无菌水），最后将此圆片置于上述制备的平板中央，重复 2 皿作为阴性对照。按上述方法将无菌滤纸圆片分别蘸取染发剂液、咸菜液及 4- 硝基 -O- 苯二胺液（阳性对照），并分别置于上述制备的平板中央（每个样品均重复 2 皿）。

6. 培养

将上述制备的 8 块平板置于 37 ℃恒温培养箱中，培养 48 h。

【实验结果】

（1）肉眼观察上述 8 块平板中鼠伤寒沙门菌 TA98 菌株生长情况。若在滤纸圆片周围长出一圈密集可见的 his^+ 回复菌落，可初步认为该待检物为致突变物。如没有 his^+ 回复菌落出现，则该待检物不是致突变物。菌落密集圈外生长的散在大菌落是自发回复突变的结果，与待检物无关。此外，有时发现在纸片周围形成一透明圈，表明该待检物的浓度太高。将上述观察的试验结果记录于表 5-5 中。

表 5-5　待检物致突变性的试验结果

待检物	试验平板中测试菌生长情况	结论
染发剂液		
咸菜液		
4- 硝基 -O- 苯二胺液		
其他待检物		
无菌水		

（2）拍摄上述试验平板中鼠伤寒沙门菌 TA98 菌株的生长特征。

【注意事项】

（1）由于某些待检物的致突变性需要哺乳动物肝细胞中的氧化酶系统激活后才能显示，而原核生物的细胞内缺乏氧化酶系统，故在进行试验时需另做一组试验，加入哺乳动物肝匀浆液作为体外活化系统（S9 混合液），以此提高致突变物的检测率。

（2）试验前，须对鼠伤寒沙门菌 TA98 菌株进行性状鉴定，以确保其为可靠的纯培养物。

（3）一般来说，一种阳性待检物（某种化合物）对某一菌株可表现出致突变性阴性，而对另一菌株可表现出致突变阴性。因此，在检测待检物时，宜采用多个菌株进行试验，任一菌株检出阳性结果，都表明该待检物具有致突变物，甚至可能为致癌物。如果多个菌株均未检测出致突变阳性，则记录为 Ames 法未检出致突变性。

第 6 章　微生物分子生物学

生物体的遗传特征主要由核酸决定，遗传信息要在子代的生命活动中表现，需要通过复制、转录和翻译。基因在表达其性状的过程中贯穿着核酸与核酸、核酸与蛋白质的相互作用。本章通过对微生物的主要物质基础，包括核酸、蛋白质等大分子提取技术、结构特征及表达功能的研究，来揭示微生物生命现象的本质。原核生物中的大肠杆菌和真菌中的酵母都是分子生物学的重要研究材料，也是本章的重要研究生物。大肠杆菌作为外源基因表达的宿主，遗传背景清楚，技术操作与培养条件简单，是应用最广泛、最成功的表达体系。酵母菌易于培养、生长迅速，其基因与高等真核生物基因具有同源性，在生物工程技术中起到巨大的作用。分子生物学技术的进一步发展，将为定向培育微生物良种以及有效地控制和治疗一些由致病微生物引起的人类疾病提供根本性的解决途径。

实验 6-1　细菌总 DNA 的小量制备

【案例】

利用 SDS-CTAB 法，分别提取大肠杆菌、枯草芽孢杆菌和金黄色葡萄球菌 DNA 组的基因。各取 1 μL DNA 溶液进行琼脂糖凝胶电泳，同时通过紫外分光光度计检测浓度，即通过凝胶电泳后检测 DNA 的质量。结果发现，大肠杆菌和枯草芽孢杆菌的 DNA 条带较粗，且整齐清晰；金黄色葡萄球菌的 DNA 条带颜色较暗，且数目较多。试分析可能产生这种现象的原因，以及在提取过程中如何避免出现该现象。

【实验目的】

（1）了解溴代十六烷基三甲胺（Hexadecyl trimethyl ammonium bromide，CTAB）法制备细菌总 DNA 的原理。

（2）掌握小量制备细菌总 DNA 的操作方法。

（3）了解琼脂糖凝胶电泳方法。

【基本原理】

DNA 在细胞内一般是与蛋白质形成复合物的形式存在的，因此要提取脱氧核糖核蛋白复合物，必须先裂解细胞并将其中的蛋白质去除。CTAB 是一种阳离子去污剂，具有从低离子强度溶液中沉淀核酸与酸性多聚糖的特性。在高离子强度溶液中（>0.7 mol/L NaCl），CTAB 与蛋白质和酸性多聚糖形成复合物，只是不能沉淀核酸。通过有机溶剂抽提并去除蛋白、多糖、酚类等杂质后加入乙醇沉淀即可使核酸分离出来。

琼脂糖凝胶电泳是用琼脂或琼脂糖作为支持介质的一种方法。对于分子量较大的样品，如大分子核酸、病毒等，一般可采用孔径较大的琼脂糖凝胶电泳分离。DNA 分子在碱性缓冲液中带负电荷，在外加电场作用下向正极泳动。DNA 分子在琼脂糖凝胶中泳动时，有电荷效应与分子筛效应。不同 DNA 的分子量大小及构型不同，电泳时的泳动率就不同，从而分出不同的区带。琼脂糖凝胶电泳法分离 DNA 分子，主要是利用分子筛效应使不同大小的 DNA 分子分离，把分子量标准参照物和样品一起进行电泳。

【材料和器皿】

1. 菌种

大肠杆菌或自己分离纯化后的细菌菌株。

2. 试剂

TE 缓冲液（10 mmol/L Tis-HCl、0.1 mmol/L EDTA，pH=8.0）、溶菌酶溶液（20 mg/mL）、10% SDS、蛋白酶 K（20 mg/mL）、5 mol/L NaCl、CTAB/NaCl 溶液（5 g CTAB 溶于 100 mL 0.5 mol/L NaCl 溶液中）、酚：氯仿：异戊醇（25：24：1）、异丙醇、70% 乙醇、琼脂糖、TAE 电泳缓冲液。

3. 器皿和其他用品

高速台式离心机、微量可调移液器、离心管、恒温水浴锅、电泳仪、电泳槽、微波炉、凝胶成像系统等。

【实验方法】

（1）将 3～6 mL 细菌过夜培养液置于一离心管中，在高速台式离心机中以 5000 r/min 的速度离心 10 min，弃上清液。

（2）加入 0.5 mL TE 缓冲液悬浮沉淀，并加 75 μL 溶菌酶溶液，在 40 ℃恒温水浴锅中保温 30 min。

（3）加入 30 μL 质量浓度为 10% 的 SDS 和 3 μL，浓度为 20 mg/L 的蛋白酶 K，混合均匀，在 37 ℃恒温水浴锅中保温 30 min。

（4）加入 100 μL 浓度为 5 mol/L 的 NaCl，充分混合均匀，再加入 80 μL CTAB/NaCl 溶液，混合均匀后在 65 ℃恒温水浴锅中继续保温培育 10 min。

（5）加入等体积的酚/氯仿/异戊醇，混合均匀，在高速台式离心机中以 8000 r/min 的速度离心 4～5 min，将上清液移至干净离心管中，加入 0.6～0.8 倍体积的异丙醇，轻轻混合直到 DNA 形成沉淀，沉淀可稍加离心，如在高速台式离心机中以 8000 r/min 的速度离心 1 min，弃上清液。

（6）DNA 沉淀用 1 mL 的 70% 乙醇清洗两次，在高速台式离心机中以 8000 r/min 的速度离心 1 min，弃乙醇，放置至 DNA 稍干燥，重溶于 20 μL TE 缓冲液（含 25 ng/mL RNaseA）中。

（7）配制 1% 的琼脂糖凝胶，即 1 g 琼脂糖加入 100 mL 1×TAE 电泳缓冲液中，摇匀，微波炉加热溶解，将冷却至 50 ℃的凝胶倒入制胶室，插入梳子，在室温下冷却凝固。

（8）将凝胶放入电泳槽中，打开电泳槽电源开关，调节单位电压至 3～5 V/cm。

（9）从总 DNA 样品中取出 3 μL 电泳检验。剩余样品在 -20 ℃冰柜中保存。

【实验结果】

（1）用凝胶成像系统拍下电泳照片。

（2）根据拍照结果，评估提取 DNA 的大小和质量。

【注意事项】

（1）菌体沉淀必须在 TE 缓冲液中充分吹散悬浮，不要有菌块。

（2）提取过程中，离心管不可剧烈震动，防止过多的 DNA 断裂。

实验 6-2　PCR 扩增及扩增产物的检测

【案例】

某研究者进行土壤微生物分离时获得一未知微生物菌种，通过 16S rRNA 的特异引物，对目的基因进行 PCR 扩增。使用琼脂糖凝胶电泳对 PCR 产物进行检测时发现，产物条带不在理想长度范围内，试分析可能产生该现象的原因。随后，该研究者改正错误后重新进行实验，发现产物条带特异性较差，在理想长度外，还出现了非特异性扩增的条带，试分析非特异性扩增条带出现的原因以及避免方法。

【实验目的】

（1）掌握利用 PCR 技术扩增基因片段的基本原理。

（2）学习 PCR 操作的基本方法。

【基本原理】

聚合酶链式反应（Polymerase Chain Reaction，PCR）是体外酶促合成特异 DNA 片段的一种方法，又称无细胞分子克隆或特异性 DNA 序列体外引物定向酶促扩增技术。它不仅可用于基因分离、克隆和核酸序列分析等基础研究，还可用于疾病的诊断。PCR 扩增类似于 DNA 的体内复制，在模板 DNA、引物和 4 种脱氧核苷酸存在条件下依赖 DNA 聚合酶的酶促合成反应。基本步骤为在 DNA 聚合酶的催化下，以母链 DNA 为模板，以特定引物为延伸起点，通过变性、退火、延伸等步骤，在体外复制出与母链 DNA 互补的子链 DNA 的过程。利用本技术可以使 DNA 迅速扩增，每完成一个循环需 2～4 min，2～3 h 就能将待扩增基因放大几百万倍，并且具有特异性强、灵敏度高、操作简便、省时等特点。它不仅可以用于基因分离、克隆、核酸序列分析、基因表达调控和基因多态性等研究，还可以用于疾病诊断等。

【材料与器皿】

1. 试剂

无菌超纯水、0.05～0.2 mmol/L 4 种 dNTP 混合液（pH=8.0）、10×PCR 扩增缓冲液（500 mmol/L KCl、100 mmol/L Tris-HCl，pH=8.4）、150 mmoL/L $MgCl_2$、1 mg/mL 明胶、Taq 酶、实验 6-1 的细菌总 DNA 模板、0.1～0.5 mmol/L 引物、DNA marker、上样缓冲液、琼脂糖、电泳缓冲液等。

2. 器皿和其他用品

无菌 PCR 管、移液器、无菌吸头、PCR 仪、电泳仪、凝胶成像系统、PCR 管、离心机等。

【实验方法】

1. 配制体系

PCR 反应体系的总体积为 30.0 μL，包括以下试剂。

10×PCR 扩增缓冲液　　　　　　　　　　　　3.0 μL

4 种 dNTP 混合液（pH=8.0）	2.0 μL
正向引物	1.5 μL
反向引物	1.5 μL
1～5 U/ μL Taq DNA 聚合物	0.5 μL
无菌超纯水	20.0 μL
模板	1.5 μL
总体积	30.0 μL

2. 混合 PCR 体系

在 PCR 管中将各成分用吸头混合均匀，注意不要产生气泡。如果有液体留在管壁中，可以使用离心机稍加离心。

3. PCR 扩增

按照如下程序进行 PCR 扩增：95 ℃、4 min；（95 ℃、30 s，55 ℃、30 s，72 ℃、1 min）30 个循环；72 ℃、10 min。

4. 电泳

配制 1% 的琼脂糖凝胶，PCR 扩增完成后，取 3 μL 产物电泳检验（见实验 6-1）。

【实验结果】

（1）用凝胶成像系统拍下电泳照片。

（2）记录 PCR 产物 DNA 片段的大小，并与 DNA marker 进行对比，判断是否出现目的条带。

【注意事项】

（1）模板、引物不同，退火温度可能不同，需根据实际情况设计退火温度。

（2）使用一次性吸头，严禁与 PCR 产物分析室的吸头混用；吸头不要长时间暴露于空气中，避免空气中气溶胶的污染。

（3）操作时设立空白对照和阳性对照，既可验证 PCR 反应的可靠性，又可协助判断扩增系统的可信性。

实验 6-3 质粒 DNA 的分离纯化

【案例】

根据碱裂解法提取大肠杆菌质粒的原理与程序，借鉴 Anderson 和 Sullivan 的乳酸菌质粒提取方法，某研究者将 EDTA 的浓度提高至 30～50 mmol/L，将溶菌酶浓度由 Anderson 的 10 mg/mL 提高至 30～50 mg/L，结果发现乳酸菌质粒的检出率和提取的成功率显著提高。试分析 EDTA 和溶菌酶在质粒提取中的作用，以及提取率显著提高的原因。

【实验目的】

（1）了解质粒的特性及其在分子生物学研究中的作用。

（2）掌握碱裂解法分离、纯化质粒 DNA 的方法。

【基本原理】

质粒（Plasmid）是一种染色体外的稳定遗传因子，大小 1～200 kb 不等，为双链、闭环的

DNA 分子，以超螺旋形式存在于宿主细胞中。质粒具有自主复制和转录能力，能在子代细胞中保持恒定的拷贝数，并表达所携带的遗传信息。质粒的复制和转录要依赖于宿主细胞的某些酶和蛋白质，如离开宿主细胞则不能存活。利用同一复制系统的不同质粒不能在同一宿主细胞中共同存在，当两种质粒同时导入同一宿主细胞时，它们在复制及随后分配到子细胞的过程中彼此竞争，一些细胞中一种质粒占优势，而另一些细胞中另一种质粒占优势。当细胞生长几代后，占劣势的质粒将会丢失，因而细胞后代只有两种质粒的一种，这种现象称质粒的不相容性（Incompatibility）。但利用不同复制系统的质粒则可以稳定地共存于同一宿主细胞中。

从细菌中分离质粒 DNA 的方法包括 3 个基本步骤：培养细菌使质粒 DNA 扩增、收集和裂解细胞、分离和纯化质粒 DNA。溶菌酶可以破坏菌体细胞壁，十二烷基磺酸钠（Sodium Dodecyl Sulphonate，SDS）和 Triton X-100 可使细胞膜裂解。经溶菌酶和 SDS 或 Triton X-100 处理后，细菌 DNA 会缠绕附着在细胞碎片上，同时由于细菌基因组 DNA 比质粒大得多，易受机械力和核酸酶等的作用而被切断成大小不同的线性片段。当用高温或酸、碱处理时，细菌的线状基因组 DNA 变性，而共价闭合环状 DNA（Covalently closed circular DNA，cccDNA）的两条链不会互相分开，当外界条件恢复正常时，线状基因组 DNA 片段难以复性，而是与变性的蛋白质和细胞碎片缠绕在一起，而质粒 DNA 双链又恢复原状，重新形成天然的超螺旋分子，并以溶解状态存在于液相中。

常用的质粒 DNA 抽提方法是碱裂解法。该法是基于基因组 DNA 与质粒 DNA 的变性与复性的差异而实现分离。在 pH > 12 的碱性条件下，基因组 DNA 的氢键断裂、双螺旋结构解开而变性。质粒 DNA 的大部分氢键也断裂，但超螺旋共价闭合环状结构的两条互补链不会完全分离，当以 pH=5.2 的乙酸钠高盐缓冲液调节 pH 至中性时，变性的质粒 DNA 又恢复到原来的构型，保存在溶液中。而基因组 DNA 不能复性而形成缠连的网状结构。通过离心，基因组 DNA 与不稳定的大分子 RNA，蛋白质 -SDS 复合物等一起沉淀而被除去。

在细菌细胞内，共价闭合环状质粒以超螺旋形式存在。在提取质粒的过程中，除了超螺旋的质粒 DNA 外，还会产生其他形式的质粒 DNA。如果质粒 DNA 两条链中有一条链发生断裂，分子就能旋转而消除链的张力，形成松弛型的环状分子，称开环 DNA（Open circular DNA，ocDNA）；如果质粒 DNA 的两条链在同一处断裂，则形成线状 DNA（Linear DNA）。当提取的质粒 DNA 电泳时，同一质粒 DNA 的超螺旋形式的泳动速度要比开环 DNA 和线状 DNA 的泳动速度快。很多生物试剂公司提供试剂盒用于小量质粒 DNA 的提取。通常情况下，采用试剂盒都能获得较高质量的质粒 DNA，所得到的质粒 DNA 都可直接用于转染、测序及限制内切酶分析等。

【材料与器皿】

1. 菌种

携带 pET-28a 质粒（卡那霉素抗性）的大肠杆菌 DH5α。

2. 试剂

（1）LB 液体培养基。称取蛋白胨 10 g、酵母提取物 5 g、NaCl 10 g 溶于 800 mL 去离子水中，用 NaOH 调节 pH 至 7.5，加蒸馏水至总体积 1000 mL，高压蒸汽灭菌 20 min。

（2）LB 固体培养基。每升 LB 液体培养基中添加 15 g 琼脂粉后，高压蒸汽灭菌 20 min。

（3）卡那霉素母液。配成 50 mg/mL 溶液，过滤除菌，分装后置于 -20 ℃冰箱中保存备用。

（4）溶菌酶溶液。用 10 mmol/ L Tris·HCl（pH=8.0）溶液配制成 10 mg/mL 的溶菌酶溶液，分装成小份（如 1.5 mL）保存于 -20 ℃冰箱中，每小份一经使用就丢弃。

（5）溶液 I。50 mmol/L 葡萄糖、25 mmol/L Tris·HCl（pH=8.0）、10 mmol/L EDTA（pH=8.0）。溶液 I 可成批配制，每瓶 100 mL，高压蒸汽灭菌 15 min，储存于 4 ℃冰箱中。

（6）溶液 II。0.2 mol/L NaOH（临用前用 10 mol/L NaOH 母液稀释）、1% SDS。

（7）溶液 III。5 mol/L 醋酸钾 60 mL、冰醋酸 11.5 mL、H_2O 28.5 mL，定容至 100 mL，并高压灭菌。

（8）RNA 酶 A 母液。将 RNA 酶 A 溶于 10 mmol/L Tis·HCl（pH=7.5）、15 mmol/L NaCl 中，配成 10 mg/mL 的 DNA 酶 A 溶液，于 100 ℃下加热 15 min，使混有的 DNA 酶失活。冷却后用 1.5 mL Eppendorf 管分装成小份保存于 −20 ℃的冰箱中。

（9）饱和酚。市售酚中含有醌等氧化物，这些产物可引起磷酸二酯键的断裂及 RNA 和 DNA 的交联，应在 160 ℃下用冷凝管进行重蒸。重蒸后的酚中加入质量浓度为 0.1% 的 8- 羟基喹啉（作为抗氧化剂），并用等体积的 0.5 mol/L Tris·HCl（pH=8.0）和 0.1 mol/L Tris·HCl（pH=8.0）缓冲液反复抽提使之饱和并使其 pH 达到 7.6 以上，因为酸性条件下 DNA 会分配于有机相。

（10）酚氯仿混合液。以 24∶1 的体积比在氯仿中加入异戊醇。氯仿可使蛋白质变性并有助于液相与有机相的分开，异戊醇则可起消除抽提过程中出现的泡沫。按 1∶1 的体积比混合上述饱和酚与氯仿/异戊醇，即得酚/氯仿混合液。由于酚和氯仿均有很强的腐蚀性，所以操作中应戴上手套。

（11）TE 缓冲液。10 mmol/L Tris·HCl（pH=8.0）、1 mmol/L EDTA（pH=8.0）。高压灭菌后储存于 4 ℃冰箱中。

3. 器皿和其他用品

1.5 mL 离心管、恒温振荡器、低温冰箱（−20 ℃）、台式高速离心机、微量移液器（20 μL、200 μL、1000 μL）、高压蒸汽灭菌锅、电泳仪、电泳槽、恒温水浴锅、接种环、涡旋混合器等。

【实验方法】

1. 细菌的培养和收集

将携带 pET-28a 质粒的大肠杆菌接种于含卡那霉素的 LB 液体培养基中，在 37 ℃的恒温中摇床培养 16 h 左右。

2. 碱裂解法提取质粒 DNA

（1）取 1.5 mL 培养液倒入 1.5 mL 离心管中，在 4 ℃的恒温中以 12000 r/min 的速度离心 30 s。

（2）弃上清液，将离心管倒置于卫生纸上数分钟，使液体流尽。

（3）菌体沉淀重悬浮于 100 μL 溶液 I 中（需剧烈振荡混匀），室温下放置 5～10 min。

（4）加入 200 μL 新配制的溶液 II，盖紧管口，温和颠倒离心管数次，以混匀内容物（千万不要振荡），冰浴 5 min。

（5）加入 150 μL 预冷的溶液 III，盖紧管口，并倒置离心管，温和振荡 10 s，使沉淀混匀，冰浴 5～10 min，在 4 ℃恒温中以 12000 r/min 的速度离心 5～10 min。

（6）上清液移入干净离心管中，加入等体积的酚和氯仿混合液（1∶1），振荡混匀，在 4 ℃恒温中以 12000 r/min 的速度离心 5 min。

（7）将水相移入干净离心管中，加入 2 倍体积的无水乙醇或 1 倍体积的异丙醇，振荡混匀后置于 −20 ℃冰箱中 20 min，然后在 4 ℃恒温中以 12000 r/min 的速度离心 10 min。

（8）弃上清液，将管口散开倒置于卫生纸上使所有液体流出，加入 1 mL 体积浓度为 70% 的乙醇沉淀一次，在 4 ℃的恒温中以 12000 r/min 的速度离心 5～10 min。

（9）吸除上清液，将离心管倒置于卫生纸上使液体流尽，真空干燥 10 min 或室温干燥。

（10）将沉淀溶于 50 μL TE 缓冲液（pH=8.0，含 20 μg/mL RNaseA）中。

（11）使用琼脂糖凝胶电泳检测提取的质粒 DNA 质量，并将质粒 DNA 储存于 −20 ℃的冰箱中。

【实验结果】

（1）用凝胶成像系统拍下质粒 DNA 电泳照片。

（2）观察并记录所提取质粒 DNA 片段的大小及质量。

【注意事项】

（1）细菌培养过程要求在无菌环境中操作，细菌培养液、配试剂用的蒸馏水、试管和离心管等和某些试剂须经高压灭菌处理。

（2）制备质粒的过程中，所有操作必须缓和，不要剧烈振荡，以避免机械剪切力使 DNA 断裂。

实验 6-4　RT-PCR

【案例】

某社区采用核酸检测法（荧光定量 RT-PCR）直接对采集标本中的病毒核酸进行检测。每次检测需同时做两个阳性对照、两个阴性对照，只有阳性对照扩增出预期的片段、阴性对照没有扩增出任何片段、双份平行样品结果一致的情况下，才可以做出核酸阳性或阴性的判定。荧光定量 PCR 仪监测出的荧光值的高低与什么有关？为什么要设置两组对照？

【实验目的】

（1）了解 PT-PCR 的原理。

（2）掌握 PT-PCR 的操作过程。

【基本原理】

RT-PCR（Reverse Transcription-Polymerase Chain Reaction）是将 RNA 的反转录（RT）和 cDNA 的聚合酶链式扩增（PCR）相结合的技术。首先在反转录酶的作用下，从 RNA 合成 cDNA，再以 cDNA 为模板，在 DNA 聚合酶作用下扩增合成目的 DNA 片段。RT-PCR 技术灵敏而且用途广泛，可用于检测细胞中基因表达水平、RNA 病毒的含量，可直接克隆特定基因的 cDNA 序列等。作为模板的 RNA 可以是总 RNA、mRNA 或体外转录的 RNA 产物，如图 6-1 所示的真核生物 RT-PCR 原理。

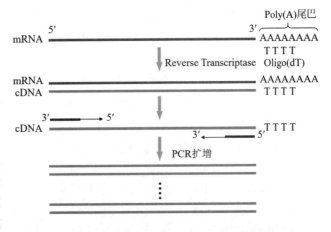

图 6-1　真核生物 RT-PCR 原理示意图

1. 随机引物

适用于长的或具有发卡结构的 RNA，比如 rRNA、mRNA、tRNA 等所有 RNA 的逆转录反应，主要用于单一模板的 RT-PCR 反应。

2. Oligo（dT）

适用于具有 Poly（A）尾巴的 RNA，由于 Oligo（dT）要结合到 Poly（A）尾巴上，因此对 RNA 样品的质量要求较高，即使有少量降解也会使全长 cDNA 合成量大大减少。

3. 基因特异性引物

与模板序列互补的引物，适用于目的序列已知的情况。基因特异性引物的设计与 PCR 引物的设计原则基本一致。

【材料与器皿】

1. 材料

真核生物 RNA 样品。

2. 试剂

Oligo（dT）$_{15}$、RT-PCR 试剂盒、引物、TaKaRa Ex Taq、dNTP 混合物、总 RNA、10×RT 缓冲液、AWV 逆转录酶、DEPC 超纯水。

3. 器皿和其他用品

移液器、无菌吸头、冷冻高速离心机、低温冰箱、台式高速离心机、1.5 mL 离心管、PCR 仪、水浴锅等。

【实验方法】

1. 逆转录反应

（1）加入下列试剂。

总 RNA	0.5～1 μg
dNTP 混合物	2 μL
Oligo（dT）$_{15}$	1 μL
10×RT 缓冲液	2 μL
AMV 逆转录酶	1 μL
DEPC 超纯水	20 μL

（2）将上述试剂涡旋混合后，简单离心，在 37 ℃水浴锅中水浴 20 min。

（3）在 70 ℃加热 15 s 终止反应，cDNA 可作为模板用于 PCR 扩增。

（4）若要去除与 cDNA 互补的 RNA，可加 1 μL（2 U）的 RNase H，然后 37 ℃保温 20 min。

2. PCR 扩增

（1）在冰上混合加入下列试剂。

cDNA 第一链	1 μL
TaKaRa Ex Taq（5 U/μL）	0.5 μL
10×Ex Taq 缓冲液	5 μL
dNTP 混合物（2 mmol）	4 μL
primer F（10 mmol）	2 μL

| primer R（10 mmol） | 2 μL |
| ddH₂O | 5.5 μL |

（2）PCR 反应程序。

94 ℃、3 min；（94 ℃、1 min，60 ℃、1 min，72 ℃、1 min）30～40 循环；72 ℃、5 min；4 ℃保存。

3. PCR 产物的电泳和结果的测定

根据 PCR 产物长度制作适宜浓度的琼脂糖凝胶。取适量 PCR 产物，加上样缓冲液充分混合，在事先做好的琼脂糖凝胶点样孔中点样，10 V/cm 电泳 45～60 min，在凝胶成像系统进行分析和测定 DNA。

【实验结果】

（1）用凝胶成像系统拍下电泳照片，观察所提取 DNA 电泳条带。

（2）参考生物软件分析结果，初步判断不同样品中目的基因的表达量差异。

【注意事项】

（1）实验所用的接触样品的耗材，如吸头、离心管等事先都需要经过 0.1% DEPC 水浸泡处理，除去 RNA 酶，防止操作过程中 RNA 降解，然后高压灭活（灭菌和灭活 DEPC）。

（2）注意避免有毒、有害试剂（氯仿、酚、异硫氰酸胍等）危及自己和他人。

实验 6-5　重组质粒的构建、转化和筛选

【案例】

为了研究猪红细胞 CR1-like 与补体片段 C3b 的互作关系，运用基因重组技术，将鉴定正确的 C3b 基因与表达载体 pGADT7 连接并转化至大肠杆菌 DH5α 感受态细胞中，筛选阳性克隆，将双酶切鉴定正确的重组质粒 pGADT7-C3b 转化至感受态酵母菌 Y2HGold 中并进行毒性检测和自激活检测。经毒性检测发现，转化有重组质粒 pGADT7-C3b 的 Y2HGold 酵母菌在 SD/-Leu、SD/-Leu/X-a-Gal 固体培养基上长出白色菌落，在 SD/-Leu/X-a-Gal/Aba 固体培养基上也长出白色菌落，试分析该现象出现的原因。

【实验目的】

（1）学习构建重组质粒的基本方法，掌握载体和外源目的 DNA 酶切的操作。

（2）掌握热击法转化 *E. coli* 的原理和方法。

（3）了解蓝白斑筛选技术在基因克隆中的应用。

【基本原理】

外源 DNA 与载体分子的连接即为 DNA 重组技术，这样重新组合的 DNA 分子叫作重组子。重组的 DNA 分子在 DNA 连接酶的作用下，以及有 Mg²⁺、ATP 存在的连接缓冲系统中，将分别经限制性内切酶酶切的载体分子和外源 DNA 分子连接起来。把重组质粒导入感受态细胞后在选择性培养基中培养，可以通过 α 互补筛选法筛选出重组子，并可通过酶切电泳进行重组子的鉴定。

酶切时，首先要了解目的基因的酶切图谱，选用的限制性内切酶不能在目的基因内部有识

别位点，否则，当用一种或两种限制性内切酶切割外源 DNA 时，不能得到完整的目的 DNA。其次要选择具有相应的单一酶切位点的质粒或者噬菌体载体分子。

常用的酶切方法有单酶切法和双酶切法两种。单酶切法只用一种限制性内切酶切割目的 DNA 片段，酶切后的 DNA 片段两端将产生相同的黏性末端或平末端，再选用同样的限制性内切酶处理载体。在构建重组子时，除形成正常的重组子外，还可能出现目的 DNA 片段以相反方向插入载体分子中，或目的 DNA 串联后再插入载体分子中，甚至出现载体分子自连而重新环化的现象。单酶切法简单易行，但是后期筛选工作比较复杂。双酶切法采用两种限制性内切酶切割目的 DNA 片段，酶切后的 DNA 片段两端将产生黏性末端或平末端，再选用同样的限制性内切酶处理载体。在双酶切反应体系中，限制性内切酶在使用时应遵循"先低盐后高盐，先低温后高温"的原则，使目的 DNA 片段达到高效率的连接；同时酶切要完全，所以酶切的 DNA 数量要适当。各种限制性内切酶都有最佳反应条件，最主要的因素是反应温度和缓冲液的组成。另外，酶切反应的规模取决于需要酶切的 DNA 的数量，以及相应的所需限制性内切酶的用量。可以适当增加限制性内切酶的用量，但是最高不能超过反应体系总体积的 10%，因为限制性核酸内切酶一般是保存在 50% 甘油的缓冲液中，如果酶切反应体系中甘油的含量超过 5%，就会抑制酶的活性。

连接反应总是紧跟酶切反应，外源 DNA 片段与载体分子连接的方法即 DNA 分子体外重组技术，其主要依赖 DNA 连接酶催化完成。在分子克隆中最有用的 DNA 连接酶是来自 T4 噬菌体的 T4 DNA 连接酶，它可以连接黏性末端和平末端。连接反应时，载体 DNA 和外源 DNA 的摩尔数之比控制在 1：（1~3），则可以有效地解决 DNA 多拷贝插入的现象。反应温度介于酶作用速率和末端结合速率之间，一般是 16 ℃。常用的连接反应时间为 12~16 h。

本实验所使用的载体质粒 DNA 为 pMD19-T，是末端带一个 T 的黏性末端线性载体，可与 PCR 产物加 A 线状片段连接，转化受体菌为 *E. coli* DH5α 菌株。由于 pMD19-T 上有 amp^R 和 lacZ 基因，故重组子的筛选采用氨苄青霉素抗性筛选与 α - 互补现象筛选相结合的方法。

pMD19-T 上带有 β - 半乳糖苷酶基因（lacZ）的调控序列和 β - 半乳糖苷酶 N 端 146 个氨基酸的编码序列，这个编码区中插入了多克隆位点。*E. coli* DH5α 菌株带有 β - 半乳糖苷酶 C 端部分序列的编码信息。在各自独立的情况下，pMD19-T 和 DH5α 编码的 β - 半乳糖苷酶的片段都没有酶活性。但将 pMD19-T 转入 DH5α 则可形成具有酶活性的蛋白质。这种 lacZ 基因上缺失的近操纵基因区段的突变体与带有完整的近操纵基因区段的 β - 半乳糖苷酶突变体之间实现互补的现象叫 α - 互补。由 α - 互补产生的 lac$^+$ 细菌较易识别，它在生色底物 5 - 溴 -4 氯 -3- 吲哚 - β -D- 半乳糖苷（5-bromo-4-chloro-3-indolyl β -D-galactoside，X-gal）存在下被异丙基硫代 - β -D- 半乳糖苷（Isopropyl β -D-thiogalactoside，IPTG）诱导形成蓝色菌落。当外源片段插入 pMD19-T 质粒上会破坏 β - 半乳糖苷酶 N 端基因读码框架，表达蛋白失活，产生的氨基酸片段失去 α - 互补能力，因此在同样条件下含重组质粒的转化子在生色诱导培养基上只能形成白色菌落。因此重组质粒可与自身环化的载体 DNA 分开，此为 α - 互补现象筛选。有一些菌落存在假阳性情况，因为在氨苄青霉素培养基上的白色菌落也可能是载体自连后的菌落，所以还要鉴定重组质粒的大小，才可以将重组的载体 DNA 提取出来，进行后续的酶切、电泳检验。

【材料与器皿】

1. 材料

pMD19-T 载体质粒 DNA、*E. coli* DH5α 感受态菌株、外源 DNA 片段为实验 6-4 的 RT-PCR 产物。

2. 试剂

（1）连接反应试剂盒、载体质粒提取试剂盒。

（2）X-gal 储液（20 mg/mL）。用二甲基甲酰胺溶解 X-gal 配制成 20 mg/mL 的储液，包以铝箔或黑纸以防止受光照破坏，储存于 -20 ℃的冰箱中。

（3）IPTG 储液（200 mg/mL）。在 800 μL 蒸馏水中溶解 200 mg IPTG 后，用蒸馏水定容至 1 mL，用 0.22 μm 滤膜过滤除菌，分装于 1.5 mL 离心管并储存于 -20 ℃的冰箱中。

（4）LB 培养基。蛋白胨 10 g、酵母粉 5 g、NaCl 10 g，pH 调至 7.5，加蒸馏水定容至 1000 mL，固体培养基加入 15 g 琼脂，灭菌备用。

（5）含 X-gal 和 IPTG 的筛选培养基。在事先制备好的含 50 μg/mL 氨苄青霉素的 LB 平板表面加入 40 μL X-gal 储液（20 mg/mL）和 7 μL IPTG 储液（200 mg/mL），用无菌涂布棒将溶液涂匀，在 37 ℃恒温下放置 3～4 h，使培养基表面的液体完全被吸收。

（6）限制性内切酶 Xbal I 及 10× 酶切缓冲液、限制性内切酶 Kpn I 及 10× 酶切缓冲液、TBE 电泳缓冲液。

3. 器皿和其他用品

恒温摇床、台式高速离心机、恒温水浴锅、电热恒温培养箱、电泳仪、超净工作台、微量可调移液器、1.5 mL 离心管、培养皿、涂布棒、凝胶成像系统、微量离心机等。

【实验方法】

1. 连接反应

将 0.1 μg 载体质粒 DNA 和等摩尔量（可稍多）的外源 DNA 片段加入经灭菌处理的 1.5 mL 离心管中，先加入蒸馏水至体积为 8 μL，再加入 10×T4 DNA 连接酶缓冲液 1 μL，T4 DNA 连接酶 0.5 μL，混匀后用微量离心机将液体全部甩到管底，在 16 ℃下恒温保存 8～24 h。

同时做两组对照反应，其中对照组（1）只有载体质粒 DNA，无外源 DNA 片段，对照组（2）只有外源 DNA 片段，没有载体质粒 DNA。

2. 连接产物的转化

每组连接反应的混合物各取 2 μL 转化为 E. coli DH5α 感受态细胞液。

（1）在 100 μL 新鲜转化的感受态细胞液中加入 2 μL 载体质粒 DNA。受体菌对照组为 100 μL 感受态细胞液加入 2 μL 无菌水。

（2）先冰浴 30 min，再 42 ℃水浴热击 90 s，迅速取出后再次冰浴 5 min。

（3）每管加 900 μL LB 液体培养基，在 37 ℃恒温摇床中振荡培养 30 min。

（4）取 100 μL 已转化产物，涂布于含氨苄青霉素、X-gal 和 IPTG 的筛选培养基平板，待吸干菌液后，倒置培养皿平板于 37 ℃下继续培养 12～16 h，待出现明显又未相互重叠的单菌落时停止培养。可将平板放置于 4 ℃下数小时，使菌落显色完全。

不带有载体质粒 DNA 的细胞，由于无氨苄青霉素抗性，不能在含有氨苄青霉素的筛选培养基上成活。而带有 pMD19-T 载体质粒 DNA 的转化产物由于具有 β-半乳糖苷酶活性，在含氨苄青霉素、X-gal 和 IPTG 筛选培养基上为蓝色菌落；带有重组质粒 DNA 的转化产物由于丧失了 β-半乳糖苷酶活性，故在含氨苄青霉素、X-gal 和 IPTG 筛选培养基上呈现白色菌落。

（5）观察并记录转化情况，计算转化率。

3. 重组质粒 DNA 的筛选

（1）初步筛选具有重组子的菌落，提纯重组质粒 DNA。

（2）酶切反应体系。

重组质粒 DNA	1 μg
10×M 缓冲液	2 μL
Kpn I 和 Xbal I 酶液	各 1 μL
DEPC 水至总体积为	20 μL

（3）混匀反应体系后，将离心管置于 37 ℃恒温水浴锅中保温 2～3 h，使酶切反应完全。

（4）置于 65 ℃恒温水浴锅中 10 min，对限制性内切酶进行灭活。

（5）用凝胶电泳检测酶切反应的结果。

【实验结果】

（1）观察蓝白斑显色情况，计算转化率。

（2）鉴定重组质粒 DNA 是否正确。

【注意事项】

（1）由于黏性末端形成的氢键在低温下更加稳定，所以尽管 T4 DNA 连接酶的最适反应温度为 37 ℃，在连接黏性末端时，反应温度以 10～16 ℃为宜，平齐末端则以 15～20 ℃为宜。

（2）X-gal 被 β - 半乳糖苷酶水解后生成的吲哚衍生物呈蓝色。IPTG 为非生理性的诱导物，它可以诱导 lacZ 的表达。在含氨苄青霉素、X-gal 和 IPTG 的筛选培养基上，携带载体质粒 DNA 的转化产物为蓝色菌落，而携带插入片段的重组质粒 DAN 转化产物为白色菌落。该实验平板如在先 37 ℃筛选培养基培养后再放置于 4 ℃下 3～4 h，则可使显色反应更充分，蓝色菌落更明显。

（3）所有操作均为无菌操作，在超净工作台上进行。

实验 6-6　外源基因在大肠杆菌中的诱导表达及蛋白检测

【案例】

普鲁兰酶作为一种重要的淀粉脱支酶，在工业上主要用于淀粉加工中的糖化反应。从嗜热菌（*Thermophilic bacteria*）普鲁兰酶基因的重组质粒出发，设计引物扩增出含有双酶切位点的普鲁兰酶基因，选用 pPIC3.5K 质粒作为载体进行大肠杆菌细胞内表达，对该重组菌进行了诱导，分析了其表达量。SDS-PAGE 分析的结果显示 DNA 条带微弱，蛋白质表达量不高，尝试加大点样量反复进行实验，试验结果仍然没有改变，试分析产生这种现象的可能原因。

【实验目的】

（1）学习和掌握外源基因在原核细胞中表达的特点和方法。

（2）学习 SDS-PAGE 的制备及其分离原理。

【基本原理】

通过基因重组可将外源基因导入细胞，并使之进行扩增、表达。在生命科学的研究中，基因重组已经日益成为一项重要的研究手段，具有不可替代的地位。例如，基因功能研究中将基因单独分离后重组，可以研究基因表达、调控过程以及功能等。本实验通过最基本的流程进行基因重组，目的是使外源基因在大肠杆菌细胞内进行表达。有条件的话，可以优化表达条件，筛选出高效、稳定的表达菌。

外源基因的诱导表达经常利用原核表达系统，因为该系统具有表达产量高、产物稳定、易鉴定、易纯化等优点。在原核蛋白表达体系中（比如 *E. coli* 表达系统），外源基因通常需要诱导剂的诱导才能进行表达。IPTG 是 β- 半乳糖苷酶的活性诱导物质，是一种作用极强的诱导剂，不被细菌代谢而十分稳定，因此广泛应用在实验中。

外源基因（可通过 PCR、化学合成或直接从自然材料中分离方法获得）被克隆在 lac 启动子下游，与表达质粒载体连接构成重组体，经 CaCl₂ 法转化导入大肠杆菌细胞内。当培养基含有 IPTG 时，lac 启动子被诱导而启动其下游基因表达，从而在大肠杆菌细胞内产生外源基因产物。通过电泳可检测表达产物蛋白的存在并估计其表达量，也可以通过检测表达产物的生物活性了解产物的有效性。

SDS-PAGE 分离蛋白原理。①组成蛋白质的氨基酸在一定 pH 的溶液中会发生电离而带上电荷，电荷的性质和数量的多少取决于蛋白质的性质、溶液的 pH 和离子强度。②聚丙烯酰胺凝胶在催化剂过硫酸铵（Ammonium Persulfate，AP）和加速剂 N,N,N,N- 四甲基乙二胺（N,N,N,N-tetramethyl ethylene diamine，TEMED）的作用下聚合形成三维的网状结构。蛋白质在凝胶中受电场的作用而发生迁移，不同种蛋白质在凝胶的网状结构中迁移的速率不同，迁移速率取决于蛋白质所带电荷的数量和蛋白质的大小和形状。根据迁移速率的不同，可将不同的蛋白质进行分离。③ SDS-PAGE 分离蛋白过程中，会在蛋白质样品中加入 SDS 和含有巯基乙醇的样品处理液。SDS 是一种很强的阴离子表面活性剂，它可以断开分子内和分子间的氢键，破坏蛋白质分子的二级和三级结构。强还原剂巯基乙醇可以断开二硫键，破坏蛋白质的四级结构，使蛋白质分子被解聚成肽链形成单链分子。解聚后的肽链与 SDS 充分结合形成带负电荷的蛋白质 -SDS 复合物。④蛋白质分子结合 SDS 阴离子后，所带负电荷的数量远远超过了它原有的净电荷数量，从而消除了不同种蛋白质之间所带净电荷数量的差异。蛋白质的电泳迁移速率主要决定于亚基的相对分子质量，而与其所带电荷的性质无关。

【材料与器皿】

1. 菌种

含外源基因片段的保存菌种（比如 pET-32a-E2-BL21）。

2. 试剂

LB 培养液、含氨苄青霉素抗性的 LB 培养基、氨苄青霉素、1.5 mol/L Tis·HCl 分离胶缓冲液（pH=8.8）、1.0 mol/L Tris·HCl 浓缩胶缓冲液（pH=6.8）、10% SDS、10% 过硫酸铵、Tris- 甘氨酸电缓冲液（pH=8.3）、30% 丙烯酰胺、TE 溶液（pH=8.0）、染色液、脱色液、2× 上样缓冲液、1 mol/L IPTG、PBS、Triton RX-100、蛋白质分子质量标准（14.4～94.0 kDa）等。

3. 器皿和其他用品

空气浴振荡器、DYCZ-24D 型垂直板电泳槽、凝胶模板（135 mm×10 mm×1.5 mm）、微量注射器（10 μL 或 50 μL）、烧杯（25 mL、50 mL、100 mL）、镊子、剪刀、单面刀、WD-9405B 型水平摇床、Sartorius 普及型 pH 计（PB-10）、DYY-10C 微电脑控制电泳仪、培养皿（直径 120 mm）、T6 新世纪紫外分光光度计、TGL-16G 高速低温离心机、超声波、破碎仪等。

【实验方法】

本实验包括 3 个内容：①外源基因的重组和质粒的构建；②目的蛋白的表达；③ SDS-PAGE 检测表达产物。

1. 外源基因的重组和质粒的构建

用 RT-PCR 方法克隆外源基因，并构建质粒，具体方法请参照实验 6-5 进行。

2. 目的蛋白的表达

（1）含外源基因的表达菌株 pET-32a-E2-BL21 在 LB 培养基（含 50 μg/mL 氨苄青霉素）中预培养过夜。

（2）按 1∶50 的比例稀释菌液，以 250 r/min 的速度离心培养 3 h，使其 A_{600} 值达到 0.6。

（3）加入 IPTG，使菌液最终浓度为 0.5 mmol/L。

（4）在 37 ℃下振摇培养一段时间。

（5）在 4 ℃下低温离心，收集上清液、菌体采用超声破碎离心后收集上清液备用。

3. SDS-PAGE 检测表达产物

（1）准备工作。将凝胶密封框放在平玻璃板上，然后将凹型玻璃板与平玻璃板重叠，将两块玻璃板立起来使其底端接触桌面，用手将两块玻璃板夹住放入电泳槽内，然后插入斜楔板到适中位置，即可灌胶。

（2）凝胶制备。分离胶和浓缩胶分别按表 6-1、表 6-2 中的配方进行制备。首先制备分离胶，将分离胶注入玻板后，用去离子水封口，30～40 min 后凝聚。将胶面的水吸干后灌注浓缩胶插入梳子，待胶凝固即可。

表 6-1　制备分离胶的配方

成分	配制不同体积 SDS-PAGE 分离胶所需各成分的体积 /mL					
6% 胶	5	10	15	20	30	50
蒸馏水	2.0	4.0	6.0	8.0	12.0	20.0
30% Acr-Bis（29∶1）	1.0	2.0	3.0	4.0	6.0	10.0
1M Tris，pH=8.8	1.9	3.8	5.7	7.6	11.4	19.0
10% SDS	0.05	0.1	0.15	0.2	0.3	0.5
10% 过硫酸铵	0.05	0.1	0.15	0.2	0.3	0.5
TEMED	0.004	0.008	0.012	0.016	0.024	0.04

表 6-2　制备浓缩胶的配方

成分	配制不同体积 SDS-PAGE 浓缩胶所需各成分的体积 /mL					
5% 胶	2	3	4	6	8	10
蒸馏水	1.4	2.1	2.7	4.1	5.5	6.8
30% Acr-Bis（29∶1）	0.33	0.5	0.67	1.0	1.3	1.7
1M Tris，pH=6.8	0.25	0.38	0.5	0.75	1.0	1.25
10% SDS	0.02	0.03	0.04	0.06	0.08	0.1
10% 过硫酸铵	0.02	0.03	0.04	0.06	0.08	0.1
TEMED	0.002	0.003	0.004	0.006	0.008	0.01

（3）样品的制备。取 0.1 mL 待测蛋白质溶液（培养液上清液及菌体超声破碎后离心所得上清液），加 0.1 mL 2×上样缓冲液，在 100 ℃水浴加热 3～5 min，也可将上述溶液在 37 ℃水浴保温 2 h，而不用在 100 ℃水浴加热。蛋白质的最终浓度一般为 0.05～1.0 mg/mL。一般说

来，两种处理方法的效果相同。但如果蛋白质样品中混有少量蛋白水解酶，37 ℃水浴保温会引起蛋白质样品水解，使测定失败。而 100 ℃水浴加热 3 min，一般都能使蛋白酶失活，得到满意的结果。处理好的样品可在冰箱中保存较长时间，使用前，需在 100 ℃水浴加热 1 min，以除去可能出现的亚稳态聚合物。

（4）加样。小心取出梳板，用重蒸水洗涤加样槽数次。用滤纸条吸取槽内的水分，在 2 个电极槽内加电极缓冲液。用微量加样器将每种样品加至样品槽内，一种样品中含有 0.25 μg 蛋白质便能观察到它的区带。一个样品槽内最多可加入 100 μL 样品。

（5）凝胶电泳。取 80 mL 电极缓冲液稀释 5 倍后，分别注入阴极电泳槽和阳极电泳槽中，在加样孔中加入已经处理好的蛋白质样品。通常用 60 mA 电流，120～200 V 电压电泳 3 h。当溴酚蓝染色剂移动至凝胶下缘 1 cm 时停止电泳。

（6）染色和脱色。电泳结束，剥胶后，在摇床上染色 0.5～1 h，在脱色液中脱色 1 h，观察目的蛋白表达情况。

【实验结果】

（1）SDS-PAGE 电泳后，观察空质粒和含有外源基因的菌体经诱导表达后产生的蛋白条带的差异。

（2）与蛋白质分子质量标准对照，判断是否有目的蛋白的表达。

【注意事项】

（1）含外源基因的表达菌株应预培养之后再转接至培养瓶中，最好不要将菌株直接接于培养瓶培养。

（2）表达菌株生长至 A_{600} 值 0.6 左右为诱导最适条件，以避免菌液生长过浓。

（3）实验中使用有毒物质（如 30% 丙烯酰胺、β - 巯基乙醇）时必须注意防护，谨防有毒物质污染实验人员、实验室等。

（4）获得的目的蛋白应及时低温保存，高表达菌株应及时保种。

实验 6-7　CRISPR/Cas9 基因编辑技术

【案例】

某实验利用 CRISPR/Cas9 单质粒基因编辑系统对乳酸乳球菌（*Lactococcus lactis*）进行增强型绿色荧光蛋白标记，成功获得标记突变株，据此研究乳酸乳球菌在体内的运送过程。相比应用最多的基于质粒的同源重组的基因插入法，CRISPR/Cas9 单质粒基因编辑系统具有什么优势？

【实验目的】

（1）掌握 Cas9 质粒的构建方法。

（2）掌握 CRISPR/Cas9 基因编辑技术。

【基本原理】

CRISPR（Clustered regularly interspaced short palindromic repeats）是一种来自细菌降解入侵的病毒 DNA 或其他外源 DNA 的免疫机制。在该免疫机制中，Cas 蛋白（CRISP-associated protein）含有两个核酸酶结构域，可以分别切割两条 DNA 链。一旦与 crRNA（CRISPR RNA）

和 tracrRNA 结合形成复合物，Cas 蛋白中的核酸酶即可对与复合物结合的 DNA 进行切割，切割后的 DNA 双链断裂从而使入侵的外源 DNA 降解。

1. Cas9 蛋白

来自酿脓链球菌（*Streptococcus pyogenes*）的 Cas9 蛋白由于 PAM 识别序列仅为 2 个碱基（GG），几乎可以在所有的基因中找到大量靶点，因此得到广泛地应用。Cas9 蛋白在目前测试过的几乎所有生物细胞，包括细菌、酵母、植物、鱼以及哺乳动物细胞中，均有活性。识别 RNA（gRNA）可以通过载体表达或者化学合成后与 Cas9 蛋白共同进入细胞，对特异 DNA 序列切割，从而促使 DNA 发生 NHE（Nonhomologous end-joining）导致的基因缺失或同源重组，实现基因敲除。

2. Cas9Nicknase 蛋白

Cas9Nicknase 蛋白是 Cas9 蛋白的 D10A 突变体，可切割 DNA 单链。由于 DNA 上的 Nick 缺口会很快被细胞修复，一般不会造成基因突变。Cas9Nicknase 蛋白需要成对的 gRNA 辅助才能实现 DNA 双链断裂。采用 Nicknase 蛋白可以提高基因敲除的特异性，但是对 gRNA 的设计要求较高，基因敲除效率比 Cas9 蛋白低一些。简单地说，Cas9 基因敲除效率更高，操作更容易，但是 Cas9Nicknase 基因敲除的特异性更高，所以可根据实验需要选择 Cas9 或 Cas9Nicknase。

【材料与器皿】

1. 材料

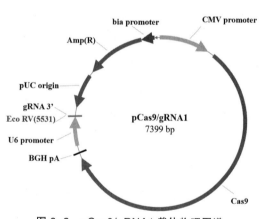

图 6-2　pCas9/gRNA1 载体物理图谱

E. coli DH5α、*E. coli* Top10 感受态细胞、pCas9/gRNA1 载体、pCas9/gRNA3 载体、pTYNE 质粒（验证载体，无内毒素试剂盒制备；货号：CR1011）、pCas9-N 质粒（pCas9/gRNA1 阴性对照，货号：CR1003，无内毒素试剂盒制备）、pCas9-P 质粒（pCas9/gRNA1 阳性对照，货号：CR1002，无内毒素试剂盒制备）、Polyfect-V 转染试剂（货号：P2010-1）、293T 细胞系 pCas9/gRNA1 载体可在哺乳动物细胞内同时表达人源化 Cas9 蛋白和 gRNA，只需转染一个质粒就能实现对靶向基因的切割。pCas9/gRNA3 载体可在哺乳动物细胞内同时表达人源化 Cas9Nickase 蛋白和 gRNA。pCas9/gRNA1 载体物理图谱如图 6-2 所示。

【载体原件说明】

CMV promoter：最广泛使用的真核细胞启动子之一，在绝大多数哺乳动物细胞中高效表达。

Cas9/Cas9Nick nase：人源化的 Cas9 蛋白或 Cas9Nicknase 蛋白，可实现 DNA 切割功能。

BGH pA：BGH polyA 信号。

U6 promoter：U6 promoter 属于 II 类 RNA 启动子，有精确的转录起始位点和终止位点，可以准确地转录出 gRNA，并且在各种动物细胞中都表达良好。

gRNA：识别基因敲除靶点。

2. 试剂

EcoR V 核酸内切酶、T4 DNA 连接酶、DNA 琼脂糖凝胶回收试剂盒。

【实验方法】

1. 设计合成寡核苷酸链

（1）基因靶点选择。

CRISPR/Cas9 基因敲除系统的靶点由 19 个碱基构成，靶点前面为转录起始信号 G，靶点后面为 PAM 序列 NGG。在设计基因敲除时，在基因的起始密码子附近及下游查找 $GN_{20}GG$ 序列作为靶点。如果没有合适的序列，也可以选择 $N_{20}GG$ 序列，构建载体时人工加上一个 G 作为启动信号。引物序列见表 6-3。

表 6-3　引物序列

引物名称	序列（5'-3'）	用途
gRNA-F	GAC TAT ATA TGC TTA CCG TAA CT	pCas9/gRNA1、pCas9/gRNA3 载体鉴定和测序
gRNA-R	CAA GTT GAT AAC GGA CTA GCC TTA	pCas9/gRNA1、pCas9/gRNA3 载体鉴定和测序

（2）靶点选择要点。

① Cas9/gRNA 基因敲除原理是对基因组 DNA 序列切割后引发 DNA 修复，产生 DNA 序列缺失突变。因此基因敲除靶点应设计在起始密码子附近（包括起始密码子）或者起始密码子下游的外显子范围内。

② 现有的研究显示不同的 Cas9/gRNA 靶点在基因敲除效率上有较大差异，但原因尚不清楚。因此，同时设计构建 2～3 个靶点的基因敲除载体，从中选择敲除效果较佳的靶点是十分必要的。

③ 现有的研究表明靠近 PAM 的碱基对靶点的特异性很重要，前 7～12 个碱基的错配对 Cas9 切割效率影响较小。而碱基错配的影响在不同靶点序列中差别很大，有的靶点序列特异性较高而有的较差。将设计好的靶点序列在基因库中进行 BLAST 检测也很重要。同时多设计构建 2～3 个靶点，并且在检测基因敲除效率的同时检测非特异性切割也有助于获得理想的基因敲除效果。

④ Cas9Nicknase 需要挑选成对的靶点。一般在正义链和反义链上分别挑选相距 20～30 bp 的靶点配对。多对靶点的基因敲除效率常有较大差异。由于基因敲除实验时间长，在正式对目的基因进行敲除前，对靶点进行验证和挑选是非常必要的。

（3）插入片段设计。

干扰靶点序列通过 EcoR V 位点插入 pCas9/gRNA1 或 pCas9/gRNA3 载体中。

2. 将寡核苷酸链退火为双链

用水将寡核苷酸稀释为 100 μM 按以下体系配制退火反应体系。

正义寡核苷酸（100 μM）	5 μL
反义寡核苷酸（100 μM）	5 μL
NaCl	100 mmol/L（终浓度）
Tris·HCl	50 mmol/L（终浓度）
加水补足	50 μL

将配制好的退火反应体系重复混合，短暂离心后放在 PCR 仪上，运行以下程序：90 ℃、

4 min，70 ℃、10 min，55 ℃、10 min，40 ℃、10 min，25 ℃、10 min。退火后的寡核苷酸可以立刻使用或者在 -20 ℃中长期保存。

3. EcoRV 酶切线性化 pCas9/gRNA1 载体

用 EcoRV 酶切 2 μg pCas9/gRNA 载体，酶切方法和反应体系参照内切酶说明书。通常情况下用 20～30 单位的酶大约 3 h 可以酶切完全。酶切后用琼脂糖凝胶回收线性化载体，将回收后的线性化载体定量，通常线性化载体的工作浓度为 50～100 ng/ μL。

4. 寡核酸链与 pCas9/gRNA1 载体连接并转化感受态细胞

用水将退火后的双链寡核苷酸（10 μM）稀释 100 倍备用。按照以下比例配制连接反应体系。

T4 DNA 连接酶	5 U
EcoR V	5 U
线性化载体	2 μL
稀释 100 倍后双链寡核苷酸	1 μL
10× 连接酶 Buffer	1 μL
50% PEG 4000	1 μL
加水补足	10 μL

反应条件：22 ℃、30 min，37 ℃、15 min。

5. PCR 鉴定阳性克隆产物并测序

在含有氨苄青霉素的琼脂平板上 37℃培养转化后的细菌，14～16 h 后平板上出现单菌落。挑取多个菌落至含有氨苄青霉素的培养基中培养，采用 PCR 进行鉴定。鉴定引物：gRNA-F：5'-GAC TAT CAT ATG CTT ACC GTA ACT-3'，gRNA-R：5'-CAA GTT GAT AAC GGA CTA GCC TTA-3'。阳性克隆鉴定产物大小为 190 bp，阴性克隆无条带。经 PCR 鉴定的阳性克隆产物送往生物公司用引物 gRNA-F 进行测序。

构建好的 pCas9/gRNA 载体可以转染细胞，进行基因敲除；也可以先用 pTYNE 载体验证构建好的 pCas9/gRNA 载体切割 DNA 效率，再在目的基因上进行基因敲除实验。

6. 基因敲除效率检测

以 293T 细胞为例，检测 pCas9/gRNA1 阳性对照载体的基因敲除效果。

pCas9/gRNA1 阳性对照载体（pCas9-P）靶序列：5'-CTT CGA ATT CTG CAG TCG A-3'，该靶点位于 pTYNE EGFP 基因上游。pCas9/gRNA1 阴性对照载体（pCas9-N）靶序列：5'-ATC GAC TAG CCA CTC AGA C-3'，该序列为随机序列。

（1）转染前 24 h 将 293T 细胞铺到 24 孔板中，同时准备 2 个孔。

（2）按照下列体系制备 2 组质粒稀释液。组 A 质粒稀释液为 pTYNE 0.4 μg、pCas9-N 0.4 μg、加 DMEM 培养基至总体积为 50 μL；组 B 质粒稀释液为 pTYNE 0.4 μg、pCas9-P 0.4 μg、加 DMEM 培养基至总体积为 50 μL。

（3）准备转染试剂稀释液。Polyfect-V 转染试剂 3.2 μL、DMEM 培养基 96.8 μL。

（4）将质粒稀释液和转染试剂稀释液分别混匀。取 50 μL 转染试剂稀释液分别加入 2 组质粒稀释液中，充分混匀，室温培育 15 min。

（5）将转染试剂加入 293T 细胞中。

（6）48 h 后检测 EGFP 荧光表达。

【实验结果】

（1）记录阳性克隆产物数，评估所构载体的转化效率。

（2）测序验证阳性克隆产物中目的基因，评估所构载体的质量。

（3）拍照记录 293T 细胞荧光照片。

【注意事项】

（1）在连接体系中，使用的载体浓度为 50～100 ng/ μL。如果回收后的载体浓度不在该范围，调整连接体系中的载体体积，确保载体用量和推荐用量一致。

（2）EcoR V 酶切后的载体为平末端，有可能发生载体自连，对回收的线性化载体进行去磷酸化处理可以抑制载体自连发生。但是，载体去磷酸化会降低连接效率，一般不进行去磷酸化处理。

（3）平末端连接效率较低，在连接体系中添加 PEG 4000 可以提高连接效率。在连接体系中添加 EcoR V 酶可以显著提高阳性克隆率。

第7章　免疫学技术

细菌、红细胞等天然颗粒性抗原或者吸附有可溶性抗原的非免疫相关颗粒，在适当条件（适宜的温度、酸碱度、电解质等）下与相应抗体相互作用，两者比例适当时，可形成肉眼可见的凝集团块，这一类反应称为凝集（Agglutination）反应。根据参与反应的抗原性质不同，凝集反应分为直接凝集和间接凝集两大类。

如果天然颗粒性抗原直接与相应的抗体相互作用，在适当条件下出现肉眼可见的凝集团块，称为直接凝集反应。常用的方法有玻片法和试管法两种。如果将可溶性抗原（或抗体）吸附或偶联在一种与免疫无关的载体颗粒表面，使其成为致敏载体，然后再与相应抗体（或抗原）结合，在适当条件下，形成由载体颗粒凝集的团块，称为间接凝集反应。常用的载体颗粒有正常人 O 型红细胞、绵羊红细胞、活性炭颗粒、乳胶颗粒等。在操作方法上又分为间接凝集试验、反向间接凝集试验和协同凝集试验等。

凝集试验是一种定性试验方法，将待检标本作梯度稀释后进行反应，可用效价反映抗原（或抗体）的含量。凝集试验既可测抗原，也可测抗体，方法简便，但灵敏度不高。

实验 7-1　玻片凝集试验

【案例】

人类 ABO 血型抗原有 A 和 B 两种。A 型红细胞上有 A 抗原，B 型红细胞上有 B 抗原，AB 型红细胞上有 A 和 B 两种抗原，而 O 型红细胞上则不含有 A 抗原或 B 抗原。据此，如分别将抗 A 血清和抗 B 血清与待测红细胞混合，抗 A 血清和（或）抗 B 血清与红细胞表面上的相应抗原结合，引起红细胞凝集，根据其凝集状况便可判定受试者的血型。根据这一原理，请讲述为什么用两种抗血清就可确定四种 ABO 血型？而 ABO 血型鉴定有什么临床意义？

【实验目的】

（1）了解玻片凝集试验的原理。

（2）掌握玻片凝集试验的操作方法。

【基本原理】

玻片凝集试验是在玻片上将天然颗粒性抗原（如红细胞、细菌）与相应抗体混合，在适当条件下，如果两者对应便发生特异性结合，形成肉眼可见的凝集物，即为阳性；如果两者不对应，便无凝集物出现，即为阴性。此法常用已知抗体检测未知抗原，属于定性试验，主要用于细菌鉴定和分型、人类 ABO 血型的鉴定等。

【材料与器皿】

1. 试剂

抗 A 标准血清、抗 B 标准血清、生理盐水。

2. 器皿和其他用品

载玻片、记号笔、一次性采血针、碘酒与酒精棉球、消毒干棉球、牙签、小试管、毛细吸管等。

【实验方法】

（1）标记玻片。取一块洁净载玻片，用记号笔分为 2 格，在角上分别注明 A、B 字样。

（2）制备红细胞悬液。用碘酒与酒精棉球消毒指端，然后用一次性采血针迅速刺破皮肤，用一次性定量采血管吸取 50 μL 血液（或挤 1 滴），加入装有 0.5 mL 生理盐水的小试管中，混匀，配制成浓度约为 10% 的红细胞悬液。

（3）加样。在已标记的载玻片上的 A、B 格内分别滴加抗 A、抗 B 血清各 1 滴，用毛细吸管吸取 10% 红细胞悬液，分别滴加 1 滴于 A、B 两格的血清中，再用牙签的两端分别搅拌混匀，静置 5～10 min 后观察结果。

（4）结果判断。置载玻片于白色背景下观察，混合液由均匀红色混浊状逐渐变为透明，并出现大小不等的红色凝集物者即为红细胞凝集；若混合液仍呈均匀混浊状，无凝集物，则表明红细胞未发生凝集。

【实验结果】

血型鉴定试验结果填入表 7-1。

表 7-1　血型鉴定试验结果

血型	诊断血清	
	抗 A 血清	抗 B 血清
A	+	-
B	-	+
AB	+	+
O	-	-

注："+"表示凝集，"-"表示不凝集

【注意事项】

（1）试验用载玻片要清洁，并务必注明 A、B 字样。

（2）待检红细胞悬液不宜过稀或过浓。

（3）所用抗 A、抗 B 标准血清必须在有效期内使用。

（4）用牙签混匀标准血清和红细胞时注意分别用不同端混匀 A、B 两格，以免因混淆血清而产生错误结果。

（5）要及时观察结果，以防时间过长使标本干涸而影响结果的观察和判定。

实验 7-2 试管凝集试验

【案例】

临床上常用的直接试管凝集试验为肥达试验（Widal Test）和外斐氏反应（Weil-Felix Reaction）。在输血时也常用于受体和供体红细胞和血清的交互配血试验。肥达试验是一种试管凝集反应，最早由肥达（Widal）用于临床，故得名。实际操作中，可用已知的伤寒杆菌 O、H 抗原和甲、乙型副伤寒杆菌 H 抗原，与待测血清作试管或微孔板凝集实验，以测定血清中有无相应抗体存在，作为伤寒、副伤寒诊断的参考。变形杆菌属的 X19、X2、XK 菌株的菌体 O 抗原与斑疹伤寒立克次体和恙虫病东方体有共同抗原，故可用这些菌株的 O 抗原（OX19、OX2、OXK）代替立克次体抗原与患者血清进行交叉凝集反应，检测患者血清中相应抗体，此称外斐氏反应，可辅助诊断立克次体病。在肥达试验和外斐氏反应的检测过程中，若实验结果为阴性，是否能作为诊断结果的直接依据？为什么？

【实验目的】

（1）了解试管凝集试验的原理。

（2）掌握血清连续对倍比稀释的操作方法与试管凝集试验的结果判定。

【基本原理】

用已知的颗粒性抗原悬液与经连续对倍比稀释的待检血清混合，在适当条件下反应，观察有无凝集现象，对血清抗体的存在做出判断；并结合凝集程度与血清稀释度判定血清抗体的效价，此法属定量试验。

【材料与器皿】

1. 诊断菌液

伤寒沙门菌（*Salmonella typhi*）菌液（含鞭毛抗原，即 H 抗原）。

2. 试剂

生理盐水、按 1∶10 稀释的伤寒沙门菌免疫血清。

3. 器皿和其他用品

小试管、试管架、1 mL 和 5 mL 刻度吸管、锥形瓶、恒温培养箱等。

【实验方法】

（1）取 8 支洁净小试管列于试管架上，依次编号。

（2）用 5 mL 刻度吸管吸取生理盐水，每管内加入 0.5 mL。

（3）用 1 mL 刻度吸管吸取待检血清 0.5 mL 加入第 1 管，在管内来回吹吸 3 次，充分混匀后，从第 1 管吸出 0.5 mL 加入第 2 管，如上从第 2 管吸出 0.5 mL 加入第 3 管，依次稀释至第 7 管，自第 7 管吸出 0.5 mL 弃去，第 8 管不加血清，作为对照管（图 7-1）。第 1~7 管中血清稀释度依次翻倍，上述血清稀释方法称为对倍稀释法。

（4）用 5 mL 刻度吸管吸取伤寒沙门菌菌液，从第 8 管起依次向前加，每管加入 0.5 mL。

（5）摇匀后，37 ℃恒温培养箱中培育 2~4 min，取出后在室温下静置 15 min，观察结果。

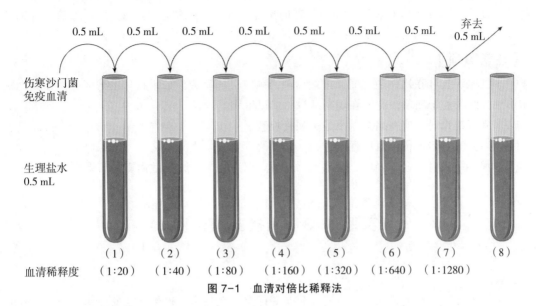

图 7-1 血清对倍比稀释法

试管凝集试验操作程序见表 7-2。

表 7-2 试管凝集试验操作程序（单位：mL）

	操作顺序							
	1	2	3	4	5	6	7	8
生理盐水	0.5	0.5	0.5	0.5	0.5	0.5	0.5	0.5
1：10 伤寒沙门菌免疫血清	⁺0.5 →	⁺0.5 →	⁺0.5 →	⁺0.5 →	⁺0.5 →	⁺0.5 →	⁺0.5 弃去	0
伤寒沙门菌 H 菌液	0.5	0.5	0.5	0.5	0.5	0.5	0.5	0.5
血清最终稀释度	1：40	1：80	1：160	1：320	1：640	1：1280	1：2560	对照管

37 ℃孵育 2～4 min，取出后室温静置 15 min，观察结果

【实验结果】

（1）凝集强弱，以下列记号表示。

++++：管内上液澄清，细菌全部凝集于管底（凝集物呈伞状铺于管底，边缘不整齐）。

+++：管内上液稍混浊，大部分细菌凝集于管底。

++：管内上液较混浊，管底仍有明显的细菌凝集。

+：管内上液混浊，仅少量细菌凝集，肉眼分辨较难。

－：液体混浊，细菌无凝集。若放置较长时间观察结果，未凝集的细菌亦可沉积于管底。细菌沉积物与凝集块的不同之处在于：前者是个小圆点，边缘光滑整齐；而后者似伞状铺于管底，边缘不整齐。

（2）观察第 8 管（对照管）。正确结果应是管底沉积物为圆形，边缘光滑整齐，轻轻振摇，细菌分散呈均匀混浊。若出现了非特异的凝集，则本试验无效。

（3）从试验管第 1 管开始依次观察管内液体的混浊程度及管底凝集块的大小，并依次判定凝集程度。H 菌液凝集物呈疏松棉絮状，沉于管底，轻摇时易离散和升起。

（4）凝集效价的判定：与相应菌液发生中等程度（++）凝集的血清最高稀释度为该被检血清的凝集效价，用稀释倍数表示。如第 1 管仍无凝集现象，应判定"<1∶40"，如第 7 管仍是"++"或更强凝集，应判定">1∶2560"。

【注意事项】

（1）抗原、抗体在比例适当时，才能出现肉眼可见的反应。如果抗体的浓度过高，则无凝集物形成，此为前带现象，需要在观察结果时加以鉴别。

（2）判定结果时，应在暗背景下通过强光检查。

（3）做血清对倍比稀释时应逐管进行，防止跳管。

（4）观察结果时，轻拿轻放，不要振摇试管，以免将凝集物摇散而影响结果判定。

实验 7-3　间接凝集试验

【案例】

间接凝集反应具有敏感性高、快速、简便等优点，在临床上得到广泛的应用。如用乳胶凝集试验测定相关抗体，可用于辅助诊断钩体病、血吸虫病、类风湿性关节炎等。乳胶凝集试验所用的载体颗粒为聚苯乙烯乳胶，是一种直径约 0.8 μm 大小的圆形颗粒，带有负电荷，可物理性吸附蛋白分子，但这种结合牢固性差。因此，在实际使用中，如果要提高检测的灵敏度，增强载体颗粒的稳定性，可采用什么方法？试举例说明。

【实验目的】

（1）掌握间接凝集试验的原理。

（2）掌握间接凝集试验的操作方法。

【基本原理】

将已知可溶性抗原吸附在载体颗粒表面形成致敏颗粒，再与待检标本中相应的抗体相互作用，在一定条件下出现凝集现象，称间接凝集反应（图 7-2）。此法常用于检测标本中相应的抗体，如针对细菌、病毒、螺旋体等病原微生物的抗体以及某些自身抗体（类风湿因子、抗核抗体等）。

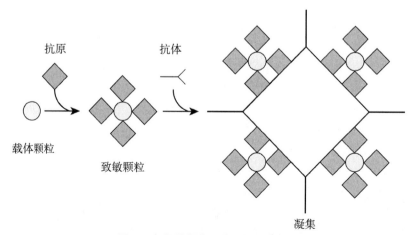

图 7-2　间接凝集反应原理示意图

现以类风湿因子（Rheumatoid Factor，RF）检测为例介绍间接乳胶凝集试验，本试验是用聚苯乙烯乳胶颗粒为载体的间接凝集反应。类风湿性关节炎患者自身可产生抗体，即类风湿因子，该因子是一种抗变性 IgG 的抗体，多为 IgM，它具有与人变性 IgG 结合的能力。利用人变性 IgG 致敏的乳胶与患者的血清反应，若标本中含有类风湿因子，则其与 IgG 致敏的乳胶作用，出现凝集；相反，若标本中没有类风湿因子，则不会出现凝集。检测类风湿因子可辅助诊断类风湿性关节炎。

【材料与器皿】

1. 试剂

类风湿乳胶诊断试剂（吸附有变性 IgG 的乳胶颗粒）、待检血清、类风湿因子阳性对照血清、类风湿因子阴性对照血清。

2. 器皿和其他用品

载玻片、毛细滴管、牙签等。

【实验方法】

（1）取洁净载玻片一块，用记号笔划分为 3 格，用毛细滴管分别加待检血清、类风湿因子阳性对照血清、类风湿因子阴性对照血清各 1 滴。

（2）分别向 3 格内加 IgG 致敏乳胶试剂 1 滴，用牙签充分混匀，摇动载玻片 2～3 min 后，观察结果。

【实验结果】

在黑色背景下，肉眼观察，3～5 min 内阳性对照组出现细小白色凝集颗粒，阴性对照组仍为均匀浑浊白色乳胶液，根据对照判定待检血清结果。

【注意事项】

（1）试剂应保存在 4 ℃冰箱中，切勿冻存；使用前应使试剂接近室温并摇匀。

（2）在接触试剂时，牙签和毛细吸管均不能混用，防止出现错误。

（3）加样不宜过多，以免溢流相混。

（4）玻片法为定性判定。可以用试管法半定量检测类风湿因子的滴度。

实验 7-4　协同凝集试验

【案例】

协同凝集试验可用于微生物的快速诊断、定种及定型，以协助传染病的早期诊断。比如将抗副溶血性弧菌多克隆抗体包被到金黄色葡萄球菌 Cowan I 株上，制成 SPA 菌体试剂，建立协同凝集试验，检测样品中可能存在的副溶血性弧菌，其检测的敏感性为 2×10^6 CFU/mL，检测过程仅耗时 5 min。在实验中，若阴性对照也出现凝集，是否可以断定阴性对照样品已经被副溶血性弧菌污染？为什么？

【实验目的】

（1）掌握协同凝集试验的原理。

（2）掌握协同凝集试验的操作方法。

【基本原理】

葡萄球菌蛋白 A（*Staphylococcus Protein A*，SPA）是金黄色葡萄球菌某些菌株的细胞壁成分，能与人及各种哺乳动物（如猪、兔、豚鼠等）血清中 IgG 类抗体的 Fc 段结合，但不影响 Fab 段的活性。所以当带有 SPA 的金黄色葡萄球菌与抗体混合，即形成抗体致敏颗粒，再加入适量的相应抗原，就出现细菌凝集现象，称为协同凝集试验（图 7-3）。此方法简便、快速，可用于多种细菌、病毒抗原的检测。

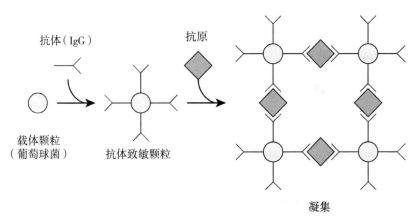

图 7-3　协同凝集试验原理示意图

【材料与器皿】

1. 菌种

金黄色葡萄球菌 Cowan Ⅰ 株。

2. 试剂

伤寒沙门菌可溶性 O 抗原溶液、伤寒沙门菌 O 抗原免疫血清、含 0.5% 甲醛的 0.01 mol/L（pH=7.4）PBS、无菌生理盐水。

3. 器皿和其他用品

载玻片、毛细吸管、接种环、恒温培养箱等。

【实验方法】

1. SPA 菌稳定液的制备

（1）取 Cowan Ⅰ 菌株接种在肉汤培养基内，置 37 ℃ 培养箱中培养 18～24 h，再转种于普通平板，置 37 ℃ 培养箱中培养 18～24 h。

（2）用 PBS 洗下菌苔，以 3000 r/min 离心 15 min，洗涤 3 次，然后用含 0.5% 甲醛的 0.01 mol/L（pH=7.4）PBS 稀释成 10% 菌悬液，分装保存。

2. SPA 菌诊断液的制备

取上述 10% SPA 菌稳定液 1 mL，加伤寒沙门菌免疫血清混匀，置于 37 ℃ 培养箱中培育 30 min，且每隔 10 min 振荡 1 次，最后以 3000 r/min 的速度离心 15 min，弃上清液，并用 PBS 洗涤 2 次，最后加 PBS 至 10 mL。

3. 载玻片分格

取一块洁净载玻片分成 3 格，依次编号，按表 7-3 加样。

表 7-3　SPA 协同凝集试验加样顺序

1	2	3
SPA 菌诊断液伤寒 O 抗原	SPA 菌诊断液生理盐水	未致敏 SPA 菌液伤寒 O 抗原
混匀后放置 1～2 min		
+	–	–

注："+"为凝集，"–"为不凝集

（1）在第 1、2 格中分别加入 1 滴（约 50 μL）SPA 菌诊断液，在第 3 格中加入 1 滴金黄色葡萄球菌液（未致敏 SPA 菌液）。

（2）在第 1、3 中格分别加入 1 滴伤寒沙门氏菌 O 抗原溶液，在第 2 格中加入 1 滴生理盐水。

（3）分别用牙签混匀，1～2 min 内观察结果。

【实验结果】

第 1 格内清晰可见细菌凝集颗粒，液体澄清透明，为阳性反应结果；第 2、3 格为混浊菌液，无凝集现象，为阴性反应结果。

【注意事项】

（1）试验前必须仔细检查所用试剂本身有无自凝现象或出现细小颗粒，以免影响观察而导致错误结果。

（2）协同凝集试验的特异性取决于致敏免疫血清的特异性。其凝集反应的强弱取决于免疫血清效价，故应选用特异性强和效价高的免疫血清制备 SPA 菌诊断液。

实验 7-5　单向琼脂扩散试验

【案例】

利用单向琼脂扩散实验，可测定体液中免疫球蛋白（Ig）含量，但检测中的影响因素较多。在有标准化 Ig 参考血清的前提下，最重要的是琼脂板中抗 Ig 血清和抗原的浓度，以及二者的比例。采用单向琼脂扩散法，以兔抗牛 IgG 血清检测牛初乳中的 IgG，可实现简单的定量分析，但实验整体耗时通常在 24 h 以上。实际操作中，即使抗原和抗体均没有问题，也有可能出现实验中无法形成沉淀环的情况，试分析可能产生这一现象的成因。

【实验目的】

（1）掌握单向琼脂扩散试验的原理和应用。

（2）掌握单向琼脂扩散试验的基本操作方法。

【基本原理】

单向琼脂扩散试验（Single Agar Diffusion Test）是将一定量抗体加入融化琼脂中混匀，浇板，凝固后打孔，再把需要检测的一定量的抗原加入孔中。在反应过程中，抗体已经均匀分布在琼脂板中，只有抗原向四周呈辐射状扩散，故称为单向琼脂扩散试验。如果抗原抗体相对应，则在比例适当的地方出现一白色的沉淀环。沉淀环的直径大小与抗原浓度呈正相关。以不同浓度的标准抗原与固定浓度的抗体反应后测得沉淀环的直径作为纵坐标，以抗标准原的浓度作为横坐标，可绘制标准曲线。测出待测抗原在相同条件下的沉淀环直径，即可从标准曲线中求出其含量。此试验属定量试验，主要用于检测血清 IgG、IgA、IgM 和补体成分的含量。

【材料与器皿】

1. 试剂

冻干参考血清（其中免疫球蛋白 IgG 含量为经标定的已知量）、人 IgG 诊断血清、羊抗人 IgG、待检人血清、1.5% 琼脂盐水、PBS。

2. 器皿和其他用品

载玻片、直径 3 mm 打孔器、微量加样器、湿盒、半对数坐标纸等。

【实验方法】

1. 免疫琼脂板的制备

将适宜浓度的人 IgG 诊断血清与预先融化好并保存于 56 ℃水浴箱中的 1.5% 琼脂盐水按一定比例混合后，立即浇注在载玻片上，每块 4 mL，置室温冷却凝固制成免疫琼脂板。

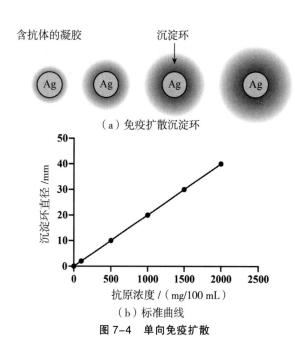

（a）免疫扩散沉淀环

（b）标准曲线

图 7-4 单向免疫扩散

2. 打孔

用直径 3 mm 打孔器在琼脂板上打孔，孔间距为 15 mm，用注射针头挑出孔内琼脂。

3. 加样

取冻干参考血清 1 支，加入 0.5 mL 蒸馏水溶解，用 0.01 mol/L pH 为 7.2~7.4 的 PBS 制备 1∶10、1∶20、1∶40、1∶80、1∶160 的 5 种稀释倍比。用微量加样器分别取 10 μL 不同浓度的参考血清准确加入免疫琼脂板的孔内，每种浓度加 2 个孔，然后用同样的方法取 10 μL 已用 PBS 1∶40 稀释的待检人血清加入孔内，每份待检样品加 2 个孔。

4. 反应

将加样的琼脂板置于湿盒内，放 37 ℃恒温箱培育 24~48 h 后取出，测量各孔沉淀环直径并做记录（图 7-4）。

【实验结果】

（1）测定不同浓度的参考血清沉淀环直径。

（2）绘制标准曲线图。以所加浓度参考血清的沉淀环直径为纵坐标，相应琼脂板孔中 IgG 浓度为横坐标，在半对数坐标纸上作图，绘制标准曲线。

（3）计算待检样本浓度。据待检血清沉淀环直径，从标准曲线图上可查出 IgG 浓度，查得的浓度乘以样本的稀释倍数即可得该样本的 IgG 浓度。

【注意事项】

（1）制备琼脂板时温度不宜太高，以免抗体变性失去生物学活性；温度也不宜太低，以免使琼脂凝固使制板不均匀。

（2）制备琼脂板时，载玻片一定要置于水平位置。

（3）孔要圆整、光滑，挑取孔内琼脂时，勿使载玻片上的琼脂与载玻片分离，加样时勿产生气泡，待检样品不能溢出孔。

（4）培育时间要适当。时间过短沉淀线不能出现；时间过长沉淀线将解离或散开。

（5）测量沉淀环直径必须准确，以 mm 为测量单位。

实验 7-6　双向琼脂扩散试验

【案例】

采用双向琼脂扩散方法，以兔抗牛 IgG 检测牛初乳中 IgG，根据检品 IgG 最大稀释度与已知标准牛 IgG 最大稀释度之比，计算出牛初乳中 IgG 含量。此方法批内变异系数 ≤ 22.2%，批间变异系数为 18.8%，加标回收率为 87.5%。具有较强的特异性，且非常准确与便捷。但采用琼脂双向扩散检测时，应特别注意沉淀线的位置与方向，据此判断抗原与抗体的对应性以及含量。在 2 种抗原分子完全相同的情况下，若双向扩散后产生 3 条以上的沉淀线，则应如何评价抗原分子的纯度？

【实验目的】

（1）掌握双向琼脂扩散试验的原理和应用。

（2）掌握双向琼脂扩散试验的基本操作方法。

【基本原理】

双向琼脂扩散试验（Double Agar Diffusion Test）是将可溶性抗原、抗体分别加入琼脂板相对应的孔中，由于两者各自向四周扩散，故称双向琼脂扩散。如果二者对应，在比例适当处形成可见的一条白色沉淀线；如果同时存在多对抗原抗体系统，因其扩散速度不同，可在琼脂中出现多条沉淀线（图 7-5）。因此观察沉淀线的位置、数量、形状，以及对比关系，可对抗原或抗体进行定性分析。此试验为定性试验，常用于抗原或抗体的纯度分析，也可用已知的抗原（或抗体）检测未知的抗体（或抗原）。此时，可用不同稀释度的抗原或抗体作检测，用效价反映含量。本试验以检测血清甲胎蛋白（Alpha Fetoprotein，AFP）为例。

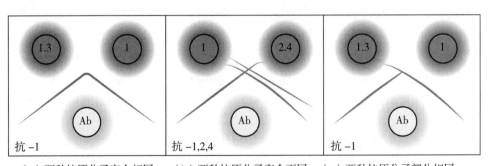

（a）两种抗原分子完全相同　（b）两种抗原分子完全不同　（c）两种抗原分子部分相同

图 7-5　双向琼脂扩散试验

【材料与器皿】

1. 试剂

抗 AFP 抗体、AFP 阳性血清、待检血清、生理盐水、1% 琼脂盐水。

2. 器皿和其他用品

载玻片、直径 3 mm 打孔器、微量加样器、吸头等。

【实验方法】

1. 琼脂板的制备

将载玻片置于水平台面上，用吸管吸取加热熔化的 1% 琼脂盐水 4 mL，均匀地浇注在载玻片上，注意勿产生气泡。

2. 打孔

待琼脂凝固后，将琼脂板置于图样上（图 7-6，梅花形排列，中央 1 孔，周围 6 孔），用打孔器打孔，孔径 3 mm，孔间距 5 mm，挑出孔内琼脂。

3. 加样

用微量加样器于中央孔加入一定量的抗 AFP 抗体，周围孔 1 加入已知 AFP 阳性血清作为阳性对照，周围孔 2～5 孔分别加入 1∶2、1∶4、1∶8、1∶16 稀释的待检血清，周围孔 6 加入生理盐水作为阴性对照。加样时以加满小孔为度，避免出现气泡或溢出孔外。

4. 反应

将琼脂板放入湿盒内，置于 37 ℃恒温箱中，24 h 后取出观察结果。

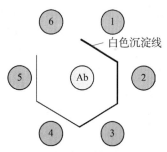

图 7-6 双向琼脂扩散试验示意图

【实验结果】

观察孔间沉淀线的数目及特征。如图 7-6 所示的双向琼脂扩散试验示意图，本试验周围孔 1（AFP 阳性血清）与中央孔（抗 AFP 抗体）之间应出现清晰的白色沉淀线。其余各孔则根据与中央孔之间有无沉淀线及沉淀线的特征判断结果。周围孔 2～5 孔中待检血清标本与中央孔产生沉淀线，并随抗原浓度减低，沉淀线由近中央孔逐渐转为近周围孔。周围孔 6 中是生理盐水，为阴性对照，与中央孔间无白色沉淀线。

【注意事项】

（1）加样时不要将琼脂划破，以免影响沉淀线的形状。

（2）反应时间要适宜，时间过长沉淀线可解离而导致假阴性；时间过短则沉淀线不出现或不清楚。

（3）加样时，抗 AFP 抗体、阳性血清及每份待检样品应各用 1 支吸头，以免混用而影响试验结果。

实验 7-7　对流免疫电泳

【案例】

对流免疫电泳作为检测阿留申病毒抗体的标准方法被广泛使用。该法利用阿留申病毒抗原检测水貂血清中的抗体，间接检测病毒的感染，目前已成功应用于阿留申病毒感染貂群的净化。利用此法检测水貂血清样本时，若出现阴性结果，是否证明该水貂没有被阿留申病毒感染？为什么？

【实验目的】

（1）掌握对流免疫电泳的原理和应用。

（2）掌握对流免疫电泳的基本操作方法。

【基本原理】

对流免疫电泳（Counter Immunoelectrophoresis）是将双向免疫扩散与电泳相结合的一种技术。在 pH=8.6 的缓冲液中，蛋白质抗原由于羧基解离而带负电荷，在电泳时从负极向正极移动；而抗体为球蛋白，由于暴露的极性基团少，所带负电荷少，且分子量较大，迁移速度慢，在琼脂电渗力作用下反而由正极向负极移动（电渗是指在电场中液体对于一个固定固体的相对移动。琼脂是一种酸性物质，在碱性溶液中带负电荷，而与它接触的液体带正电荷，因此液体向负极移动，产生电渗）。这样抗原、抗体相向运动，在所带电荷比例适当处形成白色沉淀线（图 7-7）。由于电场的作用，限制了抗原、抗体的自由扩散，而使其定向移动，因而增加了试验的灵敏度，并缩短了反应时间。此试验可用于检测甲胎蛋白（AFP）、乙肝病毒表面抗原（HBsAg）。

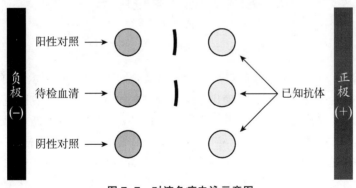

图 7-7　对流免疫电泳示意图

【材料与器皿】

1. 试剂

基因工程重组 HBsAg 稀释液、待检血清、抗 HBsAg 血清、生理盐水、巴比妥钠 - 盐酸缓冲液（0.05 mol/L，pH=8.6）、1% 琼脂（用缓冲液配制）。

2. 器皿和其他用品

载玻片、直径 3 mm 打孔器、电泳仪、微量加样器、滤纸片、吸头、吸管、万用电表等。

【实验方法】

（1）琼脂板的制备。将已制备好的离子琼脂在水浴中加热溶化，用吸管吸取 4 mL 滴注在载玻片上，待琼脂凝固后备用。

（2）打孔。用打孔器按图 7-7 打孔，孔径 3 mm，孔间距 4 mm，行间距 4 mm。

（3）加样。用微量加样器在双排孔的一侧加入抗 HBsAg 血清，另一侧分别加入 HBsAg 稀释液和待检血清、生理盐水。加满小孔即可，勿使液体溢出孔。

（4）电泳。将加好样的琼脂板放置在电泳槽上，含抗 HBsAg 血清的孔置于负极端，含已知抗体的孔置于正极端。琼脂板两端分别用双层滤纸片与电泳槽中的 pH=8.6 巴比妥钠 - 盐酸缓冲液相连，接通电源，调节电流为 2～4 mA/cm 板宽或电压为 4～6 V/cm 板长，电泳 45～60 min。

（5）观察。电泳结束后，关掉电源，取出琼脂板，观察在相应抗原、抗体孔间有无白色沉淀线出现。

【实验结果】

阳性对照孔与抗血清孔间出现清晰的白色沉淀线。若待检血清与抗体孔间出现沉淀线即为阳性，若无沉淀线则为阴性。如果沉淀线不够清晰，可在 37 ℃下放置数小时，以增强沉淀线的清晰度。

【注意事项】

（1）对流免疫电泳的灵敏度较双向免疫扩散试验高，但由于电泳时缓冲液的离子强度、pH、电压和电泳时间等因素的影响，有时可能出现假阳性反应。

（2）抗原与抗体量应相接近，若抗原量过多，会造成假阴性结果，可通过稀释抗原解决。

实验 7-8 免疫电泳

【案例】

利用免疫电泳检测血清甘氨酰脯氨酸二肽氨基肽酶同工酶快带（GPDA-F），有助于肝癌尤其是甲胎蛋白阴性肝癌的诊断。即使用纯化的血清 GPDA-F 制备多克隆抗体，采用免疫电泳法检测肝病患者的血清 GPDA-F。其检测限为 71 U/L，对肝癌的诊断敏感性、特异性和准确性分别为 83.8%、85.2% 和 84.6%。与常规的聚丙烯酰胺凝胶电泳法相比，其具有成本低、省时、操作简便等优点。但利用这一检测方法时，通常必须将电流控制在比较小的范围，否则可能得不到检测结果或产生假阴性数据，请根据免疫电泳的原理和流程分析产生该现象的原因。

【实验目的】

（1）掌握免疫电泳的原理、用途。

（2）掌握免疫电泳的操作方法。

【基本原理】

免疫电泳（Immunoelectrophoresis）是将琼脂电泳与双向琼脂扩散相结合的免疫学分析技术。先用琼脂电泳法将待检的可溶性蛋白质分离成不同区带，然后与相应抗体进行双向扩散，在比例适当处形成不溶性抗原抗体复合物，出现白色沉淀弧线。该法用途较广，可用于测定样品的各成分以及其电泳迁移率；根据蛋白质的电泳迁移率和免疫特性可以确定该复合物中含有某种蛋白质；鉴定抗原或抗体的纯度。以血清为例，电泳时白蛋白的分子量较小，带负电荷较多，泳动最快，其次为 α1、α2 及 β 球蛋白，γ 球蛋白泳动最慢。当电泳完毕后，在琼脂板的长槽内加入相应抗血清，置湿盒内让其进行双向扩散，两者相遇即形成白色沉淀弧线（图 7-8）。

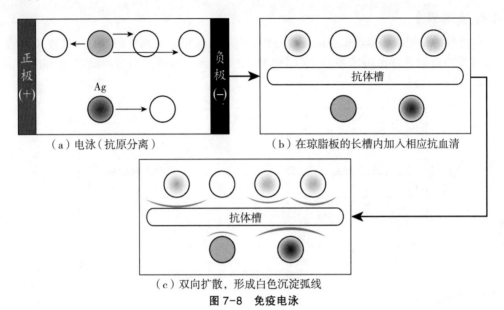

（a）电泳（抗原分离）　　　　　（b）在琼脂板的长槽内加入相应抗血清

（c）双向扩散，形成白色沉淀弧线

图 7-8　免疫电泳

【材料与器皿】

1. 试剂

纯化的人 IgG（1 mg/mL）、兔抗人血清、待检血清、1.2% 离子琼脂（用 0.05 mmol/L，pH=8.6 的巴比妥液配制）。

2. 器皿和其他用品

载玻片、直径 3 mm 打孔器、吸管、细玻棒、电泳仪、电泳槽、微量加样器、万用电表等。

【实验方法】

（1）琼脂板的制备（图 7-9）。取载玻片置于水平台上，将一直径 2 mm，长 60 mm 的细玻棒放在载玻片中央，用吸管吸取 4 mL 已熔化的 1.2% 离子琼脂浇注在载玻片上，待其冷凝后取出细玻棒，用少量已熔化的 1.2% 离子琼脂封底，按图示在琼脂板上打 2 个孔，分别称为上孔和下孔。

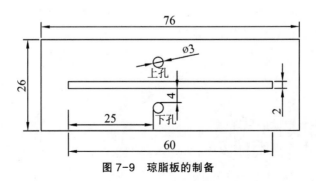

图 7-9　琼脂板的制备

（2）加样。用微量加样器在上孔加待检血清 15 μL，下孔加纯化的人 IgG15 μL。

（3）电泳。将已加样的琼脂板平放于电泳槽内，两端用 2～3 层纱布或滤纸搭桥，接通电源。通常按琼脂板长度调节电压 4～6 V/cm，电泳 1～2.5 h。

（4）扩散。电泳完毕后，取出琼脂板，在琼脂板的长槽内加入兔抗人血清后将琼脂板置于湿盒内，于 37 ℃恒温箱中进行双向免疫扩散，24～48 h 后观察结果。

【实验结果】

在琼脂板的长槽两侧出现白色沉淀弧形线，观察并描记沉淀弧线的数目、位置及形状，参照免疫球蛋白电泳迁移范围示意图（图 7-10）识别主要免疫球蛋白，并确定纯化的人 IgG 的纯度。

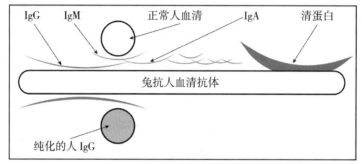

图 7-10　免疫球蛋白电泳迁移范围示意图

【注意事项】

（1）取出细玻棒时应注意边缘整齐，琼脂板的长槽内加入抗体时不要外溢。

（2）有时抗原 - 抗体反应形成的沉淀线很弱，肉眼不易观察，可用氨基黑染色液染色。

（3）染色标本在白色背景下观察，不染色标本需在斜射光的暗色背景下观察。

（4）对分子量过小的抗原（如游离 Ig 轻链）要随时观察结果。

实验 7-9　火箭免疫电泳

【案例】

利用火箭免疫电泳可对牛血清中具有免疫活性的 IgG 含量进行快速分析，其检测条件为：抗体浓度为 3.0%（V/V），采用 pH=8.6 的巴比妥钠 -HCl 缓冲液，用 5% 的戊二醛 - 巴比妥钠将样品 1 : 4（V/V）醛化，非特异性蛋白用 0.01 mol/L pH=7.4 的 PBST 洗脱。最终测得该法的线性相关系数 R 为 0.9947，且该法具有操作简单、成本低廉等优点。在检测过程中，若发现检测结束后火箭状的沉淀峰模糊不清，难以识别，可能是哪个步骤出现了问题？若实验结束后发现加样孔边缘有很深的沉淀线，又可能是什么原因造成的？为了解决上述问题，应该如何对检测条件进行优化？

【实验目的】

（1）掌握火箭免疫电泳的原理。

（2）掌握火箭免疫电泳的操作方法。

【基本原理】

火箭免疫电泳（Rocket Immunoelectrophoresis）是将单向免疫扩散和电泳相结合的一种定量检测技术。将抗体溶入琼脂后制板，在琼脂板的一侧打孔，加入待检样品及不同浓度的标准抗原。电泳时，抗原在含定量抗体的琼脂中向正极移动，并形成浓度梯度，在适宜的部位形成火箭状的沉淀峰。峰的高度与抗原浓度呈正相关（图 7-11）。当琼脂中的抗体浓度固定时，以不同浓度标准抗原泳动后形成的沉淀峰高度为纵坐标，抗原浓度为横坐标，绘制标准曲线。根据样品的沉淀峰高度即可计算出待测抗原的含量。反之，当琼脂中抗原浓度固定时，便可测定待检抗体的含量（即反向火箭免疫电泳试验）。本实验以检测甲胎蛋白为例。

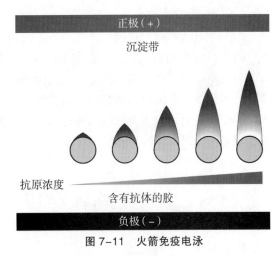

图 7-11　火箭免疫电泳

【材料与器皿】

1. 试剂

甲胎蛋白诊断血清、已知浓度甲胎蛋白标准溶液、待检血清、3.2% 巴比妥琼脂（用 0.025 mol/L、pH=8.6 的巴比妥缓冲液配制）、生理盐水、5% 甘油、0.05% 氨基黑溶液、5% 乙酸。

2. 器皿和其他用品

5 cm×9 cm 玻璃板、直径 3 mm 打孔器、微量加样器、恒温箱等。

【实验方法】

（1）免疫琼脂板的制备。将甲胎蛋白诊断血清用 0.025 mol/L、pH=8.6 的巴比妥缓冲液按 1∶100 稀释。取熔化并冷却至 56 ℃左右的 2% 巴比妥琼脂 3.5 mL，与 1∶100 的甲胎蛋白诊断血清 3.5 mL 混合，立即浇于 5 cm×9 cm 的洁净玻璃板上，制成厚薄均匀的免疫琼脂板。

（2）打孔。待琼脂凝固后，用打孔器在琼脂板一端 1 cm 处打一排小孔，孔径 3 mm，孔距 5 mm。

（3）加样。用微量加样器准确吸取待检血清 10 μL 加于孔内，同时将不同浓度的甲胎蛋白标准液 10 μL 加于另外几个孔内用于制作标准曲线。

（4）电泳。将琼脂板放入电泳槽，样品孔靠近负极端，用双层滤纸与电泳槽相连。以 40 mA 电流强度电泳 1~2 h，或端电压 3 V/cm 电泳 6~8 h。

（5）电泳完毕，关闭电源，取出琼脂板。

（6）将琼脂板放在生理盐水中漂洗 1 d，其间更换 2~3 次生理盐水以洗去未结合的抗原和抗体。从生理盐水中取出琼脂板后，在其上滴加 5% 甘油以防止凝胶断裂，再取一条湿滤纸盖于琼脂板上，放 37 ℃恒温箱中烘干，烘干后将滤纸打湿轻轻移去。

（7）将琼脂板浸入 0.05% 氨基黑溶液中，染色 10 min 后取出，用 5% 乙酸脱色 1 h，直到背景呈无色。脱色后，在琼脂板上滴少量 5% 甘油，放 37 ℃恒温箱中干燥后取出，分别测量各沉淀峰的高度。

【实验结果】

以已知浓度的甲胎蛋白标准溶液抗原形成的沉淀峰的高度作为纵坐标，以抗原浓度为横坐标绘制标准曲线。根据待检血清沉淀峰的高度，从标准曲线中查出该血清中甲胎蛋白的含量。

【注意事项】

（1）如采用高压电泳时（8～10 V/cm），需配冷却装置。

（2）待检样品较多时，为避免先加样孔抗原自由扩散造成电泳后出现孔周扩大的沉淀峰，可先将琼脂板放入电泳槽，在 1 V/cm 电泳状态下加样。

（3）正式实验前应做预试验，调整好抗原、抗体的比例。

（4）沉淀峰应呈圆锥状，如峰前端出现云雾状，则是过剩抗原引起的沉淀峰弥散。遇此情况，重复试验时可将样品适当稀释。

实验 7-10　交叉免疫电泳

【案例】

利用交叉免疫电泳对诺氏疟原虫可溶性抗原进行分析。实验采用 100 mm × 100 mm × 3 mm 琼脂糖玻璃板和含 Ca^{2+} 的巴比妥缓冲液，第一向电泳所用电压为 8 V/cm，电泳 1 h，第二向电泳所用电压为 2 V/cm，电泳 6～8 h。电泳后经压片、洗涤、再压片、干燥、染色、脱色和再干燥后观察结果。实验结束后，作为标准对照的卵白蛋白抗原和人血清抗原分别与相应的抗血清形成许多沉淀峰，且其抗原的浓度与沉淀峰高度明显相关。在待测抗原的分析中，诺氏疟原虫可溶性表面抗原能与相应的抗血清形成 6 条沉淀峰，若实际只观察到 3 条沉淀峰，可能是什么原因造成的？应如何避免？

【实验目的】

（1）掌握交叉免疫电泳的原理。

（2）掌握交叉免疫电泳的操作方法。

【基本原理】

交叉免疫电泳（Crossed Immunoelectrophoresis）是把琼脂平板电泳和火箭免疫电泳相结合的方法。先将抗原样品在琼脂凝胶中进行电泳分离，然后使各抗原成分与原泳动方向呈 90° 角的方向泳向含抗体的琼脂糖凝胶中，即与第一次电泳方向垂直进行第二次电泳，样品中的各组分和它相对应的抗体依次形成若干锥形沉淀峰。因沉淀峰的位置取决于蛋白的迁移率，而沉淀峰的面积（或高度）取决于蛋白含量的多少，与已知浓度的标准抗原和固定浓度的抗体经交叉免疫电泳形成的标准沉淀峰比较，可确定该抗原的种类和含量。此实验形成的沉淀峰不会重叠，对蛋白组分的分辨率比经典的免疫电泳高，更有利于各蛋白组分的比较。

【材料与器皿】

1. 试剂

破伤风类毒素抗原、破伤风抗毒素抗体、1% 琼脂糖或优质琼脂（以巴比妥缓冲液配制）、pH=7.2 的 PBS 液、巴比妥缓冲液（0.05 mol/L、pH=8.2）。

2. 器皿和其他用品

电泳仪、玻璃板、吸管、滴管等。

【实验方法】

（1）取 10 cm × 10 cm 的洁净玻璃板，加 1% 熔化的琼脂糖 10 mL，铺匀、冷凝。

（2）在距阴极端 2 cm，玻璃板边 2.2 cm 处打孔。

（3）将一定浓度的破伤风类毒素抗原加入孔内，将该孔置于负极，电泳电压 10 V/cm，泳动 1 h。

（4）电泳结束后，切除非抗原电泳部分的琼脂（约 6 cm × 10 cm）。

（5）取上述 1% 熔化的琼脂糖 10 mL 放入 60 ℃ 水浴中，加入预热的适当浓度的破伤风抗毒素抗体迅速混匀，铺入切去的琼脂部分。冷却后，用不含抗体的琼脂密封切口。

（6）将玻璃板与原电泳方向呈 90° 角放置，使泳动后的抗原凝胶置于负极，电泳电压为 3 V/cm，泳动 10～20 h。

（7）取出琼脂板，漂洗、染色、脱色、烘干。

【实验结果】

用已知浓度标准抗原和固定浓度的抗体经交叉免疫电泳形成标准沉淀峰，计算待测抗原与相同浓度的抗体经交叉免疫电泳形成的沉淀峰面积，与标准沉淀峰比较，即可测定出待测抗原含量。计算沉淀峰的面积的方法有几种，如求积仪测定、投影画峰称纸法、直接量取求积法（峰高 × 峰基底宽的二分之一）等。

【注意事项】

（1）需在预试验中摸索抗原、抗体的最适稀释度。

（2）第二次电泳时间的长短以锥形沉淀线的出现为准。电泳时间长短不一，最短 2 h 即出现锥形沉淀线。

（3）所用器材必须清洁，要求无油脂及蛋白质之类的污染物。

实验 7-11　酶联免疫吸附试验

【案例】

酶联免疫吸附试验（ELISA）可用于临床猪流行性腹泻病毒（PEDV）特异抗体水平的检测。通过筛选富含中和表位的 S2 截短基因，体外表达后作为 ELISA 包被抗原，用于捕获 PEDV IgG 抗体，以山羊抗猪 HRP-IgG 作为二抗，建立检测猪血清中 PEDV IgG 抗体的间接 ELISA。其反应条件为：S2 抗原蛋白的最佳包被浓度为 2 μg/mL，临床血清样品和酶标二抗的最佳稀释倍数分别为 1∶400 和 1∶20000。该试验的批内、批间重复变异系数（CV）分别为 1.81%～8.52%、1.18%～7.41%。检测过程中，若某批次样品的批内重复变异系数达到 20% 以上，可能是试验中的哪些步骤存在问题？应如何优化检测方案？

【实验目的】

（1）掌握间接 ELISA 检测特异性抗体的原理。

（2）掌握间接 ELISA 检测特异性抗体的操作方法。

【基本原理】

酶联免疫吸附试验（以下简称 ELISA）：是酶免疫测定技术中应用最广的技术。其基本方法是将已知的抗原或抗体吸附在固相载体（聚苯乙烯微量反应板）表面，使酶标记的抗原抗体反应在固相表面进行，用洗涤法将液相中的游离成分洗除。常用的 ELISA 有双抗体夹心法和间接法，前者用于检测大分子抗原，后者用于测定特异性抗体。

间接 ELISA 法检测特异性抗体（图 7-12）：该检测方法使用毫克级的纯化或半纯化抗原，能筛选抗血清和杂交瘤上清液中的特异性抗体。1 mg 纯化抗原可用于 80～800 个微量滴定板的筛选。

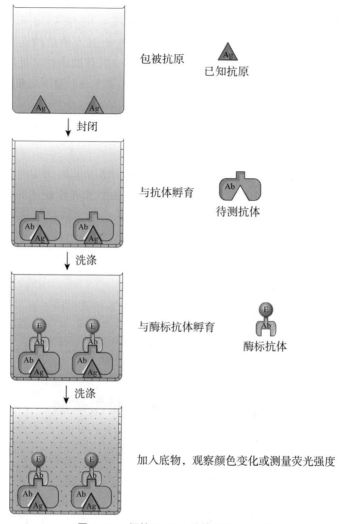

图 7-12　间接 ELISA 法检测特异性抗体

注：Ab- 抗体；Ag- 抗原；E- 酶

【材料与器皿】

1. 试剂

显色剂：碱性磷酸酶标记的蛋白 A，碱性磷酸酶标记的蛋白 G 抗原包被液，碱性磷酸酶标记的抗球蛋白抗体。

PBSN（抗原包被液）：PBS 中含 0.05%（m/V）NaN$_3$、去离子水或蒸馏水、封闭缓冲液。

待检抗体标本溶液：用封闭缓冲液以 1∶5（V/V）稀释的杂交瘤上清液或腹水或 1∶500（V/V）稀释的抗血清，锥底或圆底微量滴定板中配制（适量未免疫腹水或血清作阴性对照）、MUP 或 NPP 底物溶液、0.5 mol/L NaOH（可选）。

2. 器皿和其他用品

多道移液器、一次性吸头、Immulon 2 或 Immulon 4 滴定板或其他等同的微量滴定板、塑料冲洗瓶、微量滴定板读板仪（可选）、配有 405 nm 滤光片的分光光度计、配有 365 nm 激发滤光片或 450 nm 发射滤光片荧光分光光度计、紫外灯。

【实验方法】

（1）十字交叉连续稀释分析法确定含显色剂的封闭缓冲液（酶标抗体）最适浓度（见附录 1）。如要检测所有结合抗原的抗体，酶标抗体中抗体应含抗 Ig κ 和 λ 轻链抗体，也可用适宜的酶标蛋白 A 或酶标蛋白 G 筛选单克隆抗体。能与酶标蛋白 A 或酶标蛋白 G 结合的特异单克隆抗体易于纯化和显示特性。

（2）十字交叉连续稀释分析法确定抗原包被液终浓度（见附录 1）。用 PBSN 配制这种终浓度抗原溶液（纯抗原溶液浓度通常为 0.2～10.0 μg/mL 或不大于 2 μg/mL）。抗原应占全部蛋白质的 3% 以上，全部蛋白质浓度应小于 10 μg/mL。每块板大约需 6 mL 抗原溶液（有些抗原在不同的 pH 下包被更有效率）。

（3）使用多道移液器和一次性吸头，在 Immulon 微量滴定板每孔中加入 50 μL 抗原溶液，并将每个孔中的抗原溶液充分振荡混匀。用塑料盖封盖滴定板，室温下过夜培育或 37 ℃ 下培育 2 h。如需要，可将封盖的滴定板在 4 ℃ 下保存数月。

（4）弃去包被液，在水槽上方将去离子水或蒸馏水注入包被滴定板的孔中，洗涤滴定板 2 遍以上。

（5）将塑料冲洗瓶里的封闭缓冲液注入每个孔内，室温下培育 30 min。用去离子水或蒸馏水洗涤滴定板 3 次后，放于大张吸水纸上拍干去除残留液，倒扣在纸巾上。

（6）在每个包被过的孔内加入 50 μL 用封闭缓冲液稀释的待测抗体标本溶液。实验中注意重复利用沾有同样溶液的吸头，移液过程中用吸水纸去除吸头残留液。用封闭缓冲液洗涤吸头 5 次，小心地将残留液吸在纸上。防止吸头中有气泡，如气泡去不掉则更换吸头。用塑料盖封盖滴定板，室温下培育 2 h 以上。

（7）用去离子水或蒸馏水洗涤滴定板 3 次。将封闭缓冲液注入每个孔中，振荡混匀，室温下培育 10 min。用水洗涤 3 次去除残留液。

（8）每个孔中加入 50 μL 含显色剂的封闭缓冲液（步骤 1 中选定的最适浓度）。用塑料封套包裹，室温下培育 2 h 以上。按步骤 7 洗涤滴定板。如需要，在加底物前滴定板可于 4 ℃ 条件下保存数月。

（9）每个孔中加入 75 μL MUP 或 NPP 底物溶液，室温下培育 1 h。目测定性显色反应，或用配有 405 nm 滤光片的微量滴定板读板仪定量检测（见下述）。之后观察显色反应以检测结合的低浓度抗体（颜色深度与显色时间成正比），加入 25 μL 0.5 mol/L NaOH 终止显色。

【实验结果】

（1）目测出现黄色即发生 NPP 的显色反应，或用配有 405 nm 滤光片的微量滴定板读板仪定量检测。

（2）暗室内用长波长紫外灯照明，目测 MUP 的显色作用或用 365 nm 激发滤光片、450 nm 发射滤光片，以荧光分光光度计定量检测。

【注意事项】

（1）所有试剂应注意冷藏（2～8 ℃）。

（2）冷藏的试剂取出后应平衡到室温再使用。

（3）NaN₃ 有剧毒，操作应小心戴手套，废液也必须按规定回收处理。

实验 7-12　免疫印迹和免疫检测

【案例】

为建立快速测定猪肺炎支原体抗原含量的方法，应用 p46 单抗建立不同 CCU（猪肺炎支原体颜色变化单位）含量的猪肺炎支原体抗原蛋白免疫印迹图谱，测定不同批次的猪肺炎支原体抗原 CCU 含量，并与免疫印迹测定的 CCU 进行比较。结果显示：曝光 5 s、10^7 CCU/mL 含量以上的猪肺炎支原体抗原在 46 kDa 处有条带，且条带粗细、明暗程度随着 CCU 含量的增高而增强，说明免疫印迹可用于猪肺炎支原体抗原含量的快速测定。应用此法检测猪肺炎支原体抗原含量时，若某次检测时发现已知的阴性对照在 46 kDa 处出现了特异性条带，则可能是实验中的哪些步骤出了问题？若阳性对照在 46 kDa 处无任何条带出现，则可能是实验中的哪些步骤出了问题？应如何避免这样的情况？

【实验目的】

（1）掌握蛋白质免疫印迹技术的原理。

（2）掌握蛋白质免疫印迹技术的方法。

（3）了解蛋白质免疫印迹技术的应用领域。

【基本原理】

免疫印迹（Immunoblotting）又称蛋白质印迹（Western Blotting），是根据抗原抗体的特异性结合检测复杂样品中的某种蛋白的方法。该法是在凝胶电泳和固相免疫测定技术基础上发展起来的一种新的免疫生化技术。由于免疫印迹具有 SDS-PAGE 的高分辨力和固相免疫测定的高特异性和敏感性，现已成为蛋白分析的一种常规技术。免疫印迹常用于鉴定某种蛋白，并能对蛋白进行定性和半定量分析。结合化学发光检测，可以同时比较多个样品同种蛋白的表达量差异。

【材料与器皿】

1. 试剂

待分析样品、标准分子质量蛋白质（预染型）、转移缓冲液、膜封闭液、目的蛋白特异性一抗、TTBS、二抗结合物（辣根过氧化物酶或碱性磷酸酶标记的二抗，按需要稀释并按每份 25 μL 分装冷冻保存）、HRP 显色液、显影液、定影液、显色底物缓冲液（50 mmol/L Tris-HCl，pH=7.5）等。

2. 器皿和其他用品

无粉乳胶手套、Seoteh-Brite 垫片（3M）或类似的海绵、Whatman 3MM 滤纸或类似物、0.45 μm 硝酸纤维素膜或尼龙膜、电印迹装置、不可擦拭圆珠笔或软笔芯铅笔、热密封的塑料袋或塑料培育盒、显影盒或成像仪、胶片、塑封膜等。

【实验方法】

1. 免疫印迹

（1）准备抗原样品，用小型或标准大小单向或双向凝胶分离蛋白质，上样时将预染的标准分子质量蛋白质上一道或多道。

（2）电泳结束后，拆除凝胶板，去除上层胶，在室温下用适量转移缓冲液将凝胶平衡 30 min。

（3）准备一个足够大的盘置放塑料转移盒，盘中注满可将塑料转移盆覆盖的转移缓冲液。

（4）在塑料转移盒的底部一边放置 Scotch-Brite 垫片或海绵，再放上一张用转移缓冲液润湿的与凝胶同样大小的滤纸，在滤纸上放上凝胶，用试管轻轻地在凝胶表面卷动以赶走凝胶和滤纸之间的气泡。液体容器中的蛋白质印迹如图 7-13 所示。

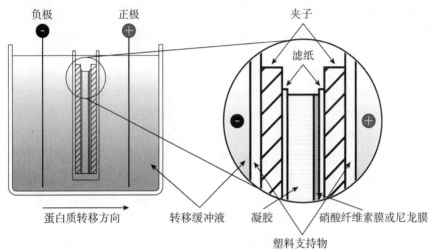

图 7-13　液体容器中的蛋白质印迹

注：先将含蛋白质的聚丙烯酰胺凝胶平放在滤纸上，在凝胶上方放置比凝胶略大 1～2 mm 的硝酸纤维素滤膜或尼龙膜，再于膜上覆盖一层滤纸。然后用 Scotch-Brite 夹住上述膜层，放入塑料支持物中。再将上述完整的装置放入含有转移缓冲液的容器中。要转移带负电荷的蛋白质，需将膜面朝向阴极；要转移带正电荷的蛋白质，需将膜面朝向阳极。带电荷的蛋白质可以从凝胶上电转移到滤膜上。电转移可以使用电压 100 V 转移 1～2 h 或采用电压 14 V 转移过夜。

（5）剪一张两边缘比凝胶宽 1～2 mm 的转移膜，将硝酸纤维素膜或尼龙膜呈 45° 角慢慢放入蒸馏水中，让水把膜表面全部润湿（膜放入水中时不能太快，以免有气泡形成并在膜上形成白色斑点，阻碍蛋白质转移），将 PVDF 膜放入 100% 甲醇中 1～2 s，用转移缓冲液平衡 10～15 min。

（6）将凝胶表面用转移缓冲液湿润，将预湿润的膜直接置于凝胶上面（阴极一面），并按步骤 4 的方法赶走气泡。

（7）将另一张 Whatman 3MM 滤纸润湿，置于膜的另一侧，赶走气泡，并在其上放置另一块 Scotch-Brite 垫片或海绵，将塑料转移盒的顶部一边放好，完成组装。

（8）在盒中注入转移缓冲液直到没过电极板，但不要碰到塞子基部，将此盒放入转移装置中，膜向阴极一侧，根据阴极和阳极接上对应的电极。

（9）通电，在电压 100 V 情况下转移需 0.5～1 h，并需在冷水循环中进行，或者在 14 V（恒压）情况下在冷室转移 12 h。

（10）关闭电源并拆下装置，取出膜并在膜上剪一小三角标记样品顺序，或者用软笔芯铅笔，或用不可擦拭圆珠笔进行标记。

（11）用考马斯亮蓝以鉴定转移效率，如有必要的话，将硝酸纤维素膜或尼龙膜可逆染色，显示转移的蛋白质（见附录 2）；或者用考马斯亮蓝、印度墨水、萘酚蓝、胶体金不可逆染色。

（12）可将膜干燥后置于密封塑料袋中并在 4 ℃下保存达 1 年。在进一步处理之前，将湿润的硝酸纤维素膜或尼龙膜在少量 100% 甲醇溶液中浸泡并用双蒸水洗去甲醇。

2. 免疫检测

（1）采用二抗检测的免疫探针法。

① 把 1～3 张膜（14 cm×14 cm）置于盛有 5 mL 膜封闭液的密封塑料袋中，室温下在摇床上培育 0.5～1 h。

② 用膜封闭液稀释一抗。

③ 倒出袋中膜封闭液，加入 5 mL 稀释的一抗，室温下摇床上培育 0.5～1 h。

④ 戴手套后将膜从塑料袋中取出，置于塑料盒中，用 200 mL TTBS（硝酸纤维素滤膜或尼龙膜）洗膜 4 次，每次在摇床上培育 10～15 min。

⑤ 用膜封闭液稀释二抗（HRP 或 AKP 标记的二抗）。

⑥ 将膜置于新的热密封塑料袋中，加入 5 mL 的 HRP 或 AKP 标记的二抗稀释液。室温下在摇床上培育 0.5～1 h。

⑦ 将膜取出按步骤④的方法洗膜，观察显色结果。

（2）生色底物显色法。

① 用 50 mL 显色底物缓冲液将膜平衡两次，每次 15 min。

② 将膜转移至 50 mL HRP 显色液中，浸泡 10～30 s。

③ 取出膜，将残余 HRP 显色液吸走，用干净的塑封膜夹紧，放入成像仪或显影盒中，放入胶片显影。

④ 在不使用成像仪的情况下，显影结束后，需将胶片放入显影液中显影。先用清水洗掉显影液，再用定影液浸泡固定条带影像，最后水洗胶片于 30 ℃下烘干保存。

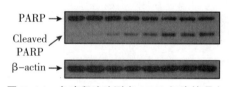

图 7-14　免疫印迹法测定 A549 细胞的凋亡

【实验结果】

利用免疫探针和蛋白质可视检测，根据蛋白质标准物质各条带的分子大小和每一泳道蛋白样品的名称，观察相应靶蛋白分子大小位置处是否有相应的条带。免疫印迹法测定 A549 细胞的凋亡如图 7-14 所示。

【注意事项】

（1）蛋白转移时不要使用过高的电压；转移缓冲液需要先行冰浴处理，以保证在转移过程中整个体系始终处于低温状态。

（2）在所有溶液和操作步骤中使用去离子蒸馏水；在操作滤纸、凝胶、膜时戴手套，因为手上的油脂会阻碍蛋白质转移。

（3）丙烯酰胺、双丙烯酰胺具有神经毒性，实验中应注意戴手套操作。

（4）滤纸和滤膜应与凝胶大小一致或略大，以免造成短路影响蛋白质的转移。

（5）若需要将膜上抗体解离并重新标记（见附录 3），膜封闭液中需包含酪蛋白（碱性磷酸酶标记法）或者脱脂奶粉。

（6）可以根据经验稀释一抗，但通常把多克隆抗体按 1：1000 稀释，杂交瘤培养上清按 1：10～1：100 稀释，把含有单克隆抗体的杂交瘤腹水按 1：1000 稀释后使用，大于 1：10～1：100 倍稀释的一抗适用于碱性磷酸酶或荧光检测系统。一抗和二抗都可至少使用两次，但不能长时间保存（如在 4 ℃不超过 2 d）。

（7）当使用塑料盒时，一抗和二抗溶液需要 25～50 mL，若是使用单个条带的膜条，可使用单独槽的培育盘，每个槽中加入 0.5～1 mL 的抗体稀释液。

（8）一般商品化的酶标二抗稀释 1∶2000～1∶200。

（9）生色底物显色法中，条带深浅可通过调整曝光时间进行调节，请注意曝光时间不是越长越好，曝光时间过长将严重影响定量检测的准确性。

（10）在显影盒中一次放入多张堆叠的胶片可获得同一条带不同深浅的影像。

（11）显影必须在暗室内进行，可使用红色光源照明。

实验 7-13　多克隆抗血清的制备

【案例】

通过筛选弓形虫（Tg）的 CDPK5 基因序列的免疫多肽，再将合成多肽免疫新西兰白兔后，可制备相应的多抗血清。ELISA 测定多抗血清效价为 1∶640000；且免疫荧光实验结果表明该多抗能特异性识别弓形虫内源 Tg CDPK5 蛋白。然而，该多抗血清在免疫印迹实验中却无法识别 Tg CDPK5（75.4×10^3 Da）条带，试分析产生这种现象的原因并提出改进方案。

【实验目的】

（1）掌握多克隆抗血清的制备原理。

（2）掌握多克隆抗血清的制备方法。

【基本原理】

抗原通常是由多个抗原决定簇组成的，由一种抗原决定簇刺激机体，由一个 B 淋巴细胞接受该抗原刺激所产生的抗体称之为单克隆抗体（Monoclonal Antibody）。由多种抗原决定簇刺激机体，相应地就产生各种各样的单克隆抗体，这些单克隆抗体混杂在一起就是多克隆抗体，机体内所产生的抗体就是多克隆抗体；除了抗原决定簇的多样性外，同种抗原决定簇可刺激机体产生 IgG、IgM、IgA、IgE 和 IgD 五类抗体。相对于单克隆抗体，多克隆抗体在免疫学诊断领域应用广泛，因为它能够识别多个抗原表位，具有更好的亲和力和更快的结合能力。

优质抗血清的制备取决于抗原的质量、纯度和量，以及检测方法的特异性和敏感性。如可能，蛋白质抗原的生化性质最好是同源的，并根据预期，使用天然或变性结构。免疫家兔较为常用，因为家兔遗传学上与目前研究最多的人源和鼠源蛋白有较大差异。家兔每采一次血可提供近 25 mL 血清，而不出现严重的副反应。对于小规模的或精确确定抗体特异性的实验，近交系小鼠是较好的选择；免疫接种小鼠的抗原溶液量很少，通过一次采血而获得的血清量不超过 0.5 mL。若需要大量的血清或物种种系较远时，使用大鼠和仓鼠较合适，通过反复采血，可从这些动物上获得大约 5 mL 血清。

【材料与器皿】

1. 试剂

弗氏完全佐剂（CFA）、含 1～2 mg/mL 纯化蛋白抗原的 PBS 溶液、PBS、弗氏不完全佐剂。

2. 器皿和其他用品

家兔、大鼠、小鼠或合适种系的仓鼠、50 mL 一次性聚丙烯离心管；带有 19 G、21 G 和 22 G 针头的 3 mL 玻璃注射器、双头同步注射针座连接器或塑料 3 通道旋塞、100 mL 烧杯等。

【实验方法】

（1）分别向一只家兔、大鼠、小鼠或适用于免疫的仓鼠采血，并用 50 mL 离心管收集血样。从血样中制备血清，检测后储存。

（2）振荡 CFA 使不溶的抗原分散。在 4 ℃恒温下加 2 mL CFA 至 2 mL 含 0.25～0.5 mg/mL 纯化蛋白抗原的 PBS 溶液（足够免疫 4 只家兔或 80 只小鼠）。注意不要使用 Tris 碱缓冲液制备乳化液。

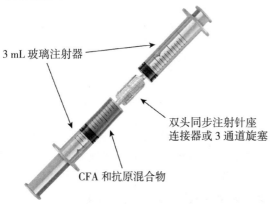

3 mL 玻璃注射器

双头同步注射针座连接器或 3 通道旋塞

CFA 和抗原混合物

图 7-15　制备 CFA- 抗原乳状液的双头抽吸装置

（3）将 CFA 和抗原混合物吸入带有 19 G 针头的 3 mL 玻璃注射器。取下针头，尽可能排出空气，把注射器接到一个双头同步注射针座连接器或一个塑料 3 通道旋塞上（图 7-15）。将一个空的 3 mL 玻璃注射器接到另一头并且推压使混合物在两个注射器之间反复来回流动。将其置于冰块上降温，使混合物的温度尽可能保持在 4 ℃左右。当混合物变为单相且转为白色乳状液时，取下连接器或旋塞，接上一个 21 G 的针头，从混合物中挤出一小滴乳状液使其落到 100 mL 烧杯中含有的 50 mL 冷水表面上，由此来检测乳状液是否稳定。如果乳状液在水面上聚成一滴，则按步骤 4 继续进行；如果液滴分散，继续来回推压混合物直至形成白色乳状液。

（4）转移全部 CFA- 抗原乳状液至某一注射器中，取下连接器或旋塞。在注射器上接一个 22 G 的针头并赶走气泡。

（5）固定住动物，分别以肌内、皮内或皮下多部位注射方式给动物注射乳状液。对于小鼠，应使用腹腔注射。如果该抗原效果良好，则将其在 4 ℃下保存数周，使用之前将其重新乳化。

（6）对动物免疫 10～14 d 后采血并收集血样，制备血清并检测。

（7）制备抗原以增强免疫（步骤 2～4）。当 CFA 作为初次免疫的佐剂时，使用 IFA 作为所有后继免疫的佐剂。动物免疫之后，于 28～56 d 后（或在第 2 w）如图 7-16 所示，进行初次增强免疫，7～14 d 后对动物采血并收集血样，制备血清并检测。

（8）每隔 14～21 d 进行进一步增强免疫，注意避免会导致皮肤溃疡的反复皮内免疫。初次皮内或皮下免疫后，可对家兔肌内注射初次增强免疫；也可对家兔初次肌内注射免疫，增强免疫在其他部位注射。

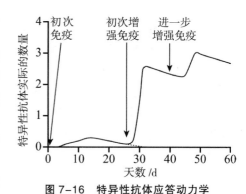

图 7-16　特异性抗体应答动力学

注：箭头指的分别是初次免疫和增强免疫开始的时刻产生的特异性抗体的实际数量，由于蛋白的免疫原性不同将呈现出较大的差异性。

（9）每次增强免疫 10～14 d 后对动物采血并收集血样，制备血清并检测。

【实验结果】

利用辅助操作从血样中制备出抗血清，并利用双向琼脂扩散、免疫电泳等测定纯化抗体的活性、效价和纯度。

【注意事项】

（1）免疫方案的设计应根据抗原的性质、宿主的免疫应答强弱等具体情况而定。

（2）注射增强免疫抗原时应缓慢注射，避免动物发生过敏性休克而死亡。

（3）在制备抗原、免疫动物和收集血清等过程中，必须严格无菌操作。

实验 7-14　单克隆抗体的制备

【案例】

为开发可溶性 B 淋巴细胞刺激因子（sBLyS）的检测试剂，研究克隆了 sBLyS 编码基因，并在大肠杆菌 BL21（DE3）表达系统中表达 sBLyS 重组蛋白。重组蛋白经镍柱亲和层析纯化后，免疫 BALB/c 小鼠，通过细胞融合技术构建可分泌抗 sBLyS 单克隆抗体的杂交瘤细胞株。采用正辛酸—硫酸铵沉淀方法纯化单克隆抗体，并利用 Western Blotting 和 ELISA 方法检测抗体活性和效价。以未标记抗体作为捕获抗体，以辣根过氧化物酶（HRP）标记抗体作为检测抗体，进行双抗体夹心 ELISA 实验，筛选最佳组合，成功表达纯化了 sBLyS 重组蛋白并获得了 4 株分泌抗 sBLyS 单克隆抗体的杂交瘤细胞株，抗体效价分别为 9.6 ng/mL、10.8 ng/mL、20.4 ng/mL 和 26.6 ng/mL。如果要使用其中某个或某几个杂交瘤细胞株所产生的单克隆抗体进行 ELISA 检测方法的开发，则应进一步对这 4 个细胞株开展哪些测试？

【实验目的】

（1）掌握免疫方案设计的基本原则，熟悉动物和抗原选择的基本要求，了解动物的接种、采血等。

（2）熟悉细胞融合技术的基本原理和方法，了解细胞融合的基本过程。

（3）掌握筛选和克隆杂交瘤细胞株的基本原理，熟悉筛选和克隆杂交瘤细胞株的方法，了解其基本过程。

（4）熟悉单克隆抗体的制备与检测方法。

【基本原理】

由单一 B 细胞克隆产生的高度均一、仅针对某一特定抗原表位的抗体，称为单克隆抗体。通常采用杂交瘤抗体技术来制备。杂交瘤（Hybridoma）抗体技术是在细胞融合技术的基础上，将具有分泌特异性抗体能力的致敏 B 细胞和具有增殖能力的骨髓瘤细胞融合为 B 细胞杂交瘤。用具备这种特性的单个杂交瘤细胞培养成细胞群，可制备针对一种抗原表位的特异性抗体即单克隆抗体。

要制备单克隆抗体需先获得能合成抗体的单克隆 B 淋巴细胞，但这种 B 淋巴细胞不能在体外生长，实验发现骨髓瘤细胞可在体外生长增殖，应用细胞杂交技术使骨髓瘤细胞与免疫的 B 淋巴细胞合二为一，得到杂交的骨髓瘤细胞。这种杂交细胞继承两种亲代细胞的特性，它既具有 B 淋巴细胞合成抗体的特性，也有骨髓瘤细胞能在体外生长增殖的特性，用这种来源于单个融合细胞培养增殖的细胞群，可制备针对一种抗原决定簇的单克隆抗体。

【材料与器皿】

1. 试剂

靶抗原、生理盐水、无血清培养基（用于细胞接种）、弗氏完全佐剂（CFA）、弗氏不完全佐剂、SP2/0-Ag14 骨髓瘤细胞系、添加 10 mmol/L HEPES 和 1 mmol/L 丙酮酸钠的 DMEM-10 和 DMEM-20 完全培养液、50%（m/V）PEG 溶液（灭菌）、无血清 DMEM 完全培养液、氯化铵溶液（0.02 mol/L Tris-HCl，pH=7.2，0.14 mol/L NH$_4$Cl 添加 10 mmol/L HEPES）、1 mmol/L 丙酮酸钠、1×HAT 或 1×HT 的 DMEM-20 完全培养基、70%（V/V）乙醇、DMEM-10 完全培养基、杂交瘤、添加 10 mmol/L HEPES 和 1 mmol/L 丙酮酸钠的 DMEM-10 完全培养基、PBS 或 HBSS、不含 FBS 的 10%（m/V）无菌叠氮化钠溶液、姥鲛烷（Pristane，2,6,10,14- 四甲基十五烷）。

2. 实验动物

无病原体大鼠、小鼠或仓鼠、裸鼠［6～8 周龄，无特殊病原（SPF）］或者是同基因型宿主（注射小鼠 - 小鼠杂交瘤）。

3. 器皿和其他用品

三通管、100 mL 烧杯、18 G、20 G 或 22 G 注射针头（灭菌）、175 cm² 组织培养用细颈瓶、倒置显微镜、400 mL 和 600 mL 烧杯（各 3 只）、100 mm 有盖培养皿、尖头镊、解剖剪、细网金属筛、50 mL 和 15 mL 塑料锥底离心管（灭菌）、Beckman 离心机和 TH-4 转子或同等设备、96 孔平底微量滴定板、1 mL 和 10 mL 移液器、10 mL 注射器（灭菌）、1 mL 或 2 mL 玻璃注射器（灭菌）、水浴锅、0.45 μm 过滤装置、层流罩、超净工作台等。

【实验方法】

1. 免疫接种

（1）将 $2×10^6$～$5×10^7$ 个细胞或 1～50 μg 蛋白质或多肽置于生理盐水中制备成抗原。如果免疫原为细胞，在接种前将细胞于无血清培养基中清洗 3 次。在融合实验前至少 3 d，准备好已免疫接种的实验动物（足够几次融合）。

（2）使用 1～2 mL 玻璃注射器（有 Luer-Lok 接头）吸取抗原，连接三通管。

（3）完全混匀 CFA 以打散抗原。用另一支玻璃注射器吸取与抗原液等量的 CFA 并连接装有抗原的注射器。

（4）将抗原液反复注入 CFA 再抽出直至稠化混合，制成乳状液。取 50 mL 冷水置于 100 mL 烧杯中。挤出一滴乳状液滴于冷水表面以检测乳状液是否稳定。如果乳状液呈液滴状在水面聚集，则进入步骤（5）。如果乳状液滴散开则继续混合操作直至形成稳定的乳状液。

（5）将乳状液移入一个注射器，将另一个注射器和三通管移去。将已消毒的 20 G 注射针头安装于注射器上以封闭乳状液。

（6）麻醉大鼠，或固定小鼠或仓鼠。在这些动物的腹膜腔内注射乳状液，剂量为：大鼠每只 0.5～1 mL、小鼠每只小于 0.2 mL、仓鼠每只 0.2～0.4 mL。将针头插入皮肤并于皮肤与腹膜壁间穿行一段距离后，再刺入腹膜腔。避免用力压迫注射器的活塞，过度的压力会使针头与注射器分离从而造成乳状液的喷溅。在拔出针头前转动针头以减少乳状液渗出。

（7）于 10～14 d 后以大约相同剂量的抗原二次免疫动物。如果计划在免疫 3 d 后进行细胞融合实验，则使用水相溶解的游离抗原或休眠期的完整细胞进行免疫。如果不立即进行细胞融合，则应用 IFA（不含有抗原）乳化的抗原进行免疫，而不使用 CFA。

（8）如果需要，可以在初次和二次免疫后的 7～10 d 用 ELISA 或免疫沉淀法测定抗体滴度。

2. 细胞融合与杂交瘤分选

（1）细胞融合前一周，开始在添加 10 mmol/L HEPES 和 1 mmol/L 丙酮酸钠的 DMEM-10 完全培养基中培养 SP2/0-Ag14 骨髓瘤细胞（融合用细胞）。在细胞融合操作前，骨髓瘤细胞对于不同的实验动物应达到以下水平（每个 175 cm² 组织培养用细颈瓶含培养液 100 mL）。小鼠：1×10^8 个细胞 / 瓶，共 2 瓶或 3 瓶；仓鼠：2×10^8 个细胞 / 瓶，共 3 瓶或 4 瓶；大鼠：$5 \times 10^8 \sim 1 \times 10^9$ 个细胞 / 瓶，共 10 瓶。

（2）细胞融合前 3 d，进行二次免疫。

（3）细胞融合前 1 d，转移 SP2/0-Ag14 骨髓瘤细胞至新鲜的添加 10 mmol/L HEPES 和 1 mmol/L 丙酮酸钠的 DMEM-10 完全培养基中。

（4）在细胞融合前，用倒置显微镜确定 SP2/0-Ag14 骨髓瘤细胞生长良好（折光力强，未固缩），未污染（没有明显的细菌或真菌迹象），并且生长足量。如果骨髓瘤细胞不符合这些要求则暂不进行细胞融合实验。

（5）将以下物品在 37 ℃恒温下预热。

① 3 个 250 mL 以及 3 个 500 mL 烧杯，每个烧杯内盛 100 mL 水。

② 20 mL 无菌的未加血清的 DMEM 完全培养液。

③ 5 mL 无菌的 50%（m/V）PEG 溶液。

（6）处死二次免疫的实验动物。小鼠应用颈椎脱臼法处死，大鼠和仓鼠应用二氧化碳窒息法处死，不要用麻醉法处死动物，取脾脏。

（7）将脾脏移至预置了 10 mL 无菌的未加血清的 DMEM 完全培养液的 100 mm 培养皿中。以下操作要求在层流罩中的超净工作台完成。

（8）使用尖头镊压碾或解剖剪将脾组织剪碎，移去组织碎片并通过细网金属筛进一步分离细胞，制成单细胞悬液。

（9）将单细胞悬液移至已消毒的 50 mL 塑料锥底离心管，并用无血清 DMEM 完全培养液加满离心管（不要使用含有蛋白质或 HEPES 的培养液）。在室温下，于 TH-4 转子中 500 g 离心 5 min，弃上清液。

（10）在 5 mL 氯化铵溶液中将细胞沉淀重悬以裂解红细胞。在室温下静置 5 min，加入 45 mL 无血清 DMEM 完全培养液，参照步骤（9）进行离心。

（11）加入 50 mL 无血清 DMEM 完全培养液，将细胞沉淀重悬并离心。重复添加 DMEM，并离心 1 次，则洗涤脾细胞 2 次。

（12）在洗涤脾细胞的同时，将 SP2/0-Ag14 骨髓瘤细胞移入 50 mL 塑料锥底离心管。参照步骤（9）进行离心，分离细胞。在 DMEM 中重悬细胞，参照步骤（11）洗涤骨髓瘤细胞 3 次。

（13）分别在 10 mL 无血清 DMEM 完全培养液中重悬脾细胞和骨髓瘤细胞。用细胞计数器和台盼蓝拒染试验对两种细胞悬液进行细胞计数和活力测定。此时两种细胞悬液应该都具有 100% 的活力。

（14）在细胞计数的基础上，以约 2.5×10^6 个总细胞数 / 毫升计算培养细胞所需添加 10 mmol/L HEPES 和 1 mmol/L 丙酮酸钠的 DMEM-20 培养基的量。在 37 ℃水浴预热此培养基。取 96 孔平底微量滴定板做好标签备用，每 10 mL 细胞悬液需准备一个 96 孔板。

（15）将 SP2/0-Agl4 骨髓瘤细胞与脾细胞以 1 ∶ 1（V/V）的比例在 50 mL 塑料锥底离心管中混合。以无血清 DMEM 完全培养液加满离心管。在室温下，500 g 离心 5 min。

（16）在进行细胞离心的同时，在层流罩中放入 3 个 500 mL 烧杯［步骤（5）］，烧杯内盛 75～100 mL 37 ℃温水，再将 3 个内盛 100 mL 37 ℃温水的 250 mL 烧杯分别放入 500 mL 烧杯中，形成恒温水浴环境，将预热的 50% PEG 溶液试管与无血清 DMEM 完全培养液管［步骤（5）］分别放入前 2 个 37 ℃水浴烧杯中。

（17）吸取并丢弃混合细胞离心的上清液部分［步骤（15）］，并将离心管置于第 3 个水浴烧杯中。使用 1 mL 移液器向混合细胞沉淀中加入 1 mL 预热的 50% PEG 溶液，在 1 min 内匀速逐滴缓慢加入，每加入一滴即用移液器轻轻搅匀细胞。滴加完成后轻轻搅匀 1 min。

（18）使用干净的移液器向混合细胞液中逐滴加入预热的无血清 DMEM 完全培养液，同时轻轻搅匀。

① 1 min 内匀速滴加 1 mL DMEM。

② 1 min 内匀速滴加 1 mL DMEM。

③ 2～3 min 内匀速滴加 7 mL DMEM（使用 10 mL 移液器）。

注意：此时应有肉眼可见的细胞团漂浮。室温下，500 g 离心 5 min。

（19）在进行细胞离心的同时，将水浴烧杯重新加热到 37 ℃，并放入层流罩中。将预热的添加 10 mmol/L HEPES 和 1 mmol/L 丙酮酸钠的 DMEM-10 完全培养基放入水浴烧杯中。

（20）弃上清液［步骤（18）］，将试管放入水浴。用干净的 10 mL 移液器将预热的添加 10 mmol/L HEPES 和 1 mmol/L 丙酮酸钠的 DMEM-10 完全培养基用力吹入细胞沉淀。连续添加，直到将所有培养基加入步骤（14）准备的培养基。如果培养基体积超过了 50 mL，小心地吸取多余培养基并转入其他无菌容器。如果必要，可用移液器头压碎细胞团。此后，不需要继续保持细胞悬液于恒温水浴中。

（21）小心地用 10 mL 移液器吸取 10 mL 细胞悬液（不要使用粗糙的或重复使用的移液器）。小心地在 96 孔平底微量滴定板的每个孔中滴加 2 滴（100～125 μL）细胞悬液。所有细胞悬液滴加完后，用一支干净的移液器除去过多的细胞悬液。在 37 ℃下培养过夜。

（22）培养 1 d 后，在倒置显微镜下检查细胞生长情况。移种了合适数量细胞的滴定板孔底部将出现成片的单层高活力细胞或细胞团。

（23）用 10 mL 移液器在每个孔中滴加 2 滴添加 10 mmol/L HEPES、1 mmol/L 丙酮酸钠和 HAT 的 DMEM-20 完全培养基混合液。每个孔需不同的移液器头，并保证板盖不被互换，之后将孔板置于培养箱。

（24）如果孔板发生污染，将其丢弃。或者，如果污染仅限制在 1 个或 2 个孔中，按以下步骤操作：用消毒的巴氏滴管吸取受污染的孔内物，移入空培养瓶。用 70% 乙醇漂洗这些孔，并用已消毒棉签擦拭。重复漂洗 2 次。用蘸有 70% 乙醇的棉签擦拭周围。当有其他孔板在层流罩中时，不要打开受污染的孔板。

（25）在培养的第 2 d、3 d、4 d、5 d、7 d、9 d、11 d，用已消毒的小号巴氏滴管吸取每个孔的一半培养液，移入空培养瓶。操作时将滴管保持 45° 倾斜，贴近培养上清液的表面吸取，每个孔板需使用不同的滴管。加入添加 HEPES、丙酮酸钠和 HAT 的 DMEM-20 完全培养基混合液［步骤（23）］，放回培养箱。如果在第 2 d 和第 3 d 没有发现明显的细胞死亡迹象，用加有 HAT 的培养液培养部分原骨髓瘤细胞，以检测两者的质量。

（26）培养 4 d 后，根据孔中的实际细胞数量、融合效率和杂交瘤的外观及生长情况来决定是否更换培养基。为避免孔中液体变成黄色（酸性）并持续 1 d 以上，即使不需要更换培养液也应每天检查孔板，并在出现酸性迹象前更换培养液。

（27）培养第 14 d，改用添加 HEPES、丙酮酸钠和 HT 的 DMEM-20 完全培养液培养细胞，放回培养箱培养。

（28）培养第 15 d 直至最后，改用不添加 HAT 或 HT 的含 HEPES 和丙酮酸钠的 DMEM-20 完全培养液。当大多数孔内细胞生长到占孔底面积的 10%～25% 时，可以进行杂交瘤细胞筛选。对于生长特别稠密的孔，可以在更换培养液后 2 d、培养液变黄时进行细胞筛选（一般情况下，小鼠 - 小鼠细胞或大鼠 - 小鼠细胞融合后需 10～14 d，仓鼠 - 小鼠细胞融合后需 14～21 d）。

3. 单克隆细胞培养上清的制备

（1）将杂交瘤细胞移入含有 DMEM-10 完全培养基的 175 cm² 组织培养用细颈瓶中。培养至生长旺盛和准备细胞分瓶时取用（细胞密度应达到 $1 \times 10^6 \sim 2 \times 10^6$ 个细胞 / 毫升）。避免细胞生长密度过高而死亡。

（2）以 1 : 10 的比例分出部分细胞至另一个 175 cm² 组织培养用细颈瓶中。加入 DMEM-10 完全培养基至总体积 100 mL，培养至细胞过度生长，培养基呈黄色（酸性），出现死亡细胞（大约 5 d）。或者将高密度细胞（$1 \times 10^6 \sim 2 \times 10^6$ 个细胞 / 毫升）随新鲜培养基转入 175 cm² 组织培养用细颈瓶，培养 2～3 d 直到出现死亡细胞。

（3）将 175 cm² 组织培养用细颈瓶内混合物转入 50 mL 塑料锥底离心管。室温下，1500 g 离心 10 min，取上清液，弃沉淀。

（4）用适当的方法检测上清液中 mAb 的滴度。

（5）无菌环境储存培养上清液。通常在 4 ℃环境中可以储存数周到数月，在 -20 ℃环境中可以储存多年，在 -70 ℃环境中可以永久储存。可将培养上清液等分为多个单位储存，尽量减少冻融的次数。

4. 含有单克隆抗体的腹水制备

（1）在接种细胞前 7 d，用 20 G 或 22 G 注射针头给每一只小鼠腹腔内注射姥鲛烷 0.5～1 mL，始终保证小鼠处于 SPF 设施中。

（2）在盛有添加了 10 mmol/L HEPES 和 1 mmol/L 丙酮酸钠的 DMEM-10 完全培养液的 175 cm² 组织培养用细颈瓶中增殖杂交瘤细胞，保持细胞处于对数生长期。在接种小鼠之前，用 ELISA 或其他检测方法检测培养上清液中 mAb 的活性，检测最好在细胞扩增之前进行。为了降低病原体进入鼠类细胞克隆的风险，应该用抗体形成实验检测细胞中的病原体。

（3）将培养物移入 50 mL 塑料锥底离心管中。室温下，500 g 离心 5 min，弃上清液。用 50 mL 已消毒的不含 FBS 的 PBS 或 HBSS 重悬、洗涤细胞，并再次离心，弃上清液。重复 2 次后重悬细胞于 5 mL PBS 或 HBSS。

（4）进行细胞计数，并用台盼蓝拒染实验检测细胞活力是否接近 100%。加入不含 FBS 的 PBS 或 HBSS 调整细胞密度为 2.5×10^6 个细胞 / 毫升。

（5）用 10 mL 注射器抽取细胞。使用 22 G 注射针头向裸鼠腹腔内注射 2 mL 细胞。注射 3 只小鼠，通常至少会有一只且往往全部的小鼠都能产生含有 mAb 的腹水。腹水的产生需 7～14 d；若需要最大量的腹水应多等待 3～7 d。

（6）抽取腹水。用一只手抓取并固定小鼠，绷紧腹部皮肤。另一只手将一个 18 G 的注射针头刺入小鼠腹腔 1～2 cm。针头刺入时应选择左下腹或右下腹，避开上腹部的重要脏器和腹中线的大血管。在针头刺入之前应先确保针的尾部已对准 15 mL 塑料锥底离心管，使流出的腹水可以直接滴入离心管中。

（7）若操作中出现问题，可以参考以下办法解决。

① 若小鼠有大量的腹水但是无法流出，可以将针头缓慢地旋转，或换一个位置刺入。

② 若没有腹水积蓄且小鼠的健康状况尚好，可以重新注射细胞。

③ 若没有腹水积蓄且小鼠死亡（尤其是在注射后 14 d 内死亡），下次注射时应减少细胞量。

④ 若形成了实体的肿瘤，将肿瘤细胞打散、重悬，并用以注射另一只姥鲛烷预处理的小鼠。

⑤ 若只形成了少量的腹水，将其注射给另一只预处理的小鼠（大约 0.5 毫升 / 只）。

（8）室温下，1500 g 离心腹水 10 min。若腹水在离心管内凝结，在离心前用细木棒在凝块与离心管壁间刮一圈，若凝块附在木棒上则将其丢弃，否则不做处理，离心后凝块将成为沉淀的部分。

（9）取上清液，弃沉淀。在所有腹水收集完之前将先离心得到的腹水保存在 4 ℃环境中（不超过 7 d）。

（10）让小鼠重新积蓄腹水（2～3 d），按照步骤（6）再次抽取腹水，按照步骤（8）对腹水进行处理。多次重复抽取腹水，直到不再有腹水生成或小鼠死亡。将剩余的小鼠处死。

（11）将之前多次抽取的腹水混合，在 56 ℃水浴中热灭活 45 min。若有凝块形成，用步骤（8）中的方法刮离、离心去除。

（12）用适当的方法检测腹水的 mAb 滴度。以大于 1∶10 的比例稀释，并用 0.45 μm 过滤装置过滤细菌。若不对腹水进行生物学检测，则加入不含 FBS 的 10%（m/V）无菌叠氮化钠溶液至总量的 0.02%。分装腹水，可以避免反复冻融，在 −70 ℃环境中冻存，可以储存数年。

【实验结果】

（1）在免疫动物的血清中检测到所需的特异性抗体，并记录下来。

（2）在倒置显微镜下观察并拍照记录孔板的每个孔中大量融合或未融合的亲代细胞，并可从中筛选和克隆到能够分泌特异性抗体的阳性杂交瘤细胞。

（3）制备出含有所需 mAb 蛋白的培养上清液并测定其效价。

（4）得到含有 mAb 蛋白的腹水并测定其效价。

【注意事项】

（1）可溶性抗原一定要与弗氏完全佐剂充分乳化后，才能用于免疫。

（2）应注意在操作中的保持无菌环境。

（3）如果在筛选检测中需用 ^{3}H−胸腺嘧啶核苷摄入实验，至少需要更换 3 次或 4 次不添加 HAT 或 HT 的含有 10 mmol/L HEPES 和 1 mmol/L 丙酮酸钠的 DMEM−20 完全培养液，稀释残留的胸腺嘧啶核苷以不影响之后的标记。

（4）2 个小鼠或仓鼠，或 1 个大鼠的脾细胞即可满足细胞融合的需要。

（5）为了最大程度地避免细胞的过度生长，可在细胞融合与杂交瘤分选的步骤前加入一个可选步骤：在移种到 96 孔板之前，可以将完成融合的细胞悬液在 175 cm² 组织培养用细颈瓶中培养过夜，以除去贴壁生长的细胞。

（6）除非特别注明，单克隆细胞的培养操作都应在饱和湿度、恒温 37 ℃、5% CO_2 的培养箱中进行。所有与活细胞接触的试剂与仪器必须预先灭菌。

（7）杂交瘤细胞应当始终处于对数生长期，应当避免长时间体外培养及体内传代。

（8）含有单克隆抗体的腹水制备中，远交系裸鼠虽然更加昂贵，但无须放射线处理；不一定必须使用近交系裸鼠。

（9）不含 FBS 的 10%（m/V）无菌叠化钠有剧毒，操作应小心并戴手套，废液必须按规定回收处理。

实验 7-15　硫酸铵沉淀和凝胶过滤层析

【案例】

先用饱和硫酸铵（$NH_4)_2SO_4$ 沉淀法提取鸡血清 IgG，再经透析除盐，将粗提物过 Sephadex G200 柱进一步分离 IgG，最后利用免疫电泳和 SDS-PAGE 电泳进行纯度鉴定。其具体方法为：取鸡血清加等量 PBS（0.1 mol/L，pH=7.4），室温下边搅拌边加入双倍体积血清量的饱和硫酸铵，在 4 ℃ 环境中静置 30 min，以 3000 r/min 的速度离心 30 min，沉淀用 PBS 溶解至原体积，然后边搅拌边加半量饱和硫酸铵，在 4 ℃ 环境中静置 30 min，以 3000 r/min 的速度离心 30 min，重复上述操作 1 次。沉淀用 PBS 溶解，装入透析袋，在 4 ℃ 环境下透析 48 h 除盐，其间换液至少 7 次。随后取处理后的凝胶装柱，用 200 mL 0.01 mol/L pH=7.4 的 PBS 平衡 24 h，流速 10 mL/min，最后上柱洗脱，洗脱液流速为 8～10 mL/min，收集洗脱液保存在 -20 ℃ 冰箱。最终检测结果表明：（$NH_4)_2SO_4$ 盐析获得的鸡 IgG 经 Sephadex G200 柱分离可获得高纯度的鸡 IgG。请思考：若发现纯化后的鸡 IgG 蛋白中含有大量杂蛋白，应如何改进实验方案并说明理由。

【实验目的】

（1）掌握免疫球蛋白的纯化原理与方法。

（2）了解免疫球蛋白纯化方案的设计。

【基本原理】

硫酸铵沉淀法可用于从大量粗制剂中浓缩和部分纯化蛋白质。用此方法可以将主要的免疫球蛋白从样品中分离，是免疫球蛋白分离的常用方法。高浓度的盐离子在蛋白质溶液中可与蛋白质竞争水分子，从而破坏蛋白质表面的水化膜，降低其溶解度，使之从溶液中沉淀出来。各种蛋白质的溶解度不同，因而可利用不同浓度的盐溶液来沉淀不同的蛋白质。硫酸铵因其溶解度大，温度系数小和不易使蛋白质变性而应用最广。

葡聚糖凝胶是由直链的葡聚糖分子和交联剂 3- 氯 -1,2- 环氧丙烷交联而成的具有多孔网状结构的高分子化合物。凝胶颗粒网孔的大小可通过调节葡聚糖和交联剂的比例来控制，交联剂越多，网孔结构越紧密；交联剂越少，网孔结构就越疏松，网孔的大小决定了被分离物质能够自由出入凝胶内部的分子量范围。可分离的分子量范围从几百纳米到几十万纳米不等。葡聚糖凝胶层析是使待分离物质通过葡聚糖凝胶层析柱，各个组分由于分子量不相同，则在凝胶柱上受到的阻滞作用不同，而在层析柱中就会以不同的速度移动。分子量大于允许进入凝胶网孔范围的物质完全被凝胶排阻，不能进入凝胶颗粒内部，阻滞作用小，随着溶剂在凝胶颗粒之间流动，因此流程短，而先流出层析柱；分子量小的物质可完全进入凝胶颗粒的网孔内，阻滞作用大，流程延长，而后从层析柱中流出。若被分离物的分子量介于完全排阻和完全进入网孔物质的分子量之间，则在两者之间从柱中流出，由此就可以达到分离目的。

硫酸铵沉淀和凝胶过滤层析可纯化小鼠抗体的所有亚类和其他种属抗体，也可用于纯化任何种属的 IgM、IgG 和 IgA。

【材料与器皿】

1. 试剂

PBS、饱和硫酸铵、硼酸盐缓冲液(可选)、聚丙烯酰胺葡聚糖凝胶 S-200、含有 0.2%（m/V）NaN_3 的 PBS（可选）、SAS。

2. 器皿和其他用品

玻璃棉、Sorvall 离心机及 SS-34 型转子（或类似设备）、透析袋（无须按分子质量精确截断）、26 mm × 900 mm 层析柱、分光光度计。

【实验方法】

（1）适用于腹水：为了清除腹水中的脂类物质，可用足量玻璃棉盖住漏斗口，然后倒入腹水，再用 PBS 充分冲洗玻璃棉，并戴好手套，轻轻挤压玻璃棉，收集全部样品（处理玻璃棉的时候请戴手套），将滤出液于 4 ℃或室温下，20000 g 离心 30 min，轻轻倒出上清液并保存，弃去含膜和细胞碎片的沉淀。适用于 mAb 上清液：将 mAb 上清液于 4 ℃或室温下，20000 g 离心 30 min，轻轻倒出上清液并保存。

（2）边搅拌边慢慢向腹水或 mAb 上清液中加入 SAS 至终浓度 45%（V/V），在室温下静置 1～2 h 或在 4 ℃环境中静置过夜，保证使所有蛋白质沉淀。

（3）在 4 ℃或室温下，20000 g 离心 1 h，保留上清液以检测抗体活性。用最小体积的 PBS 或硼酸盐缓冲液（10～20 mL）溶解沉淀并转移到透析袋中，于 4 ℃环境中在至少 20 倍体积的 PBS 或硼酸缓冲液中透析 24～48 h，在透析过程中更换透析液 4～6 次，最后将蛋白质浓缩至大于 5 mL。

（4）准备 26 mm × 900 mm 聚丙烯酰胺葡聚糖凝胶 S-200 Superfine 层析柱，将浓缩的蛋白质溶液上样。用 PBS 或含 0.2%（m/V）NaN_3 的 PBS 或硼酸缓冲液洗脱蛋白质，收集 100 个组分（每个组分为 1% 柱体积，约 4.5 mL）。在 280 nm 波长检测蛋白质组分。

（5）用非还原型和还原型 10% 聚丙烯酰胺凝胶电泳检测 A280>0.5 组分的蛋白质纯度。在非还原型凝胶上，IgG 的条带在 150 kDa 左右；在还原型凝胶上，55 kDa 左右的条带为 IgG 重链，25 kDa 左右的条带为 IgG 的轻链。IgG2b 的重链呈非对称的糖基化，通常以二聚体形式存在。

（6）用分光光度计测定 IgG A_{280} 浓度和分子质量。将含纯 IgG 的洗脱液合并，用硼酸缓冲液或含 0.2%（m/V）NaN_3 的 PBS 调整 IgG 浓度至 0.1～30 mg/mL，可在 4 ℃环境中保存数年。免疫球蛋白和其片段的消光系数和分子大小如表 7-4 所示。

表 7-4　免疫球蛋白和其片段的消光系数和分子大小

分子	A_{280}/（1 mg/mL 溶液）	分子质量 /kDa	
		非还原型	还原型 [a]
IgG	1.43	150	50，25
IgM	1.18	900	78，25
IgM 单体	1.18	180	78，25
Fab	1.53	50	25 [b]
F（ab'）2	1.48	100～110	25 [b]
F（ab'）2μ	1.38	135	44，25
F（ab'）μ	1.38	65	44，25

注：a. 左边的数字代表免疫球蛋白重链的分子质量，右边的数字代表免疫球蛋白轻链的分子质量。

b. SDS-PAGE 上呈现二聚体。

【实验结果】

成功分离所需的 mAb，并予以检测、保存。

【注意事项】

（1）NaN$_3$ 有剧毒，操作应小心并戴手套，废液必须按规定回收处理。

（2）洗脱速度不宜过快或过慢，需要经过一定的摸索，确定最佳流速。

（3）长期保存可以将 IgG 置于 –70 ℃环境中保存，不要将抗体在 –20 ℃环境中储存超过 30 d，要避免抗体的反复冻融。

第8章　微生物分类及鉴定

微生物的分类及鉴定是微生物工作者的基础工作之一。分类是根据一定的原则对微生物进行分群归类，按照相似性或相关性水平排列成系统，并对各个分类群的特征进行描述，以便查考和对未被分类的微生物进行鉴定。鉴定是借助于现有的微生物分类系统，通过特征测定，确定未知的或新发现的或未明确分类的微生物所应归属分类群的过程。常规的生理生化实验方法可以鉴定微生物，但是由于其所需时间长，需要的试剂多，陆续被许多快速、准确、微量化和操作简便的生化实验方法所替代。随着计算机的普及和发展，商业化、微机化的快速微量细菌鉴定系统应运而生。不但如此，细菌鉴定也从原来的肠杆菌科鉴定扩展到厌氧菌、淋球菌、酵母菌和不发酵的革兰氏阴性菌的鉴定。

实验 8-1　糖类发酵试验

【案例】

由于微生物生长的需要，有些发酵糖类物质会产生各种酸和气体，这些酸类物质和气体可能是什么呢？大肠杆菌和枯草芽孢杆菌对糖类进行发酵，它们对糖类物质的利用有何异同？

【实验目的】

（1）学习细菌糖类发酵的原理。

（2）掌握糖类发酵的测定方法，并用于菌种鉴定。

【基本原理】

糖类物质作为化能有机营养型微生物的碳源与能源，在微生物代谢中起到重要作用。不同细菌对糖类物质的利用有很大的差异。某一种细菌可发酵某一种糖类物质会产生酸和气体；另一种细菌发酵糖类物质时，可能只产生酸不产生气体；有的细菌则根本不能发酵糖类物质。因此这一生理特征是细菌分类鉴定工作的重要依据之一。在糖类发酵实验中，可用发酵管中小导管是否充气来判断细菌能否发酵糖类物质；指示剂溴甲酚紫可以用于检验酸的产生，其在 pH=6.8 以上时呈紫色，在 pH=5.2 以下时呈黄色。

【材料与器皿】

1. 菌种

培养 24 h 的大肠杆菌（*Escherichia coli*）与枯草芽孢杆菌（*Bacillus subtilis*）斜面菌种。

2. 试剂

牛肉膏蛋白胨培养基、溴甲酚紫、葡萄糖、蔗糖和乳糖等。

3. 器皿和其他用品

发酵管、小导管、接种环、酒精灯、超净工作台等。

【实验方法】

（1）接种。遵循无菌操作规范，用接种环将大肠杆菌和枯草芽孢杆菌分别接入含有 1% 葡萄糖、1% 蔗糖、1% 乳糖的含溴甲酚紫（0.012 g/L）的牛肉膏蛋白胨培养基中。未接种含有各种糖类和溴甲酚紫的牛肉膏蛋白胨培养基作为空白对照。实验设置 3 次重复。

（2）观察结果。在 37 ℃恒温环境中培养，分别于 1 d、2 d、3 d 观察，必要时可延长至 7 d。观察各发酵管颜色变化和小导管内是否充气，并做好记录。

【实验结果】

将细菌对糖类物质发酵的结果填于表 8-1。

表 8-1　细菌对糖类物质发酵的结果

菌种		1% 葡萄糖			1% 蔗糖			1% 乳糖		
		24 h	48 h	72 h	24 h	48 h	72 h	24 h	48 h	72 h
枯草芽孢杆菌	产酸									
	产气									
大肠杆菌	产酸									
	产气									
对照	产酸									
	产气									

【注意事项】

（1）在接种前应观察发酵管中小导管是否有气泡存在，如果有的话就不能使用。

（2）接种后应轻轻摇动试管使菌液与培养基混合均匀，但要注意不能让气泡进入小导管中。

（3）培养基内不能含有任何其他糖类物质和硝酸盐，以免出现假阳性反应。因为有些细菌可使硝酸盐还原产生气体，从而影响实验结果的观察和判断。

实验 8-2　利用 Biolog 自动分析系统分离鉴定微生物菌群

【案例】

Biolog 自动分析系统是近年来广泛使用的基于分子生物学方法和生物标志物的测定方法，在微生物群落研究上具有很大的优势：灵敏度高、分辨率强、操作简单、工作效率高、微生物群落代谢特征保留完整等。为了了解人体皮肤表面和口腔的菌群种类和数量差异，可采用 Biolog 自动分析系统进行鉴定。影响平板微孔显色的因素有哪些？如何提高该系统的特异性和准确性，从而更好地比较人体皮肤表面和口腔中菌群的差异？

【实验目的】

（1）了解 Biolog 分析方法。

（2）学习使用 Biolog MicroLog 软件，掌握数据库使用方法。

【基本原理】

传统微生物分离鉴定的研究方法主要是分离纯化微生物菌种，然后对分离出来的纯菌种分别进行研究，但是分离纯化的微生物菌种种类有限，分离培养后微生物的生理特性容易发生变异。近年来，分子生物学方法和基于生物标志物的测定方法广泛应用，操作简便，无须分离培养微生物，就可直接反映微生物群落信息，但是对微生物群落活性与代谢功能的信息收集较为困难。Biolog 分析方法则弥补了这一不足。该方法由美国的 Biolog 公司于 1989 年开发，最初应用于纯种微生物鉴定，现今已经能够鉴定包括细菌、酵母菌和霉菌在内的 2000 多种病原微生物和环境微生物。

Biolog 微生物分类鉴定系统的微平板可分为横排和纵排，共 96 孔。其中横排标记为：1、2、3、4、5、6、7、8、9、10、11、12；纵排标记为：A、B、C、D、E、F、G、H。其中（A，1）孔内为水，作为空白对照；其他为 95 种不同单一碳源。同时，96 孔中都含有四唑类氧化还原染色剂。待测细菌在利用碳源的过程中会产生大量自由电子，这些自由电子可与四唑类氧化还原染色剂发生还原显色反应，从无色还原为紫色，从而在鉴定微平板上形成该菌特征性的反应模式或"指纹图谱"，通过纤维光学读取设备——读数器来读取颜色变化，并与数据库相关菌株的特征数据进行比对，获得最大限度的匹配，可瞬间得到鉴定结果，确定所分析的菌株的属名或种名。真核微生物（酵母菌和霉菌）的鉴定，则还需要测定浊度的变化，以进行最终的分类鉴定。

Biolog 自动分析系统组成：微平板、微平板读数器和微机系统。不同 Biolog 微平板具有不同的碳源组成特点及其应用范围，所以可根据研究目的选择相应的 Biolog 微平板，如革兰氏阴性好氧菌选择 GN2 鉴定板，革兰氏阳性好氧菌选择 GP2 鉴定板，厌氧菌选择 AN 鉴定板，酵母菌选择 YT 鉴定板，丝状真菌选择 FF 鉴定板。Biolog 自动分析方法的一般流程包括微平板的选择、样品的制备、加样、温育与读数等几个过程。Biolog 自动分析的系统组成与说明如表 8-2 所示。

表 8-2　Biolog 自动分析的系统组成与说明

系统组成	系统说明
微平板	微平板含 95 种不同单一碳源、胶质和四唑类氧化还原染色剂
微平板读数器	自动读取吸光值
微机系统	系统内存储包括细菌、酵母、丝状真菌等近 2000 种微生物数据，可以进行自动分析

【材料与器皿】

1. 菌种

恶臭假单胞菌（*Pseudomonas putida*）斜面、乳双歧杆菌（*Bifidobacterium lactis*）斜面、啤酒酵母（*Saccharomyces cerevisiae*）斜面、黑曲霉（*Aspergillus niger*）斜面。

2. 试剂

Biolog 专用培养基：BUG 琼脂培养基、BUG+B 培养基、BUA+B 培养基、BUY 培养基、2% 麦芽汁琼脂培养基。

Biolog 专用菌悬液稀释液、脱血纤维羊血、麦芽汁提取物、蒸馏水、巯基乙酸钠、水杨酸钠等。

3.器皿和其他用品

Biolog 微生物分类鉴定系统及数据库、浊度仪（Biolog 公司）、读数器、恒温培养箱、光学显微镜、pH 计、8 孔道移液器、吸头、试管等。

【实验方法】

1.待测微生物的培养

使用 Biolog 推荐的培养基和培养条件，对待测微生物进行培养。其中好氧菌使用 BUG+B 培养基，厌氧菌使用 BUA+B 培养基，酵母菌使用 BUY 培养基，丝状真菌使用 2% 麦芽汁琼脂培养基。大部分细菌培养时间为 16~24 h，某些生长缓慢的细菌或苛养菌需要培养 48 h，生长缓慢的厌氧菌需要更长的时间，丝状真菌培养 10 d。

2.革兰氏染色

对好氧菌必须进行革兰氏染色，根据革兰氏染色结果选择合适的培养基和微平板。

3.特定浓度菌悬液的制备

接种物的准备必须严格按照 Biolog 系统的要求进行，将对数生长期的斜面培养物转入 Biolog 专用菌悬液稀释液。如果是革兰氏阳性球菌和杆菌，则在专用菌悬液中加入 3 滴巯基乙酸钠和 1 mL 100 mmol/L 的水杨酸钠，使菌悬液与标准悬液具有同样的浊度。

4.接种并对接种后的微平板进行培养

不同种类的微生物选择不同的微平板，使用 8 孔道移液器，将菌悬液接种于微平板的 96 孔中：一般细菌 150 μL、酵母菌 100 μL、霉菌 100 μL。接种过程不能超过 20 min。将接种后的微平板放入塑料盒中，按 Biolog 推荐的条件进行培养。

5.读取结果

读取结果之前要对读数器进行初始化。可事先输入微平板的信息，以缩短读取结果时间，这对人工和读数器读取结果都适用。由于工作表中无培养时间，所以人工和读数器读取结果时首先要选择培养时间，其次选择读取方式，从已打开的工作表读取结果，最后可以按次序读取结果。如果认为自动读取的结果与实际不符，可以人工调整阈值以得到认为是正确的结果。

GN、GP 数据库是动态数据库。微生物总是最先利用最适碳源并最先产生颜色变化，颜色变化也最明显；对最适的碳源，细菌利用较慢，相应产生的颜色变化也较慢，颜色变化也没有最适碳源明显。动态数据库则充分考虑了微生物的这种特性，使数据结果更准确，更符合实验结果。

酵母菌和霉菌数据库是终点数据库，软件同时检测颜色和浊度的变化。

6.结果解释

Biolog Microlog 软件将对 96 孔板显示出的实验结果按照与数据库中的菌种的匹配程度列出 10 个鉴定结果，并在 ID 框中进行显示，如果第 1 个结果都不能很好地匹配，则 ID 框中就会显示"No ID"。

评估鉴定结果的准确性。%PROB 提供使用者可以与其他鉴定系统比较的参数；SIM 显示 ID 与数据库中菌种之间的匹配程度；DIST 显示 ID 与数据库中的菌种之间的不匹配程度。

种的比较。"+"表示样品和数据库的匹配程度 ≥ 80%；"-"表示样品和数据库的匹配程度 ≤ 20%。

欲查 10 个结果之外的结果，单击"Other"显示框。双击"Other"显示数据库，在数据库中选中欲比较的菌种，就可以显示出各种指标；右键单击可显示动态数据库和终点数据库。

【实验结果】

将95种基质的测定结果与菌种库中的数据进行对比，判断菌种的归属。

【注意事项】

（1）在制备菌悬液时，不要挑起微平板的培养基，否则会带入其他碳源。

（2）纯化细菌时，应该选择正确的培养基，否则无法得到正确结果。

实验 8-3　IMViC 与硫化氢试验

【案例】

不同细菌在 IMViC 与硫化氢试验中的表现各不相同，如果现在有一株未知的菌株，欲进行 IMViC 与硫化氢试验来进行鉴别，如何设计试验方案？怎样保证试验结果的准确性？

【实验目的】

（1）明确 IMViC 与硫化氢试验的原理和方法。

（2）了解 IMViC 与硫化氢试验在细菌鉴定中的作用。

【基本原理】

IMViC 是吲哚试验（Indol test）、甲基红试验（Methylred test）、伏－普试验（Voges-Prokauer test）和柠檬酸盐试验（Citrate test）4 个试验的缩写，其中"i"是在英文中为发音方便而加上去的。这 4 个试验主要用来鉴别大肠杆菌和产气肠杆菌等肠道细菌。

吲哚试验：用于检测微生物是否含有色氨酸酶并产生吲哚。不同细菌所含酶系统不同，某些细菌含有色氨酸酶，可分解蛋白胨中的色氨酸产生吲哚，吲哚与对二甲基氨基苯甲醛结合，形成玫瑰吲哚（红色化合物）。大肠杆菌的吲哚试验为阳性，产气肠杆菌的吲哚试验为阴性。

甲基红试验：简称 M.R. 试验，用于检测微生物产生有机酸的能力。以甲基红〔pH=4.2（红色）～6.3（黄色）〕为指示剂，由于不同细菌对葡萄糖代谢后产生的酸的种类和数量不同，致使指示剂呈现不同颜色。大肠杆菌分解葡萄糖可产生甲酸、乙酸、乳酸、琥珀酸等多种酸，培养液 pH 可达 4.2 以下，加入甲基红指示剂呈红色，为甲基红试验阳性；产气肠杆菌分解葡萄糖只产生甲酸、乙醇和乙酰甲基乙醇，生成的酸的种类少，培养液 pH 可达到 6.0，培养液呈黄色，为甲基红试验阴性。

伏－普试验：即乙酰甲基甲醇试验，简称 V.P. 试验，用于检测不同细菌分解葡萄糖产生乙酰甲基甲醇的能力。产气肠杆菌分解葡萄糖产生丙酮酸后，可将 2 分子丙酮酸脱羧生成 1 分子乙酰甲基甲醇，其在碱性溶液中被空气中的 O_2 氧化生成二乙酰，二乙酰和培养液中含胍基的化合物（如精氨酸）反应，生成红色的化合物，即为伏－普试验阳性（若培养基中含胍基的化合物太少，可加入少量肌酸等胍基化合物；在试管中可加入 α－萘酚促进反应进行）；而大肠杆菌分解葡萄糖不产生乙酰甲基甲醇，为伏－普试验阴性。

柠檬酸盐试验：用于检测各种细菌能否利用柠檬酸盐的能力。有的细菌能以柠檬酸盐为碳源，有些细菌则不能。细菌分解柠檬酸盐及培养基中的磷酸铵后产生碱性化合物，使培养基 pH 升高，当加入 1% 溴麝香草酚蓝指示剂时，指示剂由绿色变为深蓝色。溴麝香草酚蓝指示范围为：pH 小于 6.0 时，呈黄色；pH 为 6.0～7.6 时，呈绿色；pH 大于 7.6 时，呈蓝色。产气肠杆菌能在以单一柠檬酸盐为碳源的培养基上生长，分解柠檬酸盐为乙酸盐、甲酸盐、琥珀盐和 CO_2，这些有机酸和它们的盐进一步被分解产生碱性碳酸盐和碳酸氢盐，使培养基由中性变为碱性，溴麝香草酚蓝由淡绿色变为深蓝色，为柠檬酸盐试验阳性；大肠杆菌不能利用柠檬酸盐，故不能生长，培养基仍为绿色，为柠檬酸盐试验阴性。

硫化氢试验：用于检测硫化氢的产生。有些细菌能够分解含硫有机物，如胱氨酸、半胱氨酸、甲硫氨酸等，产生硫化氢，硫化氢遇重金属盐（如含铅盐或铁盐等）可生成黑色的硫化铅或硫化亚铁沉淀，从而确定硫化氢的产生，则为硫化氢试验阳性。其测定方法有两种：一是用含柠檬酸铁铵的培养基作穿刺培养，看是否有黑色沉淀产生；二是在盛有液体培养基的试管中接种细菌以后，在试管的棉塞下吊一片醋酸铅试纸，经培养后看醋酸铅试纸是否变黑（醋酸铅试纸的制法：将普通滤纸浸在 50 g/L 醋酸铅溶液中，取出晾干，高压灭菌后在 105 ℃下烘干备用）。

【材料与器皿】

1. 菌种

大肠杆菌（*Escherichia coli*）、产气肠杆菌（*Enterobacter aerogenes*）。

2. 试剂

蛋白胨水培养基：蛋白胨 1.0 g、氯化钠 0.5 g、磷酸氢二钠 0.2 g、磷酸氢二钾 0.2 g、葡萄糖 0.5 g、蒸馏水 1000 mL，pH=7.8。

葡萄糖蛋白胨水培养基：蛋白胨 0.5 g、葡萄糖 0.5 g、磷酸氢二钾 0.2 g、蒸馏水 1000 mL，pH=7.2～7.4。

柠檬酸盐斜面培养基：柠檬酸钠 2.0 g、氯化钠 5.0 g、磷酸二氢铵 1.0 g、磷酸氢二钾 1.0 g、硫酸镁 0.2 g、1% 溴麝香草酚蓝（酒精溶液）或 0.04% 苯酚红 10 mL、琼脂 15.0～20.0 g、蒸馏水 1000 mL，pH=6.8。

柠檬酸铁铵直立柱培养基：K_2HPO_4 0.5 g、$MgSO_4 \cdot 7H_2O$ 0.5 g、柠檬酸铁铵 0.5 g、甘油 20.0 g、柠檬酸 2.0 g、L- 谷氨酸 4.0 g、琼脂 15.0 g、蒸馏水 1000 mL，pH=7.4。

其他试剂：吲哚试剂、甲基红指示剂、乙醚、400 g/L NaOH 溶液、5% α- 萘酚、肌酸等。

3. 器皿和其他用品

恒温培养箱、高压蒸汽灭菌锅、超净工作台、滴管、试管、接种针、酒精灯、移液管等。

【实验方法】

1. 吲哚试验

将大肠杆菌、产气肠杆菌分别接入 3 支蛋白胨水培养基（吲哚试验 2 支、对照 1 支），在 37 ℃恒温培养箱中培养 24～48 h。分别加入 1 mL 乙醚，充分振荡，使吲哚萃取至乙醚中，静置分层，沿试管壁徐徐加入 10 滴吲哚试剂，如有吲哚存在，则乙醚层出现玫瑰红色。注意：加入吲哚试剂后不可振荡试管，以免破坏乙醚层。

2. 伏 – 普试验

将大肠杆菌、产气肠杆菌分别接入 3 支葡萄糖蛋白胨水培养基（甲基红试验和伏 – 普试验 2 支、对照 1 支）中，在 37 ℃恒温培养箱中培养 24～48 h。取 3 支空试管，分别标记大肠杆菌、产气肠杆菌和对照，取上述各管培养基 2 mL 于各空试管中，分别加入 2 mL 400 g/L NaOH 溶液拔塞充分振荡，加入 5% α- 萘酚 1～2 mL，再放入 37 ℃恒温培养箱中保温 15～30 min，如溶液出现红色，为伏 – 普试验阳性；或者加入 0.5～1 mg 肌酸，剧烈振荡，2～10 min 内有红色出现即为伏 – 普试验阳性。

3. 甲基红试验

在伏 – 普试验后剩余的 3 支培养液中分别加入 2～3 滴甲基红试剂充分摇匀。如培养液为红色，则为甲基红试验阳性；如仍为黄色，则为甲基红试验阴性。

4. 柠檬酸盐试验

将大肠杆菌、产气肠杆菌分别接入 3 支柠檬酸盐斜面培养基（柠檬酸盐试验 2 支、对照 1 支）中，在 37 ℃恒温培养箱中培养 24～48 h。观察培养基是否由绿色变为蓝色。如为蓝色，则为柠檬酸盐试验阳性；如仍为绿色，则为柠檬酸盐试验阴性。

5. 硫化氢试验

以无菌操作技术，挑取大肠杆菌、产气肠杆菌，分别穿刺接入 2 支柠檬酸铁铵直立柱培养基中，另取 1 支作对照，在 37 ℃恒温培养箱中培养 24～48 h。观察柠檬酸铁铵直立柱培养基穿刺线上及试管底部是否有黑色沉淀出现。如有黑色沉淀，则为硫化氢试验阳性；如果没有，则为硫化氢试验阴性。

【实验结果】

（1）将试验结果记录于表 8-3。

（2）比较大肠杆菌和产气肠杆菌的生理生化特征的差别。

表 8-3　试验结果记录表

试验	大肠杆菌	产气肠杆菌	对照
吲哚试验			
甲基红试验			
伏 – 普试验			
柠檬酸盐试验			
硫化氢试验			

注："+"为试验阳性；"–"为试验阴性。

【注意事项】

（1）培养基中的蛋白胨会影响甲基红试验结果，在使用每批蛋白胨之前，要用已知甲基红试验阳性细菌和阴性细菌做质量控制。

（2）甲基红试验不会因为增加葡萄糖的浓度而加快反应。

（3）α – 萘酚容易失效，放室温下在暗处可保存 1 个月；NaOH 溶液可长期保存。

实验 8-4　核酸分子杂交

【案例】

核酸分子杂交（简称杂交，Hybridization）是核酸研究中一项最基本的实验技术。杂交过程是高度特异性的，可以根据所使用的探针已知序列进行特异性的靶序列检测。请问杂交前进行预杂交的目的是什么？在原位杂交中应设哪几个对照实验？如何设计？

【实验目的】

（1）了解核酸分子杂交的基本原理及几种不同类型的核酸分子杂交方法。

（2）掌握核酸分子杂交的一般实验技术。

【基本原理】

核酸分子杂交是指将亲缘关系较近的不同生物个体来源变性后的 DNA 或 RNA 单链，按碱基互补原则经退火处理配对形成 DNA-DNA 或 DNA-RNA 的过程。先将一段已知基因（DNA 或 RNA）的核酸序列用合适的标记物（如放射性同位素、生物素等）标记，作探针与变性后的单链 DNA 或 RNA 杂交。再用合适的方法（如放射自显影或免疫分析等技术）将标记物检测出来，就可确定靶核苷酸序列存在与否，以及拷贝数和表达丰度等。

核酸分子杂交可按作用环境大致分为固相杂交和液相杂交两大类型。

（1）固相杂交。将参加反应的一条核酸链先固定在固体支持物上，另一条核酸链游离在溶液中。常用的固体支持物有硝酸纤维素滤膜、尼龙膜、乳胶颗粒、磁珠和微孔板等。由于固相杂交后，未杂交的游离片段可漂洗除去，固体支持物上留下的杂交物容易检测并能防止靶 DNA 自我复性，故比较常用。常用的固相杂交有菌落原位杂交、斑点杂交、狭缝杂交、Southern 印迹杂交、Northern 印迹杂交、组织原位杂交和夹心杂交等。

对分散在若干个营养琼脂平板上的少数菌落（100～200 个）进行转化子筛选时，可采用菌落原位杂交。将这些菌落同时分别接种到一个营养琼脂培养基上和另一个营养琼脂培养基上的硝酸纤维素滤膜上。长出菌落后，将营养琼脂平板贮存于 4 ℃环境中；对滤膜上的菌落进行原位裂解、中和、固定、杂交、检测。将菌落杂交信号与营养琼脂平板上的菌落对应，找出转化子。本实验主要介绍常用于转化子快速鉴定的菌落原位杂交。

（2）液相杂交。参加反应的 2 条核酸链都游离在溶液中，是一种研究最早、操作简便的杂交类型。在过去的 30 多年里虽有应用，但不如固相杂交那样普遍，主要是因为液相杂交后，溶液中过量的未杂交探针去除较为困难，而且实验误差较高。近几年，由于杂交检测技术的不断改进，基因探针诊断盒的应用，推动了液相杂交技术的迅速发展。

【材料与器皿】

1. 菌种

待检测的细菌平板。

2. 试剂

20×SSC 贮备液：NaCl 175 g、二水合柠檬酸钠 88 g、蒸馏水 1000 mL，pH=7.0。

2×SSPE 贮备液：0.3 mol/L NaCl、0.02 mol/L NaH_2PO_4、2 mmol/L EDTA，pH=7.4。

显影液：52 ℃蒸馏水 750 mL、米吐尔 7.5 g、无水亚硫酸钠 100 g、对苯二酚 5.0 g、硼砂 2.0 g，加蒸馏水至 1000 mL。

定影液：60～70 ℃蒸馏水 500 mL、结晶硫代硫酸钠 250 g，加蒸馏水至 1000 mL。

预洗液：5×SSC、0.5% SDS、1 mmol/L EDTA，pH=8.0。

预杂交液：50% 甲酰胺、6×SSC、0.05×BLOTTO。

0.1% SDS、NaOH、NaCl、1 mol/L Tris·HCl、50% 甲酰胺、0.05×BLOTTO 溶液、抗生素营养琼脂平板、防水墨汁、显影液、定影液等。

3. 器皿和其他用品

硝酸纤维素滤膜、X 线片、恒温烤箱、已标记好的探针、恒温水浴箱、Parafilm 膜、无菌牙签、注射器、滤纸、玻璃皿、保鲜膜、吸水纸、吸管、滴管、胶带、增感屏、暗盒、X 线片、透明硬纸片、塑料杂交袋、手套、注射器针头等。

【实验方法】

1. 将少数待检菌落转移到硝酸纤维素滤膜（本实验以下简称滤膜）上

（1）准备 2 个含选择性抗生素的营养琼脂平板，其中一个平板紧贴一张硝酸纤维素滤膜。

（2）用无菌牙签将分散在若干个营养琼脂平板上的少数转化子菌落（100～200 个）分别转接至滤膜上和未放滤膜的营养琼脂平板培养基上，按一定的方格栅打点接种，且滤膜和营养琼脂平板上的菌落位置必须一一对应。在滤膜和营养琼脂平板培养基上同时接种一个含有非重组质粒的菌落，作阴性对照，以区别放射性探针杂交的专一性与非专一性。

（3）倒置营养琼脂平板，在 37 ℃恒温培养箱中培养至菌落大小为 1.0～2.0 mm 为止。

（4）用装有防水墨汁的注射器针头穿透滤膜直至营养琼脂培养基中，则可在 3～5 个不对称的位置做标记。在营养琼脂平板相同的位置上也要做同样的标记。

（5）用 Parafilm 膜封好营养琼脂平板，倒置放于 4 ℃环境中，直至获得杂交结果。

2. 滤膜上细菌裂解及固定 DNA

（1）用镊子从培养基上取下有菌落的滤膜，用滤纸吸干背面后（以下每次转置均需洗手），紧贴于 10% SDS 浸湿的滤纸上 5 min，菌落面朝上，使细菌裂解，注意防止滤膜下存在气泡（以下每次转置均需注意滤膜下不能有气泡）。

（2）将滤膜移至 0.5 mol/L NaOH 和 1.5 mol/L NaCl 溶液浸湿的滤纸上 10 min，菌落面朝上。

（3）将滤膜转移到含有 1 mol/L Tris·HCl、1.5 mol/L NaCl 的溶液（pH=8.0）浸湿的滤纸上 10 min（重复中和 1 次）。

（4）将滤膜转移至 1 张用 2×SSPE 液浸湿的滤纸上 10 min 后转移到干滤纸上，在室温晾 30～60 min。

（5）将滤膜夹在 2 张干的滤纸之间，在 80 ℃真空烤箱中干烤 2 h，以固定 DNA。

3. 将固定在滤膜上的 DNA 与 P 标记的 DNA 进行杂交

（1）戴上手套，在塑料盘中加入 2×SSC 贮备液，将烤干的滤膜飘浮在液面上，浸湿 5 min。

（2）将滤膜转移至盛有 200 mL 预洗液的玻璃皿中。用保鲜膜盖住玻璃皿，置于培养箱内的旋转平台上，在 50 ℃下处理 30 min。在这一步及以后的所有步骤中，应缓缓摇动滤膜，防止它们黏在一起。

（3）用泡过预洗液的吸水纸轻轻地从滤膜表面拭去细菌碎片，以降低杂交背景，避免影响阳性杂交信号的强度和清晰度。

（4）将滤膜转到盛有预杂交液的塑料杂交袋中，在适宜温度（在水溶液中杂交时用 68 ℃，50% 甲酰胺中杂交用 42 ℃）下，预杂交 1～2 h。

（5）将 P 标记的双链 DNA 探针于 100 ℃下加热 5 min，迅速置于冰浴中（注：单链探针不必变性，省去此步骤）。用吸管吸出杂交袋中的预杂交液，用滴管加入杂交液，将探针加到杂交袋中混匀，赶尽气泡，密封。将杂交袋放入有水的玻璃皿中，置于 68 ℃水浴中杂交过夜。

（6）杂交结束后吸出预杂交液，立即在室温下将滤膜放入大体积（300～500 mL）的含有

2×SSC、0.1% SDS 溶液中，轻摇 10 min 洗膜，并将滤膜翻转几次。重复洗膜 1 次，同时应避免滤膜干涸。

（7）在 68 ℃下用 300～500 mL 含 1×SSC、0.1% SDS 溶液洗膜 2 次，每次 1～1.5 h。此时已可进行放射自显影。如实验要求严格的洗膜条件，可用 300～500 mL 含 0.2×SSC、0.1% SDS 溶液在 68 ℃下将滤膜浸泡 60 min。

（8）滤膜在纸巾上室温晾干，把滤膜（编号朝上）放在一张保鲜膜上用胶带固定，在保鲜膜上做几个不对称的标记，使滤膜与自显影片位置对应，用另一张保鲜膜盖住滤膜。

（9）在暗室红色安全灯下，在滤膜上加一张 X 线片，并用两张增感屏将滤膜和 X 线片夹住，放在暗盒中，将暗盒置于 −70 ℃下曝光 12～16 h。

（10）取出 X 线片，置显影液中显影 15 min，再置于定影液中定影 20 min。在底片上贴张透明硬纸片，并在透明硬纸片上标记阳性杂交信号的位置，同时在不对称分布点的位置上做出标记，从底片上取下透明硬纸，通过对比透明硬纸片上的点与营养琼脂平板上相应的点来鉴定阳性菌落。

【实验结果】

以图片形式报告杂交结果，并作说明。

【注意事项】

（1）菌落原位杂交实验步骤烦琐，耗时长且无法测定每一个步骤的结果，所以要特别认真地对待实验中的每一个步骤，特别是关键性步骤。

（2）注意探针的浓度和长度。经验表明，最佳的探针浓度是能达到与靶核苷酸饱和结合度的最低探针浓度。过量的探针浓度会造成较高的背景；反之会导致阳性杂交信号过弱。实验中可直接采用浓度为 200～500 ng/mL 的探针。较短的探针不仅杂交效率高，而且较易进入组织，缩短杂交时间，但是短探针序列特异性较低。

（3）注意杂交的温度和时间。原位杂交中，多数 DNA 探针需要的解链温度是 90 ℃，RNA 的解链温度是 95 ℃。实际原位杂交采用的温度比解链温度低，为 30～60 ℃，不同种类的探针杂交的温度略有差异。杂交时间过短会造成杂交不完全，杂交时间过长则会增加非特异性染色。一般将杂交的时间定为 16～20 h，通常是杂交培育过夜。

实验 8-5　利用 16S rRNA 基因序列鉴定细菌

【案例】

核酸分析旨在发展基于核酸化学的测量策略、原理、方法与技术，通过研制各类基于核酸化学的分析仪器及装置，精准获取核酸以及其他多种物质的组成、分布、结构与性质的时空变化规律，已经成为分析化学的一个重要组成部分。16S rRNA 基因序列鉴定是常用的菌种鉴定方法，16S rRNA 基因序列有什么特征？如果对某一已知菌株进行 16S rRNA 基因序列鉴定，但鉴定结果与已知分类结果不一致的话，从哪些方面改进实验？如何确定菌株准确的分类结果？

【实验目的】

（1）了解细菌鉴定中常用的核酸分析方法。

（2）掌握利用 16S rRNA 基因序列进行微生物分类鉴定的方法。

【基本原理】

在很长一段时间里，微生物的分类鉴定方法主要依赖于分离培养等传统方法，这些传统方法存在耗时长、特异性差、灵敏度低等问题，难以满足现代研究发展的要求。分子生物学技术比较了细菌基因组或基因组外的 DNA 片段，在分子水平层面和遗传进化的角度上对细菌进行鉴定和分类，使细菌分类更科学、更精确，其中 16S rRNA 基因序列分析技术已被广泛使用。16S rRNA 基因鉴定是指利用 16S rRNA 基因序列测序的方法对细菌进行种属鉴定，包括细菌基因组 DNA 提取、16S rRNA 特异引物 PCR 扩增、扩增产物纯化、DNA 测序、序列比对等步骤。

【材料与器皿】

1. 菌种与质粒

枯草芽孢杆菌（*Bacillus subtilis*）、*E.coli* DH5α、pMD18-T 载体。

2. 试剂

LB 培养基、琼脂糖、dNTP、DNA 聚合酶、T4 DNA 连接酶、X-gal、IPTG、限制性内切酶 Sph I 和 Pst I、灭菌超纯水、TE 缓冲液、Tris 饱和酚（pH=8.0）、氯仿、10 mol/L 乙酸铵、无水乙醇、2× 连接缓冲液、氨苄青霉素等。

3. 器皿和其他用品

PCR 仪、电泳仪、电泳槽、PCR 产物纯化试剂盒、细菌基因组提取试剂盒、高速冷冻离心机、凝胶成像系统、超净工作台、离心管、摇床、电子天平、恒温培养箱等。

【实验方法】

1. 设计合成引物

使用 16S rRNA 基因通用引物，27F：5'-AGA GTT TGA TCC TGG CTC AG-3'，1429R：5'-GGT TAC CTT GTT ACG ACT T-3'。

2. PCR 扩增 16S rRNA 基因片段

以基因组 DNA 为模板，最适量为 0.1～1 ng，过多可能引发非特异性扩增，过少可能导致扩增失败。PCR 体系一般用 25 μL，使用保真度较高的 DNA 聚合酶。

（1）反应体系。

模板	1.0 μL
27F（25 μM）	0.5 μL
1429R（25 μM）	0.5 μL
dNTP（10 mM）	0.5 μL
Taq 酶（5 U/mL）	0.5 μL
10×PCR 缓冲液	2.5 μL
灭菌超纯水	19.5 μL

（2）PCR 反应。

在 94 ℃恒温培养箱中预变性 5 min，（94 ℃变性 30 s，65 ℃退火 40 s，72 ℃延伸 90 s）共 30 个循环，72 ℃、10 min；4 ℃保存。

（3）琼脂糖凝胶电泳检测 PCR 产物。

配制 1% 琼脂糖凝胶，取 4 μL PCR 产物，混合 1 μL 5× 上样缓冲液加样，DL 2000 Marker

作为分子量标准，110 V 电泳 45～60 min，EB 染色，紫外凝胶成像仪中观察，与 DL 2000 Marker 比较，观察是否出现大小约为 1.5 kb 的目的条带。

（4）胶回收 16S rRNA 基因片段。

① 电泳。配制 1% 低熔点琼脂糖凝胶，将 PCR 产物与上样缓冲液混合，加入大的胶孔中后进行电泳。

② 切胶。紫外灯下，用无菌刀片切下目的条带转移至干净的 1.5 mL 离心管中。

③ 胶回收。准确称取凝胶的重量，按 1 g≈1 mL 计，加入 5 倍体积的 TE 缓冲液，盖上盖子，于 65 ℃ 恒温箱中保温 5 min 融化凝胶。待凝胶冷却至室温，加入等体积 Tris 饱和酚（pH=8.0），剧烈振荡混匀 20 s。在 20 ℃ 下以 10000 r/min 的速度离心 10 min，回收水相。加入等体积的酚和氯仿（pH=8.0 的 Tris 饱和酚与氯仿等体积混合），剧烈振荡，在 20 ℃ 下以 10000 r/min 的速度离心 10 min，回收水相。用等体积的氯仿抽提上清液，颠倒混匀，在 20 ℃ 下以 10000 r/min 的速度离心 10 min，回收水相。将水相移到一个新的 1.5 mL 离心管中，加入 0.2 倍体积的 10 mol/L 乙酸铵和 2 倍体积的无水乙醇，混匀后在室温下放置 20 min。然后在 4 ℃ 下以 12000 r/min 的速度，弃上清液，打开管盖，晾干沉淀，将沉淀溶解在一定量的无菌超纯水中备用。

（5）16S rRNA 基因片段通过 pMD18-T 载体进行克隆。

① 16S rRNA 基因片段与 pMD18-T 载体连接。在 0.5 mL 的离心管中分别加入 pMD18-T 载体 100 ng，胶回收的 16S rRNA 基因片段 50 ng，T4 DNA 连接酶 1 μL，2× 连接缓冲液 5 μL，无菌超纯水加至 10 μL，在 16 ℃ 下连接过夜（12～24 h）。

② 转化。将连接好的载体在冰上放置 5 min 后全部加入装有 200 μL *E.coli* DH5α 感受态细胞的微量离心管中，用预冷的移液吸头轻轻混匀，将离心管置于冰上 5 min。将离心管放在 42 ℃ 水浴中热击 90 s，迅速将离心管转移到冰上，放置 5 min。将转化细胞转移到 10 mL 无菌试管中，加入 1 mL 在 37 ℃ 下预热的 LB 培养基，在 37 ℃ 下以 200 r/min 的速度振荡培养 1 h。

③ 重组子的筛选。将上述培养液涂布于含有氨苄青霉素、IPTG 和 X-gal 的 LB 培养基平板上，在 37 ℃ 恒温下过夜培养，直到出现蓝色和白色菌落，其中白色菌落一般是重组子。

④ 重组子的酶切鉴定。挑取几个白色菌落，分别接种到含有 100 μg/mL 氨苄青霉素的 LB 液体培养基中，在 37 ℃ 下振荡培养过夜，利用碱裂解法提取转化子质粒。用限制性内切酶 Sph I 和 Pst I，在 37 ℃ 下酶切转化子质粒 2～3 h。将酶切产物加样到 1% 琼脂糖凝胶进行电泳，观察若出现 1.5 kb 左右酶切条带，则证明是正确的重组子。

（6）16S rRNA 基因的序列测定。将验证正确的重组子交给生物测序公司进行基因序列测定。

（7）基因序列分析与系统发育树的构建。

① 相似基因序列的获取。用 BLAST 生物信息数据库搜索功能进行在线相似性搜索，选择几个已知分类地位的相似基因序列。

② 多重序列比对分析。用 Clust X 软件对多个相似基因序列进行多重序列比对分析。

③ 构建系统发育树。用 Mega4 软件构建系统发育树，并分析系统发育关系。

【实验结果】

（1）将 PCR 扩增的凝胶电泳结果扫描图打印出来，并对结果加以分析说明。

（2）对重组子筛选平板上的菌落特征进行描述和分析。

（3）对 PCR 产物测序所得的基因序列进行序列特征分析。

（4）对基于 16S rRNA 基因序列构建的系统发育树进行系统发育关系分析。

【注意事项】

（1）细胞裂解时：材料应适量，过多会影响裂解，导致 DNA 量少、纯度低；选择适当的裂解处理方式；高温水浴时，振荡要轻柔。

（2）核酸分离纯化时：采用吸附材料吸附的方式分离 DNA 时，应提供相应的缓冲体系；采用有机试剂（酚/氯仿）抽提时应充分混匀，但动作要轻柔；针对不同材料的特点，在提取过程中辅以相应的去除杂质的方法。

（3）核酸沉淀、溶解时：当沉淀的时间有限时，用预冷的乙醇或异丙醇沉淀会更充分；沉淀后应用 70% 乙醇进行洗涤，以除去盐离子等；在溶解之前，一定要晾干 DNA，让乙醇充分挥发。

第二篇　应用微生物学实验

第9章　农业微生物学

众所周知，微生物和农业的关系十分密切。在农业生产中，我国已研制出多种微生物农药。微生物农药是指非化学合成、利用微生物本身或其代谢产物来杀虫防病的微生物制剂，如微生物杀虫剂、杀菌剂、农用抗生素等。这一类杀虫防病的微生物包括细菌、病毒和真菌，是从自然界采集患病体，进行分类筛选病原体或病菌拮抗微生物，经人工培养、收集、提取而制成的。目前广泛应用的微生物杀虫剂——苏云金芽孢杆菌（*Bacillus thuringiensis*）可用于防治园林和蔬菜病虫害，并可改善作物品质。

植物内生菌是一种新的微生物，在农业中具有很大的应用潜力。目前对植物内生菌在促进植物生长、病害防治、虫害防治、线虫防治和作物抗非生物胁迫等的应用一直以来都是研究的热点。研究发现自然界中97%的植物都具有菌根，有菌根的植物是正常的，而没有菌根的植物则是异常的。如果树木的根上没有足够的菌根，往往就难以成活。许多兰科植物若没有菌根就不能正常地生长发育，甚至其种子没有菌根真菌的感染就不能正常发芽生长。菌根真菌生活在活的植物根部，其从植物根部吸收必需的碳水化合物和其他的一些营养物质，但同时又向植物的根系提供植物生长所需的营养物质、酶和水分，二者是一种相互有利的共生关系。

菌根真菌在自然界中广泛存在，能和大多数农作物、园艺作物、林木和牧草等共生，形成菌-根共生体（Vesicular-Arbuscular Mycorrhizae，VAM），以下简称 VA 菌根。VA 菌根具有增大作物根系面积、提高作物抗逆性、提高作物产量等作用，对改善农业生态环境也有重要意义。将菌根技术应用于实际生产，可以防止由于化肥和农药使用导致的农业和林地环境进一步恶化，还可改善化肥使用过度、土壤侵蚀、盐度过高等一些不利因素，这会节省用于生产化肥的资金和能源，有助于生态环境保护。

在素有"微生物大本营"之称的土壤中，微生物扮演着不可替代的分解者的角色。它们分解动植物的残体等并将其转化成为腐殖质，促进土壤良好结构的形成。在农业环保中，利用微生物可处理水污染、化学农药污染、固体废弃物污染，以及利用微生物可生产生物有机肥，从而有效改善农村环境，节约资源。由此可见，农业微生物学是一门与现代化农业产业发展紧密相关的学科，被广泛地应用在现代化农业上，具有非常好的发展前景，是未来发展绿色农业的主要研究热点之一。本章我们重点介绍农业微生物学的相关实验，按照实验技术分为6个部分，包括微生物杀虫剂——苏云金芽孢杆菌的分离、植物菌根内生真菌的分离与鉴定、植物内生细菌的分离与鉴定、土壤中有机磷农药降解菌的分离、微生物有机肥的制备、水中大肠菌群的测定——多管发酵法。本章的编写吸收了微生物学在农业应用方面前沿的新技术、新方法，部分实验以图片直观展示预期结果。

实验 9-1　微生物杀虫剂——苏云金芽孢杆菌的分离

【案例】

苏云金芽孢杆菌是近年来研究最深入、应用最广泛的微生物杀虫剂。苏云金芽孢杆菌的防虫原理是其菌株可产生内毒素（伴孢晶体）和外毒素两类毒素，使害虫停止进食，害虫会因饥饿、血液败坏和神经中毒而死亡。我们经常从土壤里分离苏云金芽孢杆菌，什么样的土壤可作为样品采集的对象？在分离苏云金芽孢杆菌单菌落之前，为什么先要经过 75～80 ℃水热处理 10～15 min？所有的病原菌的分离是否都必须先进行热处理？供染色用的苏云金芽孢杆菌为什么必须培养 48 h 以上？

【实验目的】

（1）掌握用选择性培养基分离苏云金芽孢杆菌的方法。

（2）掌握苏云金芽孢杆菌伴孢晶体的显微观察方法。

【基本原理】

苏云金芽孢杆菌生长发育期的后期，可以在细胞的一端形成一个椭圆形的芽孢，另一端会同时出现一个或多个菱形或锥形的碱溶性蛋白质晶体——δ 内毒素，即伴孢晶体。有时芽孢位于细胞中央，而伴孢晶体则位于细胞两端。能形成芽孢并同时形成伴孢晶体，是苏云金芽孢杆菌区别于其他芽孢杆菌的最为显著的形态特征。例如，蜡样芽孢杆菌（*Bacillus cereus*）在形态、培养特征和生化反应等方面与苏云金芽孢杆菌相似，一般难于将二者区分开来。但蜡状芽孢杆菌只形成芽孢而不形成伴孢晶体，因此可以通过观察芽孢和伴孢晶体来判断是否为苏云金芽孢杆菌。

【材料与器皿】

1. 培养基

BPA 培养基：牛肉膏 5 g、蛋白胨 10 g、乙酸钠 34 g、水 1000 mL，pH 为 7.0～7.2。

BP 培养基：牛肉膏 3 g、蛋白胨 5 g、NaCl 5 g、琼脂 18 g、水 1000 mL，pH 自然。倒平板时，待培养基冷却到 50～60 ℃时加入青霉素钠盐和硫酸庆大霉素，使培养基的最终浓度达到 400 μg/mL。

2. 试剂

（1）石炭酸复红染色液。

A 液：碱性复红 0.3 g、95% 乙醇 10 mL；将碱性复红在研钵中研磨后，逐渐加入 95% 乙醇，继续研磨使其溶解，配成 A 液。

B 液：石炭酸 5 g、蒸馏水 95 mL；将石炭酸溶解于蒸馏水中，配成 B 液。

混合 A 液和 B 液即成石炭酸复红染色液。通常可将此混合液稀释 5～10 倍使用。

（2）萘酚蓝黑 - 卡宝品红染色液。

C 液（萘酚蓝黑液）：萘酚蓝黑 1.5 g、醋酸 10 mL、蒸馏水 40 mL。

D 液（卡宝品红液）：卡宝品红 1 g、95% 乙醇 10 mL、蒸馏水 90 mL。使用时配成 30% 水溶液。

（3）其他试剂：香柏油、二甲苯、无菌生理盐水。

3. 器皿和其他用品

高压灭菌锅、超净工作台、旋涡混匀仪、摇床、试管、电子天平、培养皿、三角瓶、显微镜、擦镜纸、载玻片、接种环、酒精灯、50 mL 离心管、涂布棒、1000 mL 烧杯、50 mL 烧杯、玻璃棒、玻璃球等。

【实验方法】

1. 土壤中苏云金芽孢杆菌的分离

（1）土样的采集。

选择合适的取样点，用铲子移去 5～10 cm 的表层土壤，采用 5 点取样法采集土样约 50 g，装入无菌塑料袋或牛皮纸袋内混匀，贴好标签备用。

（2）样品的处理。

① 称取 5 g 土样放入 50 mL 灭菌的离心管中，加入 20 mL 无菌水，在旋涡振荡器上剧烈振荡 5 min，充分混匀后置于 75～80 ℃的水浴锅中热处理 15 min，每隔几分钟振摇一下。

② 用无菌吸管取土样悬液 1 mL 装入有 50 mL BAP 培养基的三角瓶中，在 30 ℃恒温培养箱，以 200 r/min 的速度摇床振荡培养 4 h。

③ 将装有土样的 BAP 培养基三角瓶置于 75～80 ℃的水浴锅中热处理 15 min，每隔几分钟振荡一下。

（3）分离。

用无菌水对样品溶液做梯度稀释，从 10^{-1}、10^{-2}、10^{-3} 梯度稀释液中用无菌吸管分别吸取 100 μL 菌悬液滴入 BP 培养基平板上，每个稀释度重复做 3 个，用无菌刮铲轻轻涂布均匀，将 BP 平板倒置放在 30 ℃恒温培养箱中培养。

（4）培养及观察。

培养 3 d 后，观察菌落特征，随机挑取具有典型芽孢杆菌特征的单菌落，涂片、干燥、固定后，用石炭酸复红染色 1～2 min，经水洗、干燥后镜检，有伴孢晶体的分离物即可确定为苏云金芽孢杆菌（图 9-1）。

2. 苏云金芽孢杆菌芽孢和伴孢晶体的区别染色

（1）萘酚蓝黑 - 卡宝品红染色。

① 苏云金芽孢杆菌涂片制作。在载玻片上滴上少许蒸馏水，将在 BP 培养基平板中培养 48 h 以上的苏云金芽孢杆菌用接种环挑取少许与其混匀，在空气中干燥，经火焰固定。

② 染色。先用 C 液染色 80 s 后水洗，再用 D 液复染 20 s 后水洗，干燥后镜检。营养基染成紫色，芽孢为粉红色，伴孢晶体为深紫色。

（2）石炭酸复红染色。

① 苏云金芽孢杆菌涂片制作同上。

② 染色。将石炭酸复红染色液滴加在菌体细胞涂片上染色 2～3 min，水洗，干燥后镜检。营养体染成红色，芽孢不着色，仅见具有轮廓的折光体，伴孢晶体为深红色（图 9-2）。

【实验结果】

（1）描述苏云金芽孢杆菌的菌落特征。

（2）描述苏云金芽孢杆菌的芽孢和伴孢晶体显微观察结果。

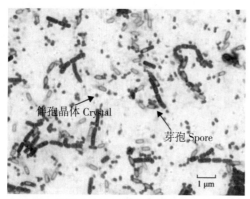

图 9-1　苏云金芽孢杆菌的芽孢及伴孢晶体形态

图 9-2　苏云金芽孢杆菌的菌落形态

【注意事项】

（1）以未施用过苏云金芽孢杆菌的耕作土、菜园土、荒土、草地土等均可作为土样的采集对象，以害虫滋生地的土壤的土样为佳。

（2）在分离培养操作过程中，应注意无菌操作。

（3）制作苏云金芽孢杆菌涂片时，火焰固定要适当，一般在火焰上通过 2～3 次即可，切忌在酒精灯火焰上烤，以免破坏菌体形态。

（4）石炭酸复红染色稀释液易变质失效，一次不宜多配，也不宜久存。

实验 9-2　植物菌根内生真菌的分离与鉴定

【案例】

在分离培养内生真菌时，一般会在马铃薯葡萄糖琼脂（PDA）培养基中添加青霉素，这是为什么呢？如果所用的植物样品分别为多年生老根及新鲜营养根，最终得到的内生真菌有何差别？

【实验目的】

（1）了解植物菌根内生真菌的种类。

（2）掌握植物菌根内生真菌分离和鉴定的方法。

【基本原理】

内生菌是指生活在植物体内，通常被宿主细胞膜或细胞质基质包围与宿主互惠共生的一类微生物，包括真菌和细菌。菌根（Mycorrhiza）是自然界植物在长期的生存过程中与真菌共同进化而形成的一种普遍存在的共生现象。兰科植物（Orchidaceae）是典型的菌根植物，几乎所有的兰科植物都与真菌共生，菌根共生关系几乎伴随着兰科植物从种子萌发到开花结果的整个生命史。采用组织切片分离法，可从兰科植物的根分离共生的真菌。

【材料与器皿】

1. 实验材料

新鲜的兰科植物根。

2. 培养基

PDA 培养基：去皮马铃薯 200 g、琼脂 15 g、葡萄糖 20 g、补无菌水至 1000 mL，pH 自然。BDPAD 和 BDCMA 标准培养基。

3. 试剂

青霉素、75% 乙醇、5% 次氯酸钠、无菌水、青霉素、番红、固绿双重染色、中性树胶、裂解缓冲液、氯仿 / 异戊醇、RNase、无水乙醇、TE 溶液、0.8% 琼脂糖凝胶、溴化乙啶、ITS5、ITS4、10 × Taq 缓冲液、dNTP、ITSl、Taq 酶灭菌 ddH$_2$O。

4. 器皿和其他用品

单人净化工作台、生化培养箱、生物显微镜、电热鼓风干燥箱、全自动高压灭菌器、电磁炉、微波炉、打孔器、石英砂、研钵、离心机、电泳仪。

【实验方法】

1. 兰科植物菌根结构观察

取新鲜的兰科植物根若干段，采用石蜡切片法制片，番红、固绿双重染色，中性树胶封片，显微镜观察菌根结构并拍照。

2. 内生真菌的分离和纯化

截取的新鲜根段在流水状态下冲洗干净，分别取多年生老根及新鲜营养根根尖（4～5 cm），用 75% 乙醇消毒 60 s，弃乙醇，加入 5% 次氯酸钠，处理 2 min 后取出根段，用 75% 乙醇消毒 30 s，用无菌水冲洗 3 次。随后，在无菌条件下用解剖刀将根段横切成 3～5 mm 的薄片，置于含青霉素（200 μg/L）的 PDA 培养基平板上，切面朝向培养基。每个培养基平板放置 3 块薄片，在 25 ℃生化培养箱中恒温避光培养。

待菌丝体从薄片中长出，形成一定大小的菌落，从其边缘挑取菌丝体转移至新鲜 PDA 培养基平板，重复至获得纯培养物后，PDA 斜面保存。

3. 内生真菌生长速率的测定

利用直径 0.5 cm 的打孔器打取菌片，将菌片转接至 BDPAD 和 BDCMA 标准培养基平板，每个菌株每种培养做 3 次重复，记录接种时间，然后以菌片中心为圆点，向 8 个方向各画一条线，在每条线与菌片的交点做上标记，在 25 ℃生化培养箱中恒温培养。第 2 d 开始观察，在每条线上标记对应的菌丝生长点，并注明时间，然后选择稳定生长的作 2～3 次标记，用标记区间的长度除以时间（时间以 h 计），从而算出稳定的生长速率，算出 3 次稳定生长速率，再算出其平均值即为该菌株在标准培养基上的生长速率。

4. 菌根内生真菌分子鉴定

（1）总 DNA 提取与电泳检测。从平板上刮取约 0.1 g 菌丝体置于研钵中，加入 1 mL 裂解缓冲液（100 mmol/L Tris·HCl、100 mmol/L EDTA、400 mmol/L NaCl 和 2% SDS）与少许石英砂，将菌丝充分研磨。将菌丝混合液体转移至 1.5 mL 离心管，并加入与混合液体等体积的氯仿 / 异戊醇（体积比为 24：1）抽提。高速离心后取上清液，加入 2 μL RNase（10 mg/mL），在 37 ℃水浴锅中保温 30 min。随后，用 2 倍体积的无水乙醇沉淀 DNA，并用 70% 乙醇洗涤 2 次，自然风干后溶于适量 TE 溶液，贮存于 −20 ℃冰柜中备用。取 3 μL DNA 样品，用 0.8% 琼脂糖凝胶在 1 × TAE 电泳缓冲液中进行电泳（100 V，30 min），用溴化乙啶染色后，在紫外灯下观察并拍照。

（2）PCR 扩增。利用通用引物 ITS5（5'-TCC GTA GGT GAA CCT GCG GG-3'）和 ITS4（5'-TCC TCC GCT TAT TGA TGC-3'）扩增内生真菌 rRNA 基因 ITS 区段。PCR 反应体系为：$10 \times$ Taq 缓冲液（含 Mg^{2+}）2.5 μL、模板 DNA 2.0 μL、dNTP（2.5 mmol/L）1.5 μL、ITS1（10 μmol/L）1.5 μL、ITS4（10 μmol/L）1.5 μL、Taq 酶（2 U/ μL）0.2 μL、灭菌 ddH_2O 15.8 μL。

扩增程序为：96 ℃预变性 2 min；（94 ℃变性 45 s、55 ℃退火 45 s、72 ℃延伸 50 s），共 35 个反应循环；72 ℃延伸 10 min。

（3）ITS 序列测定。PCR 扩增产物用 DNA 片段回收试剂盒（相关的生物公司）回收后，连接到 pMD18-T 载体（TAKARA 公司），转化感受态细胞 *E. coli* DH5α，选取阳性克隆进行序列测定（相关的生物公司）。

（4）ITS 序列数据分析。菌根内生真菌 rRNA 基因 ITS1 和 ITS4 序列的起止范围通过 Blast 比对并参照 GenBank 中已有兰科植物菌根真菌的 ITS 范围确定。

（5）菌种的鉴定。采用形态学方法和分子生物学相结合的手段对菌根真菌进行初步鉴定，即依据菌株菌落的培养特征、菌株显微形态观察及其生长速率的结果，参照 GenBank 中已有兰科植物菌根真菌，通过 Blast 对测序结果进行比对，并结合文献资料综合分析相关特征的异同，最后确定菌株的分类。

【实验结果】

1. 兰科植物菌根结构分析

兰科植物的根由根被、皮层和中柱 3 部分组成。根被位于根的最外层，细胞排列紧密，纵切面为长柱形。皮层位于根被之内，由多层薄壁细胞组成，分为外皮层、皮层薄壁组织和内皮层；内皮层位于皮层最内侧，细胞排列整齐。中柱含有维管束，中央具髓。受真菌侵入的兰科植物菌根外部能观察到明显的菌丝体，新鲜菌根外部及根被部有菌丝存在，而老根几乎 100% 被感染，根被破坏严重，菌丝深入中柱，在整个根细胞中都布满菌丝团或消解的菌丝结。紫纹兜兰菌根的显微结构如图 9-3 所示。

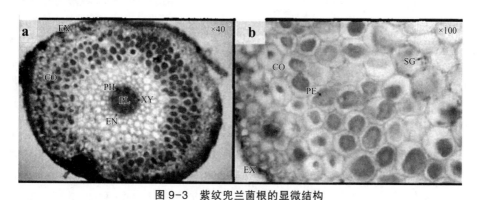

图 9-3　紫纹兜兰菌根的显微结构

注：C 针状结晶体；CO 皮层；EN 内皮层；EX 外皮层；PE 菌丝结；PH 韧皮部；
PL 髓；SG 淀粉粒；XY 木质部。

2. 真菌菌株分离结果

将从兰科植物根系中分离获得内生真菌优势菌株，结合形态学方法和分子生物学方法鉴定得到的菌株填入表 9-1。

表 9-1　真菌菌株的鉴定

菌株编号	GenBank 中 ITS 最相似序列（收录号）	相似度	形态特征

【注意事项】

（1）内生真菌分离操作消毒处理时间可根据实验植物根段的情况及药剂的浓度适当调整。

（2）在内生真菌分离、培养操作过程中，应注意无菌操作。

实验 9-3　植物内生细菌的分离与鉴定

【案例】

我们经常从兰科植物的根段分离和纯化内生细菌，所用的根段为何要用新鲜营养根？在分离之前必须先消毒兰科植物根段，应如何选取最佳消毒时间？

【实验目的】

（1）了解植物内生细菌种类。

（2）掌握植物内生细菌的分离、鉴定和分类的方法。

【基本原理】

植物内生细菌是一类在健康的植物组织和器官的细胞间隙或细胞内部生存，对宿主植物没有伤害的微生物，并可与宿主植物建立和谐共生关系，对植物的生长发育有一定促进作用，尤其对种子萌发、植株抗逆性有较好的生物学功能。传统内生细菌分离培养是微生物研究的重要基础，对丰富兰科植物内生细菌资源，研究内生细菌的生物学特性及其与植物种子萌发和幼苗生长等的相互作用具有不可替代的作用。

【材料与器皿】

1. 实验材料

新鲜的兰科植物根。

2. 试剂

75% 乙醇、2% 次氯酸钠、无菌水、40% 甘油、$10 \times PCR$ 缓冲液、dNTPs、27F、1492R、Taq DNA 聚合酶、ddH_2O、1% 琼脂糖凝胶。

3. 培养基

LB 培养基（用于分离内生细菌）：蛋白胨 10 g、酵母膏 5 g、氯化钠 5 g、琼脂粉 20 g、蒸馏水 1000 mL，pH=7.4。

4. 器皿和其他用品

单人净化工作台、生化培养箱、生物显微镜、电热鼓风干燥箱、全自动高压灭菌器、电磁炉、微波炉、研钵、石英砂、超低温冰箱、电泳仪。

【实验方法】

1. 内生细菌的分离和纯化

将采集的植株样品带回实验室，把新鲜根段在流水下冲洗干净后，用滤纸拭干或晾干。截取根尖（4~5 cm），在单人净化工作台里用 75% 乙醇消毒 30 s，置于 2% 次氯酸钠分别消毒 15 s、30 s、45 s、60 s、90 s、180 s，用无菌水冲洗 3 遍，对照为最后一次冲洗根段的无菌水涂布平板，同时将已消毒的根段在平板中轻压；每个处理重复 3 次，置于 37 ℃恒温培养箱中暗培养 3 d，观察有无细菌长出，以检测表面消毒效果。

将兰科植物根部按上述方法处理，选取最佳消毒时间消毒兰科植物根段，并用无菌水冲洗干净并晾干后，在 LB 平板中轻压根段作为对照。将根段放入研钵中，加入少量灭菌的石英砂和无菌水研磨。将研磨液稀释到合适浓度并涂布于平板中，每个处理重复 3 次，并吸取最后一次冲洗根断的无菌水作为对照，在 37 ℃恒温培养箱中暗培养 3 d，发现对照有细菌长出则分离菌株不保存，其他菌种划线纯化后保存。具体如下：将根段组织放入无菌研钵中，加入 5 mL 无菌水进行研磨，取 500 μL 研磨液于 10 mL 无菌离心管中，加入无菌水稀释至 3 mL，摇匀后备用。用微量移液器吸取 8 μL 稀释液，均匀涂布于 LB 培养基平板上；将培养皿进行封口并做好标记；在 37 ℃恒温培养箱中倒置培养 1~2 d，直至有菌落长出，观察菌落形态。挑取形态不同的菌落划线纯化，并编号，液体培养基培养后将菌液用无菌 40% 甘油等体积于 -80 ℃超低温冰箱中保存。每个平板重复 3 次。

2. 内生细菌的保存

（1）斜面低温保存法。挑取纯化后的兰花植物内生细菌单菌落在 LB 斜面培养基上划线培养，每个菌株重复 3 次，在 37 ℃恒温培养箱中暗培养 3 d，待菌落长出，观察菌落无污染后，放于 4 ℃冰箱中保存。

（2）改良甘油超低温保存法。将纯化后的兰花植物内生细菌单菌落接种于液体培养基，振荡暗培养 1 d，检验菌落无污染后，利用移液器分别吸取 1 mL 菌液和 1 mL 灭菌后的 40% 甘油，放在 2 mL 无菌冻存管中，每个菌落重复 3 次，保存在 -80 ℃超低温冰箱中。

3. 内生细菌形态及生长速度

（1）菌落形态。活化已保存的内生细菌，待菌落长出后，挑取适量菌落接种到少量无菌水中并稀释，将菌悬液涂布于 LB 平板中，在 37 ℃恒温培养箱中暗培养 3 d，观察并记录菌落形态。

（2）生长速率。菌株生长速度的测定是利用直径 0.5 cm 的打孔器取菌，转接至 LB 培养基上，每个菌株做 3 次重复，记录下接种时间，然后以菌片中心为圆点，向 8 个方向各画一条线，在每条线与菌片的交点做上标记，在 37 ℃恒温培养箱中恒温培养。每隔 12 h 观察 1 次并拍照记录菌株生长情况，在每条线上标记对应的菌丝生长点，注明时间，然后选择稳定生长的作 2~3 次标记，用此标记区间的长度除以时间（时间以 h 计）从而算出稳定的生长速率，算出 3 次稳定生长速率，再算出生长速率平均值即为该菌株在标准培养基上的生长速率。

4. 菌根内生细菌分类鉴定

（1）内生细菌基因组 DNA 提取。挑取内生细菌的单菌落，接种到 LB 液体培养基中，在 37 ℃恒温摇床中以 200 r/min 的速度振荡培养 12 h，菌液在 8000 r/min 速度下离心 5 min，收集沉淀，再用超纯水洗涤 3 次，用煮沸裂解法提取细菌 DNA，将菌液离心后的菌体装到有

200 μL 无菌水的 2.0 mL 离心管中，沸水煮沸 10 min 后置于冰上 10 min，以 12000 r/min 速度离心 10 min，吸取上清液作为 PCR 扩增模板。

（2）PCR 扩增。以基因组 DNA 为模板，利用通用引物 27F（5'-AGA GTT TGA TCC TGG CTC AG-3'）和 1492R（5'-GGT TAC CTT GTT ACG ACTT-3'）进行 PCR 扩增。PCR 反应体系为：10×PCR 缓冲液 2.0 μL，dNTPs 0.5 μL，27F 和 1492R 引物各 0.4 μL，菌液模板 0.5 μL 和 Taq DNA 聚合酶 0.4 μL，加入适量 ddH₂O 至总体积 20 μL。PCR 反应程序为：95 ℃、5 min；（95 ℃、30 s，51 ℃、30 s，72 ℃、1 min），共循环 32 次；72 ℃、10 min。PCR 产物进行 1.0% 琼脂糖凝胶电泳。

（3）ITS 序列测定及数据分析。选取条带亮度高且清晰的 PCR 产物，送至生物公司测序，将拼接序列输入 NCBI 数据库，用 Blast 比对，选取相似度高的菌株，用 MEGA5.0 进行 Clustal W 比对后构建进化树，确定各功能菌株的分类。

【实验结果】

（1）最佳表面消毒时间的确定。兰科植物根部经不同时间消毒处理，观察各时间段处理的杂菌情况，选取表面最佳消毒时间，在去除植物根部表面可能带有的细菌的同时，又避免因消毒时间过长将内生细菌杀死导致的内生细菌数量减少。

（2）内生细菌菌落形态及生长速率。将兰科植物内生细菌菌落形态特征和生长速率填入表 9-2。

表 9-2 兰科植物内生细菌菌落形态特征和生长速率

编号	形态特征			生长速率 /（cm/d）
	菌落形态特征文字描述	菌落正面图片	菌落背面图片	

（3）内生细菌鉴定结果。从兰科植物根系中分离获得内生细菌优势菌株，结合形态学方法和分子生物学方法，将鉴定得到的细菌填入表 9-3。

表 9-3 内生细菌的鉴定

菌株编号	GenBank 中收录号	相似度	形态特征	鉴定结果

【注意事项】

（1）在内生细菌分离、培养操作过程中，应注意无菌操作。

（2）内生细菌需要在 37 ℃恒温条件下暗培养 3 d。

实验 9-4　土壤中有机磷农药降解菌的分离

【案例】

有一科研工作者想从土壤里分离有机磷农药降解菌，他来到了一片长期喷洒农药的菜地，为什么他要到这片菜地采集土样？他设计什么样的实验方案可以从采集的土样里筛选出高耐药性菌株？

【实验目的】

（1）了解对有机磷农药降解效果好的优势菌种。

（2）掌握土壤中有机磷农药降解菌的分离方法。

【基本原理】

有机磷农药因其经济、高效、使用方便等特点，是目前使用最广泛的农药品种之一，对于防治病虫害、保证农作物产量起到了巨大的作用。但是有机磷农药的生产、运输和大量使用对生态环境中其他非靶标生物乃至土壤、水、大气整个生态系统产生的负面影响日益严重。微生物是生物修复的重要生物资源，利用微生物产生的降解酶降解处理环境中有机磷农药的方法已显示出良好的应用前景，是近年来研究有机磷农药降解的主要方向。微生物对有机磷的降解包含多种酶促反应，具有无毒、无二次污染、反应速度快、条件温和等优点，是近年来应用范围最为广泛的一种方法，也是目前较为成熟的一种方法。

【材料与器皿】

1. 实验土样

某长期喷洒农药的菜地或果园的耕作土样 5 份，用无菌袋装好后运回实验室于 4 ℃冰箱冷藏保存。

2. 培养基

（1）完全培养基的配制。KNO_3 3.0 g/L、KH_2PO_4 1.0 g/L、$MgSO_4 \cdot 7H_2O$ 0.5 g/L、蛋白胨 10.0 g/L、酵母浸粉 5.0 g/L、葡萄糖 20.0 g/L，pH 自然。

（2）选择培养基的配制。$MgSO_4 \cdot 7H_2O$ 0.5 g/L、K_2HPO_4 1.31 g/L、$FeSO_4 \cdot 7H_2O$ 0.018 g/L、$NaNO_3$ 3 g/L、KCl 0.5 g/L。其中加入一定量的有机磷农药作为唯一碳源。

（3）YPD 培养基的配制葡萄糖。20.0 g/L、蛋白胨 20.0 g/L、酵母浸粉 10.0 g/L，pH 自然。

3. 试剂

无菌生理盐水、石油醚、戊二醛、香柏油、pH=7.2 的磷酸盐缓冲液、石油醚、NL1、NL4、dNTP、10×6PCR 缓冲液、Taq DNA 聚合酶、ddH_2O、1% 铱酸等。

4. 器皿和其他用品

紫外分光光度计、可见分光光度计、酵母基因组 DNA 提取试剂盒、恒温振荡器、台式高速离心机、显微镜、扫描电镜、JY5000 电泳仪、PCR 扩增仪、凝胶成像系统、生化培养箱。

【实验方法】

1. 菌株的分离筛选

从长期喷洒农药的菜地或果园取 1 g 土样溶于 10 mL 无菌生理盐水中，摇匀后取上清液，分别用生理盐水梯度稀释，并选取浓度为 10^{-2}、10^{-4}、10^{-6} 稀释液分别涂布于加有 50 mg/L 毒死蜱的选择培养基平板中，在 35 ℃恒温培养箱中倒置培养 48 h。将平板上所生长的菌落分别挑到加有 100 mg/L 毒死蜱的选择培养基的 96 孔板中，在 35 ℃恒温培养箱中培养 48 h 后，分别取 0.1 mL 菌液涂布于完全培养基平板中，在 35 ℃恒温培养箱中倒置培养 24 h，再从中挑取单一菌落放于含有 200 mg/L 毒死蜱的选择培养基的试管中，依次梯度增加毒死蜱浓度至 10000 mg/L，从而筛选出具有高耐药性的菌株。

2. 标准曲线的绘制

用石油醚配制浓度为 20 mg/L、40 mg/L、60 mg/L、80 mg/L、100 mg/L、120 mg/L、140 mg/L、160 mg/L、180 mg/L 和 200 mg/L 的毒死蜱，在 293 nm 波长下，用紫外分光光度计测定，以石油醚为参比；根据浓度和吸光值作出标准曲线。以毒死蜱浓度为横坐标（x）、以毒死蜱在 293 nm 处吸光值为纵坐标（y）绘制标准曲线。

3. 高效降解菌株的确定

将筛选出的几株高耐药性菌株分别接种于 20 mg/L、40 mg/L、60 mg/L、80 mg/L、100 mg/L、120 mg/L、140 mg/L、160 mg/L、180 mg/L 和 200 mg/L 的毒死蜱的液体选择培养基中，以不接种菌株作为对照，重复接种 3 次。在 35 ℃下以 150 r/min 的速度恒温振荡培养 48 h，分别取 5 mL 发酵液用等体积石油醚萃取，采用紫外分光光度计在波长 293 nm 处测定吸光值，然后从标准曲线上查出所对应的毒死蜱浓度，计算降解率。选取 50 mg/L 毒死蜱为目标浓度，将几株高耐药性菌株接种于其中，分别测定其降解率，以确定高效降解菌。

$$X（\%）= 待测样品效价 = \frac{C_{ck} - C_x}{C_{ck}} \times 100$$

式中，X 为毒死蜱在液体培养基中的降解率（%）；C_{ck} 为对照样品中农药的含量（mg/L）；C_x 为处理样品中农药的含量（mg/L）。

4. 菌株的鉴定

（1）菌株的形态学鉴定。观察单个菌落的颜色、形状、透明度、光滑度、湿润度和边缘整齐度等特征。简单染色后在 100 倍油镜下观察。取一定体积的培养液，以 8000 r/min 的速度离心 3～5 min，弃上清液，加入 2.5% 戊二醛固定 2 h，用磷酸盐缓冲液（pH=7.2）清洗，然后加入蒸馏水稀释，充分混合后用滴管取一滴混合液滴于小块盖玻片上，吸附 2 min，用滤纸吸去多余溶液。然后用双面胶将此盖玻片贴在棕色瓶瓶盖内壁，在棕色瓶内加入适量 1% 锇酸，盖上含有样品的瓶盖，熏蒸固定 2 h 以上。然后用双面胶将盖玻片黏在样品台上，喷金，进行扫描电镜观察。

（2）菌株的生理生化鉴定。根据《酵母菌的特征与鉴定手册》和《微生物分类学》对菌种进行生理生化鉴定。

（3）野生菌株基因组的提取采用 Ezup 柱式酵母基因组 DNA 提取试剂盒提取菌株的 26S rDNA。

（4）PCR 扩增。菌株 26S rDNA PCR 扩增使用引物 NL1（5'-GCA TAT CAA TAA GCG GAG GAA AAG-3'）和 NL4（5'-GGT CCG TGT TTC AAG ACG G-3'），通过 PCR 仪扩增菌株的 26S rDNA 近 5' 端的 D1/D2 区域。

PCR 反应体系：DNA 模板 1.2 μL、引物 NL1 1.2 μL、引物 NL4 1.2 μL、dNTP 混合液（2.5 mmol/L）2.4 μL、10×PCR 缓冲液 6 μL、Taq DNA 聚合酶（Hifi）0.6 μL、ddH₂O 47.4 μL，反应体系总体积为 60 μL，混匀后快速离心 15 s。

PCR 扩增条件：95 ℃、5 min；（94 ℃、1 min，52 ℃、1 min，72 ℃、1 min 20 s）共循环 36 次；72 ℃、10 min；PCR 产物 4 ℃保存。

PCR 扩增产物的琼脂糖电泳检测：取 5 μL PCR 扩增产物点样于 1% 琼脂糖凝胶，在 150 V 电压下电泳 20 min，记录凝胶成像结果。

（5）菌株的分类鉴定。采用形态学方法和分子生物学相结合的手段对所分离的菌株进行初步鉴定，即依据菌株菌落的培养特征、显微形态观察及生长速率的结果；将菌株的 26S rDNA PCR 扩增产物送至生物公司进行基因序列测定，PCR 扩增产物用 DNA 片段回收试剂盒（Axygen 公司）回收后，连接到 pMD18-T 载体（TAKARA 公司），转化感受态细胞 *E. coli* DH5α，选取阳性克隆进行基因序列测定。测定结果在 NCBI（网址：http://blast.ncbi.nlm.nih.gov/Blast.cgi）的 GenBank 库中与已有序列经 Blast 比对后分析，并结合文献资料综合分析相关特征的异同，得到菌株的分类。

【实验结果】

（1）有机磷农药降解菌的降解率。以毒死蜱浓度为横坐标（x）、以毒死蜱在 293 nm 处吸光值为纵坐标（y），绘制标准曲线，然后从标准曲线上查出所对应的浓度，计算有机磷农药降解率，获得高效降解菌。

（2）有机磷农药降解菌的形态学特征。描述土样中分离获得的有机磷农药高效降解菌的菌落形态特征和扫描电镜观察结果，并填入表 9-4。

表 9-4　土样中分离获得的有机磷农药降解菌的形态学特征和扫描电镜观察结果

编号	菌落形态特征			扫描电镜观察
	菌落形态特征文字描述	菌落正面图片	菌落背面图片	

（3）有机磷农药降解菌的鉴定结果。根据生理生化和分子生物学鉴定结果，得出有机磷农药降解菌的菌种鉴定结果。

【注意事项】

（1）在有机磷农药降解菌分离、培养操作过程中，应注意无菌操作。

（2）菌株的分离需要在 35 ℃恒温条件下倒置培养 48 h。

实验 9-5　微生物有机肥的制备

【案例】

施用含有地衣芽孢杆菌、角质芽孢杆菌、巨大芽孢杆菌、解淀粉芽孢杆菌、枯草芽孢杆菌、耐高温菌、链霉菌、稀有放线菌、真菌等菌种和载体，作为畜禽粪便高温腐熟发酵物的微生物有机肥，可显著改善作物对氮素的吸收利用。在生产这类微生物有机肥时，如何选择合适的生物有机肥发酵腐熟剂？堆肥试验发酵体的堆制中，畜禽粪便和秸秆粉末两者的混合比例如何确定？

【实验目的】

（1）了解微生物有机肥的工作原理和制备过程。

（2）掌握利用微生物发酵制备有机肥的方法。

【基本原理】

微生物有机肥是指特定功能微生物与主要以动植物残体或废弃物（如畜禽粪便、农作物秸秆等）为来源，与经无害化处理、腐熟的有机物料复合而成的兼具微生物肥料和有机肥效应的肥料。微生物有机肥不仅具有促进作物生长、改善作物的营养条件、抑制和减少病原的入侵和繁殖、刺激有机质释放营养、增加土壤团粒结构、促进根系发育等作用，还能改善土壤微生态环境，减少作物病虫害的发生，提高作物的抗逆性，达到丰收、增产的目的，在农业生产中意义重大。

本实验充分实现资源的可循环利用，用微生物进行有氧发酵，能够迅速催化分解秸秆，在短时间内分解成供植物和有益微生物利用的营养成分，减少农药、化肥的使用量。实验流程具体包括新鲜农作物秸秆原料粉碎→分筛→混合（菌种鲜畜禽粪便与粉碎的农作物秸秆按比例混合）→堆腐发酵→温度变化观测→鼓风、翻堆→水分控制→分筛→成品→包装→入库。

【材料与器皿】

1. 堆肥试验材料

新鲜的玉米秸秆或水稻秸秆、新鲜猪粪或新鲜牛粪、尿素。

2. 堆肥微生物菌剂

生物有机肥发酵腐熟剂：市售如 EM 菌或 JD 菌。

3. 试剂与培养基

（1）主要试剂。

可溶性淀粉、KNO_3、K_2HPO_4、$MgSO_4 \cdot 7H_2O$、$FeSO_4 \cdot 7H_2O$、盐酸、磷酸氢二钠、琼脂粉、牛肉膏、蛋白胨、NaCl、葡萄糖、无菌蒸馏水、磷酸盐缓冲液、二氧化硅粉末、浓硫酸（密度 1.84）、重铬酸钾、双氧水、高氯酸、硝酸、NaOH、硼酸、2,4- 二硝基酚、磷酸、钒钼酸铵、邻菲罗啉指示剂、饱和硝酸钠溶液、甘油、甲醛、甲醛生理盐水。所用试剂均为分析纯试剂。

（2）提取与分离用细菌培养基。

细菌提取和分离培养采用牛肉膏蛋白胨琼脂培养基：3 g/L 牛肉膏、10 g/L 蛋白胨、5 g/L NaCl、20 g/L 琼脂，调节 pH 为 7.4～7.6。高压灭菌锅 121 ℃条件下灭菌 20 min。

放线菌提取和分离培养采用高氏 1 号培养基：20 g/L 可溶性淀粉、0.1 mol/L $FeSO_4 \cdot 7H_2O$（2 滴）、1 g/L 硝酸钠、0.5 g/L 磷酸氢二钾、20 g/L 琼脂、0.5 g/L $MgSO_4 \cdot 7H_2O$，调节 pH=7.2～7.4。高压灭菌锅 121 ℃条件下灭菌 20 min。

真菌提取和分离培养采用 PDA 培养基：每 1000 mL 的培养基中含去皮马铃薯 200 g、葡萄糖 20 g、琼脂 15～20 g，pH 自然。高压灭菌锅 121 ℃条件下灭菌 20 min。

4. 器皿和其他用品

强制通风堆肥发酵箱、恒温培养箱、超净工作台、烘箱、pH 计、粉碎机、生物洁净工作台、凯氏定氮仪、摇床、电子分析天平、高压蒸汽灭菌锅、恒温水浴锅、火焰光度计、移液器、显微镜、滴定管、坩埚、三角瓶、曲颈漏斗、培养皿、比色试管、往复式振荡器、离心机、金属丝圈、高尔特曼氏漏斗、微孔火棉胶滤膜、抽滤瓶、真空泵、分光光度计等。

【实验方法】

1. 自然条件下的秸秆处理

以玉米秸秆为例,将收集到的秸秆用小型粉碎机进行粉碎,将粉碎后的秸秆进行筛选处理。

2. 堆肥原料进行预处理

将新鲜猪粪在太阳下晾晒 3 d,使猪粪中过多的水分部分散失。

3. 堆肥试验发酵体的堆制

图 9-4 发酵后的微生物有机肥

以 EM 菌为例,将猪粪和玉米秸秆粉末以 10∶3 的质量比混合。通过交替堆积的方式堆肥,以喷淋方式使所有玉米秸秆粉末和猪粪层润湿。将堆体均匀平均分为 4 组,装入强制通风的堆肥发酵箱中的 4 个格子里,装入量为格子高度的 3/4。按照市售 EM 菌接种量 2‰质量比进行接种。堆肥采用强制通风进行供氧,每天通风 2 次,每次 1 h。待堆肥整体温度下降,有机肥气味消失,无刺激性气味,有机肥的颜色变成浅棕色,说明有机肥已充分发酵,获得微生物有机肥(图 9-4)。

4. 微生物有机肥有效微生物数量的检测

(1)根据每日的堆肥温度,选择性地对堆体进行样品采集。分别在中温期:25 ℃、30 ℃、35 ℃、40 ℃、45 ℃、50 ℃,高温期:55 ℃、57 ℃、59 ℃,以及二次中温期:50 ℃、45 ℃、40 ℃、35 ℃、30 ℃,从堆体中采集样品。每次采集样品之后,将当次采集的 10 g 样品,加入高压灭菌处理过的三角瓶中,并向其中加入 90 g 无菌蒸馏水。在恒温摇床上振荡 30 min,使样品充分分散,样品振荡时设定的温度,应与堆肥采集样品时的堆体温度相同。

(2)将样品悬浊液静置 20 min,得到 10^{-1} 样品稀释液;另准备 7 支试管放于试管架上,分别标记浓度 10^{-2}～10^{-8} 稀释液。从 10^{-1} 样品稀释液用移液器吸取 1 mL 稀释液,转移至 10^{-2} 浓度的备用试管中,并向其中加入 9 mL 无菌蒸馏水,摇匀得到浓度为 10^{-2} 样品稀释液。以此方法依次进行样品浓度的稀释,操作完成后,分别得到 10^{-8} 到 10^{-1} 8 个浓度梯度的样品稀释液,以供微生物计数培养。由于 10^{-3}～10^{-1} 浓度梯度的稀释液在各类微生物培养基(包括牛肉膏蛋白胨琼脂细菌培养基、高氏 1 号放线菌培养基、马铃薯真菌培养基)上的菌落过于稠密,无法进行分离和计数。所以,样品的 8 个浓度梯度稀释液只留 10^{-8} 到 10^{-4} 浓度水平备用。

(3)分别配制牛肉膏蛋白胨琼脂细菌培养基、高氏 1 号放线菌培养基、马铃薯真菌培养基,装入直径 9 cm 的培养皿中。

(4)从某一个温度水平下的堆肥样品 10^{-8} 到 10^{-4} 5 种浓度稀释液中分别吸取 100 μL。将 100 μL 的稀释液滴入牛肉膏蛋白胨琼脂细菌培养基平板中央,用涂布平板法将稀释液均匀涂抹在培养基上,另设 1 个重复。相同的操作,将各个浓度的稀释液分别接种到放线菌和真菌的培养基上,各设 1 个重复。于是便得到了每个温度下的 15 种不同处理,每个处理各有 1 个重复,共操作 30 个培养基,记清编号后倒置放入恒温培养箱中进行培养,培养箱温度应设置为与该样品提取温度相同的数值。每日对培养情况进行观察,待到培养基上生出许多清晰可见的单菌落后取出。

（5）对各个培养基上的菌落特征进行统计归类记录，确定出堆肥优势微生物菌落。统计出同一种菌落在不同稀释浓度条件下进行培养下的菌落数量，并根据稀释倍数计算出单位质量的微生物有机肥中该菌的数量。关于菌落特征的描述，需对菌落大小、菌落形状、菌落颜色、菌落透明度、菌落边缘情况、菌落光泽度进行观察和定性描述。

5. 微生物有机肥理化性质的测定

（1）含水率。称取样品 30.0 g（精确到 0.01 g），分为 3 份，放入铝盒，在 105 ℃下烘 4 h 直至恒重，取出后放入干燥器内冷却 20 min 再称重，损失量即为水分含量。

$$含水率（\%）=（烘干前样品重 - 烘干后样品重）÷ 烘干前样品重 × 100\%$$

（2）pH。称取样品 5.0 g，装于 100 mL 烧杯中，按 1∶5 加入蒸馏水，搅拌均匀后，用 pH 计测定。设置 3 个重复。

（3）全氮含量。将猪粪、牛粪、玉米秸秆颗粒样品各称取 5.0 g，加入坩埚之中，加入浓硫酸和过氧化氢，采用浓硫酸过氧化氢消煮法，放在 300 W 变温电路上进行消解，消解操作设置 3 个空白消解处理，将消解液用凯氏定氮仪进行氨的蒸馏。然后利用酸标准液进行滴定，滴定所用酸标准溶液的体积记为 V（mL），空白处理的酸标准溶液滴定体积记为 V_0（mL），m（g）为样品的质量。设置 3 个重复。根据以下公式进行样品中全氮含量的计算。

$$样品全氮含量（g \cdot kg^{-1}）=\dfrac{(V-V_0) \times c(\frac{1}{2}H_2SO_4) \times 14.0 \times 10^{-3}}{m} \times 1000$$

（4）全钾的测定。采用火焰光度计对样品消煮液进行测定，先进行磷标准溶液的配制，用火焰光度计进行测定标准曲线和样品，根据标准曲线和样品的测定值进行全钾含量的计算。设置 3 个重复。

（5）全磷的测定。先进行磷标准溶液的配制，分光光度计用波长 440 nm 测定标准曲线和样品，根据标准曲线和样品的测定值进行全磷含量的计算。设置 3 个重复。

（6）有机质的测定。配制两种所用的标准液，以邻二氮菲为指示剂，用重铬酸钾标准溶液（浓度为 0.8 mol/L）对硫酸亚铁标准液进行标定得出硫酸亚铁标准液的精确浓度。将猪粪、牛粪、玉米秸秆 3 种样品各取 5.0 g，装入试管，加入 5 mL 重铬酸钾和硫酸，在 190 ℃条件下进行石蜡油浴，将装有样品的试管煮沸 5 min 后冷却，将溶液转移到三角瓶中。向三角瓶中滴加 2～3 滴邻二氮菲指示剂。用标定后的硫酸亚铁滴定，当三角瓶中的溶液由蓝绿变为砖红色时即为滴定终点。记录硫酸亚铁滴定所用的体积为 V（mL）。用二氧化硅做空白，空白的硫酸亚铁滴定体积为 V_0（mL），每组设 3 个重复。计算中数值需乘以氧化矫正系数 1.1，m（g）为样品的质量，详细公式如下。

$$样品有机质（g \cdot kg^{-1}）=\dfrac{\dfrac{c \times 5}{V_0} \times (V_0-V) \times 10^{-3} \times 3.0 \times 1.1}{m} \times 1000$$

6. 蛔虫卵死亡率

肥料中蛔虫卵死亡率按照《肥料中蛔虫卵死亡率的测定》（GB/T 19524.2-2004）进行测定。

（1）样品处理。取不同堆肥天数的 5.0～10.0 g 样品放于容量为 50 mL 离心管中，注入氢氧化钠溶液 25～30 mL，另加玻璃珠约 10 粒，用橡皮塞塞紧管口，旋转在振荡器上，静置 30 min 后，以 200～300 r/min 的速度振荡 10～15 min，振荡完毕，取下离心管上的橡皮塞，用玻璃棒将离心管中的样品充分搅匀，再次用橡皮塞塞紧管口，静置 15～30 min 后，振荡 10～15 min。

（2）离心沉淀。从振荡器上取下离心管，拔掉橡皮塞，用滴管吸取蒸馏水，将附着于橡皮塞上和管口内壁的样品冲入管中，以 2000～2500 r/min 的速度离心 3～5 min 后，弃去上清液，加适量蒸馏水，并用玻璃棒将沉淀物搅起，按上述方法重复洗涤 3 次。

（3）离心漂浮。向离心管中加入少量饱和硝酸钠溶液，用玻璃棒将沉淀物搅成糊状后，再徐徐添加饱和硝酸钠溶液，边加边搅拌，直加至离管口约 1 cm 为止，用饱和硝酸钠溶液冲洗玻璃棒，洗液并入离心管中，以 2000～2500 r/min 离心 3～5 min。

用金属丝圈不断将离心管表层液膜移置于盛有半杯蒸馏水的烧杯中，约 30 次后，适当增加一些饱和硝酸钠溶液于离心管中，再次搅拌、离心及移置液膜，如此反复操作 3～4 次，直到液膜涂片在低倍显微镜下观察不到蛔虫卵为止。

（4）抽滤镜检。将烧杯中的混合悬液通过覆以微孔火棉胶滤膜的高尔特曼氏漏斗抽滤。若混合悬液的浑浊度大，可更换滤膜。抽滤完毕，用弯头镊子将滤膜从漏斗的滤台上小心取下，置于载玻片上，滴加 2～3 滴甘油溶液，于低倍显微镜下对整张滤膜进行观察和蛔虫卵计数。当观察有蛔虫卵时，将含有蛔虫卵的滤膜进行培养。

（5）培养。在培养皿的底部平铺一层厚约 1 cm 的脱脂棉，脱脂棉上铺一张直径与培养皿相适的普通滤纸。为防止霉菌和原生物的繁殖，可加入甲醛溶液或甲醛生理盐水，以浸透滤纸和脱脂棉为宜。

将含蛔虫卵的滤膜平铺在滤纸上，培养皿加盖后置于恒温培养箱中，在 28～30°C 条件下培养，培养过程中经常滴加蒸馏水或甲醛溶液，使滤膜保持潮湿状态。

（6）镜检。培养 10 d，从培养皿中取出滤膜置于载玻片上，滴加甘油溶液，使其透明后，在低倍显微镜下查找蛔虫卵，然后在高倍显微镜下根据形态确定蛔虫卵的死活，并加以计数。镜检时若感觉视野的亮度和滤膜的透明度不够，可在载玻片上滴 1 滴蒸馏水，用盖玻片从滤膜上刮下少许含卵滤渣，与水混合均匀，盖上盖玻片进行镜检。

（7）判定。凡含有幼虫的滤渣都认为是活卵，未孵化或单细胞的滤渣都判为死卵。

（8）结果计算。

$$K=(N_1-N_2)/N_1 \times 100\%$$

式中　　K——蛔虫卵死亡率（%）；

　　　　N_1——镜检总卵数；

　　　　N_2——培养后镜检活卵数。

【实验结果】

（1）记录微生物有机肥的有效微生物数量，并填入表 9-5 中。

表 9-5　微生物有机肥的有效微生物数量

样品编号	细菌数量/（CFU·g⁻¹）	放线菌数量/（CFU·g⁻¹）	真菌数量/（CFU·g⁻¹）	微生物总数量/（CFU·g⁻¹）

（2）记录微生物有机肥的主要理化指标，并将结果填入表 9-6。

表 9-6 微生物有机肥的主要理化指标

编号	pH	含水率（%）	全氮（%）	全钾（%）	全磷（%）	有机质（%）

（3）记录堆肥过程中蛔虫卵死亡率的变化，并将结果填入表表 9-7。

表 9-7 堆肥过程中蛔虫卵死亡率的变化

指标	处理堆肥天数 /d					
	0	6	12	18	24	30
蛔虫卵死亡率 /（%）						

【注意事项】

（1）微生物有机肥制备过程中的气味较大，注意做好通风及卫生工作。

（2）微生物提取与分离时注意无菌操作。

实验 9-6 水中大肠菌群的测定——多管发酵法

【案例】

粪大肠菌群是总大肠菌群的一个亚种，大多存在于温血动物粪便以及有粪便污染的地方。大肠菌群的数量具有重要的卫生学上的意义，它是水质质量标准的重要指标之一。根据《生活饮用水卫生标准》（GB 5749-2022），一般采用多管发酵法和滤膜法对它进行测定，这两种方法具有成本低、结果准确的优点，但是操作烦琐且时间长，对无菌操作要求高。目前有什么新兴的方法可以快速测定水中粪大肠菌群数量，该方法与多管发酵法和滤膜法相比具有什么优点？

【实验目的】

（1）了解大肠菌群数量对生活饮用水、水源水等的水质质量的重要性。

（2）掌握水中大肠菌群的多管发酵测定方法。

【基本原理】

大肠菌群是一群能发酵乳糖、产酸产气、需氧和兼性厌氧的革兰氏阴性无芽孢杆菌。一般包括肠杆菌科中的杆菌属（*Bacillus*）、肠杆菌属（*Enterobacteria*）、柠檬酸细菌属（*Citrobacter*）、克雷伯菌属（*Klebsiella*）。它们不仅生活在人畜肠道，存在于粪便中，在自然环境中的水与土壤中也经常存在，常被作为粪便污染的指示菌。《生活饮用水卫生标准》（GB 5749-2022）明确规定不得检出总大肠菌群，因此可以根据国家标准，来判断饮用水大肠菌群的污染情况。

目前大肠菌群的检测方法包括多管发酵法、滤膜法、酶底物法等，其中多管发酵法包括初发酵实验、平板分离、革兰氏染色、复发酵实验 4 个部分。

1. 初发酵实验

发酵管内装有乳糖蛋白胨液体培养基，并倒置一玻璃小导管。乳糖能起选择作用，因为很多细菌不能发酵乳糖，而大肠菌群能发酵乳糖并产酸产气。为便于观察细菌的产酸情况，培养基内加有溴甲酚紫作为 pH 指示剂，细菌产酸后，培养基即由原来的紫色变为黄色。溴甲酚紫还有抑制其他细菌（如芽孢菌）生长的作用。

水样接种于发酵管内，在 37 ℃下恒温培养，24 h 内小导管中有气泡形成，并且培养基变浑浊，指示剂颜色改变，说明水中存在大肠菌群，为大肠菌群阳性。如果小导管产气不明显，可轻拍发酵管，有小气泡升起也为大肠菌群阳性。但是如果不产酸产气，则判定为大肠菌群阴性。

2. 平板分离

平板分离一般使用伊红美蓝琼脂培养基，该培养基中含有伊红和美蓝两种染色剂，作为 pH 指示剂，大肠菌群发酵乳糖产生大量混合酸，菌体表面带 H^+，故可染上酸性染色剂伊红，又因伊红与美蓝结合，故使菌落呈现紫黑色，具有或略带铜绿色金属光泽或不带金属光泽但中心颜色较深。平板分离也可以使用品红亚硫酸钠琼脂培养基，它含有碱性品红染色剂，以此作为指示剂，大肠菌群发酵乳糖后产生的酸和乙醛，在存在碱性品红染色剂的情况下，乙醛与亚硫酸钠结合形成红色菌落，快速发酵乳糖的细菌产生金属光泽，不发酵乳糖的细菌形成无色透明的菌落。初发酵管在 24 h 内产酸产气，发酵管需在平板上划线分离单菌落。

3. 革兰氏染色

大肠菌群为革兰氏阴性无芽孢杆菌，上述大肠菌群菌落经平板分离为革兰氏阴性菌，确定为大肠菌群阳性。

4. 复发酵实验

通过复发酵实验进一步验证上述实验结果，经 24 h 培养产酸产气的，确定为大肠菌群阳性。

【材料与器皿】

1. 试剂

（1）乳糖蛋白胨培养基。称取蛋白胨 10 g、牛肉膏 3 g、乳糖 5 g、氯化钠 5 g，在 1000 mL 蒸馏水中溶解，调节 pH 至 7.2～7.4，再加入 1 mL 1.6% 溴甲酚紫乙醇溶液，充分混匀后分装于含有小导管的试管或三角瓶中，小导管里要充满培养基，不能有气泡，在 121 ℃下高压蒸汽灭菌 20 min，待用。

（2）2× 乳糖蛋白胨培养基。按乳糖蛋白胨培养基配方，除蒸馏水以外的其他成分都按 2 倍量进行配制。

（3）伊红美蓝琼脂培养基。称取蛋白胨 10 g、乳糖 10 g、磷酸氢二钾 2 g，溶解于 950 mL 蒸馏水，调节 pH 至 7.2～7.4，加入 20 mL 2% 伊红水溶液和 13 mL 0.5% 美蓝水溶液，再加入 20 g 琼脂粉，加热溶解，补蒸馏水至 1000 mL，分装于三角瓶中。

（4）其他试剂。革兰氏染色试剂盒、无菌生理盐水。

2. 器皿和其他用品

试管、吸头（1 mL、5 mL）、量筒、玻璃棒、烧杯、pH 计、培养皿、水浴锅、试剂瓶、电磁炉、显微镜、锥形瓶、接种环、干燥箱、小导管、高压蒸汽灭菌锅、移液器、吸头、电子天平、干热灭菌箱、恒温培养箱、载玻片、盖玻片、酒精灯、超净工作台、洗瓶等。

【实验方法】

1. 水样的采集和保存

（1）水样的采集。用高温灭菌过的采样瓶取水，将瓶子连瓶盖一起伸到距离水面 10～15 cm 的深处打开瓶塞，等水满后盖上盖子从水中取出。运送水样时应避免采样瓶摇动，若水样溢出后又流回瓶中，则会增加污染的可能性。灭菌后的采样瓶若 2 w 内未使用，须重新灭菌。

（2）水样的保存。采集好的水样需放置在约 4 ℃的冷藏设备内保存运输，一般要求在采集 4 h 内测定。

2. 水样接种量

（1）生活饮用水。已处理过的出厂自来水须经常检验或每天检验 1 次，以无菌操作加入 10 mL 水样接种到 10 mL 2× 乳糖蛋白胨培养基的试管中（内有小导管），重复接种 5 管。

（2）受到不同程度污染的水。将水样充分混匀后，根据水样污染程度确定水样接种量。每个水样至少用 3 个不同的水样量接种，同一水样接种量要有 5 管，则每个水样共接种 15 管。

未受污染的水样接种量为 10 mL、1 mL、0.1 mL。受污染水样接种量应根据污染程度加大稀释度，可接种 1 mL、0.1 mL、0.01 mL 或接种 0.1 mL、0.01 mL、0.001 mL 等。接种 1 mL 以下水样时，必须作 10 倍梯度稀释后，取 1 mL 接种，每梯度稀释 1 次，换用 1 支无菌移液吸管或 1 个吸头。

3. 初发酵实验

将已接种的水样混匀后置于 37℃ 恒温培养箱中培养 24 h±2 h。产酸产气的发酵管为大肠菌群阳性。如果小导管产气不明显，可轻拍试管，有小气泡升起也为大肠菌群阳性，记录其不同水样接种量的产气管数。

4. 平板分离

将产酸产气发酵管分别划线接种于伊红美蓝琼脂平板上，在 37 ℃恒温培养箱中培养 18～24 h，凡出现下列特征的典型菌落，则为大肠菌群阳性。

（1）深紫黑色，具有金属光泽的菌落。

（2）紫黑色，不带或略带金属光泽的菌落。

（3）淡紫黑色，中心颜色较深的菌落。

5. 革兰氏染色

挑取一小部分符合上述特征的典型菌落进行涂片，革兰氏染色，在显微镜下镜检。

6. 复发酵实验

若培养物染色镜检为革兰氏阴性无芽孢杆菌，用接种环将其接种到乳糖蛋白胨培养液中，在 37℃ 恒温箱中培养 24 h±2 h，观察发酵管是否产酸产气，产酸产气的确定为大肠菌群阳性。

7. 结果计算

根据确定为大肠菌群阳性的管数，查最可能数（Most Probable Number，MPN）检索表，报告每 100 mL 水样中的总大肠菌群最可能数（MPN）值。如所有乳糖发酵管均为大肠菌群阴性时，可报告总大肠菌群未检出。

（1）以生活饮用水为水样接种量，5 管法结果可以根据试管有大肠菌群存在的阳性管数查表 9-8，报告饮用水样中的总大肠菌群数。

表 9-8　5 个 10 mL 试管中阳性管数及 MPN

5 个 10 mL 试管中阳性管数	MPN
0	<2.2
1	2.2
2	5.1
3	9.2
4	16.0
5	>16

（2）以受到不同程度污染的水为水样接种量，根据试管中大肠菌群阳性管数查表 9-9，报告水样中的总大肠菌群数。

如果接种的水样量不是 10 mL、1 mL、0.1 mL，而是较低或较高的 3 个浓度的水样量，也可根据大肠菌群最可能数检数表，按照 3 个浓度阳性管数，查表 9-9 求得总大肠菌群最可能数指数（MPN 指数），再经下式换算成每 100 mL 的总大肠菌群最可能数值（MPN 值）。

$$MPN\ 值 = MPN\ 指数 \times \frac{10(mL)}{接种量最大的一管(mL)}$$

报告 1000 mL 水样大肠菌群数，MPN 值再乘以 10，即为 1000 mL 水样中的总大肠菌群数。

表 9-9　总大肠菌群最可能数（MPN）检数表

接种量 /mL			总大肠菌群（MPN）/100 mL	接种量 /mL			总大肠菌群（MPN）/100 mL
10	1	0.1		10	1	0.1	
0	0	0	<2	0	1	0	2
		1	2			1	4
		2	4			2	6
		3	5			3	7
		4	7			4	9
		5	9			5	11
0	2	0	4	0	3	0	6
		1	6			1	7
		2	7			2	9
		3	9			3	11
		4	11			4	13
		5	13			5	15

接种量 /mL			总大肠菌群	接种量 /mL			总大肠菌群
10	1	0.1	（MPN）/100 mL	10	1	0.1	（MPN）/100 mL
0	4	0	8	0	5	0	9
		1	9			1	11
		2	11			2	13
		3	13			3	15
		4	15			4	17
		5	17			5	19
1	0	0	2	1	1	0	4
		1	4			1	6
		2	6			2	8
		3	8			3	10
		4	10			4	12
		5	12			5	14
1	2	0	6	1	3	0	8
		1	8			1	10
		2	10			2	12
		3	12			3	15
		4	15			4	17
		5	17			5	19
1	4	0	11	1	5	0	13
		1	13			1	15
		2	15			2	17
		3	17			3	19
		4	19			4	22
		5	22			5	24
2	0	0	5	2	1	0	7
		1	7			1	9
		2	9			2	12
		3	12			3	14
		4	14			4	17
		5	16			5	19

接种量 /mL			总大肠菌群	接种量 /mL			总大肠菌群
10	1	0.1	（MPN）/100 mL	10	1	0.1	（MPN）/100 mL
2	2	0	9	2	3	0	12
		1	12			1	14
		2	14			2	17
		3	17			3	20
		4	19			4	22
		5	22			5	25
2	4	0	15	2	5	0	17
		1	17			1	20
		2	20			2	23
		3	23			3	26
		4	25			4	29
		5	28			5	32
3	0	0	8	3	1	0	11
		1	11			1	14
		2	13			2	17
		3	16			3	20
		4	20			4	23
		5	23			5	27
3	2	0	14	3	3	0	17
		1	17			1	21
		2	20			2	24
		3	24			3	28
		4	27			4	32
		5	31			5	36
3	4	0	21	3	5	0	25
		1	24			1	29
		2	28			2	32
		3	32			3	37
		4	36			4	41
		5	40			5	45

接种量 /mL			总大肠菌群	接种量 /mL			总大肠菌群
10	1	0.1	（MPN）/100 mL	10	1	0.1	（MPN）/100 mL
4	0	0	13	4	1	0	22
		1	17			1	26
		2	21			2	32
		3	25			3	38
		4	30			4	44
		5	36			5	50
4	2	0	22	4	3	0	27
		1	26			1	33
		2	32			2	39
		3	38			3	45
		4	44			4	52
		5	50			5	59
4	4	0	34	4	5	0	41
		1	40			1	48
		2	47			2	56
		3	54			3	64
		4	62			4	72
		5	69			5	81
5	0	0	23	5	1	0	33
		1	31			1	46
		2	43			2	63
		3	58			3	84
		4	76			4	110
		5	95			5	130
5	2	0	49	5	3	0	79
		1	70			1	110
		2	94			2	140
		3	120			3	180
		4	150			4	210
		5	180			5	250

接种量 /mL			总大肠菌群	接种量 /mL			总大肠菌群
10	1	0.1	（MPN）/100 mL	10	1	0.1	（MPN）/100 mL
5	4	0	130	5	5	0	240
		1	170			1	350
		2	220			2	540
		3	280			3	920
		4	350			4	1600
		5	430			5	>1600

注：接种水样总量 55.5 mL，其中 5 份 10 mL、5 份 1 mL、5 份 0.1 mL。

【注意事项】

（1）水样在采集、运输、无菌操作过程中应避免污染。

（2）水样采集后，应立即检验；如因故不能立即检验时，应置于 4 ℃冰箱中保存并于 4 h 内检验，防止水样中大肠菌群死亡或在一定条件下再生长。

（3）在移取水样前和稀释水样过程中要充分振摇混合，保证实验结果的准确性。

（4）对于污染严重的水样，水样至少连续稀释 4 个梯度，但当 4 个连续稀释度的最低管或全部呈现大肠菌群阳性时，则应该加大稀释度。

（5）生活饮用水都经过次氯酸钠处理，水中有一定量余氯的残留，会使大肠菌群处于受损或受抑制状态，在采集水样时应加入硫代硫酸钠脱氯，使受损的大肠菌群细胞得以复苏。

第 10 章　食品微生物学

人类对食品微生物的利用，起源很早。早在公元前 16 世纪—公元前 11 世纪，中国就会利用微生物酿酒。古书曾记载有："仪狄作酒，禹饮而甘之。"《商书》中也记载有："若作酒醴，尔维曲蘖；若作禾羹，尔维盐梅。""曲"是用谷物培养霉菌等微生物制成的；"蘖"是发芽的谷物，如做啤酒的麦芽；"梅"是含有乳酸菌之类的菜卤。利用微生物制作美酒、酱油、豆腐乳等美味食品及调味品，就是微生物在食品上较为经典的应用案例。

食品微生物检验是食品质量管理必不可少的重要组成部分，可以有效地防止或者减少患病，保障人民的身体健康。食品微生物检验是衡量食品卫生质量的重要指标之一，也是判定被检食品是否可食用的科学依据之一。通过食品微生物检验，可以判断食品加工环境及食品卫生情况，能够对食品被细菌污染的程度做出正确的评价，为各项卫生管理工作提供科学依据。本章将列举部分现行食品微生物检验国家标准。

实验 10-1　酱油的酿制

【案例】

酱油是人们餐桌上必不可少的调味料，我国的酿酱史可以追溯到夏朝，在世界发酵史上独树一帜。现代工业酿造技术是否可以延续古法酿造的佳话？现代工业酿造技术与古法酿造有何不同？

【实验目的】

（1）了解酱油制作的流程。

（2）掌握酱油生产的基本原理。

（3）掌握实验室酱油制作方法。

【基本原理】

酱油用的原料是植物性蛋白质和淀粉。原料经蒸熟冷却即为曲料，接入纯种培养的米曲霉菌种制成酱曲，酱曲移入发酵池，加盐水发酵，待酱醪成熟后，以浸出法提取酱油。制酱曲的目的是使米曲霉菌在曲料上充分生长发育，大量产生和积累所需要的酶，如蛋白酶、肽酶、淀粉酶、谷氨酰胺酶、果胶酶、纤维素酶、半纤维素酶等，发酵过程中味的形成就是利用这些酶的作用，如蛋白酶及肽酶将蛋白质水解为氨基酸，产生鲜味；谷氨酰胺酶把无味的谷氨酰胺变成具有鲜味的谷氨酸；淀粉酶将淀粉水解成糖，产生甜味；果胶酶、纤维素酶和半纤维素酶等能将细胞壁完全破裂，使蛋白酶和淀粉酶水解得更彻底。同时，在制酱曲及发酵过程中，从空气中落入的酵母和细菌进行繁殖并分泌多种酶，也可添加纯种培养的乳酸菌和酵母菌。由乳酸菌产生适量乳酸，酵母菌发酵产生乙醇，以及由原料成分、曲霉菌的代谢产物等所产生的醇、酸、醛、酯、酚、缩醛和呋喃酮等多种成分，虽多属微量，但却能构成酱油复杂的香气。此外，原料蛋白质中的酪氨酸经氧化生成黑色素，淀粉经淀粉酶水解为葡萄糖与氨基酸反应生成类黑素，使酱油产生鲜艳有光泽的红褐色。发酵期间的一系列极其复杂的生物化学变化所产生的鲜味、甜味、酸味、酒香味、酯香味与盐水的咸味相混合，最后形成色香味俱全和风味独特的酱油。

【材料与器皿】

1. 菌种

米曲霉菌（*Aspergillus oryzae*）或黑曲霉菌（*Aspergillus niger*）斜面菌种。

2. 试剂

黄豆或豆粕、麸皮、可溶性淀粉、磷酸二氢钾、七水合硫酸镁、硫酸铵、5% 琼脂。

3. 器皿和其他用品

试管、锥形瓶、陶瓷盘、铝饭盒、塑料袋、分装器、量筒、温度计、架盘天平、水浴锅、波美计、高压锅等。

【实验方法】

1. 锥形瓶种曲制备

（1）原料配比。麸皮、面粉、水三者质量比为 80∶20∶80，混合均匀。

（2）装瓶与灭菌。用 300 mL 锥形瓶装入厚度 1 cm 左右的物料，包扎，在 121 ℃下灭菌 30 min，趁热摇松物料。

（3）接种与培养。挑取斜面试管的孢子接种，摇匀，在 30 ℃下培养 18 h 后物料发白结块，进行 1 次扣瓶，继续培养 4 h，再摇瓶 1 次。待物料全部长满黄绿色孢子即成熟，置冰箱备用。

2. 种曲——曲盘制备

按麸皮、面粉、水质量比为 80∶20∶70 或麸皮、水质量比为 100∶（95～100）配料，常压蒸煮 1 h，焖 30 min，摊晾至 40 ℃，接入 0.5%～1.0% 锥形瓶种曲，拌均匀，装帘 1～2 cm，入种曲室，保温（28～30 ℃），培养 48～50 h，培养分前、中、后 3 个时期。前期：培养后 16 h 菌丝结块，温度上升到 34 ℃，翻曲 1 次。中期：翻曲后 4～6 h，温度上升到 36 ℃，再进行 1 次翻曲，盖上保湿的材料，使物料表面形成浅绿色孢子。后期：温度不再上升，继续培养 1 d，使孢子繁殖良好，物料孢子全部为黄绿色，开窗通风，干燥，此时可作为酱油种曲。种曲质量要求孢子的数量在 25 亿～30 亿个 / 克（湿基计），孢子发芽率在 90% 以上，发芽率低或缓慢都不能使用。

3. 制曲

（1）原料配比。豆饼与麸皮质量比为 80∶20，豆饼 + 麸皮与水质量比为 1∶（0.90～0.95）。

（2）原料处理。按比例称取原料拌均匀（实验室氮源一般用豆粕，若用黄豆，则经过筛选、浸泡，冬天浸泡 13～15 h，夏天浸泡 8～9 h），再经高压蒸煮（0.5 MPa，3 min），降温至 35～40 ℃，静置温水约 30 min，然后分装于容器内，放入高压灭菌锅中 121 ℃灭菌 30 min，出锅后将容器中的原料倒入曲盘中散开并迅速冷却。

（3）接种与培养。按照种曲制作方法采用曲盘培养，待曲盘物料孢子颜色刚转为黄绿色时，即可出曲，浅盘制曲培养时间一般控制在 32～36 h 即可。

4. 制醅发酵

（1）盐水的配制及用量计算。固态低盐发酵配制 12～13° Bé 盐水，称取食盐 13～15 g，溶于 100 mL 水中，即可制得 12～13° Bé 盐水，加热至 55～60 ℃备用。盐水用量为制曲原料的 120%～150%，一般要求酱醅含水量为 50%。

制醅时盐水用量计算：盐水用量 = ｛曲重 × ［酱醅要求水分（%）- 曲料的水分（%）]/（[1- 氯化钠（%）]- 酱醅要求水分（%）｝× 100%

（2）制醅。在酱坯中加入 12～13°Bé 热盐水，用量为酱坯总料量的 45%，成为酱醅，使酱醅水分为 45%～48%，拌匀后装入容器中。

（3）发酵。接种培养好的酵母菌，用量为酱醅的 10%，将容器密封进行保温发酵，前 7 d温度为 38 ℃，后 5～7 d 温度为 42 ℃。保温发酵次日需浇淋 1 次，以后每隔 4～5 d，浇淋 1次，共需浇淋 3～4 次。浇淋就是将发酵液取出淋在酱醅表面，发酵时间约为 14～15 d。

5. 淋油

在成熟酱醅中加入原料总重量 500% 的沸水，置于 60～70 ℃水浴中，浸出 15 h 左右，放出得头油，再加入 500% 的沸水在 60～70 ℃水浴中浸出约 4 h，放出得二油。

6. 配制成品

将产品加热至 70～80 ℃，维持 30 min，可灭菌消毒，为了满足不同地域消费者的口味，可在酱油中加入助鲜剂、甜味料、增色剂等进行调配。

7. 成品检验

按《食品安全国家标准　酱油》（GB 2717-2018）进行检验。

（1）感官检查包括色泽、液态、香气、滋味。

（2）理化检验包括氨基态氮、食盐、总酸、全氮。

（3）微生物检验包括菌落总数和大肠菌群。

【实验结果】

从酱油的色泽、液态、香气、滋味，氨基态氮、食盐、总酸、全氮含量，以及菌落总数和大肠菌群等方面综合评价酱油的质量。

【注意事项】

（1）拌料中面粉不宜过多，否则易导致发酵醅料不疏松，不利于气体交换，易感染有害菌，淋油困难。

（2）蒸料时应控制好温度和时间，避免原料变性不够或过度变性。

（3）蒸料后冷却时间不宜过长，否则易黏结成块状，同时在不洁净环境中易感染有害菌，不利于制曲。

（4）制曲时宜将物料与菌种混合均匀，有利于制曲气体交换。

实验 10-2　果酒的酿造

【案例】

鲜水果除了直接食用外，还有更多的吃法。有人喜欢将鲜水果风干，好让水果味道更为浓缩，变成一种有营养的零食；有人喜欢将鲜水果煮成果酱，涂抹在面包或者馒头上。其实，水果还可以用来酿酒。常见的果酒酿造方法有哪几种？每种方法有什么特点？不同种类水果的酿造方法是否一样？

【实验目的】

（1）掌握果酒酿造的一般原理。

（2）学习果酒酿造的方法。

【基本原理】

果酒的生产是以新鲜水果为原料，利用野生或人工添加酵母菌来分解糖分，产生酒精及其他副产物。伴随酒精和副产物如甘油、琥珀酸、醋酸、杂醇油的产生，果酒内部发生一系列复杂的生化反应，在陈酿、澄清过程中经生化反应及沉淀等作用，最终赋予果酒独特的风味及色泽。

【材料与器皿】

1. 菌种

葡萄酒酵母（*Saccharomyces ellipsoideus*）斜面菌或活性干酵母。

2. 试剂

葡萄或苹果、白砂糖、柠檬酸、亚硫酸、硫黄、马铃薯蔗糖琼脂斜面培养基、马铃薯蔗糖液体培养基、葡萄汁、硅藻土或皂土、硅胶、氢氧化钠。

3. 器皿和其他用品

发酵酒罐（缸、桶，少量可用大锥形瓶代替）、台秤、糖度计、温度计、酒精计、破碎机、榨汁机、压盖机或软木塞、胶帽、纱布、乳胶管。

【实验方法】

1. 容器消毒

制酒的各种容器，都必须进行消毒。消毒方法：将容器洗净，用硫黄熏蒸，1 m³ 硫黄用量为 8～10 g；小型容器可用蒸汽消毒。

2. 原料选择

水果应充分成熟而完整，剔除生、青果粒以及霉烂果。水果上若有污物，应用清水冲洗干净。颜色鲜艳、风味浓郁、果香典型、糖分含量高（21 g/100 mL）、酸分适中（0.6～1.2 g/100 mL）的水果出汁率高。

3. 酒母的制备

（1）葡萄酒酵母菌制备。将保藏用的葡萄酒酵母斜面菌种转移至新鲜马铃薯蔗糖琼脂斜面培养基上，在 28～30 ℃下培养 24～48 h，直至斜面长满菌苔，此为酒母。将活化好的酵母菌种移植到锥形瓶无菌马铃薯蔗糖液体培养基中，置摇床中在 28～30 ℃下培养 24～48 h，即得葡萄酒酵母菌发酵剂。

（2）活性干酵母活化。

① 复水、活化。在温水（35～42 ℃）中加入 10% 的活性干酵母，小心混匀，静置使之复水、活化，每隔 10 min 轻轻搅一下，经过 20～30 min（在此活化温度下最多不超过 30 min）酵母已复水、活化，可直接添加到含 SO₂ 的葡萄汁中进行发酵。

② 活化后扩大培养。由于活性干酵母有潜在的发酵活性和生长增殖能力，为提高使用效

果，减少商品活性干酵母的用量，也可在复水、活化后再进行扩大培养，制成酒母使用。酒母的做法是将复水、活化的酵母投入澄清的 SO_2 含量为 80～100 mg/L 的葡萄汁中培养，扩大倍数为 5～10 倍，当培养至酵母的对数生长期后，再次扩大 5～10 倍培养。为防污染，每次活化后的扩大培养不宜超过 3 级，培养温度与一般葡萄酒酒母相同。

4. 水果预处理

将水果用破碎机破碎，少量可用手工破碎。破碎方法是将水果放入盆内，除去果梗，挤破果皮即可。用榨汁机榨汁，然后添加亚硫酸，添加 SO_2 含量为 80～100 mg/L，搅拌均匀，倒入发酵缸中，倒入量为发酵缸容积的 4/5，静置 4 h 后接种。

5. 前发酵（主发酵）

按葡萄汁总容量的 3%～5% 接入活化好的酵母，温度控制在 20～28 ℃，发酵 5～7 d，当发酵缸中不再产生或不再明显产生气泡（气泡特别小且上升速度缓慢），品温逐渐下降到近室温，酒精积累接近最高，汁液开始清晰，皮渣酒母大部分下沉，酵母细胞逐渐死亡，活细胞减少。残糖降为 0.4% 以下时，前发酵结束。在此期间应进行以下操作。

（1）翻搅。开始发酵的 2～3 d，每天将容器中果浆汁翻搅 1～2 次，不让皮渣上浮，防止有害微生物的污染，以便供给发酵所需的氧。

（2）含糖量的调整。根据破碎后测得的果汁液浓度加糖，使汁液含糖量达到 20%～22%，加糖在旺盛发酵时（约发酵 24 h 后）进行。加糖时先用少量的果汁将白砂糖溶解，再加入发酵液中。根据生成 1° 酒精需 1.7 g 葡萄糖或 1.6 g 蔗糖的原则，补加糖量应依成品酒精浓度而定。

（3）测量品温及糖度，并记录。

6. 过滤及离心

前发酵完成后，先用纱布将清澈的酒液滤出，转入酒桶或酒缸中，添加 SO_2 含量为 50 mg/L，封严。皮渣中的酒液用离心脱水机脱出，用另一酒桶盛装。15 d 后，用乳胶管将酒液吸至另一容器中，装满封严，15 d 后倒换 1 次，以除去沉渣。

7. 下胶澄清过滤

短期贮存后的原酒逐渐变得清亮，酒脚沉淀于桶或缸底。经倒酒，将酒与酒脚分离，然后用硅藻土或皂土、硅胶下胶。下胶处理结束后，应立即离心过滤，除去不稳定的胶体物质。

8. 陈酿

过滤的新酒有辛辣味，不醇和，需要贮存一定时间，让其自然老熟，减少新酒的刺激性、辛辣性，使酒体绵软适口、醇厚香浓、口味协调。在陈酿期间，保证温度在 20 ℃ 左右，使酒自发地进行酯化与氧化反应。酒要满桶/缸贮存，防止酒的氧化。

9. 杀菌、装瓶

果酒常用玻璃瓶包装，空瓶用 2%～4% 的氢氧化钠在 50 ℃ 以上温度浸泡后，清洗干净，沥干水后杀菌。果酒可先经巴氏杀菌再进行热装瓶或冷装瓶，含酒精低的果酒，装瓶后还应进行杀菌，在 70 ℃ 下杀菌 10～15 min 即为成品。

【实验结果】

从果酒的色泽、液态、有无杂质和酒精、二氧化硫含量，以及卫生标准等方面综合评价果酒的质量。

【注意事项】

（1）为防止发酵液被污染，榨汁机要清洗干净，并倒置晾干，因为水中有大量微生物。发酵瓶要清洗干净，用体积分数为 70% 的酒精消毒，或用洗洁精洗涤，或用开水烫然后冷却至室温。

（2）装瓶时要留大约 1/3 的空间，可以让酵母菌进行有氧呼吸快速繁殖，消耗氧气后再进行酒精发酵；还可以防止发酵过程中产生 CO_2 造成发酵液溢出。

（3）瓶口处不要沾上葡萄汁和果肉，防止杂菌在瓶口繁殖造成污染。

（4）在发酵过程中，每隔 12 h 左右就将瓶盖拧松一次（注意：不是打开瓶盖），放出 CO_2，以防止瓶内气压过高引起爆裂。

（5）控制好发酵条件，在酿葡萄酒的过程中，要将温度严格控制在 18～25 ℃，时间控制在 10～12 d。

实验 10-3 酸奶的制作

【案例】

酸奶的口感独特、营养丰富，常被称为功能性营养品，不仅可以调节人体内的微生物平衡，还可以增强人的消化能力、增强食欲。酸奶的口感主要取决于什么？家庭制作的酸奶与市售的酸奶是否有差别？家庭制作酸奶最大的安全隐患是什么？

【实验目的】

（1）学习乳酸发酵和制作酸奶的方法。

（2）了解乳酸菌在发酵过程中所起的作用。

【基本原理】

酸乳是发酵乳，是乳和乳制品在特征菌种，如保加利亚杆菌、嗜热链球菌等的作用下分解乳糖产酸，使牛奶中酪蛋白凝固形成的酸性凝乳状制品，具有独特的香味。酸奶根据其组织状态可分为两大类。

（1）凝固型。牛奶等原料经消毒灭菌并冷却后，接种生产发酵剂，即装入吸塑杯或其他容器中，移入发酵室内保温发酵而成，其外观为乳白色或微黄色的凝胶状态。

（2）搅拌型。牛奶等原料经消毒灭菌后，在较大容器内添加生产发酵剂，发酵后，再搅拌成糊状，并同时加入果汁、香料、甜味剂或酸味剂，搅匀后，再装入可上市的容器内。

乳酸菌的细胞形态为杆状或球状，一般没有运动性，革兰染色阳性，微需氧、厌氧或兼性厌氧，具有独特的营养需求和代谢方式，能发酵糖类产酸，一般在固体培养基上与氧接触也能生长。酸乳风味的形成与乳酸菌发酵过程的多种代谢物有关，而这些代谢物的产生与发酵速度等活力指标密切相关。乳酸菌的活力可由多种参数确定，如细胞干重和光密度等。由于乳液不透明，不能直接测定吸光值，可用氢氧化钠和乙二胺四乙酸处理使其澄清后再进行测定。较简便的活力测定包括凝乳时间、产酸量和活菌数量等指标的检测。

【材料与器皿】

1. 菌种

保加利亚乳杆菌（*Lactobacillus bulgaricus*）、嗜热链球菌（*Streptococcus thermophilus*）。

2. 试剂

新鲜全脂或脱脂牛奶、一级白砂糖。

3. 器皿和其他用品

超净工作台、恒温培养箱、鼓风干燥箱、高压蒸汽灭菌锅、冰箱、不锈钢锅、无菌吸塑杯、无菌纸、试管等。

【实验方法】

凝固型酸奶制作的生产工艺流程如下：

原料乳→标准化→加入溶解的白糖液→过滤→预热→均质→消毒→降温接种→装瓶封口→保温发酵→入冷库后熟→抽样检验→出库销售

（1）发酵剂培养。将新鲜牛奶分别装入试管和锥形瓶中，每试管装 10 mL，每锥形瓶装 300 mL，均塞上塞子，在 121 ℃下灭菌 15 min。发酵剂培养则需采用较大容器（如不锈钢桶），可采用巴氏消毒法或超高温瞬时灭菌法灭菌，灭菌后的牛奶立即冷却待用。

将贮藏的液体菌种接入无菌牛奶试管中活化，至管内牛奶凝固时，转接种于锥形瓶中（母发酵剂），接种量 1% 左右。锥形瓶中牛奶凝固后，便可进一步接种入较大容器（如不锈钢桶）的灭菌乳中，接种量为 2%～3%，且可按乳酸链球菌：保加利亚乳杆菌为 1∶1 混合接种。

乳酸链球菌在 40 ℃下培养 6～8 h，至牛奶凝固即可。保加利亚乳杆菌在 42 ℃下培养约 12 h，至牛奶凝固即可。混合的生产发酵剂在 42～43 ℃下培养约 8 h，至牛奶凝固即可。

（2）原料奶灭菌。原料奶要求新鲜，不含抗生素，产奶牛未患乳房炎。可根据产品要求在原料奶中加糖或不加糖，一般加糖量为 5%～9%。将牛奶与砂糖混合，在不锈钢容器中 85 ℃下保温 15～20 min 杀菌。在工业生产中可采用超高温瞬时灭菌法进行灭菌。

（3）接种。将灭菌后的牛奶迅速降温到 38～40 ℃，接入发酵剂的量为原料奶的 4%～5%。

（4）装瓶、封口、发酵。接种后，立即装入灭菌吸塑杯或其他无菌容器中，加盖或用灭菌纸扎封杯（瓶）口，送至 40～43 ℃培养箱或发酵室发酵 3～4 h，直至牛奶凝固为止。

（5）酸奶冷却与后熟。发酵好已凝固的半成品，取出稍冷却，置于 2～5 ℃的冰箱或冷库中冷藏 6～10 h，经检验合格者可食用，质量检验标准参照《食品安全国家标准　发酵乳》（GB 19302-2010）。

【实验结果】

从酸奶的色泽、滋味、气味、组织形态等感官要求，脂肪、非脂乳固体、蛋白质、酸度等理化指标，以及卫生标准等方面综合评价酸奶的质量。

【注意事项】

（1）原料牛奶一定要新鲜，含有抗生素或者用奶粉还原的牛奶不适合制作酸奶。

（2）容器消毒宜采用加热消毒，不宜采用消毒液，因为消毒液残留会抑制乳酸菌生长。

（3）封瓶时需要密封瓶口，无氧环境有利于乳酸菌的生长。

实验 10-4　毛霉的分离和豆腐乳的制备

【案例】

豆腐乳是中国流传一千多年的民间传统特色美食，因其口感好、营养高，深受中国老百姓及东南亚地区人民的喜爱，是一道经久不衰的美味佳肴。制作豆腐乳时经常引入毛霉，相对于腌制型腐乳和根霉型腐乳，毛霉型腐乳有什么优点？国家对豆腐乳的质量有什么要求？

【实验目的】

（1）学习毛霉的分离和纯化方法。
（2）掌握豆腐乳发酵的工艺过程。
（3）观察豆腐乳发酵过程中的变化。

【基本原理】

豆腐乳是我国独特的传统发酵食品，是用豆腐发酵制成的。民间老法生产豆腐乳均为自然发酵，而现代食品厂多采用蛋白酶活性高的毛霉或根霉发酵。豆腐坯上接种毛霉，经过培养繁殖，分泌蛋白酶、淀粉酶、谷氨酰胺酶等复杂酶系，在长时间发酵中与腌坯调料中的酶系、酵母菌、细菌等协同作用，使腐乳坯蛋白质缓慢水解，生成多种氨基酸，加之由微生物代谢产生的各种有机酸与醇类作用生成酯，形成细腻、鲜香的豆腐乳。

【材料与器皿】

1. 菌种

毛霉斜面菌种。

2. 试剂

马铃薯葡萄糖琼脂培养基、无菌水、豆腐坯、红曲米、面曲、甜酒酿、白酒、黄酒、食盐、石炭酸。

3. 器皿和其他用品

培养皿、500 mL 三角瓶、接种环、小笼格、喷枪、小刀、带盖广口玻璃瓶、显微镜、恒温培养箱、解剖针。

【实验方法】

1. 毛霉的分离与鉴定

（1）配制培养基。马铃薯葡萄糖琼脂培养基经配制、灭菌后倒平板备用。

（2）毛霉的分离。从长满毛霉菌丝的豆腐坯上取小块放在 5 mL 无菌水中，振荡制成孢子悬液，用接种环取该孢子悬液接种在马铃薯葡萄糖琼脂平板表面作平板划线，在 20 ℃下培养 1～2 d，以获取单菌落。

（3）菌落观察。菌落呈白色棉絮状，菌丝发达。

（4）显微镜镜检。在载玻片上加 1 滴石炭酸溶液，用解剖针从菌落边缘挑取少量菌丝置于载玻片上，轻轻将菌丝分开，加盖玻片，在显微镜下观察孢子囊、孢子梗的着生情况。若无假根和匍匐菌丝或菌丝不发达，孢子梗直接由菌丝长出，单生或分枝，则可初步确定为毛霉。

2. 豆腐乳的制备

（1）毛霉菌种的扩繁。将毛霉菌种接入斜面培养基，在 25 ℃下培养 2 d。将斜面菌种转接到盛有种子培养基的三角瓶中，在同样温度下培养至菌丝和孢子生长旺盛，备用。

（2）孢子悬液制备。在上述三角瓶中加入无菌水 200 mL，用玻璃棒搅碎菌丝，用无菌双层纱布过滤，滤渣倒回三角瓶，再加 200 mL 无菌水洗涤 1 次，再次进行过滤，与第一次滤液合并，装入喷枪贮液瓶中供接种使用。

（3）接种孢子。用刀将豆腐划成 4.0 cm×4.0 cm×2.0 cm 的小块，笼格经蒸汽消毒、冷却，用孢子悬液喷洒笼格内壁，然后把划块的豆腐坯均匀竖放在笼格内，块与块之间间隔 2 cm。用喷枪向豆腐块上喷洒孢子悬液，使每块豆腐周身沾上孢子悬液。

（4）培养与晾花。将放有接种豆腐坯的笼格放入恒温培养箱中，在 20 ℃左右培养 20 h 后，每隔 6 h 上下层笼格调换一次，以更换新鲜空气，并观察毛霉生长情况。44～48 h 后，菌丝顶端已长出孢子囊，豆腐坯上毛霉呈棉花絮状，菌丝下垂，白色菌丝已包围住豆腐坯，此时将笼格取出，使热量和水分散失，豆腐坯迅速冷却，其目的是增加酶的作用，并使霉味散发，此操作在工艺上称为晾花。

（5）装瓶与压坯。将冷至 20 ℃以下的豆腐坯上互相依连的菌丝分开，用手指轻轻在每块表面揩涂一遍，使豆腐坯上形成一层皮衣，装入玻璃瓶内，边揩涂边沿瓶壁呈同心圆方式一层一层向内侧放，摆满一层稍用手压平，撒一层食盐，每 100 块豆腐坯用盐约 400 g，则豆腐坯的平均含盐量约为 16%，如此一层层铺满装瓶。下层食盐用量少，向上食盐逐层增多，腌制中盐分渗入豆腐坯，水分析出，使上下层豆腐坯含盐量均匀。腌坯 3～4 d 时需加盐水淹没坯面，称之为压坯。腌坯周期：冬季 13 d，夏季 8 d。

（6）装坛发酵。

① 红方。按每 100 块腌坯用红曲米 32 g、面曲 28 g、甜酒酿 1000 g 的比例配制染坯红曲卤和装瓶红曲卤。先用 200 g 甜酒酿浸泡红曲米和面曲 2 d，浸泡后研磨细，再加 200 g 甜酒酿调匀即为染坯红曲卤。将腌坯沥干，待坯块稍有收缩后，放在染坯红曲卤内，六面染红，装入经预先消毒的玻璃瓶中。将剩余的红曲卤用剩余的 600 g 甜酒酿兑稀，灌入瓶内，淹没腐乳，并加适量面盐和 50% vol 的白酒，加盖密封，在常温下贮藏 6 个月成熟。

② 白方。将腌坯沥干，待坯块稍有收缩后，将按甜酒酿 500 g、黄酒 1000 g、白酒 750 g、盐 250 g 的配方配制的汤料注入玻璃瓶中，淹没腐乳，加盖密封，在常温下贮藏 2～4 个月成熟。

（7）质量鉴定。将成熟的腐乳开瓶，进行感官质量鉴定、评价。

【实验结果】

从腐乳的表面及断面色泽、组织形态（块形、质地）、滋味及气味、有无杂质等方面综合评价腐乳质量。

【注意事项】

（1）接种时，孢子悬液需喷洒均匀。

（2）要严格控制盐的用量，加盐时，随着层数的增加，盐的用量也应增加，接近瓶口表面的盐要铺厚一些。

（3）配制卤汤时，应该把酒精的含量控制在 12% 左右，酒精含量过高，腐乳成熟的时间将会延长，酒精含量过低，则不足以抑制微生物生长，可能导致豆腐腐败。

（4）用来腌制腐乳的玻璃瓶，要洗刷干净，且洗刷之后需用沸水消毒。

（5）装瓶时要迅速而小心，整齐摆放好豆腐坯，加入卤汤后，要用胶条密封瓶口。封瓶时，最好将瓶口通过酒精灯的火焰，防止瓶口被污染。

实验 10-5　生牛乳自然发酵过程中微生物菌相的变化

【案例】

生牛乳富含免疫球蛋白，能高效抵抗病毒、细菌、真菌及其他过敏原，形成抗体，中和毒素，增强体质，提高免疫力，降低患病概率。生牛乳富含乳铁蛋白，能有效抗氧化，消灭或抑制细菌，促进脑细胞的生长，提高记忆力，提高智商。生牛乳还富含生长因子及蛋白质，促进身体内部神经系统、消化系统、纤维细胞、皮肤系统等的生长发育，帮助修复组织细胞，促进伤口愈合，加快术后康复。除此之外，生牛乳还可以补充生长发育必需的钙质，促进骨骼、牙齿的生长发育。但刚采集的生牛乳含有少量不同的细菌，而生牛乳对细菌来讲是一种很好的营养基质，因此，在温暖的条件下，细菌开始很快地进行繁殖，而且菌相出现交替演变的现象。根据菌相交替演变规律，应在哪个阶段对牛乳进行有效处理而起到保存作用？经过超高温处理的牛乳自然发酵，是否会得到与生牛乳一样的菌相交替演变过程？为什么？

【实验目的】

了解牛乳自然发酵过程中微生物菌相的变化过程。

【基本原理】

一般刚采集的生牛乳 pH 为中性，含有丰富的乳糖，有利于生牛乳中自然存在的乳酸细菌，如乳链球菌（*Streptococcus lactis*）很快地繁殖。它们发酵乳糖产生乳酸，使牛乳的 pH 降低，引起蛋白质凝结成乳酪状，低 pH 也抑制了乳链球菌的繁殖，被能耐受低 pH 的菌种乳杆菌（*Lactobacillus*）所代替。乳杆菌完成乳糖发酵，并使 pH 更低，在这种低 pH 条件下，酵母菌利用乳酸生长。随着乳糖和乳酸的减少，pH 上升，大部分假单胞菌（*Pseudomonas*）和芽孢杆菌（*Bacillus*）生长繁殖产生的蛋白酶，开始分解凝结了的蛋白质，当蛋白质被利用，牛奶的分解基本完成。在生牛乳的这种生态学演变的自然过程中，原始乳酸细菌的活动为以后的乳杆菌创造了有利的生化条件，因而能观察到一个微生物群体接替另一个微生物群体的一系列菌相演变，自然界中的其他微生物也会发生菌相的演变过程。

巴斯德消毒法可以杀灭牛乳中的病原菌，但不能杀灭芽孢杆菌，此法消毒过的牛乳，破坏了牛乳中的正常菌群（除芽孢杆菌外），因而不能产生带酸味的酸牛乳，而能越过菌相演变的早期，趋向于更不适用的演变时期，故牛乳酸败的自然过程与乳品工业有密切的关系，现代工业生产的酸牛乳是先将牛乳进行消毒，而后接种纯种的乳链球菌与乳杆菌。

本实验将生牛乳原始样品和培养在 30 ℃下的样品，定时取样分别测其 pH 值并涂片，进行革兰氏染色，油镜下观察主要细胞的形态、排列、革兰氏染色以及单个视野中的平均细菌数。每次涂片均取 1 接种环，涂抹载玻片约 2.5 cm²。

【材料与器皿】

1. 样品

生牛乳样品装入三角烧瓶内。

2. 试剂

二甲苯。

3. 器皿和其他用品

革兰氏染色试剂盒、pH 试纸、载玻片、盖玻片、显微镜、恒温培养箱、接种环等。

【实验方法】

（1）混匀样品。旋转装有生牛乳的三角瓶，使样品充分混匀。

（2）测 pH。用灭菌滴管或吸管以无菌操作取一滴牛乳或牛乳发酵液，放在 pH 试纸上，比色，记录。

（3）制作涂片。用无菌操作取满 1 接种环牛乳，在载玻片上均匀涂抹 2.5 cm²（可先在纸上画 2.5 cm² 的方格，然后将载玻片放在纸上），载玻片标明日期。

（4）贮存涂片。载玻片放空气中干燥，贮存在一有盖盒内，待整个实验的所有涂片制成后一起进行步骤（7）以后的步骤，或每片先进行步骤（7）再贮存，待所有涂片制成后再进行步骤（8）以后的步骤。

（5）保温培养。牛乳样品放在 30 ℃恒温培养箱内培养，整个实验（约需 10 d）均需在此温度下培养。

（6）循环实验（测 pH 与制作涂片）。每 2 d 重复取样测 pH 和制作涂片，每次制作涂片用同一接种环，取同样的量，直至牛乳完成变酸过程和开始腐败为止。

（7）处理涂片。所有涂片都用二甲苯处理约 1 min，以除去牛乳的脂肪，干燥后，火焰固定。

（8）革兰氏染色。按照实验 1-3 的步骤进行革兰氏染色。

（9）观察计数。按照实验 4-1 的方法，数几个视野中主要类型的细菌数，计算每一视野的平均细菌数，描写细菌类型，注明形态、大小以及排列等性状。

【实验结果】

1. 记录菌相变化

记录每次测得的 pH，描述制作涂片中所观察到的细菌，并根据描述的细菌情况对照所介绍的各个时期的细菌特点，鉴别细菌类型。计算每一类型细菌在显微镜下平均每个视野的近似数，将生牛乳自然发酵过程中的 pH 和微生物菌相变化记录在表 10-1。

表 10-1　生牛乳自然发酵过程中微生物菌相的变化

时间	pH	描写微生物类型	每个视野的近似数

2. 画曲线

（1）pH 曲线。以取样日期为横坐标（X 轴），以 pH 变化为纵坐标（Y 轴），绘制 pH 曲线。

（2）各细菌的曲线。以取样日期为横坐标（X 轴），以各类型细菌的每视野平均数为纵坐标（Y 轴），绘制各细菌的曲线。

【注意事项】

（1）革兰氏染色时，脱色步骤时间不宜过长也不宜过短，以脱色液体无色为准。

（2）每次取样应为相同的时间点。

实验 10-6　食品中菌落总数测定

【案例】

某食品生产厂家对某一批次产品进行菌落总数抽检，为了减少实验误差，提高检测结果准确性，检样过程应严格按照《食品微生物学检验　菌落总数测定》（GB/T 4789.2-2022）中的标准规范进行操作。有哪些因素会影响菌落总数测定结果？由于影响检测结果的因素很多，可以用什么方法来评定菌落总数的测量不确定性？

【实验目的】

（1）掌握食品中菌落总数测定的基本原理和方法。

（2）了解菌落总数测定对被检样品进行安全学评价的意义。

【基本原理】

菌落总数的测定是食品微生物检验中的重要指标之一，从食品安全与卫生学的角度来说，菌落总数可以用来判定食品被细菌污染的程度及卫生质量，它反映了食品在生产过程中是否受到污染，以便对被检样品做出适当的安全学评价。具体操作为：食品被检样品经过处理，在一定条件下（如培养基、培养温度和培养时间等）培养后，所得每 1 g（mL）被检样品中形成的微生物菌落总数。

平板菌落计数法又称标准平板计数法（Standard Plate Count，SPC），是最常用的一种活菌计数法，即将待测样品经适当稀释之后，其中的微生物充分分散成单个细胞，取一定量的稀释样液涂布到平板上，经过培养后统计菌落数，每个单细胞生长繁殖形成肉眼可见的菌落，即一个单菌落代表原样品中的一个微生物，根据其稀释倍数和取样接种量即可换算出样品中的细菌总数。由于测定是在 37 ℃、有氧条件下培养的结果，故厌氧菌、微氧菌、嗜冷菌、嗜热菌在此条件下不能生长，有特殊营养要求的细菌也受到限制。因此，通过这种方法得到的结果实际上只包括一群在平板计数琼脂培养基中发育、嗜中温的需氧或兼性厌氧的菌落总数，并不表示实际中的所有细菌总数。但由于在自然界这类细菌占大多数，其数量的多少能反映出样品中细菌的总数，所以该方法测定食品中含有的细菌总数已得到了广泛的认可。此外，菌落总数不能区分细菌的种类，所以有时被称为杂菌数或需氧菌数等。

【材料与器皿】

1. 试剂

磷酸盐缓冲液、无菌生理盐水。

2. 器皿和其他用品

平板计数琼脂培养基、恒温培养箱、冰箱、恒温水浴箱、天平、均质器、振荡器、无菌吸管、移液器、无菌吸头、无菌锥形瓶、无菌培养皿、pH 计或 pH 比色管或精密 pH 试纸、放大镜或 / 和菌落计数器。

【实验方法】

（1）检验程序。菌落总数的检验程序如图 10-1 所示。

（2）样品的稀释。

① 固体和半固体样品。称取 25 g 样品置于盛有 225 mL 磷酸盐缓冲液或生理盐水的无菌均质杯内，以 8000～10000 r/min 的速度均质 1～2 min；或放入盛有 225 mL 稀释液的无菌均质袋中，用拍击式均质器拍打 1～2 min。可制成 1∶10 的样品匀液。

② 液体样品。以无菌吸管吸取 25 mL 样品置于盛有 225 mL 磷酸盐缓冲液或生理盐水的无菌锥形瓶（瓶内预置适当数量的无菌玻璃珠）中，充分混匀，制成 1∶10 的样品匀液。

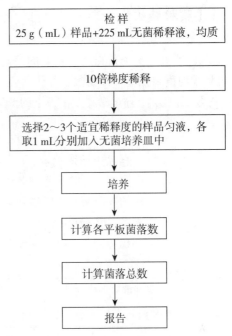

图 10-1　菌落总数的检验程序

（3）用 1 mL 无菌吸管或移液器吸取 1∶10 样品匀液 1 mL，沿管壁缓慢注入盛有 9 mL 稀释液的无菌试管中（注意吸管或吸头尖端不要触及稀释液面），振摇试管或换用 1 支无菌吸管反复吹打使其混合均匀，制成 1∶100 的样品匀液。

（4）按上述操作，制备 10 倍梯度稀释样品匀液。每递增稀释一次，换用一次 1 mL 无菌吸管或吸头。

（5）根据对样品污染状况的估计，选择 2～3 个适宜稀释度的样品匀液（液体样品可包括原液），在进行 10 倍梯度稀释时，吸取 1 mL 样品匀液注入无菌平皿内，每个稀释度做 2 个平皿。同时，分别吸取 1 mL 空白稀释液注入 2 个无菌平皿内作空白对照。

（6）及时将 15～20 mL 冷却至 46 ℃的平板计数琼脂培养基（可放置于 46 ℃ ±1 ℃恒温水浴箱中保温）倾注入平皿，并转动平皿使其混合均匀。

（7）培养。

① 待琼脂凝固后，将平板翻转，在 36 ℃ ±1 ℃下培养 48 h±2 h；水产品在 30 ℃ ±1 ℃下培养 72 h±3 h。

② 如果样品中可能含有在琼脂培养基表面弥漫生长的菌落，可在凝固后的琼脂表面覆盖一薄层琼脂培养基（约 4 mL），凝固后翻转平板，按①条件进行培养。

（8）菌落计数。

① 可用肉眼观察，必要时用放大镜或菌落计数器，记录稀释倍数和相应的菌落数，菌落数以菌落形成单位（Colony Forming Units，CFU）表示。

② 选取菌落数为 30～300 CFU、无蔓延菌落生长的平板计数菌落总数。低于 30 CFU 的平板记录具体菌落数，大于 300 CFU 的可记录为多不可计。每个稀释度的菌落数应采用 2 个平板的平均数。

③ 其中 1 个平板有较大片状菌落生长时，不宜采用，而应以无片状菌落生长的平板作为该稀释度的菌落数；若片状菌落不到平板的一半，而其余一半平板的菌落分布很均匀，即可计算半个平板菌落数 ×2，代表一个平板菌落数。

④ 当平板上出现菌落间无明显界线的链状生长时，则将每条单链作为一个菌落。

【实验结果】

（1）菌落总数的计算方法。

① 若只有 1 个稀释度平板上的菌落数在适宜计数范围内，计算 2 个平板菌落数的平均值，再将平均值乘相应稀释倍数，作为每克（毫升）样品中菌落总数。

② 若有 2 个连续稀释度平板上的菌落数在适宜计数范围内时，按下式计算样品中菌落总数。

$$N = \frac{\sum C}{(n_1 + 0.1n_2)d}$$

式中　N——样品中菌落总数；

$\sum C$——平板（含适宜范围菌落数的平板）菌落数之和；

n_1——第一稀释度（低稀释倍数）平板个数；

n_2——第二稀释度（高稀释倍数）平板个数；

d——稀释因子（第一稀释度）。

例：

稀释度	1∶100（第一稀释度）	1∶100（第二稀释度）
菌落数 /CFU	232，244	33，35

$$N = \frac{\sum C}{(n_1 + 0.1n_2)d} = \frac{232 + 244 + 33 + 35}{[2 + (0.1 \times 2)] \times 10^{-2}} = \frac{544}{0.022} \approx 24727$$

上述数据进行修约后，可表示为 25000 或 2.5×10^4。

（2）若所有稀释度的平板上菌落数均大于 300 CFU，则对稀释度最高的平板进行计数，其他平板可记录为多不可计，结果按平均菌落数乘最高稀释倍数计算。

（3）若所有稀释度平板上的菌落数均小于 30 CFU，则结果应按稀释度最低的平均菌落数乘稀释倍数计算。

（4）若所有稀释度（包括液体样品原液）平板上的均无菌落生长，则以小于 1× 最低稀释倍数计算。

（5）若所有稀释度的平板上的菌落数均不在 30～300 CFU，其中一部分小于 30 CFU 或大于 300 CFU 时，则以最接近 30 CFU 或 300 CFU 的平均菌落数乘稀释倍数计算。

（6）菌落总数的报告。

① 菌落数小于 100 CFU 时，按四舍五入原则修约，以整数报告。

② 菌落数大于或等于 100 CFU 时，第 3 位数字采用四舍五入原则修约后，取前 2 位数字，后面用 0 代替位数；也可用 10 的指数形式来表示，按四舍五入原则修约后，采用两位有效数字。

③ 若所有平板上为蔓延菌落而无法计算，则报告菌落蔓延。

④ 若空白对照上有菌落生长，则此次检测结果无效。

⑤ 称重取样以 CFU/g 为单位报告，体积取样以 CFU/mL 为单位报告。

【注意事项】

（1）空白对照实验必不可少，空白对照是检查培养基、稀释液、平皿灭菌和人员无菌操作程度的重要实验，以了解样品是否受到环境污染，可保证结果的准确性。

（2）菌落蔓延处理：用大约 4 mL 琼脂培养基倾注覆盖一薄层可有效防止菌落蔓延的出现。

（3）如遇有残渣的样品，倾注后，平板上有颗粒状残渣，与生长后的菌落很类似，不易分辨，可在已熔化且保温于 45 ℃水浴内的琼脂中，按每 100 mL 加 1 mL 0.5％三苯基氯化四氮唑（2,3,5-triphenyltetrazolium chloride，TTC）水溶液之量加入适量的 TTC。培养后，如是食品颗粒，则没有变化，如是细菌，则生成红色菌落。

（4）如果稀释度大的平板上菌落数反而比稀释度小的平板上菌落数高，则系检验工作中发生的差错，属实验事故。此外，也可能因抑菌剂混入样品中所致，均不可用作检样计数报告的依据。

（5）如果平板上出现链状菌落，菌落之间没有明显的界线，这是在琼脂与检样混合时，一个细菌块被分散所造成的。一条链作为一个菌落计，如有来源不同的几条链，每条链作为一个菌落计，不要把链上生长的各个菌落分开来计。此外，如培养皿内琼脂凝固后未及时进行培养而遭受昆虫侵入，在昆虫爬过的地方也会出现链状菌落，不应分开来计。

（6）如果所有平板上都有菌落密布，不要用多不可计作报告，而应在稀释度最大的平板上，任意计其中 2 cm² 的菌落数，除以 2 求出每平方厘米内平均菌落数乘皿底面积 63.6 cm²，再乘其稀释倍数作报告。如 $10^{-3} \sim 10^{-1}$ 稀释度的所有平板上均菌落密布，而在 10^{-3} 稀释的平板上任数 2 个 1 cm² 内的菌落数是 60 个，皿底直径为 9 cm，则该检样 1g（或 1 mL）中估计菌落数为：$60/2 \times 63.6 \times 1000 = 1908000$ 或 1.9×10^6。

实验 10-7　食品中霉菌和酵母菌计数

【案例】

在我国，坚果、米面、饮料、糕点类等食品的霉菌和酵母菌是食品污染的指示菌，被列入食品微生物常规检测项目之一。国内对霉菌和酵母菌的计数检测仍采用国标的平板检测法，虽然检测结果准确，但是操作程序复杂、检测周期过长、霉菌菌丝过度蔓延生长影响计数仍是急需解决的重点问题。目前可用什么方法克服这些问题？它们有什么优缺点？

【实验目的】

（1）学习并掌握食品中霉菌和酵母菌的检测和计数方法。
（2）了解霉菌和酵母菌在食品卫生学检验中的意义。

【基本原理】

霉菌和酵母菌广泛分布于外界环境，它们在食品上可以作为正常菌相的一部分，或者作为空气传播污染物，在消毒不恰当的设备上也可被发现。各类食品和粮食由于遭受霉菌和酵母菌的污染，常常霉坏变质，有些霉菌的有毒代谢产物还会引起各种急性和慢性中毒，特别是有些霉菌毒素具有强烈的致癌性。实践证明，一次大量食入或长期少量食入霉坏食物，能诱发癌症。目前，已知的产毒霉菌，如青霉、曲霉和镰刀菌，在自然界分布较广，对食品的污染机会也较多，因此，对食品加强霉菌的检验，在食品卫生学上具有重要的意义。

霉菌和酵母菌数量的测定是指食品检样经过处理，在一定条件下培养后，所得 1 g 或 1 mL 检样中所含的霉菌和酵母菌菌落数（粮食样品是指 1 g 粮食表面的霉菌总数）。霉菌和酵母菌数量主要作为判定食品被霉菌和酵母菌污染程度的标志，以便对食品的卫生状况进行评价。

【材料与器皿】

1. 试剂

生理盐水、马铃薯葡萄糖琼脂培养基、孟加拉红琼脂培养基、磷酸盐缓冲液。

2. 器皿和其他用品

培养箱、拍击式均质器及均质袋、电子天平、无菌锥形瓶、无菌吸管、无菌试管、旋涡混合器、无菌平皿、恒温水浴箱、显微镜、移液器、无菌吸头、折光仪、郝氏计测玻片、盖玻片、测微器、具标准刻度的玻片。

【实验方法】

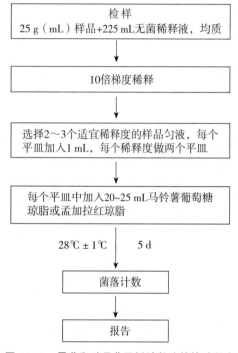

检样
25 g（mL）样品+225 mL无菌稀释液，均质

↓

10倍梯度稀释

↓

选择2~3个适宜稀释度的样品匀液，每个平皿加入1 mL，每个稀释度做两个平皿

↓

每个平皿中加入20~25 mL马铃薯葡萄糖琼脂或孟加拉红琼脂

28℃±1℃   5 d

↓

菌落计数

↓

报告

图 10-2 霉菌和酵母菌平板计数法的检验程序

1. 霉菌和酵母菌平板计数法

霉菌和酵母菌平板计数法的检验程序见图 10-2。

（1）样品的稀释。

① 固体和半固体样品：称取 25 g 样品，加入 225 mL 无菌稀释液（蒸馏水或生理盐水或磷酸盐缓冲液），充分振摇，或用拍击式均质器拍打 1~2 min，制成 1:10 的样品匀液。

② 液体样品：以无菌吸管吸取 25 mL 样品至盛有 225 mL 无菌稀释液（蒸馏水或生理盐水或磷酸盐缓冲液）的适宜容器内（可在瓶内预置适当数量的无菌玻璃珠）或无菌均质袋中，充分振摇或用拍击式均质器拍打 1~2 min，制成 1:10 的样品匀液。

③ 取 1 mL 1:10 样品匀液注入含有 9 mL 无菌稀释液的试管中，另换一支 1 mL 无菌吸管反复吹吸，或在旋涡混合器上混匀，此液为 1:100 的样品匀液。

④ 按上述操作，制备 10 倍梯度稀释样品匀液。每梯度稀释一次，换用一支 1 mL 无菌吸管。

⑤ 根据对样品污染状况的估计，选择 2~3 个适宜稀释度的样品匀液（液体样品可包括原液），在进行 10 倍梯度稀释的同时，每个稀释度分别吸取 1 mL 样品匀液于 2 个无菌平皿内。同时分别取 1 mL 无菌稀释液加入 2 个无菌平皿作空白对照。

⑥ 及时将 20~25 mL 样品匀液冷却至 46 ℃的马铃薯葡萄糖琼脂培养基或孟加拉红琼脂培养基（可放置于 46 ℃±1 ℃恒温水浴箱中保温）倾注入平皿，并转动平皿使其混合均匀，放在水平台面，待培养基完全凝固。

（2）培养。

正置平皿于 28 ℃±1 ℃恒温培养箱中，观察并记录培养至第 5 d 的结果。

（3）菌落计数。

用肉眼观察，必要时可用放大镜或低倍镜，记录稀释倍数和相应的霉菌和酵母菌落数，以菌落形成单位（CFU）表示。

选取菌落数在 10~150 CFU 的平板，根据菌落形态分别计数霉菌和酵母菌，霉菌蔓延生长覆盖整个平板的，可记录为菌落蔓延。

2. 霉菌直接镜检计数法

（1）检样的制备。

取适量检样，加蒸馏水稀释至折光指数为 1.3447~1.3460（浓度为 7.9%~8.8%），备用。

（2）显微镜标准视野的校正。

将显微镜按放大率 90～125 倍调节标准视野，使其直径为 1.382 mm。

（3）涂片。

洗净郝氏计测玻片，将制好的标准液用玻璃棒均匀地摊布于计测室，加盖玻片，以备观察。

（4）观察。

将制好的载玻片置于显微镜标准视野下进行观察。一般每一检样观察 50 个视野，同一检样应由两人进行观察。

【实验结果】

1. 平板计数法结果与报告

（1）计算同一稀释度的 2 个平板上菌落数的平均值，再将平均值乘相应稀释倍数。

（2）若有 2 个稀释度平板上菌落数均在 10～150 CFU，则按照 GB 4789.2-2022 的相应规定进行计算。

（3）若所有平板上菌落数均大于 150 CFU，则对稀释度最高的平板进行计数，其他平板可记录为多不可计，结果按平均菌落数乘最高稀释倍数计算。

（4）若所有平板上菌落数均小于 10 CFU，则按稀释度最低的平均菌落数乘稀释倍数计算。

（5）若所有稀释度（包括液体样品原液）平板上均无菌落生长，则以小于 $1\times$ 最低稀释倍数计算。

（6）若所有稀释度的平板上菌落数均不在 10～150 CFU 区间内，其中一部分小于 10 CFU 或大于 150 CFU 时，则以最接近 10 CFU 或 150 CFU 的平均菌落数乘稀释倍数计算。

（7）菌落数按四舍五入原则修约。菌落数在 10 CFU 以内时，采用一位有效数字报告；菌落数在 10～100 CFU 时，采用两位有效数字报告。

（8）菌落数大于或等于 100 CFU 时，前第 3 位数字采用四舍五入原则修约后，取前 2 位数字，后面用 0 代替位数来表示结果；也可用 10 的指数形式来表示，此时也按四舍五入原则修约，采用两位有效数字。

（9）若空白对照平板上有菌落出现，则此次检测结果无效。

（10）称重取样以 CFU/g 为单位报告，体积取样以 CFU/mL 为单位报告，报告或分别报告霉菌和（或）酵母菌数。

2. 霉菌直接镜检计数法

（1）在标准视野下，发现有霉菌菌丝长度超过标准视野（1.382 mm）的 1/6 或 3 根菌丝总长度超过标准视野的 1/6（即测微器的一格）时，即记录为阳性（＋），否则记录为阴性（－）。

（2）报告每 100 个视野中全部阳性视野数为霉菌的视野百分数（视野 %）。

【注意事项】

（1）由于霉菌易被携带，检样时操作人员应尽量避免自身携带。

（2）由于有些孢子是连成串的，应充分均质样品及振摇使其充分散开；同时，在梯度稀释时，也应充分吹吸，使之充分分离。

（3）培养基不能反复熔化和灭菌。

实验 10-8　食品中大肠菌群、粪大肠菌群和大肠杆菌检测

【案例】

与人类疾病有关的大肠杆菌一般包括 5 种，即肠毒素性大肠杆菌（ETEC）、致病性大肠杆菌（SPEC）、出血性大肠杆菌（EHEC）、侵袭性大肠杆菌（EIEC）和黏附性大肠杆菌（EAEC），是各种食品的粪源性污染卫生细菌学指标之一。因此大肠杆菌的检测显得十分重要，目前传统的检测方法有哪些？其存在的问题有什么？可以用哪些现代生物学技术进行检测？

【实验目的】

（1）掌握食品中大肠菌群、粪大肠菌群和大肠杆菌检测的方法。

（2）了解中大肠菌群、粪大肠菌群和大肠杆菌在食品卫生学检验中的意义。

【基本原理】

大肠菌群是一群在 37℃、48 h 能分解乳糖、产酸产气的需氧及兼性厌氧革兰氏阴性无芽孢杆菌。粪大肠菌群是一群在 44.5℃±0.5℃、24 h 能发酵乳糖、产酸产气的需氧及兼性厌氧革兰氏阴性无芽孢杆菌，该菌又可称耐热大肠菌群。大肠杆菌是一群在 44.5℃±0.5℃、48 h 能分解乳糖、产酸产气的需氧及兼性厌氧且其生化特征"IMViC"为"＋＋－－或－＋－－"的革兰氏阴性无芽孢杆菌。

目前可用下面几种方法进行检测。①最可能近似值（Most Probable Number，MPN）法：这是统计学和微生物学结合的一种定量检测法。待测样品经系列稀释并培养后，根据其未生长的最低稀释度与生长的最高稀释度，应用统计学与概率论推算出大肠菌群、粪大肠菌群和大肠杆菌在待测样品中的最大可能数。②平板计数法：大肠菌群在固体培养基中发酵乳糖产酸，在指示剂的作用下形成可计数的红色或紫色，带有或不带有沉淀环的菌落。③β-葡萄糖苷酶荧光法：大肠杆菌中的 β-葡萄糖苷酶可降解培养基中 4-甲基伞形酮-β-D 葡萄糖苷酸（MUG），并释放 4-甲基伞形酮荧光物质（4-MU），该物质在紫外灯（波长 366 nm）下会显现蓝色荧光特点。④滤膜 MUG 法：待测样品通过滤膜过滤时，样品中的大肠菌群和大肠杆菌被截留于滤膜表面。将滤膜贴附于 LMG 或 BMA 琼脂上培养后，大肠菌群在 LMG 琼脂上会形成蓝色菌落；而 BMA 琼脂上的大肠杆菌由于 β-葡萄糖苷降解培养基中 4-甲基伞形酮-β-D 葡萄糖苷酸（MUG），并释放 4-甲基伞形酮荧光物质（4-MU），形成紫外光（366 nm）下为蓝色荧光的菌落。

【材料与器皿】

1. 试剂

生理盐水、Butterfield 氏磷酸盐缓冲稀释液、月桂基硫酸盐胰蛋白胨肉汤培养基（LST）、煌绿乳糖胆盐肉汤培养基（BGLB）、大肠杆菌肉汤培养基（EC）、伊红美蓝琼脂培养基（EMB）、结晶紫中性红胆盐琼脂培养基（VRBA）、月桂基硫酸盐胰蛋白胨 MUG 肉汤培养基（LST-MUG）、Columbia-MUG、蛋白胨-吐温 80 稀释液（PT）、乳糖莫能菌素葡萄糖酸琼脂（LMG）、缓冲 MUG 琼脂（BMA）、三（羟甲基）胺甲烷（Tris）缓冲剂、营养琼脂斜面、色氨酸肉汤培养基、MR-VP 培养基、Korser 氏枸橼酸盐肉汤培养基、Kovacs 氏靛基质试剂、甲基红指示剂、VP 试剂（VP）、革兰氏染色试剂盒、胰蛋白酶贮存液。

2. 器皿和其他用品

培养箱、水浴锅、冰箱、均质器、吸管、培养皿、试管、稀释瓶、三角瓶、广口瓶或其他适宜的容器、玻璃小导管、天平、显微镜、菌落计数器、滤器、滤膜、真空泵、紫外灯等。

【实验方法】

1. 样品制备

（1）固体或半固体样品。无菌操作称取样品 25 g，置于装有 225 mL 灭菌稀释剂的适宜容器中，充分振摇、混匀。或将剪碎后的试样 25 g 置于灭菌的均质杯 / 袋内，加入 225 mL 灭菌稀释剂，以 8000～10000 r/min 的速度涡旋式均质 1 min，或以 6～9 次 / 秒频率拍击式均质 1 min，制成 1∶10 的样品稀释液备用。

（2）液体样品。以无菌吸管吸取样品 25 mL 置于装有 225 mL 灭菌稀释剂的适宜容器中，以 30 cm 幅度于 7 s 内振摇 25 次或机械振荡器中振摇，制成 1∶10 的样品稀释液备用。

（3）样品稀释。样品稀释液的 pH 应在 6.5～7.5，pH 过低或过高时可分别用 1 mol/L 氢氧化钠或 1 mol/L 盐酸予以调节。根据对样品污染情况的估计，将制成的 1∶10 样品稀释液用 9 mL 灭菌稀释剂进行系列 10 倍梯度稀释，如 10^{-2}、10^{-3}、10^{-4}、……直至最高稀释度的检测结果达到阴性。每一稀释度换用一支 1 mL 无菌吸管或移液器吸头，上一稀释度用的吸管或吸头不要触及下一稀释度的稀释液。从制备样品稀释液至稀释完毕，全过程不得超过 15 min。

（4）样品的酶处理。

① 一般要求。样品的酶处理可在室温（23～27 ℃）下进行。

② 固体或半固体样品。无菌操作称取样品 25 g，置于装有 225 mL 灭菌 PT 稀释液的适宜容器中，充分振摇、混匀。或将剪碎后的试样 25 g 置于灭菌的均质杯 / 袋内，加入 225 mL 灭菌稀释剂，以 8000～9000 r/min 的速度涡旋式均质 1 min，或以 6～9 次 / 秒的频率拍击式均质 1 min，制成 1∶10 的样品稀释液备用。

③ 液体样品。以无菌吸管吸取样品 25 mL 置于装有 225 mL 灭菌 PT 稀释液的适宜容器中，以 30 cm 幅度在 7 s 内振摇 25 次或机械振荡器中振摇，制成 1∶10 的样品稀释液备用。

④ 样品稀释。取 1∶10 的酶 PT 稀释液（胰蛋白酶贮存液∶PT 稀释液）10 mL 滴于上述酶处理制成的 1∶10 样品稀释液中并混匀，置于 36 ℃ ±1 ℃水浴中处理 20～30 min 后，将制成的 1∶10 样品酶处理稀释液用 9 mL 灭菌 PT 稀释液进行系列 10 倍梯度稀释，如 10^{-2}、10^{-3}、10^{-4}、……直至最高稀释度的检测结果达到阴性。每一稀释度换用一支 1 mL 无菌吸管或移液器吸头，上一稀释度用的吸管或吸头不要触及下一稀释度的稀释液。从制备样品稀释液至稀释完毕，全过程不超过 45 min。

⑤ 样品过滤。将灭菌过滤装置连接于真空抽滤瓶上，以无菌操作将无菌滤膜放在抽滤底座上并固定，加入 10～20 mL 无菌蒸馏水，打开真空泵，抽吸过滤，选取适宜的 3 个连续稀释度的样品稀释液，每个稀释度分别过滤，每次 10 mL。加入 10～15 mL 无菌蒸馏水，抽吸过滤后，关闭真空泵，用无菌镊子将滤膜取出，备用。

2. 大肠菌群的测定

（1）MPN 法。

① 选取适宜的 3 个连续稀释度的样品稀释液，每个稀释度均接种 3 管月桂基硫酸盐胰蛋白胨（LST）肉汤，每管 1 mL。液体样品接种量为 1 mL 以上者，用双料月桂基硫酸盐胰蛋白胨肉汤；接种量为 1 mL 及 1 mL 以下者，则用单料月桂基硫酸盐胰蛋白胨肉汤。在 36 ℃ ±1 ℃下培养 24～48 h 后，观察管内是否有气泡产生，并记录 24 h 和 48 h 内 LST 肉汤的产气管数。

对未产气管有疑问时，可以用轻敲管壁的方式观察是否有较细小的气泡从管底逸出，如所有 LST 肉汤管均未产气，可报告结果；如 LST 肉汤管有气泡，则做证实试验。

② 证实试验。用直径 3 mm 的接种环从上述所有 24 h 和 48 h 内产气的 LST 肉汤管中分别挑取培养液 1 环，分别移种于煌绿乳糖胆盐（BGLB）肉汤管中，在 36 ℃ ±1 ℃下培养 48 h±2 h，记录所有 BGLB 肉汤管的产气管数，根据 BGLB 肉汤的产气管数，查 MPN 表并报告结果。

（2）平板计数法。

① 选取适宜的 3 个连续稀释度的样品稀释液，每个稀释度接种 2 个灭菌平皿，每皿 1 mL。另取 1 mL 稀释液加入一灭菌平皿中，作空白对照。将冷却至 46 ℃的结晶紫中性红胆盐琼脂（VRBA）约 15 mL 倾注于每个平皿中，小心旋转平皿，使培养基与样品稀释液充分混匀。待琼脂凝固后，再加 3～4 mL 的 VRBA 均匀覆盖于平板表层，凝固后翻转平皿，在 36 ℃ ±1 ℃下培养 18～24 h。

② 选取菌落数在 25～250 CFU 的平板，计数平板上出现的典型大肠菌群菌落。典型大肠菌群菌落为紫红色，菌落周围有红色的胆盐沉淀环，菌落直径约 0.5 mm 或更大。典型和可疑菌落做证实试验。

③ 证实试验。用接种环从 VRBA 平板上挑取 10 个不同类型的典型或可疑菌落，移种于 BGLB 肉汤管内，在 36 ℃ ±1 ℃下培养 24～48 h 后观察产气情况。对 BGLB 肉汤产气者计算菌落总数；对 BGLB 肉汤形成菌膜者则进行革兰氏染色，以便排除革兰氏阳性杆菌。

④ 将证实为大肠菌群阳性的菌落数相加，再乘以其稀释倍数，并报告结果。

（3）滤膜 /MUG 法。

以无菌操作将样品过滤后的滤膜贴放于预先干燥的 LMG 琼脂平板表面上，滤膜与琼脂表面之间应无气泡。在 36 ℃ ±1 ℃下培养 24 h±2 h 后，选取菌落数为 25～250 CFU 的平板，计算所有蓝色（包括深蓝色或浅蓝色）菌落数。将滤膜上的菌落数相加，再乘以其稀释倍数，并报告结果。

3. 粪大肠菌群 MPN 法的测定

用直径为 3 mm 的接种环从所有 48 h±2 h 内发酵产气的 LST 肉汤管中分别挑取培养液 1 环，转种于 EC 肉汤管中并放置于带盖的 44.5 ℃ ±0.5 ℃恒温水浴锅内，培养 24 h±2 h。水浴锅的水平面应高于肉汤培养基液面。记录 EC 肉汤管的产气情况，产气管为粪大肠菌群阳性；不产气管为粪大肠菌群阴性。根据粪大肠菌群的阳性管数，查 MPN 表并报告结果。

4. 大肠杆菌的测定

（1）MPN 法。

① 培养。

将 EC 肉汤管在 44.5 ℃ ±0.5 ℃恒温水浴箱内继续培养 24 h±2 h 后，从产气管中挑取培养液划线接种于伊红美蓝（EMB）平板，在 36 ℃ ±1 ℃下培养 24 h±2 h。

② 检查。

检查平板上有无黑色中心、有光泽或无光泽的可疑菌落。用接种针挑取菌落中心部位并转种于营养琼脂斜面上，在 36 ℃ ±1 ℃下培养 18～24 h。

③ 生化类型鉴定试验。

a. 将营养琼脂斜面培养物转种于下列生化培养基中进行实验。

b. 色氨酸肉汤。在 36 ℃ ±1 ℃下培养 24 h±2 h 后，加 Kovacs 氏试剂 0.2～0.3 mL，上层出现红色者为靛基质试验阳性。

c. MR-VP 培养物。在 36 ℃ ±1 ℃下培养 48 h ± 2 h 后，无菌操作移取培养物 1 mL 至 13 mm × 100 mm 试管中，加 5% α–萘酚乙醇溶液 0.6 mL，40% 氢氧化钾溶液 0.2 mL 和少许肌酸结晶，振摇试管后静置 2 h，如出现伊红色，为 VP 试验阳性。将 MR-VP 培养物的剩余部分继续培养 48 h，滴加 5 滴甲基红溶液，如培养物变红，则表示甲基红试验阳性；若变黄，则表示甲基红试验阴性。

d. Kovser 氏柠檬酸盐肉汤。在 36 ℃ ±1 ℃下培养 96 h，观察其生长情况。

e. LST 肉汤。在 36 ℃ ±1 ℃下培养 48 h ± 2 h 后，观察其产气情况。

f. 革兰氏染色。取营养琼脂斜面培养物进行革兰氏染色，大肠杆菌为革兰氏阴性无芽孢杆菌。

g. 大肠杆菌和非大肠杆菌生化鉴别结果见表 10-2。如出现表中以外的生化反应类型，表明培养物可能不纯，应重新划线分离，必要时做重复试验。

h. 大肠杆菌为革兰氏阴性无芽孢杆菌，发酵乳糖产酸产气，IMViC 试验为 + +-- 或 -+--。根据 LST 肉汤阳性管数，查 MPN 表并报告结果。

表 10-2　大肠杆菌和非大肠杆菌生化鉴别结果

靛基质	MR	VP	柠檬酸盐	鉴别结果
+	+	–	–	典型大肠杆菌
–	+	–	–	非典型大肠杆菌
+	+	–	+	典型中间型
–	+	–	+	非典型中间型
–	–	+	+	典型产气肠杆菌
+	–	+	+	非典型产气肠杆菌

注："+"为阳性；"–"为阴性。

（2）β–葡萄糖苷酶荧光法。

① 选取适宜的 3 个连续稀释度的样品稀释液，每个稀释度均接种 3 管 LST-MUG 肉汤，每管 1 mL。在 30 min 内置于 36 ℃ ±1 ℃水浴箱或培养箱内培养 24 h ± 2 h。将培养后的 LST-MUG 肉汤管拿至暗室，在长波紫外光灯（波长 366 nm）下观察。产气且显蓝色荧光的为大肠杆菌阳性；产气但不显蓝色荧光的做证实试验。

② 证实试验。从上述产气但不显蓝色荧光的 LST-MUG 肉汤管中挑取培养物，划线接种于 Columbia-MUG 琼脂平板，在 36 ℃ ±1 ℃下培养 24 h ± 2 h。将培养后的 Columbia-MUG 琼脂平板拿至暗室，在长波紫外光灯（波长 366 nm）下观察，凡显蓝色荧光的均为大肠杆菌阳性。

③ 根据 LST-MUG 肉汤阳性管数和 Columbia-MUG 琼脂平板证实为大肠杆菌阳性的 LST-MUG 肉汤阳性管数，查 MPN 表并报告结果。

（3）滤膜 /MUG 法。

以无菌操作将样品过滤后的滤膜贴放于预先干燥的 BMA 琼脂平板表面上，滤膜与琼脂表面之间应无气泡。放入 36 ℃ ±1 ℃培养箱中培养 2 h，在暗室或紫外操作室内用波长 366 nm 紫外光灯观察滤膜上的菌落是否有蓝白色荧光。选用菌落数范围为 25～250 个的平板，计算蓝白色荧光的菌落数并相加，再乘以其稀释倍数后报告结果。

【实验结果】

（1）MPN 法。每克（毫升）样品中大肠菌群、粪大肠菌群或大肠杆菌的 MPN 值（MPN/g 或 MPN/mL）。

（2）平板计数法。每克（毫升）样品中大肠菌群数（CFU/g 或 CFU/mL）。

（3）葡萄糖苷酶荧光法。每克（毫升）样品中大肠杆菌的 MPN 值（MPN/g 或 MPN/mL）。

（4）滤膜/MUG 法。每克（毫升）样品中大肠菌群数或大肠杆菌数（CFU/g 或 CFU/mL）。

【注意事项】

（1）检样时应注意无菌操作。

（2）在配制含有倒置小导管的培养基时，应排净小导管内的气泡，湿热灭菌时，试管塞不要塞太紧，灭菌后应再次检查小导管内是否有气泡。

（3）因产气性能不同，如发现管内有非常少量的气体，可轻轻摇晃导管，观察是否有气泡。

（4）VRBA 平板应低温避光保存。

（5）生化类型鉴别实验如遇没有鉴定型别，应重新划线纯化。

实验 10-9　食品中金黄色葡萄球菌检验

【案例】

金黄色葡萄球菌肠毒素能够引起人畜共患病，是金黄色葡萄球菌所引起的食物中毒的主要致病因子，其结构十分稳定，在食物加热过程中会保持活性甚至活性会增加，可引起化脓感染、肺炎、心包炎，甚至导致败血症、脓毒症等。使用荧光酶标免疫分析仪自动化与智能化检测金黄色葡萄球菌肠毒素，在检测过程中，从待测样本的清洗一直到分析报告的生成都由电脑控制，检测效率高、操作方便。但是这种方法是建立在酶催化的基础上的，可能存在什么缺点？它是否可以对肠毒素进行分型？

【实验目的】

（1）了解金黄色葡萄球菌的检验原理。

（2）掌握金黄色葡萄球菌的鉴定要点和检验方法。

【基本原理】

食品中生长有金黄色葡萄球菌，是食品卫生的一种潜在危险，因为金黄色葡萄球菌可以产生肠毒素。食用含有金黄色葡萄球菌的食品能引起食物中毒。因此，检验食品中金黄色葡萄球菌有着重要的意义。金黄色葡萄球菌在血琼脂平板上生长时，由于产生金黄色色素使菌落呈金黄色，同时还可产生溶血素使菌落周围形成大而透明的溶血圈。在 Baird-Parker 琼脂平板上生长时，可将亚碲酸钾还原成碲酸钾使菌落呈灰黑色，还产生脂酶使菌落周围有一浑浊带，而在其外层因产生蛋白质水解酶有一透明带，利用这些特性都可以对金黄色葡萄球菌进行检验。

【材料与器皿】

1. 试剂

7.5% 氯化钠肉汤、血琼脂平板、Baird-Parker 琼脂平板、脑心浸出液肉汤（BHI）、兔血浆、磷酸盐缓冲液、营养琼脂小斜面、无菌生理盐水等。

2. 器皿和其他用品

恒温培养箱、冰箱、恒温水浴箱、天平、均质器、革兰氏染色试剂盒、振荡器、无菌吸管、微量移液器及吸头、无菌锥形瓶、无菌培养皿、涂布棒、pH 计或 pH 比色管或精密 pH 试纸。

【实验方法】

1. 金黄色葡萄球菌定性检验

金黄色葡萄球菌定性检验程序如图 10-3 所示。

（1）样品处理。

称取 25 g 样品放入盛有 225 mL 7.5% 氯化钠肉汤的无菌均质杯内，以 8000～10000 r/min 的速度均质 1～2 min，或放入盛有 225 mL7.5% 氯化钠肉汤无菌均质袋中，用拍击式均质器拍打 1～2 min。若样品为液态，吸取 25 mL 样品至盛有 225 mL 7.5% 氯化钠肉汤的无菌锥形瓶（瓶内可预置适当数量的无菌玻璃珠）中，振荡混匀。

（2）增菌。

将上述样品匀液放在 36℃±1℃下培养 18～24 h，金黄色葡萄球菌在 7.5% 氯化钠肉汤中呈混浊生长。

（3）分离。

将增菌后的培养物，分别划线接种到 Baird-Parker 琼脂平板和血琼脂平板，血琼脂平板在 36℃±1℃下培养 18～24 h。Baird-Parker 琼脂平板在 36℃±1℃下培养 24～48 h。

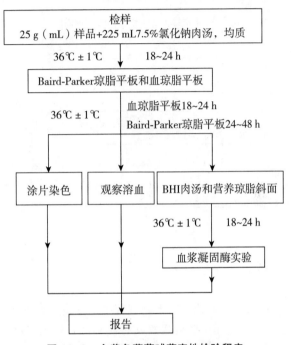

图 10-3　金黄色葡萄球菌定性检验程序

（4）初步鉴定。

金黄色葡萄球菌在 Baird-Parker 琼脂平板上呈圆形，表面光滑、凸起、湿润、菌落直径为 2～3 mm，颜色呈灰黑色至黑色，有光泽，常有浅色(非白色)的边缘，周围绕以不透明圈(沉淀)，其外常有一清晰带。

当用接种针触及菌落时具有黄油样黏稠感。有时可见到不分解脂肪的菌株，除没有不透明圈和清晰带外，其他外观基本相同。长期贮存的冷冻或脱水食品中分离的菌落，其黑色常较典型菌落浅些，且外观可能较粗糙，质地较干燥。在血琼脂平板上，形成菌落较大，圆形、光滑凸起、湿润、金黄色（有时为白色），菌落周围可见完全透明溶血圈。挑取上述可疑菌落进行革兰氏染色镜检及血浆凝固酶实验。

（5）确证鉴定。

① 染色镜检。金黄色葡萄球菌为革兰氏阳性球菌，排列呈葡萄球状，无芽孢，无荚膜，直径为 0.5～1.0 μm。

② 血浆凝固酶实验。挑取 Baird-Parker 琼脂平板或血琼脂平板上至少 5 个可疑菌落（小于 5 个全选），分别接种到 5 mL BHI 和营养琼脂小斜面，在 36℃±1℃下培养 18～24 h，取新鲜配制兔血浆 0.5 mL，放入小试管中，再加入 BHI 培养物 0.2～0.3 mL，振荡摇匀，置于

36℃±1℃恒温箱或水浴箱内，每0.5 h观察一次，观察6 h，如呈现凝固（即将试管倾斜或倒置时，呈现凝块）或凝固体积大于原体积的一半，被鉴定为金黄色葡萄球菌阳性。同时以血浆凝固酶实验阳性和阴性葡萄球菌菌株的肉汤培养物作为对照，也可用商品化的试剂，按说明书操作，进行血浆凝固酶实验。

若鉴定结果可疑，可挑取营养琼脂小斜面的菌落到5 mL BHI，在36℃±1℃下培养18～48 h，重复实验。

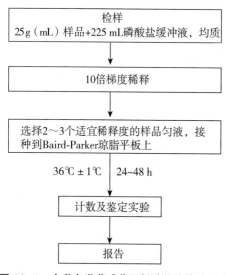

图10-4　金黄色葡萄球菌平板计数法检验程序

2. 金黄色葡萄球菌平板计数法

金黄色葡萄球菌平板计数法检验程序如图10-4所示。

（1）样品的稀释。

① 固体和半固体样品。称取25 g样品置于盛有225 mL磷酸盐缓冲液或生理盐水的无菌均质杯内，以8000～10000 r/min的速度均质1～2 min；或置于盛有225 mL稀释液的无菌均质袋中，用拍击式均质器拍打1～2 min，制成1∶10的样品匀液。

② 液体样品。以无菌吸管吸取25 mL样品置于盛有225 mL磷酸盐缓冲液或生理盐水的无菌锥形瓶（瓶内预置适当数量的无菌玻璃珠）中，充分混匀，制成1∶10的样品匀液。

③ 用1 mL无菌吸管或微量移液器吸取1∶10样品匀液1 mL，沿管壁缓慢注于盛有9 mL磷酸盐缓冲液或生理盐水的无菌试管中（注意吸管或吸头尖端不要触及稀释液面），振摇试管或换用一支1 mL无菌吸管反复吹打使其混合均匀，制成1∶100的样品匀液，制备10倍梯度稀释样品匀液。每稀释1次，换用一次1 mL无菌吸管或吸头。

（2）样品的接种。

根据对样品污染状况的估计，选择2～3个适宜稀释度的样品匀液（液体样品可包括原液），在进行10倍梯度稀释的同时，每个稀释度分别吸取1 mL样品匀液以0.3 mL、0.3 mL、0.4 mL接种量分别加入3个Baird-Parker琼脂平板，然后用无菌涂布棒涂布整个平板，注意不要触及平板边缘。使用前，如Baird-Parker琼脂平板表面有水珠，可放在25～50℃的培养箱中干燥，直到平板表面的水珠消失。

（3）培养。

在通常情况下，涂布后，将平板静置10 min，如样品匀液不易吸收，可将平板放置36℃±1℃恒温培养箱中培养1 h。等样品匀液吸收后翻转平板，倒置平板后放在36℃±1℃恒温培养箱中培养24～48 h。

（4）典型菌落计数和确认。

① 金黄色葡萄球菌在Baird-Parker琼脂平板上呈圆形、表面光滑、凸起、湿润、菌落直径为2～3 mm，颜色呈灰黑色至黑色，有光泽，常有浅色（非白色）的边缘，周围绕以不透明圈（沉淀），其外常有一清晰带。当用接种针触及菌落时具有黄油样黏稠感。有时可见到不分解脂肪的菌株，除没有不透明圈和清晰带外，其他外观基本相同。长期贮存的冷冻或脱水食品中分离的菌落，其黑色常较典型菌落浅些，且外观可能较粗糙，质地干燥。

② 选择有典型的金黄色葡萄球菌菌落的平板，且同一稀释度 3 个平板所有菌落数合计在 20～200 CFU 的平板，计数典型菌落数。

③ 从典型菌落中至少选 5 个可疑菌落（小于 5 个全选）进行鉴定实验。分别做染色镜检、血浆凝固酶实验；同时划线接种到血琼脂平板在 36 ℃ ±1 ℃下培养 18～24 h 后观察菌落形态，金黄色葡萄球菌菌落较大，圆形、光滑凸起、湿润、金黄色（有时为白色），菌落周围可见完全透明溶血圈。

3. 金黄色葡萄球菌 MPN 计数

金黄色葡萄球菌 MPN 计数检验程序如图 10-5 所示。

4. 操作步骤

（1）样品稀释。样品稀释采用的方法与金黄色葡萄球菌平板计数法中的样品稀释相同。

（2）接种和培养。

① 根据对样品污染状况的估计，选择 2～3 个适宜稀释度的样品匀液（液体样品可包括原液），在进行 10 倍梯度稀释的同时，每个稀释度分别接种 1 mL 样品匀液至 7.5% 氯化钠肉汤管（如接种量超过 1 mL，则用双料 7.5% 氯化钠肉汤），每个稀释度接种 3 管，将上述接种物在 36 ℃ ±1 ℃下培养 18～24 h。

② 用接种环从培养后的 7.5% 氯化钠肉汤管中分别取培养物 1 环，移种于 Baird-Parker 琼脂平板，在 36 ℃ ±1 ℃下培养 24～48 h。

③ 典型菌落确认及鉴定实验。

④ 查 MPN 检索表，最后形成报告。

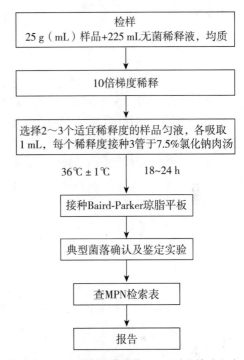

图 10-5　金黄色葡萄球菌 MPN 计数检验程序

【实验结果】

1. 金黄色葡萄球菌定性检验

（1）结果判定。符合鉴定实验结果，可判定为金黄色葡萄球菌阳性。

（2）结果报告。在每克（毫升）样品中检出或未检出金黄色葡萄球菌。

2. 金黄色葡萄球菌平板计数法

（1）若只有 1 个稀释度平板的典型菌落数为 20～200 CFU，计数该稀释度平板上的典型菌落，按式（10-1）计算。

（2）若最低稀释度平板的典型菌落数小于 20 CFU，计数该稀释度平板上的典型菌落，按式（10-1）计算。

（3）若某一稀释度平板的典型菌落数大于 200 CFU，但下一稀释度平板上没有典型菌落，计数该稀释度平板上的典型菌落，按式（10-1）计算。

（4）若某一稀释度平板的典型菌落数大于 200 CFU，而下一稀释度平板上虽有典型菌落但不为 20～200 CFU，应计数该稀释度平板上的典型菌落，按式（10-1）计算。

$$T = \frac{AB}{Cd}$$

（10-1）

式中：

T——样品中金黄色葡萄球菌菌落数；

A——某一稀释度典型菌落的总数；

B——某一稀释度鉴定为金黄色葡萄球菌阳性的菌落数；

C——某一稀释度用于鉴定实验的菌落数；

d——稀释因子。

（5）若 2 个连续稀释度的平板典型菌落数均为 20～200 CFU，按式（10-2）计算。

$$\frac{T = A_1B_1/C_1 + A_2B_2/C_2}{1.1d} \tag{10-2}$$

式中：

T——样品中金黄色葡萄球菌菌落数；

A_1——第一稀释度（低稀释倍数）典型菌落的总数；

B_1——第一稀释度（低稀释倍数）鉴定为金黄色葡萄球菌阳性的菌落数；

C_1——第一稀释度（低稀释倍数）用于鉴定实验的菌落数；

A_2——第二稀释度（高稀释倍数）典型菌落的总数；

B_2——第二稀释度（高稀释倍数）鉴定为金黄色葡萄球菌阳性的菌落数；

C_2——第二稀释度（高稀释倍数）用于鉴定实验的菌落数；

1.1——计算系数；

d——稀释因子（第一稀释度）。

（6）报告。

根据式（10-1）、式（10-2）计算结果，报告每克（毫升）样品中金黄色葡萄球菌数，以 CFU/g（mL）表示，如 T 值为 0，则 10-2 以小于 1 乘以最低稀释倍数报告。

3. 金黄色葡萄球菌 MPN 计数

根据证实为金黄色葡萄球菌阳性的试管管数，查 MPN 检索表（见附录 11），报告每克（毫升）样品中金黄色葡萄球菌的最可能数，以 MPN/g（mL）表示。

【注意事项】

（1）增菌实验中，菌体会沉积试管底部，须摇晃试管使其上升，呈棉絮状可判断为有菌。

（2）血浆凝固酶实验须在 36 ℃ ±1 ℃环境中进行，需进行空白对照实验，体积凝固一半以上为金黄色葡萄球菌阳性。

（3）实验结束后，应将所有培养物及所涉及物品进行灭菌。

（4）避免交叉污染，检验区域应严格区分；涉及样品的操作必须使用一次性无菌吸管，以避免污染。

（5）每次检验，至少应做 1 个阴性对照实验。

（6）每次检验，每一类食品至少应选取 1 个样品进行阳性对照实验。

实验 10-10　食品中沙门氏菌检验

【案例】

某市行政职能部门参加我国海关组织的"IQTC20B12 食品中沙门氏菌的检验"能力验证项目，他们参加该能力验证项目的目的是什么？根据国家标准，从选择性分离培养、生化实验、血清学鉴定等方面开展能力验证，这些方法在准确性上具有一定的优势，但会存在什么缺陷？现代分子生物学检测虽然快速、准确、灵敏、特异性强，但也存在一定的缺陷，具体体现在什么方面？

【实验目的】

（1）学习沙门氏菌属的检验原理。

（2）掌握沙门氏菌属的血清因子使用方法。

（3）掌握沙门氏菌属的系统检验方法。

【基本原理】

沙门氏菌属是一群形态和培养特性都类似的肠杆菌科中的一个大属，也是肠杆菌科中最重要的病原菌属，它包括 2000 多个血清型。沙门氏菌常在动物中广泛传播，人体的沙门氏菌感染也非常普遍。由于动物的生前感染或食品受到污染，均可使人发生食物中毒。因此，检查食品中的沙门氏菌极为重要。食品中沙门氏菌的检验方法有 5 个基本步骤：①前增菌；②选择性增菌；③选择性平板分离；④生化实验；⑤血清学分型鉴定。根据沙门氏菌属的生化特征，借助于三糖铁、靛基质、尿素、氰化钾、赖氨酸等实验可与肠道其他菌属相区别。此外，本菌属的所有菌均有特殊的抗原结构，借此也可以把它们分辨出来。

【材料与器皿】

1. 试剂

缓冲蛋白胨水（BPW）、四硫磺酸钠煌绿（TTB）增菌液、亚硒酸盐胱氨酸（SC）增菌液、亚硫酸铋（BS）琼脂、HE 琼脂、木糖赖氨酸脱氧胆盐（XLD）琼脂、沙门氏菌属显色培养基、三糖铁（TSI）琼脂、蛋白胨水、靛基质试剂、尿素琼脂（pH=7.2）、氰化钾（KCN）培养基、赖氨酸脱羧酶实验培养基、糖发酵管、邻硝基酚 β-D 半乳糖苷（ONPG）培养基、半固体琼脂、丙二酸钠培养基、沙门氏菌 O、H 和 Vi 诊断血清。

2. 器皿和其他用品

冰箱、恒温培养箱、均质器、振荡器、沙门氏菌生化鉴定盒、电子天平、无菌锥形瓶、无菌吸管或移液器及吸头、无菌培养皿、无菌试管、pH 计或 pH 比色管或精密 pH 试纸、全自动微生物生化鉴定系统、无菌毛细管。

【实验方法】

1. 检验程序

沙门氏菌检验程序如图 10-6 所示。

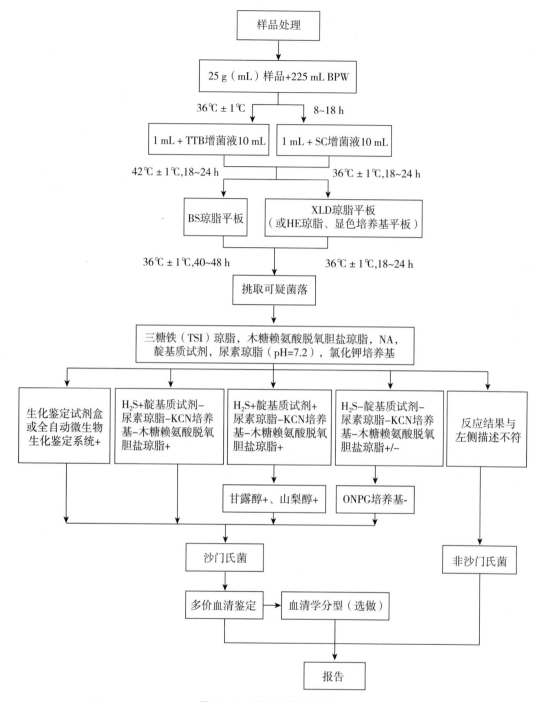

图 10-6　沙门氏菌检验程序

2. 操作步骤

（1）预增菌。无菌操作称取 25 g（mL）样品，置于盛有 225 mL BPW 的无菌均质杯或合适容器内，以 8000～10000 r/min 的速度均质 1～2 min，或置于盛有 225 mL BPW 的无菌均质袋中，用拍击式均质器拍打 1～2 min。若样品为液态，不需要均质，振荡混匀。如需调整 pH，用 1 mol/L 无菌 NaOH 或 HCl 调 pH 至 6.8 ± 0.2。无菌操作将样品转至 500 mL 锥形瓶或其他合适容器内（如均质杯本身具有无孔盖，可不转移样品），如使用均质袋，可直接进行培养，在

36 ℃ ±1 ℃下培养 8～18 h。如果为冷冻产品，应在 45 ℃下不超过 15 min 或在 2～5 ℃下不超过 18 h 解冻。

（2）增菌。轻轻摇动培养过的样品混合物，移取 1 mL，转种于 10 mL TTB 增菌液内，在 42 ℃ ±1 ℃下培养 18～24 h。同时，另取 1 mL，转种于 10 mL SC 增菌液内，在 36 ℃ ±1 ℃下培养 18～24 h。

（3）分离。分别用直径 3 mm 的接种环取增菌液 1 环，划线接种于 1 个 BS 琼脂平板和 1 个 XLD 琼脂平板（或 HE 琼脂平板或沙门氏菌属显色培养基平板），在 36 ℃ ±1 ℃下分别培养 40～48 h（BS 琼脂平板）或 18～24 h（XLD 琼脂平板、HE 琼脂平板、沙门氏菌属显色培养基平板），观察各个平板上生长的菌落。沙门氏菌在各个平板上的菌落特征见表 10-3。

表 10-3　沙门氏菌在各个平板上的菌落特征

平板	沙门氏菌
BS 琼脂平板	菌落为黑色有金属光泽、棕褐色或灰色，菌落周围培养基可呈黑色或棕色；有些菌株形成灰绿色的菌落，周围培养基不变
HE 琼脂平板	蓝绿色或蓝色，多数菌落中心黑色或几乎全黑色；有些菌株为黄色，中心黑色或几乎全黑色
XLD 琼脂平板	菌落呈粉红色，带或不带黑色中心，有些菌株可呈现大的带光泽的黑色中心，或呈现全部黑色的菌落；有些菌株为黄色菌落，带或不带黑色中心
沙门氏菌属显色培养基平板	按照显色培养基的说明进行判定

（4）生化实验。

① 自选择性琼脂平板上分别挑取 2 个以上典型或可疑菌落，接种三糖铁（TSI）琼脂，先在斜面划线，再于底层穿刺；接种针不要灭菌，直接接种赖氨酸脱羧酶培养基和营养琼脂平板，在 36 ℃ ±1 ℃下培养 18～24 h，必要时可延长至 48 h。在三糖铁（TSI）琼脂和赖氨酸脱羧酶实验培养基内，沙门氏菌属的反应结果见表 10-4。

表 10-4　沙门氏菌属在三糖铁（TSI）琼脂和赖氨酸脱羧酶实验培养基内的反应结果

三糖铁（TSI）琼脂				赖氨酸脱羧酶培养基	初步判断
斜面	底层	产气	硫化氢		
K	A	+（-）	+（-）	+	可疑沙门氏菌属
K	A	+（-）	+（-）	-	可疑沙门氏菌属
A	A	+（-）	+（-）	+	可疑沙门氏菌属
A	A	+/-	+/-		非沙门氏菌
K	K	+/-	+/-	+/-	非沙门氏菌

注："K"为产碱；"A"为产酸；"+"为阳性；"-"为阴性；"+（-）"为多数阳性，少数阴性；"+/-"为阳性或阴性。

② 接种三糖铁（TSI）琼脂和赖氨酸脱羧酶培养基的同时，可直接接种蛋白胨水（靛基质实验）、尿素琼脂（pH=7.2）、氰化钾（KCN）培养基，也可在初步判断结果后从营养琼脂平板上挑取可疑菌落接种，在 36 ℃ ±1 ℃下培养 18～24 h，必要时可延长至 48 h，按表 10-5 的沙门氏菌生化反应结果，将已挑菌落的平板储存于 2～5 ℃或室温下，至少保留 24 h，以备必要时复查。

表 10-5　沙门氏菌属生化反应结果

反应序号	硫化氢（H₂S）	靛基质	pH=7.2 尿素	氰化钾（KCN）	赖氨酸脱羧酶
A1	+	－	－	－	+
A2	+	+	－	－	+
A3	－	－	－	－	+/-

注："+"为阳性；"-"为阴性；"+/-"为阳性或阴性。

a. 反应序号 A1。典型反应判定为沙门氏菌属。如尿素、氰化钾（KCN）和赖氨酸脱羧酶 3 项中有 1 项异常，按照表 10-6 沙门菌属生化反应初步鉴别表，可判定为沙门氏菌 IV 或 V；如有 2 项异常为非沙门氏菌。

表 10-6　沙门氏菌属生化反应初步鉴别表

pH=7.2 尿素琼脂	氰化钾（KCN）培养基	赖氨酸脱羧酶培养基	判定结果
－	－	－	甲型副伤寒沙门氏菌（要求血清学鉴定结果）
－	+	+	沙门氏菌IV或V（要求符合本群生化特性）
+	－	+	沙门氏菌个别变体（要求血清学鉴定结果）

注："+"为阳性；"-"为阴性。

b. 反应序号 A2。补做甘露醇和山梨醇实验，沙门氏菌靛基质阳性变体 2 项实验结果均为阳性，但需要结合血清学鉴定结果进行判定。

c. 反应序号 A3。补做 ONPG。ONPG 阴性为沙门氏菌，同时赖氨酸脱羧酶阳性，甲型副伤寒沙门氏菌为赖氨酸脱羧酶阴性。

d. 必要时按照表 10-7 沙门氏菌属各生化群的鉴别，进行沙门氏菌生化群的鉴别。

表 10-7　沙门氏菌属各生化群的鉴别

项目	I	II	III	IV	V	VI
卫矛醇	+	+	－	－	+	－
山梨醇	+	+	+	+	+	－
水杨苷	－	－	－	+	－	－
ONPG	－	－	+	－	+	－
丙二酸盐	－	+	+	－	－	－
KCN	－	－	－	+	+	－

注："+"为阳性；"-"为阴性。

③ 如选择生化鉴定试剂盒或全自动微生物生化鉴定系统初步判定结果，从营养琼脂平板上挑取可疑菌落，用生理盐水制备成浊度适当的菌悬液，使用生化鉴定试剂盒或全自动微生物生化鉴定系统进行鉴定。

（5）血清学鉴定。

① 检查培养物有无自凝性。一般采用 1.2%～1.5% 琼脂培养物作为玻片凝集实验用的抗原。首先排除自凝集反应，在洁净的玻片上滴加 1 滴生理盐水，将待试培养物混合于生理盐水

水滴内，使其成为均一性的混浊悬液，将玻片轻轻摇动 30～60 s，在黑色背景下观察反应（必要时用放大镜观察），若出现可见的菌体凝集，即认为有自凝性，反之无自凝性。对无自凝的培养物参照下面方法进行血清学鉴定。

②多价菌体抗原（O）鉴定。在玻片上划出 2 个约 1 cm×2 cm 的区域，挑取 1 环待测菌，各放 1/2 环于玻片上的每一区域上部，在其中 1 个区域下部加入 1 滴多价菌体（O）抗血清，在另一区域下部加入 1 滴生理盐水，作为对照。再用无菌的接种环或针分别将 2 个区域内的菌苔研成乳状液。将玻片倾斜摇动混合 1 min，并对着黑暗背景进行观察，任何程度的凝集现象皆为阳性反应。O 血清不凝集时，将菌株接种在琼脂量较高的（如 2%～3%）培养基上再检查；如果是由于 Vi 抗原的存在而阻止了 O 凝集反应时，可挑取菌苔放在 1 mL 生理盐水中做成浓菌液，在酒精灯火焰上煮沸后再检查。

③多价鞭毛抗原（H）鉴定。H 抗原发育不良时，将菌株接种在 0.55%～0.65% 半固体琼脂平板的中央，待菌落蔓延生长时，在其边缘部分取菌检查；或将菌株通过接种装有 0.3%～0.4% 半固体琼脂的小玻管 1～2 次，自远端取菌培养后再检查。

（6）血清学分型（选做项目）。

①O 抗原的鉴定。

用 A～F 多价 O 血清做玻片凝集实验，同时用生理盐水做对照。在生理盐水中自凝者为粗糙型菌株，不能分型。

被 A～F 多价 O 血清凝集者，依次用 O4、O3、O10、O7、O8、O9、O2 和 O11 因子血清做凝集实验。根据实验结果，判定 O 群。被 O3、O10 血清凝集的菌株，再用 O10、O15、O34、O19 单因子血清做凝集实验，判定 E1、E4 各亚群，每一个 O 抗原成分的最后确定均应根据 O 单因子血清的检查结果，没有 O 单因子血清的要用 2 个 O 复合因子血清进行核对。

不被 A～F 多价 O 血清凝集者，先用 9 种多价 O 血清检查，如有其中 1 种血清凝集，则用这种血清所包括的 O 群血清逐一检查，以确定 O 群。每种多价 O 血清所包括的 O 因子如下：

O 多价 1：A，B，C，D，E，F 群（包括 6，14 群）。

O 多价 2：13，16，17，18，21 群。

O 多价 3：28，30，35，39 群。

O 多价 4：40，41，42，43 群。

O 多价 5：44，45，47，48 群。

O 多价 6：50，51，52，53 群。

O 多价 7：55，56，57，58 群。

O 多价 8：59，60，61，62 群。

O 多价 9：63，65，66，67 群。

②H 抗原的鉴定。

属于 A～F 各 O 群的常见菌型，依次用表 10-8（A～F 群常见菌型 H 抗原表）所述 H 因子血清检查第 1 相和第 2 相的 H 抗原。

表 10-8　A～F 群常见菌型 H 抗原表

O 群	第 1 相	第 2 相
A	a	无
B	g, f, s	无
B	i, b, d	2

续表

O 群	第 1 相	第 2 相
C1	k, v, r, c	5, z_{15}
C2	b, d, r	2, 5
D（不产气的）	D	无
D（产气的）	g, m, p, q	无
E1	h, v	6, w, x
E4	g, s, t	无
E4	i	无

不常见的菌型，先用 8 种多价 H 血清检查，如有其中一种或两种血清凝集，则再用这一种或两种血清所包括的各种 H 因子血清逐一检查第 1 相和第 2 相的 H 抗原。8 种多价 H 血清所包括的 H 因子如下。

H 多价 1：a，b，c，d，i。

H 多价 2：eh，enx，enz_{15}，fg，gms，gpu，gp，gq，mt，gz_{51}。

H 多价 3：k，r，y，z，z_{10}，lv，lw，lz_{13}，lz_{28}，lz_{40}。

H 多价 4：1，2；1，5；1，6；1，7；z_6。

H 多价 5：z_{4z23}，z_{4z24}，z_{4z32}，z_{29}，z_{35}，$z_{36}z_{38}$。

H 多价 6：z_{39}，z_{41}，z_{42}，z_{44}。

H 多价 7：z_{52}，z_{53}，z_{54}，z_{55}。

H 多价 8：z_{56}，z_{57}，z_{60}，z_{61}，z_{62}。

每一个 H 抗原成分的最后确定均应根据 H 单因子血清的检查结果，没有 H 单因子血清的要用 2 个 H 复合因子血清进行核对。

检出第 1 相 H 抗原而未检出第 2 相 H 抗原的或检出第 2 相 H 抗原而未检出第 1 相 H 抗原的，可在琼脂斜面上移种 1 代和 2 代后再检查。如仍只检出一个相的 H 抗原，要用位相变异的方法检查另一个相。单相菌不必做位相变异检查。

位相变异实验方法如下。

a. 简易平板法。烘干 0.35%～0.4% 半固体琼脂平板表面水分，挑取因子血清 1 环，滴在半固体平板表面，放置片刻，待血清吸收到琼脂内，在血清部位的中央点种待检菌株，培养后，在形成蔓延生长的菌苔边缘取菌检查。

b. 小玻管法。将半固体管（每管 1～2 mL）在酒精灯上熔化并冷至 50 ℃，取已知相的 H 因子血清 0.05～0.1 mL，加入熔化的半固体内，混匀后，用毛细吸管吸取分装于供位相变异实验的小玻管内，待凝固后，用接种针挑取待检菌，接种于一端。将小玻管平放在平皿内，并在其旁放一团湿棉花，以防琼脂中水分蒸发而干缩，每天检查结果，待另一相细菌解离后，可以从另一端挑取细菌进行检查。培养基内血清的浓度应有适当的比例，浓度过高时细菌不能生长，浓度过低时同一相细菌的动力不能抑制。一般按原血清 1：200～1：800 的量加入。

c. 小导管法。将两端开口的小玻管（下端开口要留一个缺口，不要平齐）放在半固体管内，小玻管的上端应高出培养基的表面，灭菌后备用。临用时在酒精灯上加热熔化并冷至 50 ℃，挑取因子血清 1 环，加入小套管中的半固体内，略加搅动，使其混匀，待凝固后，将待检菌株接种于小套管中的半固体表层内，每天检查结果，待另一相细菌解离后，可从套管外的半固体表面取菌检查，或转种 1% 琼脂斜面，在 36 ℃下培养后再做凝集实验。

③ Vi 抗原的鉴定。

用 Vi 因子血清检查已知具有 Vi 抗原的菌型有：伤寒沙门氏菌、丙型副伤寒沙门氏菌、都柏林沙门氏菌。

④ 菌型的判定。

根据血清学分型鉴定的结果，按照附录 12 或有关沙门氏菌属抗原表判定菌型。

【实验结果】

综合以上生化实验和血清学分型鉴定的结果，报告 25 g（mL）样品中检出或未检出沙门氏菌。

【注意事项】

（1）TSI 要制备成高柱斜面，有助于结果判读；实验时应先划线再穿刺，若先穿刺再划线可能会导致含菌量太高。

（2）目前没有一种培养基能准确无误地筛选出沙门氏菌，因此必须选择多种选择性培养基同时进行筛选。显色培养基只是综合选择性更强，不能只在选择性培养基和 TSI 特征符合而没有把关键的生化反应和血清学分型鉴定完成的情况下就报告结果，这样很可能导致结果假阳性。

（3）做血清凝集实验时，同时应用生理盐水做阴性对照。

（4）O 血清不凝集时，可将菌株转移至琼脂含量较高（如 2.5%～3%）的斜面上，再做凝集实验。

（5）如果由于 Vi 抗原的存在而阻止了 O 抗原的凝集反应时，应挑取菌苔在 1 mL 生理盐水中制成菌悬液，煮沸后再检查。

实验 10-11　食品中志贺氏菌检验

【案例】

某高校对其食堂例行卫生检查，并对食品原材料进行志贺氏菌检验，如何提高志贺氏菌的检出率？如何从增菌方式、分离培养基特异性进行检验方法的优化？

【实验目的】

（1）熟悉志贺氏菌属检验的基本原理。

（2）掌握志贺氏菌属的系统检验方法。

【基本原理】

志贺氏菌属是引起人类细菌性痢疾的病原菌，是一种较常见的、危害较大的致病菌。志贺氏菌属的主要鉴别特征为：无鞭毛不运动，对各种糖的利用能力较差，并且在含糖的培养基内一般不形成可见气体。此外，志贺氏菌的进一步分群分型主要是通过血清学实验完成的。

【材料与器皿】

1. 试剂

志贺氏菌增菌肉汤 - 新生霉素、麦康凯（MAC）琼脂、木糖赖氨酸脱氧胆酸盐（XLD）琼脂、志贺氏菌显色培养基、三糖铁（TSI）琼脂、营养琼脂斜面、半固体琼脂、葡萄糖胺培养基、尿素琼脂、β - 半乳糖苷酶培养基、氨基酸脱羧酶实验培养基、糖发酵管、西蒙氏柠檬酸盐培养基、黏液酸盐培养基蛋白胨水、靛基质试剂、志贺氏菌属诊断血清。

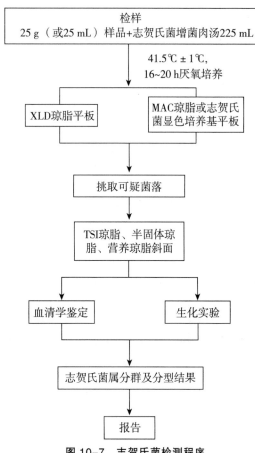

图 10-7　志贺氏菌检测程序

2. 器皿和其他用品

恒温培养箱、冰箱、膜过滤系统、志贺氏菌生化鉴定试剂盒、厌氧培养装置、天平、显微镜、均质器、振荡器、无菌吸管或微量移液器及吸头、无菌均质杯或无菌均质袋、无菌培养皿、pH 计或 pH 比色管或精密 pH 试纸、全自动微生物生化鉴定系统。

【实验方法】

1. 检测程序

志贺氏菌检测程序如图 10-7 所示。

2. 操作步骤

（1）增菌。以无菌操作取检样 25 g（mL），加入装有灭菌 225 mL 志贺氏菌增菌肉汤的均质杯，用旋转刀片式均质器以 8000～10000 r/min 的速度均质；或加入装有 225 mL 志贺氏菌增菌肉汤的均质袋中，用拍击式均质器连续均质 1～2 min，液体样品振荡混匀即可，在 41.5 ℃ ±1 ℃下厌氧培养 16～20 h。

（2）分离。取增菌后的志贺氏增菌液分别划线接种于 XLD 琼脂平板、MAC 琼脂平板或志贺氏菌显色培养基平板上，在 36 ℃下培养 20～24 h，观察各个平板上生长的菌落形态。宋内氏志贺氏菌的单个菌落直径大于其他志贺氏菌。若出现的菌落不典型或菌落较小而不易观察，则继续培养至 48 h 再进行观察。志贺氏菌在不同选择性琼脂平板上的菌落特征见表 10-9。

表 10-9　志贺氏菌在不同选择性琼脂平板上的菌落特征

选择性琼脂平板	志贺氏菌的菌落特征
MAC 琼脂	无色至浅粉红色，半透明、光滑、湿润、圆形、边缘整齐或不齐
XLD 琼脂	粉红色至无色，半透明、光滑、湿润、圆形、边缘整齐或不齐
志贺氏菌显色培养基	按照显色培养基的说明进行判定

（3）初步生化实验。

① 自选择性琼脂平板上分别挑取 2 个以上典型或可疑菌落，分别接种 TSI 琼脂、半固体琼脂和营养琼脂斜面各 1 管，在 36 ℃下培养 20～24 h，分别观察结果。

② 凡是 TSI 琼脂中斜面产碱、底层产酸（发酵葡萄糖，不发酵乳糖、蔗糖）、不产气（福氏志贺氏菌 6 型可产生少量气体）、不产硫化氢、半固体管中无动力的菌株，挑取其中已培养的营养琼脂斜面上生长的菌苔，进行生化实验和血清学鉴定。

（4）生化实验及附加生化实验。

① 生化实验。用已培养的营养琼脂斜面上生长的菌苔，进行生化实验，即 β - 半乳糖苷酶、尿素、赖氨酸脱羧酶、鸟氨酸脱羧酶、水杨苷和七叶苷的分解实验。除宋内氏志贺氏菌、

鲍氏志贺氏菌 13 型的鸟氨酸阳性，宋内氏菌和痢疾志贺氏菌 1 型、鲍氏志贺氏菌 13 型的 β-半乳糖苷酶为阳性外，其余生化实验志贺氏菌属的培养物均为阴性。另外，由于福氏志贺氏菌6 型的生化特性和痢疾志贺氏菌或鲍氏志贺氏菌相似，必要时还需加做靛基质、甘露醇、棉子糖、甘油实验，也可做革兰氏染色检查和氧化酶实验，应为氧化酶阴性的革兰氏阴性杆菌。生化反应不符合的菌株，即使能与某种志贺氏菌分型血清发生凝集，仍不得判定为志贺氏菌属。志贺氏菌属 4 个群的生化特性见表 10-10。

表 10-10　志贺氏菌属 4 个群的生化特性

生化反应	A 群：痢疾志贺氏菌	B 群：福氏志贺氏菌	C 群：鲍氏志贺氏菌	D 群：宋内氏志贺氏菌
β-半乳糖苷酶分解实验	$-^a$	–	$-^a$	+
尿素分解实验	–	–	–	–
赖氨酸脱羧酶分解实验	–	–	–	–
鸟氨酸脱羧酶分解实验	–	–	$-^b$	+
水杨苷分解实验	–	–	–	–
七叶苷分解实验	–	–	–	–
靛基质实验	–/+	（+）	–/+	–
甘露醇实验	–	$+^c$	+	+
棉子糖实验	–	+	–	+
甘油实验	（+）	–	（+）	d

注："+"为阳性；"–"为阴性；"–/+"为多数阴性；"+/–"为多数阳性；"（+）"为迟缓阳性；"d"为有不同生化型。

[a] 痢疾志贺 1 型和鲍氏 13 型为阳性；[b] 鲍氏 13 型为鸟氨酸阳性；[c] 福氏 4 型和 6 型常见甘露醇阴性变种。

② 附加生化实验。由于某些不活泼的大肠埃希氏菌（*Anaerogenic E. coli*）、碱性 - 异型（*Alkalescens–Disparbiotypes*，A–D）菌的部分生化特性与志贺氏菌相似，并能与某种志贺氏菌分型血清发生凝集，因此前面生化实验符合志贺氏菌属生化特性的培养物还需另加葡萄糖胺、西蒙氏柠檬酸盐、黏液酸盐实验（在 36 ℃下培养 24～48 h）。志贺氏菌属和不活泼的大肠埃希氏菌、A–D 菌的生化特性区别见表 10-11。

表 10-11　志贺氏菌属和不活泼的大肠埃希氏菌、A–D 菌的生化特性区别

生化反应	A 群：痢疾志贺氏菌	B 群：福氏志贺氏菌	C 群：鲍氏志贺氏菌	D 群：宋内氏志贺氏菌	大肠埃希氏菌	A–D 菌
葡萄糖胺实验	–	–	–	–	+	+
西蒙氏柠檬酸盐实验	–	–	–	–	d	d
黏液酸盐实验	–	–	–	d	+	d

注："+"为阳性；"–"为阴性；"d"为有不同生化型。在葡萄糖铵、西蒙氏柠檬酸盐、黏液酸盐实验3 项反应中志贺氏菌一般为阴性，而不活泼的大肠埃希氏菌、A–D（碱性 – 异型）菌至少有 1 项反应为阳性。

③ 如选择生化鉴定试剂盒或全自动微生物生化鉴定系统，可根据实验方法中的初步判断结果，用已培养的营养琼脂斜面上生长的菌苔，使用生化鉴定试剂盒或全自动微生物生化鉴定系统进行鉴定。

（5）血清学鉴定。

① 抗原的准备。志贺氏菌属没有动力，所以没有鞭毛抗原。志贺氏菌属主要有菌体（O）抗原。菌体（O）抗原又可分为型和群的特异性抗原。一般采用 1.2%～1.5% 琼脂培养物作为玻片凝集实验用的抗原。一些志贺氏菌如果因为 K 抗原的存在而不出现凝集反应时，可挑取菌苔在 1 mL 生理盐水中做成浓菌液，在 100 ℃下煮沸 15～60 min 去除 K 抗原后再检查。D 群志贺氏菌既可能是光滑型菌株也可能是粗糙型菌株，与其他志贺氏菌群抗原不存在交叉反应。与肠杆菌科不同，宋内氏志贺氏菌粗糙型菌株不一定会自凝。宋内氏志贺氏菌没有 K 抗原。

② 凝集反应。在玻片上划出 2 个约 1 cm×2 cm 的区域，挑取 1 环待测菌，在玻片上的每一区域上部各放 1/2 环，在其中一个区域下部加入 1 滴抗血清，在另一区域下部加入 1 滴生理盐水，作为对照。用无菌的接种环或针分别将 2 个区域内的菌落研成乳状液。将玻片倾斜摇动混合 1 min，并对着黑色背景进行观察，如果抗血清中出现凝结成块的颗粒，而且生理盐水中没有发生自凝现象，那么凝集反应为阳性。如果生理盐水中出现凝集，视作自凝，应挑取同一培养基上的其他菌落继续进行试验。

如果待测菌的生化特性符合志贺氏菌属生化特性，而其血清学实验为阴性，则按①进行实验。

③ 血清学分型（选做项目）。先用 4 种志贺氏菌多价血清检查，如果出现凝集，则再用相应各群多价血清分别实验。（a）先用 B 群福氏志贺氏菌多价血清进行实验，如出现凝集，再用其他群和型因子血清分别检查。（b）如果 B 群多价血清不凝集，则用 D 群宋内氏志贺氏菌血清进行实验；如出现凝集，则用其 I 相和 II 相血清检查。（c）如果 B、D 群多价血清都不凝集，则用 A 群痢疾志贺氏菌多价血清及 1～12 各型因子血清检查。（d）如果上述三种多价血清都不凝集，可用 C 群鲍氏志贺氏菌多价检查，并进一步用 1～18 各型因子血清检查。福氏志贺氏菌各型和亚型的型抗原和群抗原鉴别见表 10-12。

表 10-12　福氏志贺氏菌各型和亚型的型抗原和群抗原的鉴别表

型和亚型		型抗原	群抗原	在群因子血清中的凝集		
				3，4	6	7，8
型	1a	I	4	+	−	−
	1b	I	（4），6	（+）	+	−
	2a	II	3，4	+	−	−
	2b	II	7，8	−	−	+
	3a	III	（3，4），6，7，8	（+）	+	+
	3b	III	（3，4），6	（+）	+	−
	4a	IV	3，4	+	−	−
	4b	IV	6	−	+	−
	4c	IV	7，8	−	−	+
	5a	V	（3，4）	（+）	−	−
	5b	V	7，8	−	−	+
	6	VI	4	+	−	−
亚型	X	−	7，8	−	−	+
	Y	−	3，4	+	−	−
	3a	III	（3，4），6，7，8	（+）	+	+

注："+" 为凝集；"−" 为不凝集；"（+）" 为有或无。

【实验结果】

综合以上生化实验和血清学鉴定的结果，报告 25 g（mL）样品中检出或未检出志贺氏菌。

【注意事项】

（1）志贺氏菌在常温存活期很短，样品采集后应尽快进行检验。

（2）增加鉴别培养基的数目，可以增加志贺氏菌的阳性检出率。

（3）动力的观察非常重要，挑取可疑菌落，除接种 1 支 TSI 琼脂外，还要接种 1 支半固体琼脂。

（4）分离平板时，一半以上平板应有孤立菌落以供挑选。

实验 10-12　食品中肉毒梭菌及肉毒毒素检验

【案例】

某市行政职能部门节前对各市场中豆瓣酱等酿造食品进行肉毒梭状芽孢杆菌及肉毒毒素抽查检验，肉毒梭状芽孢杆菌引起的食物中毒是感染型食物中毒还是毒素型食物中毒？肉毒梭状芽孢杆菌有没有芽孢？如何检测肉毒梭状芽孢杆菌是否有芽孢？

【实验目的】

（1）了解肉毒梭状芽孢杆菌的生长特性和产毒条件。

（2）熟悉肉毒梭状芽孢杆菌及其毒素检验的原理和方法。

【基本原理】

肉毒梭状芽孢杆菌（以下简称肉毒梭菌）广泛存在于自然界。在美国，以罐头食品发生肉毒梭菌中毒较多，日本以鱼制品肉毒梭菌较多，在我国肉毒梭菌中毒主要与发酵食品有关，如臭豆腐、豆瓣酱、面酱、豆豉等。检验食品，特别是不经加热处理而直接食用的食品中有无肉毒毒素或肉毒梭菌（如罐头等密封性保存的食品）尤为重要。

肉毒梭菌为专性厌氧的革兰氏阳性粗大杆菌，芽孢卵圆形、近端位，芽孢比繁殖体宽，使细菌呈汤匙状或网球拍状，在厌氧条件下产生剧毒的外毒素——肉毒毒素。肉毒梭菌生长和产毒素的最适温度范围是 25～30 ℃，而在人的体温条件下，肉毒梭菌表现为丝状，几乎不能产毒素，芽孢也不会发芽。肉毒梭菌具有 4～8 根周生鞭毛，运动迟缓，没有荚膜。在固体培养基表面上，形成不正圆形、直径大约为 3 mm 的菌落。菌落半透明，表面呈颗粒状，边缘不整齐，界线不明显，向外扩散，呈绒毛网状，常常扩散成菌苔。肉毒梭菌在血平板上，可出现与菌落几乎等大或者较大的溶血环。肉毒梭菌在乳糖卵黄牛奶平板上，菌落的培养基为乳浊，菌落表面及周围形成彩虹薄层，不分解乳糖；分解蛋白质的菌株，常常在菌落周围出现透明环。肉毒梭菌在庖肉培养基中生长时，菌落混浊可产气，气味发臭，有的还能消化肉渣。

肉毒梭菌按其所产毒素的抗原特异性分为 A、B、C（1、2）、D、E、F、G 7 个型菌。除 G 型菌之外，其他各型菌分布相当广泛。我国各地发生的肉毒毒素中毒主要是 A 型菌和 B 型菌。C 型菌和 E 型菌也发现过。至于 D 型菌和 F 型菌，我国尚未发现由此而发生的食品中毒事件。

【材料与器皿】

1. 实验材料

小鼠：15～20 g，每批次实验应使用同一品系的 KM 或 ICR 小鼠。

2. 试剂

庖肉培养基、胰蛋白酶胰蛋白胨葡萄糖酵母膏肉汤（TPGYT）、卵黄琼脂培养基、明胶磷酸盐缓冲液、革兰氏染色液、10% 胰蛋白酶溶液、磷酸盐缓冲液（PBS）、1 mol/L 氢氧化钠溶液、1 mol/L 盐酸溶液、肉毒毒素诊断血清、无水乙醇、95% 乙醇、10 mg/mL 溶菌酶溶液、10 mg/mL 蛋白酶 K 溶液、3 mol/L 乙酸钠溶液（pH=5.2）、TE 缓冲液、引物、10×PCR 缓冲液、25 mmol/L MgCl$_2$、dNTPs、dATP、dTTP、dCTP、dGTP、Taq 酶、琼脂糖、溴化乙锭或 Goldview、5×TBE 缓冲液、6×加样缓冲液。

3. 器皿和其他用品

冰箱、天平、无菌手术剪、镊子、试剂勺、均质器或无菌乳钵、离心机、厌氧培养装置、恒温水浴箱、显微镜、PCR 仪、电泳仪或毛细管电泳仪、凝胶成像系统或紫外检测仪、核酸蛋白分析仪或紫外分光光度计、可调微量移液器、无菌吸管、无菌锥形瓶、培养皿、离心管、PCR 反应管、无菌注射器等。

【实验方法】

1. 检测程序

肉毒梭菌及肉毒毒素检测程序如图 10-8 所示。

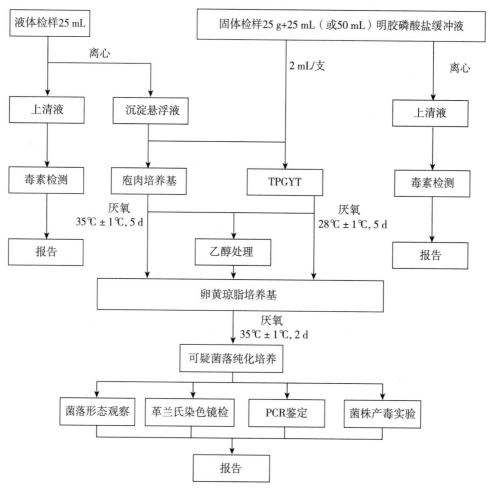

图 10-8　肉毒梭菌及肉毒毒素检测程序

2. 操作步骤

（1）样品制备。

① 样品保存。待检样品应放置在 2～5 ℃冰箱中冷藏。

② 固态与半固态食品。固体或游离液体很少的半固态食品，以无菌操作称取样品 25 g，放入无菌均质袋或无菌乳钵。块状食品以无菌操作切碎，对于含水量较高的固态食品，则加入 25 mL 明胶磷酸盐缓冲液；对于乳粉、牛肉干等含水量低的食品，则加入 50 mL 明胶磷酸盐缓冲液。浸泡 30 min，用拍击式均质器拍打 2 min 或用无菌研杵研磨制备样品匀液，收集备用。

③ 液态食品。液态食品摇匀，以无菌操作量取 25 mL 检测。

④ 剩余样品处理。取样后的剩余样品放在 2～5 ℃冰箱中冷藏，直至检测结果报告发出后，按感染性废弃物要求进行无害化处理，检出阳性的样品，应采用高压蒸汽灭菌方式进行无害化处理。

（2）肉毒毒素检测。

① 毒素液制备。

取样品匀液约 40 mL 或均匀液体样品 25 mL 放入离心管，以 3000 r/min 的速度离心 10～20 min，收集上清液分为 2 份放入无菌试管中，一份直接用于毒素检测，另一份用于胰酶处理后进行毒素检测。液体样品保留底部沉淀及液体约 12 mL，重悬，制备沉淀悬浮液备用。

胰酶处理：用 1 mol/L 氢氧化钠或 1 mol/L 盐酸调节上清液 pH 至 6.2，按 9 份上清液加入 1 份 10% 胰酶（活力 1：250）水溶液，混匀，在 37 ℃下培育 60 min，期间轻轻摇动反应液。

② 检出试验。

用 5 号针头注射器分别取离心上清液和胰酶处理上清液，腹腔注射小鼠 3 只，每只 0.5 mL，观察和记录小鼠 48 h 内的中毒表现。典型肉毒毒素中毒症状多在 24 h 内出现，通常在 6 h 内发病和死亡，其主要表现为竖毛、四肢瘫软，呼吸困难，呈现风箱式呼吸、腰腹部凹陷、宛如蜂腰，多因呼吸衰竭而死亡，可初步判定为肉毒毒素中毒。若小鼠在 24 h 后发病或死亡，应仔细观察小鼠症状，必要时浓缩上清液重复实验，以排除肉毒毒素中毒。若小鼠出现猝死（30 min 内），导致症状不明显时，应将上清液进行适当稀释，重复实验。

③ 确证实验。

毒素实验阳性的上清液或（和）胰酶处理上清液者，取相应实验液 3 份，每份 0.5 mL，其中第一份加等量多型混合肉毒毒素诊断血清，混匀，在 37 ℃下培育 30 min；第二份加等量明胶磷酸盐缓冲液，混匀后煮沸 10 min；第三份加等量明胶磷酸盐缓冲液，混匀。将 3 份混合液分别腹腔注射小鼠各 2 只，每只 0.5 mL，观察 96 h 内小鼠的中毒和死亡情况。

结果判定：若注射第一份和第二份混合液的小鼠未死亡，而注射第三份混合液的小鼠发病死亡并出现肉毒毒素中毒的特有症状，则判定检测样品中检出肉毒毒素。

④ 毒力测定（选做项目）。

取确证实验阳性的试验液，用明胶磷酸盐缓冲液稀释制备一定倍数的稀释液，如 10 倍、50 倍、100 倍、500 倍等，分别腹腔注射小鼠各 2 只，每只 0.5 mL，观察和记录 96 h 内小鼠发病与死亡情况，计算最低致死剂量（mLD/mL 或 mLD/g），评估样品中肉毒毒素毒力，mLD 等于小鼠全部死亡的最高稀释倍数乘以样品试验液稀释倍数。例如，样品稀释两倍制备的上清液，再稀释 100 倍的实验液使小鼠全部死亡，而稀释 500 倍的实验液组的小鼠全部存活，则该样品毒力为 200 mLD/g。

⑤ 定型实验（选做项目）。

根据毒力测定结果，用明胶磷酸盐缓冲液将上清液稀释至 10～1000 mLD/mL 作为定型实验液，分别与各单型肉毒毒素诊断血清等量混合（国产诊断血清一般为冻干血清，用 1 mL 生理盐水溶解），在 37 ℃下培育 30 min，分别在 2 只小鼠的腹腔注射，每只 0.5 mL，观察和记录 96 h 内小鼠发病与死亡情况。同时，用明胶磷酸盐缓冲液代替诊断血清，与实验液等量混合作为小鼠实验对照组。

结果判定：某一单型诊断血清组动物未发病且正常存活，而对照组和其他单型诊断血清组动物发病死亡，则判定样品中所含肉毒毒素为该型肉毒毒素。

未经胰酶激活处理的样品上清液的毒素检出实验或确证实验为阳性者，则毒力测定和定型实验可省略胰酶激活处理实验。

（3）肉毒梭菌检验。

① 增菌培养与检出实验。

a. 取出庖肉培养基 4 支和 TPGY 肉汤管 2 支，隔水煮沸 10～15 min，排除溶解氧，迅速冷却，切勿摇动，在 TPGY 肉汤管中缓慢加入胰酶液至液体石蜡液面下肉汤中，每支 1 mL，制备成 TPGYT。

b. 吸取样品匀液或毒素制备过程中的离心沉淀悬浮液 2 mL 接种至庖肉培养基中，每份样品接种 4 支，两支直接放置在 35 ℃±1 ℃下厌氧培养至 5 d，另两支放在 80 ℃下保温 10 min，再放置在 35 ℃±1 ℃下厌氧培养至 5 d；同样方法接种 2 支 TPGYT 肉汤管，在 28 ℃±1 ℃下厌氧培养至 5 d。

接种时，用无菌吸管轻轻吸取样品匀液或离心沉淀悬浮液，将吸管口小心插入 TPGYT 肉汤管底部，缓缓放出样液至肉汤中，切勿搅动或吹气。

c. 检查记录增菌培养物的浊度、产气、肉渣颗粒消化情况，并注意气味。

d. 取增菌培养物进行革兰氏染色镜检，观察菌体形态，注意是否有芽孢、芽孢的相对比例、芽孢在细胞内的位置。

e. 若增菌培养物 5 d 而无菌生长，应延长培养至 10 d，观察生长情况。

f. 取增菌培养物阳性管的上清液，进行毒素检出和确证实验，必要时进行定性实验，阳性结果可证明样品中有肉毒梭菌存在。

TPGYT 增菌液的毒素实验无须添加胰酶处理。

② 分离与纯化培养。

a. 增菌液前处理。吸取 1 mL 增菌液至无菌螺旋帽试管中，加入等体积过滤除菌的无水乙醇，混匀，在室温下放置 1 h。

b. 取增菌培养物和经乙醇处理的增菌液分别划线接种至卵黄琼脂培养基平板中，在 35 ℃±1 ℃下厌氧培养 48 h。

c. 观察平板培养物菌落形态。肉毒梭菌菌落隆起或扁平、光滑或粗糙，易蔓延生长，边缘不规则，在菌落周围形成乳色沉淀晕圈（E 型较宽，A 型和 B 型较窄），在斜视光下观察，菌落表面呈现珍珠样虹彩，这种光泽区可随蔓延生长扩散到不规则边缘区外的晕圈。

d. 菌株纯化培养。在分离培养平板上选择 5 个肉毒梭菌可疑菌落，分别接种卵黄琼脂平板，在 35 ℃±1 ℃下厌氧培养 48 h，观察菌落形态及其纯度。

③ 鉴定试验。

a. 染色镜检。

挑取可疑菌落进行涂片、革兰氏染色和镜检，肉毒梭菌菌体形态为革兰氏阳性粗大杆菌、芽孢卵圆形、位于次端，菌体呈网球拍状。

b. 毒素基因检测。

菌株活化：挑取可疑菌落或待鉴定菌株接种 TPGY，在 35 ℃ ±1 ℃下厌氧培养 24 h。

DNA 模板制备：吸取 TPGY 培养液 1.4 mL 至无菌离心管中，14000×g 离心 2 min，弃上清液；加入 1.0 mL PBS 悬浮菌体，14000×g 离心 2 min，弃上清液，用 400 μL PBS 重悬沉淀；加入 10 mg/mL 溶菌酶溶液 100 μL，摇匀，在 37 ℃水浴箱中保温 15 min；加入 10 mg/mL 蛋白酶 K 溶液 10 μL，摇匀，在 60 ℃水浴箱中保温 1 h，再沸水浴 10 min，14000×g 离心 2 min，上清液转移至无菌小离心管中；加入 3 mol/L NaAc 溶液 50 μL 和 95% 乙醇 1.0 mL，摇匀，在 70 ℃或在 20 ℃冰箱中放置 30 min，14000×g 离心 10 min，弃去上清液，沉淀干燥后溶于 200 μL TE 缓冲液，置于 −20 ℃冰箱中保存备用。

根据实验室实际情况，可采用常规水煮沸法或商品化试剂盒制备 DNA 模板。

核酸浓度测定（必要时）：取 5 μL DNA 模板溶液，加超纯水稀释至 1 mL，用核酸蛋白分析仪或紫外分光光度计分别检测 260 nm 和 280 nm 波段的吸光值 A_{260} 和 A_{280}。按下式计算 DNA 浓度。当浓度为 0.34～340 μg/mL 或 A_{260}/A_{280} 比值为 1.7～1.9 时，适宜于 PCR 扩增。

$$C = A_{260} \times N \times 50$$

式中：

C——DNA 浓度，单位为微克每毫升（μg/mL）；

A_{260}——260 nm 处的吸光值；

N——核酸稀释倍数。

PCR 扩增：分别采用针对各型肉毒梭菌毒素基因设计的特异性引物（表 10-13）进行 PCR 扩增，包括 A 型肉毒毒素（Botulinum neurotoxin A，bont/A）、B 型肉毒毒素（Botulinum neurotoxin B，bont/B）、E 型肉毒毒素（Botulinum neurotoxin E，bont/E）和 F 型肉毒毒素（Botulinum neurotoxin F，bont/F），每个 PCR 反应管检测 1 种型别的肉毒梭菌。

表 10-13　肉毒梭菌毒素基因设计的特异性引物

检测肉毒梭菌类型	引物序列	扩增长度 /bp
A 型	F 5'-GTG ATA CAA CCA GAT GGT AGT TAT AG-3' R 5'-AAA AAA CAA GTC CCA ATT ATT AAC TTT-3'	983
B 型	F 5'-GAG ATG TTT GTG AAT ATT ATG ATC CAG-3' R 5'-GTT CAT GCA TTA ATA TCA AGG CTG G-3'	492
E 型	F 5'-CCA GGC GGT TGT CAA GAA TTT TAT-3' R 5'-TCA AAT AAA TCA GGC TCT GCT CCC-3'	410
F 型	F 5'-GCT TCA TTA AAG AAC GGA AGC AGT GCT-3' R 5'-GTG GCG CCT TTG TAC CTT TTC TAG G-3'	1137

PCR 检测的反应体系配制见表 10-14，反应体系中各试剂的量可根据具体情况或不同的反应总体积进行相应调整。

表 10-14　PCR 检测的反应体系配制

试剂	终浓度	加入体积 / μL
10×PCR 缓冲液	1×	5.0
25 mmol/L MgCl$_2$	2.5 mmol/L	5.0
10 mmol/L dNTPs	0.2 mmol/L	1.0
10 μmol/L 正向引物	0.5 μmol/L	2.5
10 μmo/L 反向引物	0.5 μmol/L	2.5
5 U/ μL Taq 酶	0.05 U/ μL	0.5
DNA 模板	–	1.0
ddH$_2$O	–	32.5
总体积		50.0

PCR 反应程序：预变性 95 ℃、5 min；循环参数（94 ℃、1 min，60 ℃、1 min，72 ℃、1 min 15 s）35 个循环；延伸 72 ℃、10 min；4 ℃保存备用。

PCR 扩增体系应设置阳性对照、阴性对照和空白对照。用含有已知肉毒梭菌菌株或含肉毒毒素基因的质控样品作为阳性对照、非肉毒梭菌基因组 DNA 作为阴性对照、无菌水作为空白对照。

凝胶电泳检测 PCR 扩增产物：用 0.5×TBE 缓冲液配制 1.2%～1.5% 的琼脂糖凝胶，凝胶加热熔化后冷却至 60 ℃左右，加入溴化乙锭至 0.5 μg/mL 或加入 Goldview 5 μL/100 mL 制备胶块，取 10 μL PCR 扩增产物与 2.0 μL 6× 加样缓冲液混合，点样，其中 1 孔加入 DNA 分子量标准。0.5×TBE 电泳缓冲液，以 10 V/cm 的恒压电泳，根据溴酚蓝的移动位置确定电泳时间，用紫外检测仪或凝胶成像系统观察和记录结果。PCR 扩增产物也可采用毛细管电泳仪进行检测。

结果判定：阴性对照和空白对照均未出现条带，阳性对照出现预期大小的扩增条带，判定本次 PCR 检测成立；待测样品出现预期大小的扩增条带，判定为 PCR 结果阳性，根据表 10-13 判定肉毒梭菌菌株型别；待测样品未出现预期大小的扩增条带，判定 PCR 结果为阴性。

④ 菌株产毒实验。

将 PCR 阳性菌株或可疑肉毒梭菌菌株接种庖肉培养基或 TPGYT 肉汤（用于 E 型肉毒梭菌），厌氧培养 5 d，进行毒素检测和（或）定型实验，毒素确证实验阳性者，判定为肉毒梭菌，根据定型实验结果判定肉毒梭菌型别。

根据 PCR 阳性菌株型别，可直接用相应型别的肉毒毒素诊断血清进行确证实验。

【实验结果】

（1）肉毒毒素检测结果报告。根据实验结果，报告 25 g（mL）样品中检出或未检出肉毒毒素或检出某型肉毒毒素。

（2）肉毒梭菌检验结果报告。根据实验结果，报告样品中检出或未检出肉毒梭菌或检出某型肉毒梭菌。

【注意事项】

（1）操作过程中产生的废弃物均应高压灭菌后再进行处理。

（2）庖肉和胰蛋白酶胰蛋白胨葡萄糖酵母膏肉汤培养基隔水煮沸时，应在培养基煮沸后开始计时。

（3）样品进行增菌培养时，接种庖肉肉汤培养基的无菌吸管应插入培养基底部，使样品充分与培养基内的牛肉粒接触。

（4）如果增菌培养液毒素检出实验为阳性，但肉毒梭菌检出实验为阴性，则应重新进行肉毒梭菌检出，必要时可将增菌培养液离心后取沉淀物进行平板涂布培养。

（5）在菌株分离培养时，为防止中间平皿过热，高度不得超过 6 个平皿。

（6）移液时，使用可连接吸管的电动移液器，在使用过程中，一旦液体进入电动移液器滤膜中，应立即对滤膜进行更换，以防止交叉污染。

（7）鉴于微量移液器吸头较短，为控制污染，在移液过程中不推荐使用。

（8）从样品之内到增菌培养后，厌氧培养不宜超过 15 min。

（9）卵黄琼脂培养基平板应现用现配。

实验 10-13　食品中黄曲霉毒素 M 族的测定

【案例】

某市行政职能部门节前对各市场中奶制品进行黄曲霉毒素 M 族抽查检测，采用高效液相色谱法进行测定的话，分析过程的不确定度来源于哪里？在实际检测工作中，如何减少结果的不确定度并提高准确性？

【实验目的】

（1）熟悉黄曲霉毒素 M 族的检测原理。

（2）掌握黄曲霉毒素 M 族的检测方法。

【基本原理】

试样中的黄曲霉毒素 M_1 和黄曲霉毒素 M_2 用甲醇 – 水溶液提取，上清液用水或磷酸盐缓冲液稀释后，经免疫亲和柱净化和富集，净化液浓缩、定容和过滤后经液相色谱分离，串联质谱检测，同位素内标法定量，或者荧光检测器检测，外标法定量。

试样中的黄曲霉毒素 M_1 经均质、冷冻离心、脱脂或有机溶剂萃取等处理获得上清液。利用被辣根过氧化物酶标记或固定在反应孔中的黄曲霉毒素 M_1 与样品或标准品中的黄曲霉毒素 M_1 竞争性结合特异性抗体。在洗涤后加入相应显色剂显色，经无机酸终止反应，在 450 nm 或 630 nm 波长下检测。试样中的黄曲霉毒素 M_1 在一定浓度范围内与吸光度成反比。

【材料与器皿】

1. 试剂

乙腈（CH_3CN）、甲醇（CH_3OH）色谱纯、乙酸铵（CH_3COONH_4）、氯化钠（$NaCl$）、磷酸氢二钠（Na_2HPO_4）、磷酸二氢钾（KH_2PO_4）、氯化钾（KCl）、盐酸（HCl）。

石油醚（C_nH_{2n+2}）：沸程为 30～60 ℃，分析纯。

AFT M_1 标准品（$C_{17}H_{12}O_7$，CAS：6795-23-9）：纯度 ≥ 98%，或经国家认证并授予标准物质证书的标准物质。

AFT M_2 标准品（$C_{17}H_{12}O_7$，CAS：6885-57-0）：纯度 ≥ 98%，或经国家认证并授予标准物质证书的标准物质。

$^{13}C_{17}$-AFT M_1 同位素溶液（$^{13}C_{17}H_{14}O_7$）：0.5 g/mL。

2. 器皿和其他用品

天平、水浴锅、涡旋混合器、超声波清洗器、离心机、旋转蒸发仪、固相萃取装置（带真空泵）、氮吹仪、液相色谱－串联质谱仪、带电喷雾离子源、圆孔筛、玻璃纤维滤纸、一次性微孔滤头、免疫亲和柱、微孔板酶标仪。

【实验方法】

1. 同位素稀释液相色谱－串联质谱法

（1）试样提取。

① 液态乳、酸奶。称取 4 g 混合均匀的试样（精确到 0.001 g）放在 50 mL 离心管中，加入 100 μL $^{13}C_{17}$-AFT M_1 内标溶液（5 ng/mL），振荡混匀后静置 30 min，加入 10 mL 甲醇，涡旋 3 min。置于 4 ℃下以 6000 r/min 速度离心 10 min 或经玻璃纤维滤纸过滤，将适量上清液或滤液转移至烧杯中，加 40 mL 水或 PBS 稀释，备用。

② 乳粉、特殊膳食用食品。称取 1 g 试样（精确到 0.001 g）放在 50 mL 离心管中，加入 100 μL $^{13}C_{17}$-AFT M_1 内标溶液（5 ng/mL），振荡混匀后静置 30 min，加入 4 mL 50 ℃热水，涡旋混匀。如果乳粉不能完全溶解，将离心管置于 50 ℃的水浴中，乳粉完全溶解后取出。待样液冷却至 20 ℃后，加入 10 mL 甲醇，涡旋 3 min。置于 4 ℃下以 6000 r/min 的速度离心 10 min 或经玻璃纤维滤纸过滤，将适量上清液或滤液转移至烧杯中，加 40 mL 水或 PBS 稀释，备用。

③ 奶油。称取 1 g 试样（精确到 0.001 g）放在 50 mL 离心管中，加入 100 μL $^{13}C_{17}$-AFT M_1 内标溶液（5 ng/mL），振荡混匀后静置 30 min，加入 8 mL 石油醚，待奶油溶解，再加入 9 mL 水和 11 mL 甲醇，振荡 30 min，将全部液体移至分液漏斗中。加入 0.3 g 氯化钠充分摇动溶解，静置分层后，将下层移到圆底烧瓶中，旋转蒸发至 10 mL 以下，用 PBS 稀释至 30 mL。

④ 奶酪。称取 1 g 已切细、过孔径 1～2 mm 圆孔筛混匀试样（精确到 0.001 g）放在 50 mL 离心管中，加 100 μL $^{13}C_{17}$-AFT M_1 内标溶液（5 ng/mL），振荡混匀后静置 30 min，加入 1 mL 水和 18 mL 甲醇，振荡 30 min，置于 4 ℃下以 6000 r/min 的速度离心 10 min 或经玻璃纤维滤纸过滤，将适量上清液或滤液转移至圆底烧瓶中，旋转蒸发至 2 mL 以下，用 PBS 稀释至 30 mL。

（2）净化。

① 免疫亲和柱的准备。将低温下保存的免疫亲和柱恢复至室温。

② 净化。免疫亲和柱内的液体弃去后，将上述样液移至 50 mL 注射器筒中，调节下滴流速为 1～3 mL/min。待样液滴完后，往注射器筒内加入 10 mL 水，以稳定流速淋洗免疫亲和柱。待水滴完后，用真空泵抽干亲和柱。脱离真空系统，在亲和柱下放置 10 mL 刻度试管，取下 50 mL 的注射器筒，加入 2 mL×2 mL 乙腈（或甲醇）洗脱亲和柱，控制 1～3 mL/min 的下滴速度，用真空泵抽干亲和柱，收集全部洗脱液至刻度试管中。在 50 ℃下，氮气缓缓地将洗脱液吹至近干，用初始流动相定容至 1 mL，涡旋 30 s 溶解残留物，用 0.22 μm 的滤膜过滤，收集滤液于进样瓶中以备进样。

全自动（在线）或半自动（离线）的固相萃取仪器可优化操作参数后使用。为防止黄曲霉毒素 M 被破坏，相关操作在避光（直射阳光）的条件下进行。

（3）液相色谱参考条件。

液相色谱参考条件如下。

① 液相色谱柱：C_{18} 柱（柱长 100 mm，柱内径 2.1 mm，填料粒径 1.7 μm）。

② 色谱柱柱温：40 ℃。

③ 流动相：A 相，5 mmo/L 乙酸铵水溶液；B 相，乙腈 - 甲醇（50+50）。液相色谱梯度洗脱条件见表 10-15。

④ 流速：0.3 mL/min。

⑤ 进样体积：10 μm。

表 10-15　液相色谱梯度洗脱条件

时间 /min	流动相 A/（%）	流动相 B/（%）	梯度变化曲线
0.0	68.0	32.0	—
0.5	68.0	32.0	1
4.2	55.0	45.0	6
5.0	0.0	100.0	6
5.7	0.0	100.0	1
6.0	68.0	32.0	6

（4）质谱参考条件。

质谱参考条件如下。

① 检测方式：多离子反应监测（MRM）。

② 离子源控制条件见表 10-16。

③ 离子选择参数见表 10-17。

表 10-16　离子源控制条件

电离方式	ESI^+
毛细管电压 /kV	17.5
锥孔电压 /V	4 5
射频透镜 1 电压 /V	12.5
射频透镜 2 电压 /V	12.5
离子源温度 /℃	120
锥孔反吹气流量 /（L/h）	50
脱溶剂气温度 /℃	350
脱溶剂气流量 /（L/h）	500
电子倍增电压 /V	650

表 10-17　离子选择参数

化合物名称	母离子 /（m/z）	定量子离子	碰撞能量 /（eV）	定性子离子	碰撞能量 /（eV）	离子化方式
AFT M_1	329	273	23	259	23	ESI^+
^{13}C-AFT M_1	34 6	317	23	288	24	ESI^+
AFT M_2	331	275	23	261	22	ESI^+

（5）定性测定。

试样中目标化合物色谱峰的保留时间与相应标准色谱峰的保留时间相比较，变化范围应在 ±2.5% 之内。

每种化合物的质谱定性离子必须出现，至少应包括 1 个母离子和 2 个子离子，而且同一检测批次、同一化合物，试样中目标化合物的 2 个子离子的相对丰度比与浓度相当的标准溶液相比，其允许偏差不超过表 10-18 规定的范围。

表 10-18　相对离子丰度的最大允许偏差

相对离子丰度 /%	允许相对偏差 /%
>50	±20
20～50	±25
10～20	±30
≤10	±50

（6）试样测试。

① 标准曲线的制作。在液相色谱－串联质谱仪分析条件下，将标准系列溶液由低浓度到高浓度进样检测，以 AFT M_1 和 AFT M_2 色谱峰与内标色谱峰 $^{13}C_{17}$-AFT M_1 的峰面积比值－浓度作图，得到标准曲线的回归方程，其线性相关系数应大于 0.99。

② 试样溶液的测定。取处理得到的待测溶液进样，内标法计算待测液中目标物质的质量浓度，计算试样中待测物的含量。

③ 空白实验。不称取试样，按上述步骤做空白实验，应确认不含有干扰待测组分的物质。

（7）分析结果的表述。

试样中的 AFT M_1 或 AFT M_2 的残留量按下式计算。

$$X = \frac{\rho \times V \times f \times 1000}{m \times 1000}$$

式中：

X——试样中 AFT M_1 或 AFT M_2 的含量，μg/kg；

ρ——进样溶液中 AFT M_1 或 AFT M_2 按照内标法在标准曲线中对应的浓度，ng/mL；

V——样品经免疫亲和柱净化洗脱后的最终定容体积，mL；

f——样液稀释因子；

1000——换算系数；

m——试样的称样量，g。

计算结果保留三位有效数字。

（8）精密度。在重复性条件下获得的 2 次独立测定结果的绝对差值不得超过算术平均值的 20%。

（9）其他。称取液态乳、酸奶 4 g 时，本方法 AFT M_1 检出限为 0.005 g/kg，AFT M_2 检出限为 0.005 μg/kg，AFT M_1 定量限为 0.015 μg/kg，AFT M_2 定量限为 0.015 μg/kg。

称取乳粉、特殊膳食用食品、奶油和奶酪 1 g 时，本方法 AFT M_1 检出限为 0.02 μg/kg，AFT M_2 检出限为 0.02 μg/kg，AFT M_1 定量限为 0.05 μg/kg，AFT M_2 定量限为 0.05 μg/kg。

2. 高效液相色谱法

（1）样品前处理。方法同 1（1）。

（2）净化。方法同 1（2）。

（3）液相色谱参考条件。

液相色谱参考条件如下。

① 液相色谱柱：C_{18} 柱（柱长 150 mm，柱内径 4.6 mm，填料粒径 5 μm）。

② 柱温：40 ℃。

③ 流动相：A 相，水；B 相，乙腈 - 甲醇（50+50）。等梯度洗脱条件：A 相 70%；B 相 30%。

④ 流速：1.0 mL/min。

⑤ 荧光检测波长：激发波长 360 nm，发射波长 430 nm。

⑥ 进样量：50 μL。

（4）试样测试。

① 标准曲线的制作。将系列标准溶液由低浓度到高浓度依次进样检测，以峰面积 - 浓度作图，得到标准曲线。

② 试样溶液的测定。待测样液中的响应值应在标准曲线线性范围内，超过线性范围的试样则应稀释后重新进样分析。

③ 空白试验。不称取试样，按上述的步骤做空白实验，确认不含有干扰待测组分的物质。

（5）分析结果的表述。

试样中 AFT M_1 或 AFT M_2 的残留量按下式计算。

$$X = \frac{\rho \times V \times f \times 1000}{m \times 1000}$$

式中：

X——试样中 AFT M_1 或 AFT M_2 的含量，μg/kg；

ρ——进样溶液中 AFT M_1 或 AFT M_2 按照内标法在标准曲线中对应的浓度，ng/mL；

V——样品经免疫亲和柱净化洗脱后的最终定容体积，mL；

f——样液稀释因子；

1000——换算系数；

m——试样的称样量，g。

计算结果保留三位有效数字。

（6）其他。

称取液态乳、酸奶 4 g 时，本方法 AFT M_1 检出限为 0.005 μg/kg，AFT M_2 检出限为 0.0025 μg/kg，AFT M_1 定量限为 0.015 μg/kg，AFT M_2 定量限为 0.0075 μg/kg。

称取乳粉、特殊膳食用食品、奶油和奶酪 1 g 时，本方法 AFT M_1 检出限为 0.02 μg/kg，AFT M_2 检出限为 0.01 μg/kg，AFT M_1 定量限为 0.05 μg/kg，AFT M_2 定量限为 0.025 μg/kg。

3．酶联免疫吸附筛查法

（1）试样前处理。

① 液态试样。取约 100 g 待测试样摇匀，将其中 10 g 试样用离心机在 6000 r/min 的速度或更高转速下离心 10 min。取下层液体约 1 g 于另一试管内，该溶液可直接测定，或者利用试剂盒提供的方法稀释后测定（待测液）。

② 乳粉、特殊膳食用食品。称取 10 g 待测试样（精确到 0.1 g）到小烧杯中，加水溶解，转移到 100 mL 容量瓶中，用水定容至刻度。该溶液可直接测定或者利用试剂盒提供的方法稀释后测定（待测液）。

③ 奶酪。称取 50 g 待测试样（精确到 0.1 g），去除表面非食用部分，硬质奶酪可用粉碎机直接粉碎；软质奶酪需先在 −20 ℃冰箱中冷冻过夜，然后立即用粉碎机进行粉碎。称取 5 g 混合均匀的待测试样（精确到 0.1 g），加入试剂盒所提供的提取液，按照试剂盒说明书进行提取，提取液即为待测液。

（2）定量检测。

按照酶联免疫试剂盒所述操作步骤对待测试样（液）进行定量检测。

（3）分析结果的表述。

① 酶联免疫试剂盒定量检测的标准工作曲线绘制。根据标准品浓度与吸光度变化关系绘制标准工作曲线。

② 待测液浓度计算。将待测液吸光度代入下式，计算得待测液浓度ρ。

$$X = \frac{\rho \times V \times f}{m}$$

式中：

X——试样中 AFT M$_1$ 或 AFT M$_2$ 的含量，$\mu g/kg$；

ρ——进样溶液中 AFT M$_1$ 或 AFT M$_2$ 按照内标法在标准曲线中对应的浓度，ng/mL；

V——样品经免疫亲和柱净化洗脱后的最终定容体积，mL；

f——样液稀释因子；

1000——换算系数；

m——试样的称样量，g。

③ 结果计算。食品中黄曲霉毒素 M$_1$ 的含量按上式计算。

计算结果保留三位有效数字。

（4）精密度。

在重复性条件下获得的两次独立测定结果的绝对差值不得超过算术平均值的 20%。

（5）其他。

称取液态乳 10 g 时，本方法检出限为 0.01 $\mu g/kg$，定量限为 0.03 $\mu g/kg$。

称取乳粉和含乳特殊膳食用食品 10 g 时，本方法检出限为 0.1 $\mu g/kg$，定量限为 0.3 $\mu g/kg$。

称取奶酪 5 g 时，本方法检出限为 0.02 $\mu g/kg$，定量限为 0.06 $\mu g/kg$。

【注意事项】

（1）实验玻璃器皿要专用，注意所有玻璃器皿要仔细清洗。

（2）标准品和试样都会进行高倍数稀释，稀释定容一定要准确，避免误差过大。

第11章　微生物发酵工程

发酵工程在生物技术体系中具有基础的地位,人们可以通过基因工程、细胞工程、酶工程、蛋白质工程对细胞(包括动物、植物、微生物细胞)或者蛋白质分子进行改造,以此来提高产物生产过程的效率,但其最终结果往往都需要利用发酵工程技术才能得以实现。由于微生物具有生长旺、繁殖快等特点,所以目前发酵工程主要是以微生物为研究对象的。微生物发酵是指在适宜的条件下,利用微生物将原料经过特定的代谢途径转化成人类所需产物的过程。发酵产品种类繁多,发酵菌种多种多样。按发酵产物,发酵类型可分为酶制剂发酵、有机酸发酵、氨基酸发酵、抗生素发酵等。

不管是什么类型的发酵,菌种是核心,研究工作往往从菌种筛选、育种和保藏开始。因此,实验11-1是以酶制剂的典型代表淀粉酶的产生、菌株筛选作为菌种筛选工作的案例,同时在该实验过程中描述了淀粉酶的活性测定及其初步纯化的方法和原理。实验11-2是以L-乳酸作为有机酸的代表,通过紫外线诱变实验阐明微生物诱变育种的原理,开展优良菌种的初筛和复筛等工作,从而获得高产的菌种。发酵工艺在微生物发酵产业化生产中举足轻重,谷氨酸发酵是工业微生物发酵工艺与过程控制的典型代表,因此,实验11-3介绍了L-谷氨酸的微生物发酵与初步纯化。实验11-4以红霉素的微生物发酵作为抗生素发酵的案例,说明微生物次级代谢产物发酵合成的规律。本章通过以上4个实验,系统介绍从菌种的筛选、育种到发酵过程的控制及其相关产品纯化的整个流程,有助于掌握微生物发酵的主要类型,有助于进一步认识微生物初级代谢产物和次级代谢产物发酵合成的规律和区别。

实验 11-1　淀粉酶的生产菌种筛选、活性测定及初步纯化

【案例】

利用酶水解淀粉生产葡萄糖是酶催化工业的一项重大成就,不同种类的淀粉酶分解淀粉还可以生产出诸如饴糖、麦芽糊精、麦芽糖浆、麦芽糖、麦芽糖醇和果糖等甜味剂,这些都和我们的生活息息相关。目前,淀粉酶主要由微生物发酵制备。那么,如何从自然界中筛选出能够合成淀粉酶的微生物?筛选过程的关键是什么?从不同地点取样会有什么差异?

【实验目的】

(1)掌握菌种分离筛选的原理和方法。

(2)掌握淀粉酶的活性测定及初步纯化。

【基本原理】

土壤是微生物生活的大本营，从土壤中可以分离到几乎所有微生物。本实验从校园植被、厨余垃圾附近的土壤环境采样，经过富集培养、稀释涂布平板、菌种分离、摇瓶发酵、活性检测及初步纯化等阶段筛选产淀粉酶的微生物及测定淀粉酶活性。经过富集培养后，土壤样品中目标微生物占优势，比例有所提高，增加了分离得到目标微生物的概率。目标微生物的分离筛选包括初筛和复筛。初筛是通过定性分析，淘汰明显不符合要求的大部分菌株，常用平板筛选法，通过目标微生物代谢产生相关的可视性状如变色圈、抑菌圈、透明圈等来进行筛选。复筛是在初筛的基础上进行定量分析，用准确的数据表示微生物某项生理效应的大小。

淀粉酶是水解淀粉和糖原的酶类的总称，广泛存在于动植物和微生物中，是最早实现工业生产并且迄今为止用途最广、产量最大的酶制剂品种。特别是 20 世纪 60 年代以来，由于酶法生产葡萄糖以及用葡萄糖生产异构糖浆的大规模工业化，淀粉酶的需求量越来越大，几乎占整个酶制剂总产量的 50% 以上。微生物的许多种类都能产生淀粉酶，产生的淀粉酶不仅种类繁多，而且特点各异、用途广泛。由于淀粉酶的用途广泛，因此各国在对淀粉酶产生菌的筛选方面都做了大量的研究工作。虽然不少微生物能产生淀粉酶，但适合商业生产需要的菌株仍然很少，在淀粉酶生产过程中，选择适合的菌株是最重要的前提条件。产淀粉酶微生物菌种可以分解培养基中的淀粉，生成麦芽糊精、麦芽低聚糖、麦芽糖和葡萄糖，其中小分子麦芽糖和葡萄糖被微生物作为碳源利用。目标微生物周围的淀粉分子结构被淀粉酶分解，喷洒碘液时，不再呈蓝色，因此产生透明圈。初筛通过比对透明圈直径的大小可以初步判断微生物产淀粉酶的能力。

淀粉酶的活性测定采用 3,5- 二硝基水杨酸（DNS）法。淀粉酶降解淀粉产生的还原糖（麦芽糖、葡萄糖）在碱性条件下还原 DNS 生成 3- 氨基 -5- 硝基水杨酸。3- 氨基 -5- 硝基水杨酸在煮沸条件下呈棕红色。在一定浓度范围内颜色深浅可以用比色法测定。以不同还原糖浓度作为标准液与 DNS 反应绘制标准曲线，根据公式计算出样品中还原糖的含量，用于表示一定时间内淀粉酶的活性。

淀粉酶的初步纯化采用盐析结合半透膜透析的方法。主要原理是蛋白质在高盐离子浓度下表面电荷被中和，水化膜被破坏，蛋白质分子间疏水部分吸引力增加，从而相互聚集析出。盐析常用的是硫酸铵沉淀，硫酸铵在水溶液中溶解度大，低温下几乎能使所有的蛋白质析出，性质温和，酶失活较少。半透膜透析是分离小分子和大分子的一种重要手段，其中的原理是小分子（比如离子等）可以自由通过半透膜，而大分子不能通过。因此，半透膜透析可以除去盐析沉淀后淀粉酶中大量的硫酸盐物质，从而达到除盐的目的。

【材料与器皿】

1. 材料

采样土壤的稀释液。

2. 试剂

（1）富集培养基。可溶性淀粉 10 g/L、蛋白胨 10 g/L、葡萄糖 5 g/L、NaCl 5 g/L、牛肉膏 5 g/L、pH=7.0。

（2）固体筛选培养基。酵母提取物 5 g/L、蛋白胨 10 g/L、NaCl 5 g/L、可溶性淀粉 2 g/L、琼脂 20 g/L，pH 自然。

（3）发酵培养基。酵母提取物 5 g/L、蛋白胨 10 g/L、NaCl 5 g/L、可溶性淀粉 2 g/L、磷酸二氢钾 2.3 g/L、磷酸氢二钾 12.5 g/L、琼脂 20 g/L，pH 自然。

（4）DNS 试剂。称取酒石酸钾钠 182 g，溶于 500 mL 蒸馏水中，加热（不超过 50 ℃），在热溶液中依次加入 3,5-二硝基水杨酸 6.3 g，NaOH 21 g，苯酚 5 g，无水亚硫酸钠 5 g，搅拌至溶解完全，冷却后用蒸馏水定容至 1000 mL，贮存于棕色瓶中，室温保存 1 w 后使用。

（5）其他试剂。碘、碘化钾、硫酸、75% 乙醇、甘氨酸、标准蛋白 marker。

3. 器皿和其他用品

高压蒸汽灭菌锅、恒温培养箱、SDS-PAGE 变性丙烯酰胺凝胶快速制备试剂盒（上海生工）、恒温摇床、超净工作台、高速离心机、电磁炉、分光光度计、电子天平、无菌密封袋、铁铲、培养皿、量筒、试管、称器、烧杯、三角瓶、酒精灯、玻璃棒、滤纸、试管架、容量瓶等。

【实验方法】

1. 菌种筛选

（1）采样及富集培养。准备无菌密封袋、铁铲、75% 乙醇，从校园植被下方和餐厅厨余垃圾附近的土壤进行采样。去除表土，取离地面 5～15 cm 的土壤，多点采样，立即装入无菌密封袋中，放置装有冰袋的泡沫盒。返回实验室，在超净工作台中将土壤样品放入液体富集培养基，然后在恒温摇床（温度 37 ℃，转速 160 r/min）中富集培养 6 h。

（2）稀释涂布。如图 11-1 所示，取富集培养的 1 mL 样品进行梯度稀释，以便在平板上能够形成单菌落。用无菌水分别将样品稀释至 10^{-9}～10^{-1} 9 个梯度，取 10^{-9}～10^{-7} 对应稀释度的菌液 0.2 mL，涂布到事先倒好的固体筛选培养基平板上，用涂布棒涂布均匀。每个稀释度分别涂布 3 个平板，放入恒温（温度 37 ℃）培养箱中培养 24 h。

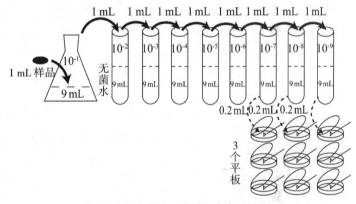

图 11-1　富集样品的稀释涂布平板流程

（3）分离纯化与初步筛选。取培养后的平板进行观察，选择菌落分散独立的平板作为备用。将单独的菌落编号并记录菌落直径，之后挑取菌落并划线到新的平板培养用作备份。往原平板滴加碘液，放在 4 ℃ 下 0.5 h 后观察透明圈的大小并记录。按透明圈的直径（d'）与菌落直径（d）比值（$D=d'/d$）大小对菌落的淀粉酶产生能力进行初步排序。剔除不产生透明圈或者透明圈较小的菌落，留下一部分备选菌株。对备选菌株进行摇瓶培养，取 2 μL 菌液点种到固体筛选培养基过夜培养，滴加碘液，观察透明圈大小，挑选 D 值大的菌种进行培养，如此重复 2～3 次。

（4）菌种保藏。保藏 D 值大小排名前 5 的菌株。采用甘油保藏法进行菌种保藏，用移液器吸取已经培养筛选出来的菌种 500 μL 置于 1.5 mL 无菌离心管中，加入 500 μL 的 40% 无菌甘油，盖紧离心盖，充分颠倒混匀，使甘油的终浓度为 20%。将菌种放于 -70 ℃ 冰箱中保藏。

2. 淀粉酶的活性测定

（1）发酵培养。菌种先接种于液体富集培养基中过夜活化，然后转接于 50 mL 发酵培养基中，在 37 ℃ 下以 180 r/min 的速度摇床培养，从发酵 16 h 开始每间隔 2 h 定时取样，检测菌种在波长 600 nm 下测定的吸光值和发酵液中淀粉酶的活性，在菌种衰退期前，发酵液中淀粉酶的活性大小稳定，不再增加即可停止培养。

（2）酶液的提取。摇瓶发酵结束后，将其放置在冰上，开启高速离心机预冷。将菌液倒入事先准备的干净离心管，在 4 ℃、8000×g 的条件下离心 10 min，并收集发酵液。所收集的发酵液即为含淀粉酶的粗酶液。

（3）酶的活性测定。取适当稀释的发酵液 200 μL，加入含 1 mL 的 1% 可溶性淀粉 5 mL 的离心管中，摇匀后在 40 ℃下反应 5 min，迅速冷却并加入 1 mL 的 0.6 mol/L NaOH 来终止反应，加入 1.5 mL DNS，沸水浴 5 min，迅速冷却，在波长 520 nm 下测定吸光值。

3. 淀粉酶的初步纯化

（1）盐析。取摇瓶发酵结束后收集的粗酶液置放于冰浴中，缓慢加入硫酸铵，边加入边搅拌直至溶液中硫酸铵的浓度达 70%，在冰浴中缓慢搅拌 30 min，放在 4 ℃冰箱中静置 4 h。在 4 ℃、10000×g 的条件下离心 10 min，去除上清液，收集沉淀。向离心管中加入 4 mL 0.05 mmol/L 磷酸盐缓冲液（pH=6.8），对沉淀进行缓慢吹吸使之溶解（尽量避免泡沫的产生）。再次离心去除不溶物，所得的上清液即为浓缩后的酶液。

（2）半透明膜透析。由于浓缩后的酶液里面含有大量的硫酸铵，可能会影响到酶的活性，因此需要通过透析袋进行去除。将浓缩的酶液注入透析袋中（截留孔径为 3 kDa），用夹子密封好，浸置于 0.05 mmol/L 磷酸盐缓冲液（pH=6.8）中，在 4 ℃下进行透析。每间隔 2 h 更换一次缓冲液，更换三次后，放在 4 ℃冰箱中过夜。收集透析袋里面的酶液，在 4 ℃、8000×g 的条件下离心 10 min，将上清液通过 0.22 μm 滤膜进行过滤除菌，即为初步纯化的酶液，对酶液的活性进行测定，计算浓缩的倍数。向酶液中加入甘油，使之最终浓度达 10%，然后保藏于 -20 ℃冰箱中。

（3）SDS-PAGE 分析。对发酵液和纯化酶液的样品进行变性处理，取样品 20 μL 加入 5 μL 变性缓冲液，混匀，在沸水中加热 10 min，在 8000×g 条件下离心 10 min，放在 4 ℃冰箱中准备上样。采用 SDS-PAGE 变性丙烯酰胺凝胶快速制备试剂盒制备分离胶（12%）和浓缩胶（5%），每个样品上样 8 μL，跑浓缩胶的条件为电压 80 V，跑分离胶的条件为电压 120 V，缓冲液为甘氨酸缓冲液。

【实验结果】

1. 菌种初步筛选结果

观察稀释涂布平板的结果，选取 $10^{-9} \sim 10^{-7}$ 对应稀释度中单菌落分离较好的平板 [图 11-2（a）]，用尺子量取各个单菌落的直径（d，注意不得打开平板）。取新的平板，将图 11-2（a）中的菌落逐一划线备份 [图 11-2（b）]。在平板 A 中滴加碘液用于透明圈分析 [图 11- 2（c）]，量取透明圈的直径（d'），通过统计透明圈直径、菌落直径及比值（$D=d'/d$）大小（表 11-1），对菌落的淀粉酶产生能力进行初步排序。

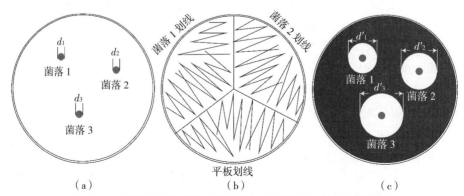

图 11-2 稀释涂布平板的结果分析、平板划线备份与透明圈统计

表 11-1　透明圈直径与菌落直径及比值的统计与分析

菌落编号	菌落直径 /mm	透明圈直径 /mm	比值（ $D=d'/d$ ）
1	d_1	d'_1	D_1
2	d_2	d'_2	D_2
3	d_3	d'_3	D_3
⋮	⋮	⋮	⋮

2. 淀粉酶的活性测定结果

根据菌落的淀粉酶产生能力进行初步排序的结果，选择比值 D 大小排名前 5 的菌株，进行摇瓶发酵培养，从 16 h 开始，每间隔 2 h 取样 1 mL 进行适当稀释，用于菌液浓度及淀粉酶活性测定，结果记录见表 11-2。分析结果筛选淀粉酶活性最高的发酵菌种，重新大量发酵培养，根据表 11-2 的发酵时间和菌液浓度的关系，在菌种进入衰退期前结束发酵，同时收集发酵液，并测定淀粉酶活性。

表 11-2　发酵培养过程的菌株浓度及淀粉酶活性测定

菌落编号	发酵时间 /h	菌液浓度 A_{600}	淀粉酶活性（ U/mL ）
1	16 18 20 ⋮	⋮	⋮
2	16 18 20 ⋮	⋮	⋮
⋮	⋮	⋮	⋮

3. 淀粉酶初步纯化样品分析

通过盐析（硫酸铵沉淀的方法），将上述收集的淀粉酶活性最高的菌株发酵液浓缩并初步纯化，利用半透膜透析除去酶液中大量的盐离子，测定淀粉酶活性，计算酶液浓缩倍数。对初步纯化的酶液样品处理后，利用 SDS-PAGE 电泳分析淀粉酶分子量的大小（与标准蛋白 Marker 比较，如图 11-3 所示），通过观察判定纯化样品中蛋白质的纯度。

【注意事项】

（1）在稀释涂布平板操作过程中，每稀释一次，需要注意更换新的吸头，确保菌液稀释度准确。

（2）SDS-PAGE 电泳分析前，需要对样品中的蛋白质进行变性处理，煮沸过程中若有离心管盖子爆开需及时关闭，避免水蒸气进入而污染样品。

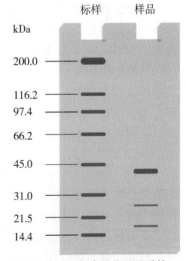

图 11-3　初步纯化处理后的酶液样品 SDS-PAGE 电泳

实验 11-2　L- 乳酸高产菌种的诱变选育

【案例】

日常生活中的乳酸菌饮料是原料经过乳酸菌发酵后制成的，属于发酵型乳酸饮料，饮料中的酸味主要来源于乳酸菌的代谢产物——乳酸。而其他的乳酸味饮料则不经过乳酸菌的发酵，产品中没有乳酸菌及乳酸菌的代谢物，而是用牛奶、水、白糖、L- 乳酸添加剂配制而成的，属于调配型乳酸饮料。调配型乳酸饮料所用到的 L- 乳酸添加剂就可以采用微生物发酵法制备。那么，如何获得高产 L- 乳酸的发酵菌株呢？如何设计高效的菌种筛选方案？

【实验目的】

（1）掌握紫外线诱变育种的原理和流程。

（2）掌握 L- 乳酸的检测方法。

【基本原理】

自然界中分离得到的野生菌株发酵活力一般比较低，需要经过诱变育种或通过细胞工程、基因工程等改造后才能用于工业化生产。采用物理因素或化学因素处理均匀分散的细胞群，促使其突变率大幅度提高，并从中筛选出所需要的突变菌株。诱变育种一般分为菌悬液的制备、诱变剂处理、中间培养和分离筛选等步骤。常用的诱变育种方法中，紫外线诱变具有操作简便、突变率高等特点，被广泛应用于多种生产菌种的改造与优选。

紫外线诱发突变的原理是 DNA 可强烈地吸收紫外线，造成 DNA 断裂、分子内和分子间的交联、核酸与蛋白质的交联、胞嘧啶和尿嘧啶的水合作用及碱基二聚体的形成等改变，从而诱发突变或使微生物死亡。其中形成碱基二聚体（尤其是胸腺嘧啶二聚体）是主要原因。嘧啶二聚体会引起 DNA 复制错误，正常碱基无法配对，造成复制错误或缺失。紫外线造成的 DNA 损伤是可以得到及时修复的，如果将受紫外线照射后的细胞立即暴露在可见光下，菌体的突变率和死亡率都会有所下降，这一现象称为光复活作用。可见光的光能可以激活光复活酶，使之将二聚体打开从而使 DNA 复原。所以，在进行紫外线诱变育种时，应尽量在避光或红光条件下操作。过量的紫外线照射会引起菌体死亡，对于微生物的处理一般通过制作杀菌曲线，采用杀菌率在 70%～90% 的诱变剂量处理微生物为宜。

紫外线波长为 136～390 nm，对诱变有效的区间为 200～300 nm，其中又以波长为 260 nm 的紫外线效用最大。一般诱变选用 15W 低功率紫外灯作为射线来源，这种低功率紫外灯发射的光谱集中在 253 nm，是比较有效的诱变作用光谱。而高功率紫外灯放出的光谱分布比较平均，范围太广，诱变效果不好。

L- 乳酸是食品工业中重要的添加剂，作为酸味剂、防腐剂和 pH 调节剂，广泛应用于果糖、蜜饯、啤酒生产中。L- 乳酸是医药、印刷、印染、制革工业的重要化工原料之一，也是乳酸菌分泌的最常见的抑菌物质之一。副干酪乳杆菌（*Lactobacillus casei*）广泛存在于奶酪等传统发酵食品及人体胃肠道中，具有促进人体肠道内病原体的清除、治疗肠道菌群紊乱的作用，从而防止食物过敏和急性腹泻、防止肿瘤产生等，因而被广泛应用于 L- 乳酸的生产、食品发酵及防腐、医疗保健、环境保护等领域中。现阶段对 L- 乳酸的需求量日益增加，因此，提高乳酸菌产酸能力的育种具有一定的现实意义。

【材料与器皿】

1. 菌种

L- 乳酸同型发酵的副干酪乳杆菌（购于中国普通微生物菌种保藏管理中心 CGMCC）。

2. 试剂

（1）MRS 液体培养基。蛋白胨 10 g/L、牛肉膏 10 g/L、酵母浸粉 2 g/L、磷酸氢二钾 2 g/L、葡萄糖 20 g/L、柠檬酸铵 2 g/L、无水乙酸钠 5 g/L、七水硫酸镁 0.5 g/L、硫酸锰 0.25 g/L、吐温 –80 1 mL，pH 为 6.2～6.4。

（2）MRS 固体培养基。在 MRS 液体培养基中添加 20 g/L 琼脂。

（3）其他试剂。溴甲酚紫。

3. 器皿和其他用品

高压蒸汽灭菌锅、恒温培养箱、恒温摇床、超净工作台、高速离心机、紫外诱变箱（254 nm 的 15W 紫外灯）、SBA-40E 生物传感器（测乳酸）、分光光度计、电子天平、培养皿、量筒、试管、称器、烧杯、三角瓶、酒精灯、玻璃棒、试管架等。

【实验方法】

1. 紫外诱变

取保藏副干酪乳杆菌菌种接种于 10 mL 的 MRS 培养基，在 30 ℃培养箱中静置培养 24 h，使菌种活化。然后以 5% 的接种量转接到含 50 mL 新鲜 MRS 培养基的 250 mL 三角瓶当中，在 30 ℃培养箱的条件下静置培养 21 h，在超净工作台中取 20 mL 菌液，在 8000 r/min 条件下离心 2 min，收集菌体，用 0.85% 的无菌生理盐水洗涤 2 次，获得待诱变的菌株悬浮液。打开紫外诱变箱的紫外灯，预热 20 min。把 20 mL 新鲜制备的菌悬液倒入无菌培养皿中，并将其放置于磁力搅拌器上以 100 r/min 的速度转动，调整其与紫外灯的距离 30 cm。打开盖子，紫外线照射 35 s。取 1 mL 菌悬液于试管中，马上放置在冰上避光 1 h。

2. 菌种初筛

诱变完成的菌液稀释涂布在含有 2.3% 溴甲酚紫的 MRS 培养基的平板中，每个浓度 3 个重复。在 30 ℃下培养，从菌落长出来开始时，每间隔 1 h 观察其附近的颜色变化情况，挑选培养基颜色由紫色变为黄色且变化最快最明显的 5～10 株突变菌株，进行过夜培养，测定菌液中菌体的浓度，然后进行洗涤、稀释，制备菌体浓度一致的悬浮液。各自取 2 μL 菌体悬浮液点种到含有溴甲酚紫的 MRS 固体培养基上，观察颜色由紫色变为黄色最快最明显且菌体长得最快的菌株，如此重复 2～3 次，获得最好的 3 株突变菌种。然后进行划线、挑取单菌落、菌种保藏，同时对所筛选的菌种进行编号。

3. 菌种复筛

对上述筛选的 3 株突变菌株进行复筛（诱变的出发菌株作为对照）。每个菌株做 3 个重复，发酵 45 h。取冷冻保藏的菌种以 0.5% 接种量接种于 10 mL MRS 培养基中，在 37 ℃的培养箱中静置过夜活化。然后以 5% 的接种量转接到含 50 mL 新鲜 MRS 培养基的 250 mL 摇瓶当中，在 30 ℃培养箱的条件下静置培养，从发酵 16 h 开始，每间隔 2 h 取 1 次样，监测样品中的菌体浓度及 L- 乳酸的产量，并记录数据。L- 乳酸的产量采用 SBA-40E 双通道生物传感分析仪进行检测。

【实验结果】

1. 诱变菌种的初筛结果分析

观察诱变完成的菌液稀释涂布平板的结果，涂布平板结束后，在 37 ℃ 的培养箱中培养 16 h 后开始观察，每间隔 1 h 观察 1 次，挑选单菌落分布比较分散的平板，观察并记录那些菌落附近的培养基颜色由紫色变为黄色最快最明显的，筛选出 5～10 菌株，并测量菌落的直径。对筛选出来的突变菌株进行培养，并取 2 μL 菌体悬浮液点种到含有溴甲酚紫的 MRS 固体培养基上，观察菌落附近培养基的颜色变化，并记录（表 11-3），如此重复 2～3 次，确保突变菌株的稳定性并筛选出最好的 3 株突变菌株。

表 11-3　菌落直径的统计与菌落附近培养基颜色变化的观察

菌落编号	菌落直径 /mm	颜色开始变化的时间 /h	颜色明显程度（明显、中等、一般）
1	d_1		
2	d_2		
3	d_3		
⋮	⋮	⋮	

2. 高产菌种的摇瓶发酵结果分析

与出发菌相比较，对初筛获得的 3 株突变菌株进行摇瓶发酵，在 37 ℃ 下静置培养，16 h 开始取样，检测菌体浓度及产物 L- 乳酸的浓度并做好记录（表 11-4）。最终评估这 3 株突变菌株产 L- 乳酸的能力与出发菌相比较是否有提高，同时通过评估不同时间的菌体浓度考察它们的生长能力。

表 11-4　发酵培养过程的菌体浓度及 L- 乳酸产量的测定

菌落编号	发酵时间 /h	菌液浓度 /A_{600}	L- 乳酸产量 /（g/L）
1	16		
	18		
	20		
	⋮	⋮	⋮
2	16		
	18		
	20		
	⋮	⋮	⋮
3	16		
	18		
	20		
	⋮	⋮	⋮

菌落编号	发酵时间 /h	菌液浓度 /A_{600}	L- 乳酸产量 /（g/L）
4	16		
	18		
	20		
	⋮	⋮	⋮

【注意事项】

（1）紫外线照射结束后，需要注意避免光修复现象，在诱变结束后稀释涂布时可采用红光源，恒温培养时应注意避光。

（2）菌种初筛和复筛时，应注意做好菌种的备份和保藏工作。

实验 11-3　L- 谷氨酸的微生物发酵与初步纯化

【案例】

味精、鸡精是烹饪中常用的调味料，其中的主要成分谷氨酸钠具有增加鲜味的作用，通过肠道吸收和分解的 L- 谷氨酸（L-glutamic Acid）能够参与机体组织的形成与修复。目前主要采用微生物发酵法制备获得高纯度的 L- 谷氨酸。那么，如何控制 L- 谷氨酸的微生物发酵过程？通过控制什么条件可以提高 L- 谷氨酸的产率？

【实验目的】

（1）掌握微生物发酵生产 L- 谷氨酸的基本步骤和原理。

（2）掌握发酵过程中参数的检测与控制方法。

（3）掌握发酵罐的使用，了解有氧发酵的一般工艺。

【基本原理】

谷氨酸是蛋白质的主要构成成分，是生物机体内氮代谢的基本氨基酸之一。谷氨酸具有多种生理功能、应用广泛，主要用于生产味精、鸡精等调味品，在医药、食品、人造制革、化妆品工业及农业上具有广泛的用途。谷氨酸发酵是工业微生物发酵工艺与过程控制的典型代表。发酵水平的高低是决定产品成本的主要因素之一，味精生产作为一个成熟的发酵行业，利润微薄，生产水平的高低直接关系着企业的生死存亡，生产企业必须从制造环节本身考虑，最大程度地发挥菌株的优势，尽可能谋求谷氨酸综合成本的最低化，才有可能在激烈的市场竞争中站稳脚跟。所以寻找并确定一个能使菌体生长良好，同时又能提高发酵水平的工艺条件，对于经济效益的提高具有重大意义。

发酵工业中，工艺条件的优化在微生物发酵产业化生产中举足轻重，是从实验室研究到工业化生产的必要环节。环境的变化对微生物的代谢活动有一定程度的影响，因此，获得与生产菌种相匹配的最佳发酵工艺条件将有利于挖掘菌株的发酵潜力。谷氨酸发酵生产一般以淀粉的水解物——葡萄糖作为碳源，以尿素为氮源，通过高产的谷氨酸棒状杆菌为菌种发酵而成。在发酵工艺上有一定的规律，前 6 h 为菌种的适应期，这一阶段的参数变化不大。之后进入菌种快速生长繁殖的对数生长期，菌体代谢旺盛，营养需求大，糖的消耗速度加快、耗氧量增加，发酵液中的溶氧（DO）会急剧下降，菌体形态上呈八字形分裂状态。培养基中的尿素被脲酶分解放出氨，pH上升，然后氨会被菌体利用，pH会下降，需要及时流加尿素来进行调整，同时它也可以作为氮源用于菌体的生长。此外，对数生长期几乎不产谷氨酸。约12 h后，菌体基本停止繁殖，转入谷氨酸形成阶段。此时，菌体浓度达到或接近最大值（稳定期），尿素被分解放出氨，氨被用于合成谷氨酸，需要及时流加尿素，保证合成谷氨酸所必需的氨。这阶段的糖消耗与谷氨酸的形成几乎成正比，为了形成最大量的谷氨酸，必须给予最适合的环境条件，延长谷氨酸合成的时期。随着发酵的进行，菌体内酶的活力逐渐降低，耗糖速度下降，尿素的流加量也应减少，当糖等底物耗尽后，及时放罐。

【材料与器皿】

1. 菌种

L-谷氨酸棒杆菌I型。

2. 试剂

（1）固体活化培养基。酵母膏 5 g/L、蛋白胨 10 g/L、牛肉膏 5 g/L、NaCl 2.5 g/L、琼脂 2 g/L。

（2）液体活化培养基。酵母膏 5 g/L、蛋白胨 10 g/L、牛肉膏 5 g/L、NaCl 2.5 g/L。

（3）种子培养基。葡萄糖 25 g/L、三水合磷酸氢二钾 1.5 g/L、七水硫酸镁 0.4 g/L、玉米浆 35 g/L、尿素 5 g/L、消泡剂 400 μL。

（4）发酵培养基。葡萄糖 150 g/L、玉米浆 5 g/L、磷酸氢二钠 2.7 g/L、氯化钾 1.8 g/L、硫酸镁 1.2 g/L、尿素 5.5 g/L、硫酸锰 0.002 g/L、硫酸亚铁 0.002 g/L、维生素 B_1 0.0002 g/L、消泡剂 400 μL。

（5）补料培养基。800 g/L 葡萄糖、尿素。

3. 器皿和其他用品

高压蒸汽灭菌锅、恒温培养箱、恒温摇床、超净工作台、5 L 发酵罐、高速离心机、SBA-40E 生物传感器（检测葡萄糖和 L-谷氨酸的浓度）、磁力搅拌器、分光光度计、电子天平、培养皿、量筒、试管、称器、烧杯、三角瓶、酒精灯、玻璃棒、试管架等。

【实验方法】

1. 种子培养

（1）菌种活化。在超净工作台里面倒好固体活化培养基平板，从冻管中取出菌种，在超净工作台里面进行平板划线。把划好线的平板放置在 30 ℃ 恒温培养箱中过夜培养，之后挑取单菌落于含 10 mL 液体活化培养基的摇瓶中，将摇瓶放置在恒温摇床中，在 30 ℃、160 r/min 的条件下培养 16 h，即获得活化后的菌液。

（2）种子培养。将活化后的菌液按 5% 的接种量接种到 500 mL 带挡板三角摇瓶中，摇瓶里面装有 150 mL 灭过菌的种子培养基。将接种后的摇瓶放置在往复式摇床中进行培养，在 30 ℃、180 r/min 的条件下培养 6 h 左右，即得对数生长期的种子菌液。

2. 补料分批发酵培养

（1）发酵罐灭菌。配置好发酵培养基 2 L 倒入 5 L 发酵罐中。在确认各个阀门处于关闭状态后，打开进水阀并启动蒸汽发生器，同时应完全打开发酵罐的夹套出气阀，缓慢打开蒸汽发生器的总阀门，打开部分夹套进气阀，开始通入水蒸气。然后依次来打开取样阀出蒸汽阀、取样阀进蒸汽阀、底阀出蒸汽阀、底阀进蒸汽阀，排尽压力不稳的水蒸气。水蒸气压力不剧烈变化时再依次关闭底阀、出气阀。发酵罐罐内的温度逐渐上升到 90 ℃ 时，搅拌电机停止转动，此时打开罐体总进气阀，打开罐体出气管阀，依次进行如下操作：打开出气调节阀，缓慢打开罐体进蒸汽阀对罐内通入蒸汽，空气滤器表压超过 0.1 MPa 时打开冷凝水阀，继续开大罐体进蒸汽阀，使之达到灭菌所要求温度、压力，达到灭菌温度时开始计时。灭菌时间到后，依次关闭已开的各进气阀，关闭蒸汽总阀，完全放开罐内尾气排气阀放掉罐内压力，打开空气压缩机，等罐压降至 0.05 MPa 时，打开进气阀，维持罐内正压。

（2）发酵过程控制。待发酵罐内温度降至 35 ℃，开始接种，在接种环上喷洒酒精，调慢进气阀，点燃接种环，打开接种阀，在火焰旁边开启培养好含种子菌液的摇瓶，将种子接种进入发酵罐，然后马上盖住接种阀，熄灭火焰，调回罐压。发酵前期 0 ～12 h 为菌种生长期，温度控制在 32 ℃；当 pH 小于 7.0 时应流加尿素，控制 pH 在 6.8～7.0；根据溶氧调节转速，控制在 300～600 r/min；初始糖浓度为 80 g，注意补料流加葡萄糖并控制糖浓度在 10%～20%。发酵 12 h 之后进入产酸期，此时温度控制在 36 ℃，pH 控制在 7.2 左右，转速控制在 400～600 r/min，并及时补加葡萄糖和尿素；发酵 20 h 后，温度控制在 38 ℃，pH 和转速不变。当检测残糖小于 1% 且糖耗缓慢时（大概发酵 38 h），应及时停止发酵。

3. 产物初步纯化

（1）发酵液处理。收集 5 L 发酵罐发酵结束的发酵液，在 8000×g 条件下离心 10 min，收集上清液，测量上清液的体积、pH、谷氨酸含量及温度。将其放入磁力搅拌器中，温度控制在 25～30 ℃，消除泡沫后开始进行等电回收。

（2）谷氨酸等电回收。打开磁力搅拌器，边搅拌边用盐酸调节上清液 pH 达 5.0，此阶段加酸的速度可以稍快一点儿，但要避免加得过多；之后继续缓慢加盐酸至 pH=4.5，同时开始注意观察上清液中是否有谷氨酸晶核形成的现象，若有晶核形成则停止加酸，搅拌 2～4 h 育晶，在此过程中可以适当加入一点谷氨酸晶种刺激起晶；若无晶核出现则缓慢加酸适当降低 pH 至 4.0 再观察，如果还没有发现晶核，则再缓慢加酸将 pH 降至 3.5～3.8，并在此过程中注意观察。育晶过程中，搅拌 2 h 后缓慢加酸，将 pH 调至 3.0～3.2，此过程耗时 4 h 左右，然后停止加酸再次检测 pH，再搅拌 2 h 后进行降温，可放置在 4 ℃ 冰箱中搅拌。待上清液 pH 降至等电点后继续搅拌 16 h 以上，然后停止静置 4 h。去除上层液体，离心甩干即获得谷氨酸结晶，此时谷氨酸没有鲜味，需要进一步中和精制。

【实验结果】

（1）发酵过程参数记录与分析。发酵过程发酵罐会实时记录 pH、温度、DO 等传感器数值，可以后期调取分析。残糖、菌体浓度、产物 L- 谷氨酸的浓度等间接参数需要每隔 1 h 取样进行测定，其中残糖和菌体浓度从发酵开始时进行检测，而 L- 谷氨酸的浓度则是从发酵 12 h 后开始检测，检测数据记录下来（表 11-5）。根据表格数据以时间为横坐标，残糖、菌体浓度及 L- 谷氨酸的产量为纵坐标绘制曲线图，确定最大细胞浓度，计算最大生长速率、L- 谷氨酸的最高产量、糖酸转化率等参数。

表 11-5　L- 谷氨酸发酵过程的检测数据记录表

时间（h）	残糖 /（g/L）	菌体干重 /（g/L）	L- 谷氨酸浓度 /（g/L）
0			
1			
2			
⋮	⋮	⋮	⋮
38			

（2）谷氨酸等电回收过程的观察。观察并记录 L- 谷氨酸回收过程中育晶的 pH、现象变化，计算 L- 谷氨酸的得率。

【注意事项】

（1）发酵罐灭菌时，应严格按照说明书操作，注意各个阀门开启和关闭的状态及顺序。
（2）发酵过程中应注意氮源的补充及 pH 的控制。

实验 11-4　红霉素的微生物发酵与提取

【案例】

红霉素作为一种抗生素药物被广泛利用，在生活中常见的产品主要有红霉素眼膏、红霉素软膏。红霉素眼膏适用于沙眼、结膜炎、睑缘炎及眼外部感染等的治疗。红霉素软膏适用于脓疱疮等化脓性皮肤病、小面积烧伤、溃疡面的感染和寻常痤疮等的治疗。它们的药理作用主要是红霉素对大多数革兰氏阳性菌、部分革兰氏阴性菌及一些非典型致病菌（如支原体、衣原体）的抗菌活性。如何利用微生物进行发酵生产红霉素这种大分子化合物？有什么方法可以将红霉素从复杂的代谢产物中分离提取出来？

【实验目的】

（1）了解和掌握放线菌种子制备和摇瓶发酵技术。
（2）了解次级代谢产物中抗生素发酵的一般规律。
（3）了解利用有机溶剂萃取分离提取红霉素的原理。

【基本原理】

红霉素是由红霉素链霉菌所合成的大环内酯类抗生素，其抗菌谱与青霉素近似，对革兰氏阳性菌（如葡萄球菌、化脓性链球菌、绿色链球菌、肺炎链球菌、粪链球菌、梭状芽孢杆菌、白喉杆菌等）有较强的抑制作用，具有广谱抗菌作用。在临床上可以用于相应致病菌引起的急性扁桃体炎、支原体肺炎、猩红热、淋病、皮肤组织感染等，也可以用于呼吸道感染，特别对于不耐青霉素的人群也可以用红霉素替代治疗。红霉素最早于 1952 年由 J. M. Meguire 等人从土壤中分离到的红霉素链霉菌发酵制得，2014 年全球产量达 9000 t，成为世界抗生素市场上除了头孢类和青霉素类以外的第三抗生素药物。由于国外企业的技术封锁，我国红霉素生产的发酵水平一直比较落后。红霉素发酵水平主要受菌种、培养基组成、发酵条件控制以及后期的分离提纯条件等多方面因素的影响，因此，了解红霉素的发酵合成和分离提取，对今后研究及提高红霉素生产水平有一定的意义。

红霉素属于微生物的次级代谢产物，是在微生物生长后期阶段，以初级代谢产物为前体合成的分子结构复杂的化合物。因此，红霉素合成过程中可以分为生长期和产物形成期两个阶段。第一阶段是控制菌体的生长，目的是使长好的菌体能够处于最佳的产物合成状态，即如何控制有利于微生物催化产物合成所需酶系的形成。第二阶段则是控制产物的合成，找出影响反应速度变化的主要因素并加以控制，使产物的形成速度处于最佳或底物的消耗最经济。因此，两个阶段的培养条件和培养基组成成分对最终产物的合成产量影响较大，特别是碳源、氮源的组成及产物前体的补充，碳源可分为速利用的碳源和缓慢利用的碳源，前者（如葡萄糖）能较迅速地与代谢合成菌体并产生能量，并产生分解代谢产物，因此有利菌体生长，但有的分解代谢产物对产物的合成可能产生阻遏作用，后者为菌体缓慢利用，特别有利于延长抗生素的生产期，因此，红霉素采用葡萄糖和淀粉混合碳源。氮源的代谢对红霉素合成影响很大，当适于菌体生长的氮源耗尽时，菌体才停止生长并迅速合成红霉素。红霉素生产中一般都用有机氮源，其中以黄豆饼粉、玉米浆为最佳，使用黄豆饼粉时产生的泡沫较多。在发酵培养基加硫酸铵，可促进菌丝生长。红霉素菌种在选育时用豆油作碳源，可使产生菌利用脂肪酸的能力相应提高，因此培养基加入相应的豆油作为碳源，可以不加前体，这样不仅能提高单位产量，还可延长生长周期。

微生物发酵产生的红霉素是多组分抗生素，分为红霉素 A～D，红霉素 A 是有效组分。其中红霉素 C 和红霉素 A 的结构极为相似，但抗菌活性却低很多且具有两倍的毒性。目前的分离提取方法很难做到红霉素的单组分分离，因此，主要是通过控制发酵条件，提高产品质量及抗菌活性。有机溶剂萃取是利用红霉素在不同酸碱度下，溶解于不同溶剂的特性，在碱性条件下发酵液中的红霉素转移到有机溶剂乙酸丁酯中，然后在适当酸性条件下使红霉素从有机溶剂中转移到酸性缓冲液中，之后又在适当碱性条件下使红霉素再一次转移到有机溶剂中，如此溶剂反复萃取，达到浓缩去杂的目的。

【材料与器皿】

1. 菌种

红色糖多孢菌（购于中国普通微生物菌种保藏管理中心）枯草芽孢杆菌。

2. 试剂

（1）固体培养基。可溶性淀粉 10 g/L、蛋白胨 10 g/L、玉米浆 10 g/L、氯化钠 3 g/L、硫酸铵 3 g/L、碳酸钙 5 g/L、琼脂 2 g/L。

（2）种子培养基。可溶性淀粉 35 g/L、葡萄糖 30 g/L、酵母粉 20 g/L、蛋白胨 5 g/L、糊精 20 g/L、氯化钠 5 g/L、硫酸铵 7.5 g/L、碳酸钙 8 g/L、磷酸氢二钾 0.8 g/L、硫酸镁 0.5 g/L、消泡剂 400 μL，pH=7.5。

（3）发酵培养基。可溶性淀粉 40 g/L、葡萄糖 40 g/L、玉米浆 30 g/L、氯化钠 5 g/L、硫酸铵 15 g/L、碳酸钙 8 g/L、硫酸镁 0.5 g/L、磷酸氢二钾 0.8 g/L、豆油 0.2 mL/25 mL、消泡剂 400 μL，pH=7.5。

3. 器皿和其他用品

高压蒸汽灭菌锅、恒温培养箱、恒温摇床、超净工作台、通风橱、高速离心机、磁力搅拌器、分光光度计、SBA-40E 生物传感器（检测葡萄糖的浓度）、超声波清洗仪、电热恒温鼓风干燥箱、旋转蒸发仪、pH 仪、电子天平、培养皿、量筒、试管、称器、烧杯、三角瓶、酒精灯、玻璃棒、试管架等。

【实验方法】

1. 斜面孢子的制备

取出保藏的菌种，在超净工作台中于斜面培养基上划线活化，在 33 ℃恒温培养箱中培养至孢子长好，一般需要 5 d 左右。

2. 孢子悬浮液的制备

在超净工作台中往种子斜面中加入 5 mL 的无菌水，用接种环轻微地刮下斜面上的孢子，盖上试管塞，轻轻振荡混匀形成孢子悬浮液。

3. 摇瓶种子的制备

将上述孢子悬浮液全部接入含 50 mL 种子培养基的 250 mL 摇瓶中，在 33 ℃、160 r/min 的摇床中培养 3 d，获得摇瓶发酵的种子液。

4. 摇瓶发酵

将上述的种子液以 10% 的接种量接种到含 200 mL 发酵培养基的 1000 mL 挡板摇瓶中，重复做 3 瓶，在 33 ℃、160 r/min 的摇床中培养 2 d。其中 1 瓶用于定时取样测量发酵液中的生物量、残糖、红霉素的含量并记录数据；另外 2 瓶则是发酵结束后，收集发酵液用于红霉素的分离提取。

（1）生物量的测定方法。取相应摇瓶的发酵液，置于已标记重量的干滤纸上进行真空抽滤，然后将带有菌丝体的滤纸放置于 60 ℃ 烘箱中烘干直至质量不再变化，扣除干滤纸的质量即可计算发酵液的生物量。

（2）红霉素含量的测定。吸取待测样品（稀释）液，在通风橱中加入同等体积的 8 mol/L 硫酸，放入 50 ℃ 水浴锅中保温 30 min 取出进行冷却。由于红霉素经硫酸氧化后呈黄色，在 483 nm 处有极大吸光值，因此测定吸光值即可计算红霉素的浓度。

5. 发酵液处理

向发酵液中加入 1%～2% 的甲醛溶液和 4%～6% 的硫酸锌（沉淀蛋白、促进菌丝体结团，加快过滤），用碳酸氢钠调节 pH 至 8.2～8.8，然后进行抽滤，获得红霉素滤液，并测定其生物效价。

红霉素的生物测定方法：吸取 0.1 mL 事先制备好的枯草芽孢杆菌菌液均匀涂布于 LB 固体培养基平板中，用醋酸丁酯充分溶解红霉素标准样品，配制成不同浓度的标准样液，吸取 5 μL 标准样液（效价测定时，则用待测溶液），滴加于直径 6 mm 滤纸片，待醋酸丁酯充分挥发，用镊子一次性贴于平皿中，每梯度 8 张纸片，盖上皿盖；将培养皿平稳送入恒温箱，在 37 ℃ 下培养 16～18 h；用游标卡尺测量抑菌圈直径，计算发酵液中红霉素的浓度。

6. 有机溶剂萃取

用碳酸氢钠调节红霉素滤液的 pH 至 10～10.5，制备好等体积的萃取剂乙酸丁酯，边加边搅拌，在 30 ℃ 下保温。加入 10% 的乙酸溶液调节 pH 至 5～5.5，混匀静置 30 s，使溶液分层，去除有机层乙酸丁酯，再用 10% 氢氧化钠溶液调节 pH 至 7～8，40 ℃ 保温。然后再加入等量的乙酸丁酯进行萃取，用 10% 氢氧化钠溶液调 pH 至 10～10.3，进行二次萃取，静置分层。吸取乙酸丁酯萃取液，经冷冻干燥，分装。测定干燥样品的红霉素生物效价，并计算红霉素的收率。

【实验结果】

（1）摇瓶发酵过程分析。摇瓶发酵做 3 次重复，其中 1 瓶用于发酵过程参数测定，包括残糖、生物量、产物红霉素的浓度，每间隔 6 h 取样检测 1 次，测定的数据记录在表 11-6 中。根据表格数据以时间为横坐标，残糖、生物量、产物红霉素的浓度及其生物效价为纵坐标绘制曲线图，确定最大细胞浓度，并对菌种产红霉素的能力进行分析。

表 11-6　红霉素摇瓶发酵过程参数测定记录表

时间 /h	残糖/（g/L）	菌体干重/（g/L）	红霉素浓度/（g/L）
0			
6			

时间 /h	残糖 / (g/L)	菌体干重 / (g/L)	红霉素浓度 / (g/L)
12			
⋮	⋮	⋮	⋮
48			

（2）红霉素有机溶剂萃取结果分析。观察并记录红霉素回收过程中现象变化，测定分离提取前发酵液及提取后干燥样品的红霉素生物效价，计算红霉素的得率。

【注意事项】

（1）配置培养基时，特别是发酵培养，应该注意各个成分的比例和用量。

（2）有机溶剂萃取时应注意各个阶段 pH 的准确调控。

第 12 章　食用菌栽培

食用菌是食用真菌的简称，通常指那些可供人类食用或药用的大型真菌。自然状态下，一些食用菌在倒木或腐熟的草堆上生长，营腐生生活，经过人工驯化后大多可以进行人工栽培。随着对食用菌研究的深入开展，越来越多的野生菌被驯化成功，成为人们餐桌上的美味佳肴。现在市场上常年供应的食用菌种类繁多，比如平菇、香菇、金针菇、杏鲍菇、双孢蘑菇等，基本都是人工栽培而来。食用菌与人类关系密切，已经成为人们追求的绿色食品和健康食品，部分食用菌在医疗保健中起到一定的作用。它还可以将动植物残体中复杂的有机物分解为简单的小分子物质，释放到环境中被生产者重新利用，是生态系统中重要的分解者，在维持自然界生态平衡中起着不可估量的作用。因此，本章重点介绍食用菌菌种制作及栽培的基本原理和技术，不仅有助于对食用菌理论体系的理解和内化，还有助于食用菌产业的蓬勃发展。

实验 12-1　食用菌形态结构的观察

【案例】

春季的阴雨天，走在野外往往能在草地或腐木上看到一些类似一把小雨伞的生物，看到这些漂亮的小雨伞，你是不是很想知道它们是什么。如何鉴定它们是什么生物？如何判断它们是否可以食用或药用？

【实验目的】

（1）掌握食用菌的生命史。

（2）观察菌丝体的形态特征。

（3）观察并掌握几种常见食用菌子实体的形态特征。

（4）观察几种常见食用菌的孢子形态。

【基本原理】

食用菌大多属于大型真菌。大型真菌分类中，子实体形态结构、菌丝和孢子的显微结构等都是分类的依据，因此掌握食用菌形态结构的观察方法有助于辨识食用菌的种类。

【材料与器皿】

1. 菌种

新鲜平菇和香菇。

2. 试剂

无菌水。

3. 器皿和其他用品

普通光学显微镜、载玻片、培养皿、盖玻片、吸水纸、刀片、小镊子、接种针等。

【实验方法】

1. 识别食用菌子实体的形态特征

（1）仔细观察平菇和香菇子实体的外部形态特征，比较平菇和香菇子实体的主要区别；观察菌盖、菌柄、菌环、菌托的特征，进行比较、分类。

（2）用解剖刀纵切子实体，观察其菌盖的组成，菌肉的颜色、质地，菌褶形状和着生情况（离生、延生、直生、弯生）；再观察菌柄的组成、菌柄的质地，有无中空等。

2. 双核菌丝及锁状联合的观察

（1）在清洁的载玻片中央滴半滴蒸馏水。

（2）用接种针在试管斜面或培养料内挑取少许菌丝体置于载玻片液滴中，并用接种针将菌丝体挑开使之分散。

（3）用镊子加盖玻片，注意避免产生气泡。

（4）用高倍镜观察双核菌丝及锁状联合的形态结构。

3. 子实层、担子及担孢子观察

（1）切片。选取新鲜幼嫩子实体，从菌盖内侧取一小块菌褶组织切片，放入有蒸馏水的培养皿中，切片要求薄而均匀。

（2）制片。取载玻片在其中央位置加半滴蒸馏水，用小镊子小心地将切下的薄片挑起，放入载玻片水滴中，加盖玻片，加盖时注意不要产生气泡。

（3）镜检。将制好的切片标本置显微镜下，先用低倍镜观察，再用高倍镜观察菌褶两侧子实层、担子和担孢子的着生情况和结构。

【实验结果】

（1）绘制平菇或香菇子实体形态及纵剖面简图，并注明各部位名称。

（2）绘制平菇和香菇的孢子形态、菌丝形态。

【注意事项】

在观察子实体形态时，要选取不同发育时期的子实体进行观察。

实验 12-2　食用菌一级菌种的制作技术

【案例】

用于栽培食用菌的菌种一般都是具有两个单倍体细胞核的双核菌丝，要想获得生产栽培的丰收，具有优良性状且无污染的一级菌种制作就显得非常重要。某同学通过组织分离法从秀珍菇新鲜子实体中分离得到几十支试管种，试管长满菌丝后就直接作为后续生产菌种使用，结果发现不同试管菌种扩大培养出的菌种接种栽培菌包后，菌丝生长和栽培产量均有一定的差异，试分析可能的原因是什么？

【实验目的】

（1）了解食用菌一级菌种的作用。

（2）掌握食用菌一级菌种分离、转管、培养以及对菌种质量观察与判断等操作技术和方法。

【基本原理】

食用菌的子实体主要由双核菌丝所构成，在适宜的培养条件下，子实体组织块具有重新萌发为营养菌丝的能力，因此可以采用组织分离方法得到菌丝体。所谓组织分离是指取子实体一小部分组织进行分离培养菌种的方法。新鲜的子实体组织是菌丝的扭结物，具有很强的再生能力，将它移接在母种培养基上，经过适温培养，即可得到能保持原来菌株性状的母种。用组织分离方法得到的菌丝体，要经过栽培实践证明其性状优良，方可作母种使用。菌种组织分离是一项技术性很强的工作，需要在无菌的环境中以无菌操作进行分离，才能减少污染。无菌操作是制种过程中最基本的操作方法，要求操作熟练、动作迅速。

食用菌一级菌种又名母种，多用玻璃试管作为容器，因此又称试管种，一般是指经组织分离、孢子分离或基内菌丝分离而得到的菌丝体。菌丝体在新的培养基上能够萌发生长，以扩大菌丝生长范围，可以采用转管方法进行扩大培养。一级菌种的制作可分培养基的制作、灭菌、接种和培养 4 个主要阶段。

为了获得优良和生长旺盛的母种，母种培养基的成分应选用营养丰富、容易被菌丝吸收利用的原料来进行配制。由于不同食用菌对营养物质的需求不同，所以不同母种培养基的成分和比例也各有差异。母种培养基常用于菌种的分离、纯化、扩大、转管和保藏。

【材料与器皿】

1. 材料

待分离的菇种（秀珍菇、香菇和金针菇的子实体）、待转管扩大培养的试管种（秀珍菇或灵芝等试管种）、马铃薯。

2. 试剂

葡萄糖、琼脂、磷酸二氢钾、硫酸镁、维生素 B_1、NaOH、HCl、酒精等。

3. 器皿和其他用品

高压灭菌锅、接种箱或超净工作台、电热恒温培养箱、玻璃漏斗、漏斗架、止水夹、铝锅、电炉、量筒、纱布、棉花、18 mm×180 mm 试管、棉绳、牛皮纸、剪刀、pH 试纸、酒精灯、镊子、解剖刀、接种针（接种钩、接种铲）、记号笔等。

【实验方法】

1. 培养基的制作

（1）培养基配方。

① 马铃薯葡萄糖琼脂培养基（PDA 培养基）：马铃薯（挖掉芽眼）200 g、葡萄糖 20 g、琼脂 18～20 g、水 1000 mL、pH 自然。

② 马铃薯综合培养基：马铃薯（挖掉芽眼）200 g、葡萄糖 20 g、磷酸二氢钾 3 g、硫酸镁 1.5 g、维生素 B_1 10 mg、琼脂 18～20 g、水 1000 mL、pH 自然。

上述两种培养基适用于大多数食用菌母种的培养。

（2）配制方法。

① 先将马铃薯洗净，挖掉芽眼，称取 200 g，切成薄片。

② 将切好的马铃薯块放入锅中，加水 1000 mL，放在电磁炉上煮沸后再用小火煮 15~20 min，至马铃薯熟而不烂。

③ 用单层湿纱布（纱布需浸水后拧干）过滤，由于马铃薯在煮沸过程中，有部分水分被蒸发掉，所以过滤后的马铃薯汁，应加水补足至 1000 mL。

④ 将称好的琼脂加入马铃薯汁中，在电炉上用小火煮，直至琼脂完全熔化为止（边煮边搅拌），最后加入葡萄糖等可溶性物质，搅匀。

⑤ 调节 pH。培养基中的 pH 是影响菌丝生长的重要因素之一，因此培养基配好后应根据菌种对 pH 的要求进行调节。PDA 培养基配好后，pH 一般为中性，可以不必调节；如需调节，可以用 1 mol/L 的 NaOH 溶液或 1 mol/L 的 HCl 溶液进行调节。培养基的 pH 在灭菌前不宜调至 6.0 以下，否则灭菌后培养基可能不凝固。最后加水定容至 1000 mL。

⑥ 分装试管。培养基配好后应趁热用分装漏斗进行分装试管，装入高度为试管的 1/5~1/4，分装时应注意避免培养基粘在试管的壁口上，以防杂菌污染。

⑦ 塞硅胶塞。培养基分装完以后应立即塞上大小合适的硅胶塞。灭菌前胶塞不用塞太紧，注意用力均匀以防试管口破裂扎到手。

⑧ 捆扎试管。将塞好塞子的试管 7 支或 9 支扎成一把，在塞子外面包一层防潮纸或牛皮纸，再用线绳扎紧，防止灭菌时塞子脱落。

2. 灭菌

培养基分装完后应立即灭菌。根据培养基的成分选择灭菌的压强和时间，一般马铃薯葡萄糖琼脂培养基采用 1.05~1.1 kg/cm² 的压强，灭菌 20 min。灭菌后，试管取出培养基一定要趁热摆斜面，将试管斜放在一根 2 cm 左右厚的木条上，使试管内的培养基成一斜面。斜面的长度一般为试管长度的 1/2~2/3。用于保藏菌种的试管斜面应适当短些，以减少蒸发面积。气温较低时，在摆好的斜面上覆盖一条厚毛巾，以免在试管壁上产生大量水珠，影响接种和培养。当培养基冷凝后即可收起备用。

3. 菌种分离——组织分离方法

（1）大型伞菌的组织分离方法及操作步骤。

① 选择品质优良，朵形正常、肉厚、无病虫的种菇供组织分离。分离时以幼菇（六七分成熟）为宜，因为它的组织再生能力强。此外，实践证明风干的子实体也可进行组织分离。

② 分离时应在接种室或超净工作台内进行。先用酒精擦拭双手，再用镊子夹取 75% 酒精棉球将菇正、反面消毒或用 2% 次氯酸钠溶液浸泡 5~10 min，再用无菌水冲洗。

③ 用手将菌柄撕开，但手不得触碰撕裂面，以免杂菌污染。

④ 解剖刀经酒精灯火焰灭菌后，从菌柄和菌盖交界部位切取绿豆粒大小的组织块。以无菌操作方法，将切取的组织块用接种针移至母种试管斜面培养基。此外，用接种钩直接钩取一小块组织移至母种试管斜面培养基，其分离效果也很好。

⑤ 塞紧塞子，注明菇种、分离日期、地点和操作人。

⑥ 放到 28 ℃的保温箱中培养，1 d 后及时检查有无污染，发现污染后需及时挑出。

（2）组织分离的质量检查。组织分离后的试管斜面，经过 1 w 左右的培养后（有的菌种需要的时间较长），若在斜面上或组织块周围，没有任何杂菌生长，只有从组织块上长出洁白、粗壮纯净的菌丝体，说明组织分离成功。经过再次移接，生产试验性状表现优良，即可做母种使用；相反，若有其他杂菌生长，说明组织分离时消毒不彻底或无菌操作不严格，组织分离失败。

（3）母种扩大繁殖（转管）。将提前活化准备好的秀珍菇等母种，转移扩大新试管5～8支，转移接种时在超净工作台中用接种锄从母种试管中取出花生粒大的菌种块（带培养基）接种到新的斜面试管的中间，轻轻按压，盖上硅胶塞，放到培养箱中培养观察。

4. 母种质量检查

通过培养，在试管斜面上长出洁白、粗壮的菌丝体，说明接种成功。若在试管斜面上出现有光泽、黏液状培养物或呈黄、绿、灰、黑等毛状物时，一般即认为是受到杂菌污染，不能使用。母种培养期间每天都要观察，及时淘汰异常菌种。优良菌种的感观应具备"纯、正、壮、润、香"的特点。"纯"指菌种的纯度高，无感染杂菌，无斑块，无抑制线，无"退菌、断菌"现象；"正"指菌丝生长无异常，具有亲本正宗的特点；"壮"指菌丝发育粗壮，长势旺盛、有力；"润"指菌种含水量适中，无干缩、松散现象；"香"指具有品种特有的菌香味，无异味。而对菌种生产性能（产量高低、品质优劣、抗逆性强弱）的测试，只有根据适宜季节栽培实验的结果才能得出结论。

【实验结果】

（1）记录组织分离成功试管菌种数目，每天观察并记录生长状况。

（2）在试管上标记每天菌丝生长的长度，计算生长速度。

【注意事项】

（1）本实验对无菌操作要求较高，必须克服污染，培养出一定量的符合要求的试管菌种，才有利于开展后续相关实验。

（2）应在较短时间内判断试管菌种是否被污染，及时发现污染。

（3）实验中因使用有玻璃器皿，注意安全，破碎的玻璃器皿要放置在专用的垃圾箱内。

实验 12-3　食用菌二、三级菌种的制作技术

【案例】

具有优良性状且无杂菌污染的菌种对食用菌栽培的成功非常重要，菌种制作的各个环节都需要严把质量关。某同学在二、三级菌种接种培养后，没有及时开展污染检查，后期菌种袋长满了菌丝就直接拿来作为后续生产的菌种使用。你认为这种操作可取吗？理由是什么？

【实验目的】

（1）掌握二、三级菌种的制作方法。

（2）学会鉴定二、三级菌种的质量。

【基本原理】

食用菌的纯培养菌种在新的培养基上接种后，如果营养条件合适、环境适宜，菌丝能快速进行营养生长，进而扩展到整个培养基，形成新的菌种。二、三级菌种培养基的营养条件大致相同，制作方法类似，所不同的是二级菌种（原种）是由一级菌种（母种）扩大培养来的，而三级菌种（栽培种）是由二级菌种扩大培养来的。二、三级菌种培养基配制原则：①选择适宜的营养物质；②营养物质间配制的比例要适当；③选择经济实用、来源广泛的原料；④适宜的pH和含水量。

【材料与器皿】

1. 菌种

灵芝或秀珍菇母种。

2. 试剂

木屑、麸皮、蔗糖、石膏粉、米糠、高粱、小麦、石灰。

3. 器皿和其他用品

高压灭菌锅、超净工作台、恒温培养箱、量筒、菌种瓶、纱布、棉花、棉绳、牛皮纸、刀、酒精灯、记号笔等。

【实验方法】

1. 二、三级菌种培养基常用的配方

（1）木屑培养基。阔叶树木屑 78%、麸皮（或米糠）20%、蔗糖 1%、石膏粉 1%。这是常见的木屑培养基配方，适用于制作香菇、平菇、黑木耳、金针菇、滑菇、灵芝、猴头菇等多种木腐型菌种。

（2）棉籽壳培养基。棉籽壳 78%、麸皮（或米糠）20%、蔗糖 1%、石膏粉 1%，适用于制作金针菇、平菇、凤尾菇、草菇、银耳、黑木耳、猴头菇等菌种。

（3）谷粒培养基。高粱或小麦 99%、石膏粉 1%。

2. 二、三级菌种培养基配制的具体方法及步骤

（1）称料。先称主料，再称辅料。

（2）拌料。将不溶性主料和辅料拌匀，将可溶性辅料加水制成母液，用时稀释。将上述二者混合均匀，堆放片刻，使其吸足水分，采用手测法或称重法检查含水量。

（3）调节 pH。因灭菌和代谢产酸会使培养基 pH 下降，故灭菌前应将 pH 比指定要求调高 1 左右。用 pH 试纸测定，再用 1% 的石灰水上清液调节 pH。

（4）分装培养料。分装容器：750 mL 菌种瓶、500 mL 罐头瓶或者菌种袋。分装要求：上紧下松，外紧内松，中间用木棒扎一个洞（直径 2～3.5 cm）。

（5）清洁。清洗和擦拭菌种瓶、罐头瓶或菌种袋外壁。

（6）封口。菌种瓶用一层牛皮纸外加一层薄膜封口，菌种袋用袋口套环封口。

3. 二、三级菌种培养基的灭菌

（1）灭菌方法及要求。高压蒸汽灭菌：压力 1.5 kg/cm³，温度 126～128 ℃，时间 2～3 h。做菌种时不建议常压灭菌。

（2）灭菌效果检验。随机取几瓶（袋）置于 25～30 ℃温度下空白培养 4～6 d，一般会出现以下 3 种情况。① 全部染菌：说明灭菌不彻底，灭菌方法（时间、温度、压力）有问题。② 少数染菌：可能是摆放过紧，蒸汽不流通；也可能是瓶、袋破裂，口未封好。③ 全部没有杂菌：说明灭菌彻底。

4. 二、三级菌种的接种

（1）母种检查。接种前要检查供接种用的母种或原种的纯度和活力，检查菌种内或棉塞上有无霉菌斑和细菌菌落，原种瓶内有无因杂菌侵入所形成的拮抗线。有明显的杂菌污染或者对菌种纯度有怀疑的，母种培养基开始干缩的，原种培养瓶上出现大量灰褐色分泌物的，培

养基内菌丝长势不好、菌丝稀疏或多是细线状菌索的，没有菌种标签的可疑菌种，均不能用于接种。

在冰箱中保存的母种使用时要提前取出，活化 1～2 d 再用；若母种在冰箱中保藏的时间较长（超过 3 个月），最好转管培养一次再用，以提高菌种活力，保证接种成功。

（2）母种接原种方法。斜面母种接瓶装原种培养基时，一般可按母种转管的要求操作，只是接种工具可根据不同接种内容而适当更换。一般先将斜面横向切割成 3～5 个菌丝块，将每个菌丝块挑出并接入瓶内接种穴处。母种接种袋装原种的方法与此相似。一支母种一般可接 5～10 瓶原种。

（3）原种接栽培种方法。以瓶装原种接瓶装或袋装栽培种为例，在酒精灯火焰上方拔出原种瓶棉塞，将菌种瓶置于菌种瓶架上或 2 人配合接种，在酒精灯火焰上封口；用接种铲刮去瓶内菌种表面的老菌皮，再将菌种挖松并稍加搅拌，注意菌种应挖成花生米大小，不宜过碎，然后接。一瓶原种一般可接 50～60 瓶（袋）栽培种。

5. 二、三级菌种的培养

二、三级菌种的培养瓶（袋）接种之后，须放置在适宜的环境条件下进行培养。菌种的培养实质是对菌丝体的培养。培养方法如下所述。

（1）培养室（箱）的要求：易控温，较干燥（RH 为 60% 左右），遮光，空气新鲜，防虫、防鼠。

（2）培养菌种时的注意事项。

① 培养室应清扫干净并严格消毒。

② 菌种瓶应先竖放，当菌丝萌发定植后，改为横卧叠放。因为竖放菌种瓶，瓶塞易沉积灰尘和杂菌，瓶内的培养料中的水也易下沉，使上部干燥下部积水，菌丝难以吃透培养料。横放的菌种瓶可经常转动，使瓶内水分分布均匀。

③ 适时检查。开始时应每天查看一次，检查菌种生长状况和有无杂菌污染。有杂菌要及时清理；若培养 3～5 d 菌种未萌发，应挑出来单独培养，7 d 仍不萌发，应补接菌种。当菌丝长满料面并深入料内 1～2 cm 后，可改为 5～7 d 查看一次。

④ 注意保持和调整培养室的温度。起初应保持菌丝生长的适宜温度，一般为 28 ℃ 左右，使菌丝能尽快生长、吃料。当菌丝快长满瓶时，要降低培养温度 2～3 ℃，使菌丝健壮、增强生活力。

⑤ 注意调节空气、光照和湿度。要经常通风换气，保持室内空气新鲜，避免强光照射，避免空气湿度过大。

⑥ 做好防虫、防鼠、防杂菌工作。

⑦ 菌种长满后 7～10 d 应及时转接。若菌种（特别是原种）培养、保存时间过长，会使菌丝活力下降，菌丝老化甚至形成子实体原基，还可能会造成后期污染。

菌种制作过程中，要做到：选择优良菌种，选择正确的配方和优质原料，严格灭菌，严格无菌操作，科学培育优良的二、三级菌种。

6. 二、三级菌种的质量鉴定

二、三级菌种的质量直接关系到食用菌生产的产量高低和质量好坏，甚至决定着食用菌生产的成败。因此，对生产或购进的二、三级菌种进行质量检查至关重要，具体项目如下。

（1）外观要求。

① 菌丝已长满培养基，菌丝粗壮、密集、洁白（或呈该菌种应有的颜色，银耳菌种还应有

香灰色的香灰菌丝），有爬壁能力，菌丝分布均匀一致，绒状菌丝多，有特殊的菇香味。银耳的菌种培养基表面要有子实体或子实体原基出现。

② 无污染。菌丝无绿、红、黑等杂色，与培养料形成的菌丝柱状体无收缩，无黄色积液。菌丝长满后放置 7～20 d 内无菇蕾形成。

（2）菌龄要求。

① 要用正处在生长旺盛期的母种（原种）接种进行原种（栽培种）的生产。

② 原种和栽培种在常温下（20 ℃）可放置 2 个月。超过此标准，即使菌株看起来很健壮，其生活力也大大下降，不推荐用于生产。

（3）常见食用菌二、三级菌种的形态特征。不同食用菌原种和栽培种的形态特征各不相同，可以此作为菌种鉴定的依据，其特征可以参考相关资料判断。

【实验结果】

（1）制作二、三级菌种培养基，灭菌后，放入无菌操作间冷却后进行接种，菌种定植后，每日观察，及时挑出污染菌包，观察并记录菌包生长情况。

（2）待菌包长满后，计算制作的菌种成功率和检查观察记录。

【注意事项】

（1）制作培养基的木屑等材料的预湿要彻底，防止灭菌不彻底。

（2）接种时的无菌操作环节有斜面转接斜面、斜面转接菌种瓶、菌种瓶转接栽培袋等。尽管接种内容和形式不同，在操作上有一定的差异，但基本程序特别是无菌要求是一致的。在接种时要注意以下几点：接种空间一定要彻底灭菌；经灼烧灭菌的工具，须贴在管（或瓶）的内壁冷却后，再取菌种，所取菌种也不得在火焰旁停留，以免灼伤菌种；菌种所暴露或通过的空间必须是无菌区；菌种与容器外空间的通道口，须用酒精灯火焰灼烧灭菌；各种工具与菌种接触前都应经酒精灯火焰灼烧灭菌；硅胶塞塞入管口或瓶口的部分，拔出后不得与未灭菌的物体接触；每次操作时间宜尽量缩短，避免因室内空气交换而污染杂菌。

实验 12-4　食用菌的液体菌种的制作技术

【案例】

食用菌的液体菌种具有生长速度快，接种方便，接种后菌丝生长同步性高，菌龄整齐等特点，因此多数规模食用菌生产厂家都采用液体菌种。但液体菌种生产对技术和设备有较高要求，而且一旦生产出不合格的液体菌种接种后造成的损失较大。工厂化生产的液体菌种通常在大型发酵罐中进行，大型发酵罐需要用种子罐菌种来接种，种子罐菌种通常在是采用三角瓶摇瓶培养，种子罐培养结束后无杂菌污染的检测对液体菌种的后续生产极为关键。某实验人员用三角瓶培养种子罐菌种，在培养的几天中每天观察培养液的变化，培养结束后，认为培养液变化正常，菌丝球外观正常，而没有进行相关技术检验就准备接种发酵罐，你认为这样可以吗？为什么？

【实验目的】

（1）掌握食用菌液体菌种培养基的制作、接种及培养等操作技术和方法。

（2）熟悉如何制作出合格液体菌种的种子罐菌种。

（3）了解食用菌液体菌种的制作过程。

【基本原理】

食用菌纯培养的菌丝在合适营养的液体培养基中可以快速生长，在摇床的振荡下会形成球状菌丝，形成的球状菌丝接入栽培培养基中可以生长，液体菌种相对于固体菌种一般培养时间短，菌龄整齐。液体培养基的成分应选用营养丰富、容易被菌丝吸收利用的原料。由于不同食用菌对营养物质的需求不同，所以不同液体培养基的成分和比例也各有差异，在应用于不同菌种时可参考不同的液体菌种。

【材料与器皿】

1. 实验材料

灵芝试管母种、马铃薯。

2. 试剂

葡萄糖或蔗糖、NaOH、HCl、磷酸二氢钾、硫酸镁、维生素 B_1、75% 酒精等。

3. 器皿和其他用品

高压灭菌锅、全温摇床、超净工作台、锅、电炉、量筒、纱布、棉花、棉绳、牛皮纸、小刀、酒精灯、镊子、记号笔、三角瓶、pH 试纸等。

【实验方法】

1. 常用配方

马铃薯综合培养基：马铃薯 200 g、葡萄糖 20 g、磷酸二氢钾 3 g、硫酸镁 1.5 g、维生素 B_1 10 mg、水 1000 mL，pH 自然。该配方可用于培养平菇、秀珍菇、灵芝等真菌。

2. 配制方法

（1）先将马铃薯洗净，挖掉芽眼，称取 200 g，切成薄片。

（2）将切好的马铃薯薄片放入锅内或大烧杯中，加水 1000 mL，放在电炉上煮沸后改用小火煮 15～20 min，至马铃薯熟而不烂。

（3）用 4 层湿纱布（纱布需浸水后拧干）过滤，收集过滤后的马铃薯汁。

（4）将称好的葡萄糖等物品加入马铃薯汁中，搅匀至溶解，加水补足至 1000 mL。

（5）调节 pH。培养基中配制好后用 1 mol/L 的 NaOH 溶液或 1 mol/L 的 HCL 溶液调节 pH 至 6.5 左右。

（6）分装三角瓶内。将液体培养基分装入三角瓶内，液体体积小于三角瓶体积的 1/3。

（7）包扎三角瓶。用棉塞和牛皮纸包扎三角瓶瓶口，并灭菌处理。

3. 灭菌

液体培养基的灭菌可以采用 1.05～1.1 kg/cm² 的压强，灭菌 20 min。

4. 接种

无菌条件下，将准备好的试管母种用接种锄切割成小块，接种至已经冷却的液体菌种中。

5. 培养

将接种好菌种的液体培养基放入全温摇床中，振荡培养，温度 28 ℃，转速 180 r/min。

6. 观察记录

每天注意观察菌丝球的形成、培养基的变化、有无杂菌污染等情况，当菌丝球达到一定密度后及时终止培养。

7. 无菌检验

（1）观察法培养终止时，培养液澄清，呈现淡黄色。

（2）显微镜检查。取少量培养液制作临时装片，显微镜下观察菌丝形态，无异常菌体，生长旺盛，可见锁状联合结构。

（3）划线培养法。取少量液体菌种划线转接入细菌固体平板上，在 35 ℃下培养 48 h，观察有无细菌菌落出现。

（4）肉汤培养检查。取发酵液接种于酚红肉汤试管中，置于 30 ℃下培养，如溶液由红变黄，表明发酵液中有细菌污染。

【实验结果】

（1）完成三角瓶液体培养基的制备和接种等工作，全温摇床培养，每天观察并记录生长情况。

（2）计算液体菌种培养的成功率。

【注意事项】

严格按照无菌培养要求，用三角瓶装液体培养基时候，液体体积要控制在瓶子体积的 1/3 左右。

实验 12-5 平菇的代料栽培试验

【案例】

平菇（*Pleurotus ostreatus*）是北方冬季大面积栽培的一个品种，有工作人员在进行平菇栽培实验看到菌包长满菌丝后，就开始出菇管理操作，菇蕾出现后，继续培养却发现长出了大量的棒状畸形子实体，这可能是由什么原因造成的？如何解决该问题？

【实验目的】

（1）了解平菇的栽培方式。

（2）掌握棉籽壳代料栽培平菇的操作技术和方法。

【基本原理】

平菇又名糙皮侧耳、北风菌等，属担子菌亚门、层菌纲、伞菌目、口蘑科、侧耳属。平菇纯菌种在合适的培养基和环境条件下能快速生长，营养生长达到一定程度后，提供合适的环境条件可以诱导菌丝扭结产生子实体，子实体是人类需要的食品。平菇栽培方法简单、适应性广、抗杂菌能力强，并具有耐低温、出菇快、产量高等特点。平菇在全国各地都有栽培，且栽培方式多种多样，常见的栽培方式有室内袋栽、菌砖栽培、田间塑料大棚栽培等。本实验主要介绍棉籽壳代料栽培平菇的操作技术和方法。

【材料与器皿】

1. 菌种

平菇栽培种。

2. 试剂

过磷酸钙、高锰酸钾、新洁尔灭、生石灰、75% 酒精、新鲜无霉变的棉籽壳、石膏。

3. 器皿和其他用品

宽 20～25 cm 的聚丙烯薄膜塑料袋、大桶、塑料绳、剪刀、铁锹、脸盆、锥形木棒、培养室、出菇场。

【实验方法】

1. 配料

棉籽壳约 99%、过磷酸钙 1%、生石灰 0.1%～0.5%，培养料混合拌匀后的含水量为 60%～65%。

2. 拌料

拌料时，先称好棉籽壳，倒在干净的水泥地面上，再把称好的过磷酸钙或生石灰用水溶解，然后倒入棉籽壳中，边拌料边加水，直到均匀为止。

3. 装袋灭菌

采用宽 20～25 cm、长 40～50 cm 的聚丙烯塑料薄膜袋。用装袋机将搅拌好的培养料装袋，要求松紧合适，手压塑料袋能够弹起为标准，装袋结束可以马上灭菌，采用高压灭菌，灭菌压力 1.5 kg/cm³，温度 126～128 ℃，时间 1.5～2 h。

4. 接种

将灭好菌的菌包冷却至手摸感觉不到烫手的状态，在无菌环境下将袋子一端打开，接入已分成蚕豆粒大小的栽培种，用透气塞塞紧袋口。栽培种的用量一般为培养料的 10% 左右。

5. 培养

将接完种的菌袋运到培养室中平放在培养架上培养。培养室要求室内卫生、清洁、通风良好，室内温度 25 ℃。菌袋培养一段时间，应进行翻袋，目的在于让菌袋各部位发菌一致，并在翻袋的同时挑出污染袋。经 30～40 d 菌丝可长满全袋。

6. 出菇管理

当菌袋内菌丝长好后应立即搬到出菇室进行出菇。出菇室要求卫生、清洁、通风透光、保温、保湿性能好，地面以水泥地面或砖地面为好。

（1）原基形成期。光线和变温刺激有助于原基分化，此时菇房应有散射光照射，菇房温度以 15～17 ℃ 为宜。菌袋在这样的条件下再继续培养 5～7 d，菌丝开始扭结形成原基（菌袋两端出现米粒状的扭结物）。此时应将袋筒两端透气塞拔掉，使袋筒通风换气，向室内空间喷雾状水，保持室内相对湿度 80%～85%。

（2）菇蕾形成期。原基得到空气和水分后生长很快，形成黄豆粒大小的菇蕾，这时应将袋筒两端多余的袋边卷起，使菇蕾和两端的栽培料露出袋筒。菇蕾形成之后，除需要光照外，菇房温度还应稳定，这样有利于菇蕾的生长发育，一般保持在 17～20 ℃。菇房内的空气相对湿度应为 85%～90%，要给予适当的通风，否则菇蕾会因缺氧而导致菌盖不能正常生长发育，通风应在喷水之后进行，以免菇蕾因通风而失水干缩。

（3）子实体生长期。菇蕾在适宜的条件下，迅速形成长大。此时对氧气和水分的需求量很大，因此应加大菇房的通风，提高菇房内的相对湿度。一般采用增加通风次数、延长通风时间的方法来增加菇房内的氧气并排出二氧化碳。子实体生长时期菇房相对湿度要求在 85%～90%，达不到时应在菇房喷雾状水。喷水次数应根据当时外界的天气情况和菇房湿度的大小而定。喷水的原则是少喷，每天喷水两三次，每次喷水后，通风 30 min 左右，并增加光照。总之，子实体生长时期的管理关键是要协调好通风、湿度、温度及光照之间的关系。

7. 采收

子实体成熟后要及时采收，采收标准应根据商品的需求而定，如盐渍平菇，菌盖长至 3～5 cm 时即采收，而鲜售时可适当大些再采收。第一潮菇采收后，要将残留的菌柄、碎菇、死菇清理干净，停止喷水 2～3 d，让菌袋中的菌丝积累养分，然后再喷水促使第二潮菇原基形成，整个生产周期可收获三潮菇。

【实验结果】

（1）制备和接种平菇菌包，观察菌丝生长和子实体发生情况。

（2）统计栽培成功率，统计产量。

【注意事项】

子实体出菇管理中，注意通风换气和湿度，否则易形成僵死菇。

实验 12-6　双孢蘑菇的发酵料制备试验

【案例】

双孢蘑菇（*Agaricus bisporus*）是一种草腐真菌，需要使用发酵制作的稻草培养料进行栽培。发酵料的发酵质量对双孢蘑菇的成功栽培至关重要。若发酵料发酵过程中发现升温缓慢，可能原因是什么？如何克服？有人提议采用接种放线菌菌种的方法加快发酵，你认为可行吗？理由是什么？

【实验目的】

（1）了解培养料堆制发酵的基本原理。

（2）掌握以稻草为主要原料制作双孢蘑菇培养料的工艺和操作要点。

【基本原理】

堆肥发酵是多种微生物代谢作用的过程，培养料配制需要能满足多种微生物的营养需求。采用作物秸秆和畜禽粪便进行配料、预湿和建堆，通过中高温微生物的呼吸代谢活动，释放热量，并产生菌体蛋白和放线菌抗生素等选择性抑制物质，同时使堆肥温度升高达 70 ℃以上。高温能消灭堆肥中存在的细菌、真菌等微生物。堆肥中微生物代谢活动使许多大分子物质分解为小分子物质，同时嗜高温微生物在常温下菌体休眠或死亡，大量菌体蛋白最终合成累积高分子营养物质——腐殖质复合体，形成适宜双孢蘑菇生长发育所需要的生存环境和营养条件。

【材料与器皿】

1. 材料

稻草、干牛粪、石灰、饼肥、过磷酸钙、石膏、清水。

2. 器皿和其他用品

农用塑膜、竹木棒、台秤、桶、温度计、钉耙、pH 试纸。

【实验方法】

1. 培养料配方

稻草 53.5%、干牛粪 40%、饼肥 3%、过磷酸钙 0.5%、石灰 2%、石膏 1%，水适量，所有原料均为自然干质量。

2. 实验步骤

（1）场地选择与处理。选择地势高、靠近水源、背风向阳且适合顺风建堆的地方。平整场地、撒适量石灰粉进行场地消毒。场地一侧地势低洼处最好有蓄水池，收集建堆翻堆过程中流出的水，供翻堆时进行补水。

（2）原料预湿。堆肥前可用清水喷淋或池内浸泡等方法，将稻草淋湿浸透预湿、使草料含水量在 70% 左右（即抓一把草料，手握时有 5~6 滴水滴下）；另将事先晒干的牛粪碾碎过筛、均匀混入饼肥，加水预湿，预湿 1~2 d。

（3）建堆。先在地面铺一层预湿过的草料，厚 20~25 m，宽 1.5~2.0 m，长度视料多少而定。然后在草料上撒放预湿过的牛粪、饼肥和过磷酸钙，尽量盖满草料，厚度约 5 cm。如此反复，一层稻草一层粪肥，共堆砌 5~6 层；秸秆要抖松、抖乱，粪肥应下层少上层多，四周要扎边砌墙，最顶层全部用牛粪覆盖，建成龟背形。原则上边建堆、边浇水，底层不浇水，中层少浇水，上层多浇水，直到料边有水溢出为止。用竹木棒从料堆上往底部扎若干个通气孔，最后用塑料薄膜盖好料堆，盖薄膜时堆顶留宽约 70 cm 的排气口，改用防水草帘覆盖，在堆中插一支长柄温度计。

（4）翻堆。翻堆间隔时间大致为 6 d、5 d、5 d、4 d、3 d，共计 23 d，翻 4~6 次。每次建堆时，可先在料堆中插入竹木棒，建堆完毕拔出竹木棒，形成通气孔。

① 第 1 次翻堆在堆料后 6~7 d 进行。用钉耙将表层的料扒开，用中间的料为新堆铺底、扎边、盖面，将原来表层的料放在中间、底层的料置于中上层。翻堆时边翻边抖料，料堆含水量以手握有 5~7 滴水为宜，过少可适当补水。

② 第 2 次翻堆 5~6 d 后进行，方法同上，注意此时期料堆含水量以手握有 3~5 滴水为宜。

③ 第 3 次翻堆 4~6 d 后进行，以稻草为主料时，应分层加入石灰，翻堆方法同上，堆料含水量以手握有 1~3 滴水为宜。

④ 第 4 次翻堆 3~4 d 后进行，基本方法同上。此次翻堆可分层撒石灰，翻堆 3 d 后检查是否发酵成熟，如不成熟再进行第 5 次翻堆。

翻堆时间也可以根据温度的变化而定，一般料堆内温度达到 70 ℃，维持 2 d，如果温度还持续上升，就要立即翻堆了。

（5）堆肥质量检查。优质堆肥标准是培养料呈咖啡色，无氨气，无臭味，有较舒适的馒头香味，腐熟均匀，并且有弹性，草料用手轻拉能断，手握培养料能成团，紧握料指缝有水 1~2 滴渗出（含水量 60%~65%），pH 为 7.5~8.0，无霉变，无病虫害。

【实验结果】

检查发酵料制作的质量和试验记录，必要时将发酵完成的堆肥分别铺在菇床上，接种双孢蘑菇菌种，通过观察双孢蘑菇菌丝生长情况判断发酵料的优劣。

【注意事项】

（1）石灰只能在最后 1 次或倒数第 2 次翻堆时加入。

（2）建堆时培养料碳氮比应控制在 28：1~30：1 为宜；料温 70 ℃以上，且至少保持 48 h 才能进行下一次翻堆。

实验 12-7　灵芝的代料栽培试验

【案例】

灵芝菌丝（*Ganoderma lucidum*）生长速度快，抗逆性。有同学在固体灵芝菌种接种菌包后1 w，发现有几个菌包在距离灵芝接种点一段距离的地方有杂菌生长，所以该同学准备将菌包丢掉。但老师观察到污染菌包中灵芝菌丝生长旺盛，就让该同学把菌包留下来，正常管理。在后期出菇中受污染菌包也长出了正常的灵芝子实体，其原因是什么？如何克服灵芝栽培中的污染问题？

【实验目的】

掌握灵芝代料栽培方法和管理技术。

【基本原理】

灵芝是我国中药宝库中的一颗璀璨的明珠，传统中医著作中记载了灵芝的药理、药效和功能等。现代医学也证明灵芝菌体内含有多种有效成分，具有扶正固本、滋补强身等作用。它是一种腐生真菌，纯菌种在合适的培养基和环境条件下能快速生长，营养生长达到一定程度后，人工提供合适的温度和光照的诱导可以转变为生殖生长，从而产生子实体，而子实体正是人类需要的物品。

【材料与器皿】

1. 材料

新鲜无霉变的棉籽壳、木屑、甘蔗渣、玉米粉、麸皮、过磷酸钙、石膏、高锰酸钾、来苏儿或新洁尔灭、生石灰、75% 酒精、脱脂棉球。

2. 菌种

灵芝栽培种。

3. 器皿和其他用品

聚丙烯薄膜塑料袋、塑料绳、剪刀、铁锹、脸盆、锥形木棒等。

【实验方法】

1. 工艺流程

灵芝代料栽培的工艺流程：选择栽培季节—菌种生产—营养料配方—拌料装袋—灭菌接种—发酵管理—出芝管理—采收子实体。

2. 选择栽培季节

灵芝菌丝生长发育温度以 28 ℃左右为宜；子实体原基的形成和子实体的生长发育温度为25～28 ℃，一般以春季栽培为主。

3. 菌种生产

灵芝母种和栽培种的制备参见本章实验 12-2 和实验 12-3。

4. 培养料配方

代料栽培灵芝可用各种纤维材料，只要不含有能抑制菌丝生长的物质即可，但不同的原料对灵芝的产量和质量有较大影响。比如棉籽壳栽培的灵芝虽有生长快、产量高的特点，但有效活性成分含量却较低；栎树、苦槠、米槠、桦木等材质致密的木屑，加入玉米粉、玉米芯、玉米秆栽培灵芝产量高，质量好。下面提供 3 个经验的培养料配方。

配方一：木屑 78%、玉米粉 10%、麸皮 10%、碳酸钙 1%、石膏 1%。

配方二：木屑 60%、玉米芯 18%、麸皮 20%、碳酸钙 1%、石膏 1%。

配方三：木屑 63%、玉米秆 15%、甘蔗渣 20%、黄豆粉 1%、石膏 1%。

5. 拌料装袋

先把玉米芯提前 1～2 d 预湿，在生产前将木屑拌湿，使其充分吸水软化，然后把麸皮、玉米粉拌入，石膏、蔗糖溶于水后再拌入料中，料水比例大约为 1∶1.5，含水量为 65%，在栽培过程中如果培养基含水量偏低，子实体生长后期由于水分供应不足会影响孢子的继续分化，造成减产，所以要特别注意培养基的含水量。装袋时要松紧适度，将料面压实，一般选用 17 cm × 33 cm × 0.05 cm 规格的聚丙烯塑料薄膜袋，每袋装干料 500 g 左右，袋口用绳子扎好。

6. 灭菌与接种

将装好的菌袋装进周转筐，排放在高压灭菌锅内，在 128 ℃下维持 2～4 h 后出锅，进入冷却室，冷却到 30 ℃以下接种。接种在无菌室或接种箱内进行，接种时先挖出菌种瓶内老化的灵芝菌丝，1 瓶栽培种可接栽培袋 50 袋。

7. 发菌管理

将接种后的栽培袋排放在发菌室的床架上，菌袋的摆放一定要空隙适宜，以利于空气流通和菌丝生长，创造适合灵芝菌丝生长的温度、湿度、通风、光照等良好的环境条件。接种后到菌丝走满料面之前，室温控制在 22～25 ℃，温度过高则易被杂菌污染。菌丝封住料面后，将温度提高到 25～28 ℃，以加快菌丝生长，发菌室相对湿度应保持在 60%～70%。培养室的空气应保持新鲜，气温高于 22 ℃时，每天早晚开门窗通风 1 次，每次 1～2 h；气温低于 22 ℃时，每隔 1 d 通风 2～3 h。通风时要防止室温出现剧烈波动，否则会刺激子实体原基过早分化。发菌室要保持低光照环境，过分强烈的光照会降低菌丝生长速度，在发菌阶段要采取避光措施。一般接种后 10 d 菌丝可走满料面，并向料内深入生长，30～35 d 子实体原基即可形成。

8. 出芝管理

菌丝发满后，当出现白色突起状原基向袋口隆起 1.5～2.0 cm，料面菌丝和袋壁菌丝部分转色并纤维化时，将袋口过长部分塑料剪去，袋口不要全部打开，留直径 2 cm 大小的通气孔开始出芝管理。增加光照度，控制室温在 25～28 ℃。此时菌丝对湿度十分敏感，室内相对湿度要提高到 90% 左右，每天用超声波雾化器加湿 4～6 次，每次 30 min，确保达到出芝要求的相对湿度。若空气相对湿度过低，原基表面容易纤维化，难以长大。

9. 采收子实体

灵芝是好氧性真菌，只有保持栽培室内的空气新鲜，才能使灵芝子实体正常生长，如果空气中二氧化碳浓度增高到 0.1%，子实体生成鹿角状的畸形芝就多。控制栽培室温度 25 ℃左右，空气相对湿度 90% 左右，加强通风，保持室内空气新鲜，大约需 30 d，即可以采收子实体。采收时把子实体用刀割下。

【实验结果】

（1）接种灵芝菌包后，观察菌丝生长和出芝情况。

（2）统计栽培成功率和产量。

【注意事项】

灵芝出芝管理中，注意通风换气，否则易形成鹿角状畸形灵芝。

实验 12-8　蛹虫草的蚕蛹栽培实验

【案例】

在蛹虫草栽培中，采用注射接种法对活的蚕蛹进行接种，菌丝培养中按照要求每天观察蚕蛹状况，半个月后发现多数蛹体已经僵死，甚至有少数蛹体出现腐烂发臭现象。造成蛹体腐烂的原因有哪些？如何尽可能避免？

【实验目的】

（1）掌握蚕虫草的栽培方法和出草管理技术等。

（2）利用知识迁移理解其他虫生真菌的培养方法。

【基本原理】

蛹虫草（*Cordyceps militaris*）又名北冬虫夏草、北虫草。蛹虫草主要成分为虫草素、虫草多糖和虫草酸等活性成分，有多种生物学活性。把蛹虫草菌种接种到活的蚕蛹中，模拟野生生长环境，促进菌丝在蚕蛹中生长，形成僵蚕，然后提供合适的环境条件，诱导出草。

【材料与器皿】

1. 材料

柞蚕蛹或家蚕蛹、蛹虫草母种。

2. 器皿和其他用品

一次性无菌注射器、培养箱等。

【实验方法】

1. 季节安排与品种选择

蛹虫草的蚕蛹栽培在全温培养箱内可全年开展，若栽培量较大可以选择秋季开展顺季栽培，南方地区选择在当年 11 月至第二年 3 月开展。蛹虫草菌种应选择侵染力强，生长周期短，易产生子座，产量高，药用价值与营养价值高的品种。因为蛹虫草菌种放置在冰箱内很容易退化，可采集野生蛹虫草或市售新鲜蛹虫草，采用组织分离获得优良菌株，进而筛选出优良母种。较好的母种菌苔底部呈鲜黄色，且厚薄适中，菌丝平贴，无明显白色绒毛状气生菌丝，无杂菌污染；不建议使用转管 4 代以上的母种进行繁种，对于在冰箱保藏的菌种，需要确认能够转色的方可使用。液体菌种应新鲜，否则可能不产生子座或降低产量。

2. 液体菌种制备

蛹虫草液体菌种可以使用如下培养液进行培养。

（1）玉米粉 2%、葡萄糖 2%、蛋白胨 1%、酵母粉 0.5%、KH_2PO_4 0.1%、$MgSO_4$ 0.05%、蒸馏水 1000 mL、pH=6.5。

（2）葡萄糖 1%、蛋白胨 1%、蚕蛹粉 1%、奶粉 1.2%、Na_2HPO_4 0.1%、KH_2PO_4 0.15%、蒸馏水 1000 mL、pH=6.5。

通常 500 mL 三角瓶装液量为 100～200 mL，121 ℃灭菌 20 min，每支母种接种 5～6 瓶，置于摇床上进行振荡培养（180 r/min、22～25 ℃），培养 6～8 d 后观察菌丝球形成情况。制作好的液体菌种中有大量菌丝球，培养液澄清，培养瓶打开后可闻到浓郁菌香味。

3. 蚕蛹准备与蚕蛹消毒

购买蚕蛹最好是柞蚕蛹，柞蚕蛹的蛹体较大，方便操作。购买回来的蚕蛹要检查存活情况，要使用活蛹。消毒一般是蛹体用清水清洗后，放入 75% 酒精中浸泡 3～5 min，捞出用无菌水冲洗残留酒精，也可用 0.3% 高锰酸钾液或 0.1% 新洁尔灭液进行表面消毒，然后用无菌水冲洗残留的消毒剂，最后无菌纱布擦干水分，动作要迅速，注意避免蚕蛹窒息而死。

4. 接种

蚕蛹接种可选用喷雾法、注射法、组织块法或涂抹法。

（1）喷雾法。喷雾法是将体表消毒的蚕蛹放在灭菌罐头瓶中，置于接种箱内，将菌丝悬浮液喷雾在蛹体上，每天 2 次，连喷 3～4 d，用无菌薄膜覆盖后移入培养室。

（2）注射法。注射法是用灭菌注射器，吸取菌丝悬浮液，近似平行地注入蚕蛹的节间膜，每个注射量约 0.2 mL，随即放入灭菌罐头瓶中，再用牛皮纸封口培养。

（3）组织块法。组织块法是用灭菌解剖刀在消毒后的蛹体节间膜处割开一小口，长 0.2～0.3 cm，然后挑取一个菌丝球，塞入创口处，包扎好，放入灭菌罐头瓶内封口培养。

（4）涂抹法。涂抹法是用无菌毛笔或棉球蘸取菌丝悬浮液，涂抹在已消毒的蛹体表面，反复涂抹数次，最后放入罐头瓶内培养。

5. 菌丝培养

菌丝培养室内可设多层床架，将装有接种后的蚕蛹的罐头瓶排放在床架上，保持室内温度 10～25 ℃，相对湿度 60% 左右，无光照下培养。被感染的蚕蛹从接种到死亡需 10～15 d。蚕蛹被感染后，蛹体失去光泽，体表出现褐色小圆斑，并黑化，逐渐僵硬，长出气生菌丝及分生孢子。期间要及时检查剔除没有浸染成活的发臭发软的蚕蛹。

6. 出草管理

蛹虫草菌丝长好后，改变培养室温度，在 18～23 ℃促进子座发生，提高空气湿度至 80%，喷水，保持菌床含水量 50%～60%，适当增加光照和通风量。培养 20 d 左右，蛹体节间膜出现突起物，如小米粒状，橘黄色，即子实体原基。再继续培养后，子座逐渐伸长，呈棒状，此时加强通风，增加散射光，保持空气相对湿度在 85%～90%，室温 18～23 ℃，并将瓶口薄膜松开，适当通风。子座长至 8 cm 左右，即可以采收。

【实验结果】

（1）接种活蛹结束后放入培养室内的培养盒子里，每 2 d 观察一次并记录蚕蛹变僵蚕的过程。

（2）统计蚕蛹出草情况。

【注意事项】

（1）所使用的蚕蛹一定是活蛹，在无菌条件下操作要迅速。

（2）在对菌丝培养过程的检查中，发现有腐烂的蚕蛹要及时清理，以免感染周边的蚕蛹。

附　　录

附录 1　十字交叉连续稀释分析法
——测定试剂最适浓度

从十字交叉连续稀释分析法得到的结果（附表 1-1）可用来调整试剂的最适浓度。

附表 1　十字交叉连续稀释分析法得到的结果

	第二反应试剂												
	同源抗原					异源抗原							
	1	2	3	4	5	6	7	8	9	10	11		
（ng/mL）	200	50	12.5	3.12	0.78	0	200	50	12.5	3.12	0.78	0	
													A
500	over	over	over	3200	1000	0	500	120	40	20	10		B
250	over	over	over	2060	560	0	300	80	20	0	0		C
125	over	over	3650	1370	360	0	195	40	10	10	0		D
62.5	3600	4000	2270	790	240	0	120	30	10	10	10		E
31.25	2700	2100	1200	410	120	0	60	10	10	10	0		F
0	0	0	0	0	0	0	0	0	0	0	0		G
													H
	1	2	3	4	5	6	7	8	9	10	11	12	

左侧纵列标题：第三反应试剂（抗体－碱性磷酸酶）

注：列 1～11 和行 B～G 的数字代表在 96 孔微量滴定板上的每个孔所能观察到的相关荧光单位。反应试剂浓度决定于由研究者设定的单项检测变化。如果显色的时间设定为 1 h，相关荧光约为 1000 相关荧光单位，同源抗原的敏感性为 780 pg/mL，在酶联免疫吸附试验中用浓度为 500 ng/mL 的酶标抗体。如果试验需要检测到仅仅 3.12 ng/mL 的同源抗原，那么复合物的浓度就应被降低到 125 ng/mL。应当注意比较同源和异源的反应（孔 B5 对 B11 和 D4 对 D10），这对于该试验中特异性和信噪比都是相当有利的。

【材料与器皿】

1. 试剂

包被试剂、第二反应试剂、显色试剂。

2. 器皿和其他用品

17 mm × 100 mm 试管和 12 mm × 75 mm 试管。

【实验方法】

（1）置 4 支 17 mm×100 mm 试管于试管架，后 3 支试管中加入 PBSN 6 mL。试管 1 中配制浓度为 10 μg/mL 包被试剂的 PBSN 12 mL。从试管 1 中吸取 6 mL 溶液转移至试管 2。用移液器将试管 2 中的溶液吸上吹下混匀 5 次。重复溶液转移和混匀至试管 3 和试管 4；此时从试管 1 到试管 4 包被试剂浓度分别为 10 μg/mL、5 μg/mL、2.5 μg/mL 和 1.25 μg/mL。

（2）移液器吸取 50 μL 包被液至 4 个 Immulon 微量滴定板孔板中（即每一板中加入一种稀释度的稀释液）。室温下孵育过夜或在 37 ℃下培育 2 h。

（3）用封闭缓冲液洗涤板，并封闭板。

（4）置 5 支 12 mm×75 mm 试管于试管架，后 4 支试管中加入 3 mL 封闭缓冲液。试管 1 中，准备浓度为 200 ng/mL 第二反应试剂的 PBSN 4 mL（对于极不敏感的检测可改用浓度为 1000 ng/mL）。从试管 1 中吸取 1 mL 溶液转移至试管 2。用移液器将溶液吸上吹下混匀 5 次。重复溶液转移和混匀至试管 3~试管 5；此时试管内第二反应试剂的浓度分别为 200 ng/mL、50 ng/mL、12.5 ng/mL、3.12 ng/mL 和 0.78 ng/mL。如需要，配制并平行比较具有与包被试剂无反应性、异源形式的第二反应试剂的连续稀释液。

（5）吸取第二反应试剂溶液 50 μL，加入前 5 列微量滴定板孔板中，第 5 列浓度为 0.78 ng/mL，第 1 列为 200 ng/mL。4 块包被板同样加样。室温下培育 2 h。

（6）洗涤。

（7）置 5 支 17 mm×100 mm 试管于试管架上，后 4 支试管中加入 3 mL 封闭缓冲液。试管 1 中，用封闭缓冲液配制 500 ng/mL 显色剂 6 mL。吸取试管 1 中溶液 3 mL 转移至试管 2，混匀。重复溶液转移和混匀至试管 3 和试管 4。此时试管中显色剂浓度分别为 500 ng/mL、250 ng/mL、125 ng/mL、62.5 ng/mL 和 31.25 ng/mL。

（8）吸取 50 μL 显色剂至 2~6 行的每一微量滴定板的孔中，把最大稀释程度的溶液加入第 6 行孔中。4 块包被板同样加样。室温下孵育 2 h 后洗涤。

（9）加入 75 μL MUP 或 NPP 底物溶液至每孔中，室温下孵育 1 h，目测显色程度或用微量滴定板检测仪定量测定。测定结果：NPP 作底物时，在 405 nm 处应为 0.50 吸光单位 / 小时；MUP 作底物时应为 1000~1500 荧光单位 / 小时。

酶联免疫吸附试验总结见附表 2。

附表 2 酶联免疫吸附试验总结

ELISA	用途	需要的反应试剂	评价
间接竞争	抗体筛选；表位定位	纯化或半纯化的抗原；含有抗体的测试液；连接有免疫动物免疫球蛋白的酶复合物	不需要使用预存的特异性抗体；需要相对大量的抗原
直接竞争	抗原筛选；检测可溶性抗原	纯化或半纯化的抗原；含有抗原的测试液；针对抗原特异性的酶-抗体复合物	只需 2 个步骤的快速检测；极好地测定抗原的交叉反应性
抗体夹心法	抗原筛选；检测可溶性抗原	捕获抗体（纯化或半纯化的特异性抗体）；含有抗原的测试液；针对抗原特异性的酶-抗体复合物	最灵敏的抗原检测；需要相对大量的纯化或半纯化特异性抗体（捕获抗体）
双抗体夹心法	抗体筛选；表位定位	捕获抗体；已免疫的种属特异性免疫球蛋白；含有抗原的测试液；针对抗原特异性的酶-抗体复合物	不需要纯化的抗原；检测过程相对长，需 5 个步骤

ELISA	用途	需要的反应试剂	评价
直接细胞	筛选细胞的抗原表达；检测细胞抗原表达	表达感兴趣抗原的细胞；针对细胞抗原特异性的酶 - 抗体复合物	大量筛选的灵敏检测；对检测混合细胞表达的异质性不灵敏
间接细胞	筛选针对细胞抗原的抗体	用于免疫的细胞；含有抗体的测试液；连接已免疫种属的免疫球蛋白的酶复合物	当细胞表面抗原表达处于低密度时，可能无法检测出特异性抗体

附录 2 转移蛋白的可逆染色

为了鉴定蛋白质的转移效率，可将硝酸纤维素膜或 PVDF 膜进行可逆染色，而尼龙膜不可用此方法。

【材料与器皿】

1. 试剂

丽春红染色液、双蒸馏水等。

2. 器皿和其他用品

PVDF 膜、不可擦拭笔。

【实验方法】

（1）将蛋白质转移至硝酸纤维素膜或 PVDF 膜上，室温下将膜置于丽春红染色液中 5 min。

（2）用双蒸水脱色 2 min，如有必要，用不可擦拭笔将标准分子质量 Marker 条带划线标记。

（3）再用双蒸水脱色 10 min，使膜完全脱色。

附录 3 膜蛋白解离与再生

【材料与器皿】

1. 试剂

0.2 mol/L NaOH、双蒸馏水等。

2. 器皿和其他用品

已完成检测的免疫印迹膜等。

【实验方法】

（1）用双蒸水洗涤膜 5 min。

（2）用 0.2 mol/L NaOH 洗涤膜 5 min。

（3）用双蒸水洗涤膜 5 min。

（4）继续免疫印迹操作。

（5）为了有效地再标记膜，必须使用酪蛋白（AP 标记）或脱脂奶粉作为封闭液。

附录 4　从血液中制备血清

【材料与器皿】

1. 试剂

血液样品。

2. 器皿和其他用品

Sorvall 离心机和 H-1000B 转子或其等同物。

【实验方法】

（1）将加有血样的 50 mL 离心管于室温条件下直立 4 h 以使血块形成，4 ℃下放置过夜使血块缩小。

（2）用 1 根木签柔和地将血块从离心管的一侧拨下来（但不要碰碎血块），后用木签移出血块，如血块还没有形成，置 1 根木签于管中以引导形成血块，而后从步骤（1）重新开始。

（3）转移血清至一个 50 mL 离心管中。4 ℃下使用 H-1000B 转子 2700 g 离心 10 min，保留上清液。

（4）用合适的方法检测抗体滴度：免疫沉淀（Immunoprecipitation）、免疫印迹（Immunoblotting）、酶联免疫吸附试验（ELISA）、琼脂中的双相免疫扩散试验（Double-immunodiffusion）。置血清于螺口管中，在 -20 ℃下储存。部分血清在反复冰冻和解冻过程中会失去活性，其他的在 4 ℃下不稳定。

附录 5　杂交瘤培养上清的筛选分析

【材料与器皿】

1. 试剂

添加 10 mmol/L HEPES 的 DMEM-20 完全培养基。

2. 器皿和其他用品

在 96 孔板中生长的杂交瘤、多道移液器和 96 孔板（可选）。

【实验方法】

（1）在倒置显微镜下观察生长的杂交瘤的孔数，确定是对所有孔进行细胞筛选还是只筛选长有杂交瘤的孔。

（2）将生长的杂交瘤在 CO_2 培养箱中培养 ≥ 2 d，以使抗体达到饱和度。

（3）用微量移液器从每个孔中取 100 μL 培养上清用于检测或筛选分析（如 ELISA）。每操作一个孔需更换新的吸头。如果是对所有孔进行细胞筛选，则使用多道移液器可以方便地将培养上清移入另一个 96 孔板中。注意保持样品的顺序一致，行、列标签明确。如需对大量样本进行筛选，可以将几个孔的样品合并入 1 个孔。一般情况下，检测结果中只有小于 1% 的杂交瘤可以表达具有所需特异性的抗体（此时的抗体还不是单克隆抗体）。

（4）当完成一整个孔板的取样后，用新鲜的添加 HEPES 的 DMEM-20 完全培养基培养液填满孔板，再对下一个孔板进行操作。

附录 6　杂交瘤的建系

在单克隆抗体的特异性得到充分验证之前，应该对所有候选的杂交瘤进行建系。但为了减少不必要的工作量，可以选择其中 20 个最佳的候选孔。在检测这 20 个孔的培养上清（见附录5）为阳性后，将这些孔的细胞进行冻存，同时进行有限稀释。

【材料与器皿】

1. 试剂

克隆和扩增用培养基（见附录 8）。

2. 器皿和其他用品

生长的杂交瘤、24 孔板、4 mL 有盖试管（灭菌）。

【实验方法】

（1）当 96 孔板中生长的杂交瘤长到 25%～50% 汇合度时（主要孔），用无菌的移液器（调节为 100 μL 的微量移液器）将主要孔中的细胞重悬，并将孔中全部内容物转入 24 孔板中的一个孔，保证有足量的细胞在此扩增孔中扩增。若是从一个长有成纤维细胞的孔中转移细胞，应尽早进行转移操作，以免成纤维细胞过度生长。操作时，切忌刮到孔底（这样做会松动成纤维细胞）。

（2）用 1 mL 移液器在主要孔中滴入 3 滴添加了 10 mmol/L HEPES 和 1 mmol/L 丙酮酸钠的 DMEM-20 完全培养液，放回 CO_2 培养箱培养。

（3）用干净的移液器取 1～1.5 mL 用于克隆和扩增的培养基加入 24 孔板，CO_2 培养箱培养 2～3 d。主要孔与扩增孔要用不同的移液器从不同的试剂瓶中取用培养基。

（4）当 24 孔板中的细胞长到 25%～50% 汇合度时（2～3 d），用有限稀释技术进行克隆操作（见附录 7）。而当主要孔中的细胞长到 25%～50% 汇合度时，必要时可重复步骤（1）～（3）。

（5）完成有限稀释操作之后，将 24 孔板中多余的细胞移入 4 mL 无菌有盖试管中，添加 HEPES 和丙酮酸钠的 DMEM-20 完全培养液继续培养 24 孔板中的细胞。

（6）将前述 4 mL 管于室温，500 g 离心 5 min。将上清保留以备进一步抗体鉴定或作为对照。如果已确定建立了稳定的细胞克隆，那么细胞建系就完成了，将其冻存并确保可被顺利复苏。

（7）如果有限稀释操作不能培养出有抗体分泌活性的细胞系，则复苏之前从 24 孔板中分离的细胞，将其重新在 24 孔板中培养，过夜，并用这些细胞重新建立有限稀释孔板，将其冻存并妥善保存。

附录 7　有限稀释克隆法

【材料与器皿】

1. 试剂

克隆和扩增用培养基，具体制备方法见附录 8。

2. 器皿和其他用品

候选杂交瘤系（见附录 6）、微孔板观察镜（可选）。

【实验方法】

（1）重悬候选杂交瘤所在孔中的细胞［见附录 6 步骤（4）］，用血细胞计数器和台盼蓝拒染试验对一部分（50 μL）细胞进行计数和细胞活力测试。

（2）以每毫升 50 个活细胞和每毫升 5 个活细胞的量分别准备 10 mL 含有克隆和扩增用培养基的细胞悬液（根据需要多次稀释）。将细胞悬液移种至 96 孔板，每个孔 200 μL（最终每孔分别为 10 个细胞和 1 个细胞）。在 CO_2 培养箱中培养 7～10 d。

（3）观察出现杂交瘤生长的孔数，以确定哪一种稀释度对于单克隆的生长是最佳的。把孔板举高肉眼观察或使用微孔板观察镜对杂交瘤进行观察。

（4）在继续细胞培养之前，用倒置显微镜观察单克隆细胞。单一的致密细胞集落是单克隆细胞增殖的典型特征，而多克隆细胞增殖往往出现多个细胞集落，尽可能不要使用多克隆细胞生长的孔。

（5）应用与筛选主要孔细胞（见附录 5）相同的方法检测并培养 7～14 d 的单克隆细胞分泌目标抗体的活性（对于小鼠 - 小鼠杂交瘤应于第 7 d；所有的孔都应该在其颜色变黄时进行检测）。使用部分原杂交瘤的培养上清［见附录 6 步骤（6）］作为阳性对照。

（6）如果已经确定得到了所需的细胞克隆，按与原杂交瘤相同的方法（见附录 6）扩增并冻存这个细胞克隆。

（7）按步骤（1）和步骤（2）再次克隆阳性杂交瘤，配制含有 60 个活细胞的 40 mL 克隆用培养基（最终为 0.3 个细胞 / 孔），重复步骤（4）～（6）。

（8）连续 3 d，每天以 1∶2 的比例将再次克隆的细胞转入 DMEM-10 完全 /HEPES/ 丙酮酸钠培养液，以使所需的杂交瘤成为稳定的细胞系。

（9）在不同天数冻存多个装有细胞的小瓶（含各不相同量的冻存用培养基）。复苏样品瓶，以适当方法检测细胞生长活性和培养上清中单克隆抗体（mAb）的活性。应用杂交瘤大规模制备腹水和培养上清，检测 mAb 的同种型。

【注意事项】

（1）一株偶然克隆的杂交瘤会无法适应 DMEM-10 完全 /HEPES/ 丙酮酸钠培养液的环境，且要求 FCS 的浓度较高。因此，在转入 DMEM-10 培养基之前先将细胞转入 DMEM-15 培养基。在此过程中应谨防支原体污染。

（2）即使是再次克隆的杂交瘤也具有不稳定性，尤其是某些仓鼠 - 小鼠杂交瘤，这样的杂交瘤需要继续进行克隆。长时间的体外培养可能导致 mAb 的不分泌。为了减少这一问题带来的影响，将部分已知可以生产 mAb 的细胞冻存起来是必要的，同时这些细胞在将来也可以作为活性细胞的来源。

附录 8　克隆和扩增用培养基的制备

【材料与器皿】

1. 动物

小鼠（以 BALB/c 小鼠为例）5 只或 6 只，4～6 周龄，无病原体。

2. 器皿和其他用品

75 cm² 组织培养用细颈瓶、0.45 μm 过滤装置。

【实验方法】

（1）用颈椎脱臼法或二氧化碳窒息法处死 5 只或 6 只小鼠。无菌操作取出胸腺并制成单细胞悬液。在 20 mL 单细胞悬液中添加 10 mmol/L HEPES 和 1 mmol/L 丙酮酸钠的 DMEM-20 完全培养液重悬细胞。

（2）加 10 mL 胸腺细胞至 75 cm² 组织培养用细颈瓶中。以每个胸腺 20 mL 培养基的总量加入 DMEM-20 完全 /HEPES/ 丙酮酸钠培养液（最多每个培养瓶 60 mL 细胞悬液）。垂直放置，培养 4～5 d。

（3）将细胞悬液移至无菌 50 mL 锥底离心管中。室温下，1000 g 离心 5 min，取上清。0.45 μm 过滤上清液。以 10 mL 为一个单位，-20 ℃ 冻存。解冻后，以 10%～20% 的浓度使用。

附录9　常用培养基配方

（1）平板计数琼脂（plate count agar，PCA）培养基：胰蛋白胨 5.0 g、酵母浸膏 2.5 g、葡萄糖 1.0 g、琼脂 15.0 g、蒸馏水 1000 mL。

将上述成分加入蒸馏水中，煮沸溶解，调节 pH 至 7.0 ± 0.2，分装于试管或锥形瓶中，在 121 ℃高压下灭菌 15 min。

（2）马铃薯葡萄糖琼脂：马铃薯（去皮切块）300.0 g、葡萄糖 20.0 g、琼脂 20.0 g、氯霉素 0.1 g、蒸馏水 1000 mL。

将马铃薯去皮切块，加 1000 mL 蒸馏水，煮沸 10～20 min。用纱布过滤，补加蒸馏水至 1000 mL。加入葡萄糖和琼脂，加热溶解，分装后，在 121 ℃下灭菌 15 min，备用。

（3）孟加拉红琼脂：蛋白胨 5.0 g、葡萄糖 10.0 g、磷酸二氢钾 1.0 g、硫酸镁（无水）0.5 g、琼脂 20.0 g、孟加拉红 0.033 g、氯霉素 0.1 g、蒸馏水 1000 mL。

将上述各成分加入蒸馏水中，加热溶解，补足蒸馏水至 1000 mL，分装后，在 121 ℃下灭菌 15 min，避光保存备用。

（4）月桂基硫酸盐胰蛋白胨肉汤（LST）：胰蛋白胨或胰酪胨 20.0 g、氯化钠 5.0 g、乳糖 5.0 g、磷酸氢二钾 2.75 g、磷酸二氢钾 2.75 g、月桂基硫酸钠 0.1 g、蒸馏水 1000 mL。

将上述各成分溶解于蒸馏水中，分装到有倒立发酵管的 20 mm × 150 mm 试管中，每管 10 mL。在 121 ℃高压下灭菌 15 min，pH 为 6.8 ± 0.2。双料培养基除蒸馏水不变外，其余成分加倍。

（5）煌绿乳糖胆盐肉汤（BGLB）：蛋白胨 10.0 g、乳糖 10.0 g、牛胆粉溶液 200 mL、0.1% 煌绿水溶液 13.3 mL、蒸馏水 1000 mL。

将蛋白胨、乳糖溶于约 500 mL 蒸馏水中，加入牛胆粉溶液 200 mL（将 20.0 g 脱水牛胆粉溶于 200 mL 蒸馏水中），用蒸馏水稀释到 975 mL，调节 pH 为 7.4，再加入 0.1% 煌绿水溶液 13.3 mL，用蒸馏水补足到 1000 mL，用棉花过滤后，分装到 20 mm × 150 mm 试管（管内有倒立的小发酵管）中，每管 10 mL。121 ℃高压灭菌 15 min，pH 为 7.2 ± 0.1。

（6）EC 肉汤：胰蛋白胨或胰酪胨 20.0 g、3 号胆盐或混合胆盐 1.0 g、乳糖 5.0 g、磷酸氢二钾 4.0 g、磷酸二氢钾 1.5 g、氯化钠 5.0 g、蒸馏水 1000 mL。

将上述各成分溶解于蒸馏水中，分装 16 mm × 150 mm 试管（管内有倒立的小发酵管），每管 8 mL，在 121 ℃高压下灭菌 15 min，最终 pH 为 6.9 ± 0.1。

（7）伊红美蓝琼脂（EMB）：蛋白胨 10.0 g、乳糖 10.0 g、磷酸氢二钾 2.0 g、琼脂 15.0 g、伊红（水溶性）0.4 g 或 2% 水溶液 20 mL、美蓝 0.065 g 或 0.5% 水溶液 13 mL、蒸馏水 1000 mL。

将蛋白胨、磷酸盐和琼脂煮沸溶解于 1000 mL 蒸馏水中，加水补足至原量。分装于三角烧瓶中。每瓶 100 mL 或 200 mL，在 121 ℃高压下灭菌 15 min。最终 pH 为 7.1 ± 0.2。使用前将琼脂溶化，于每 100 mL 琼脂中加入 5 mL 灭菌的 20% 乳糖水溶液、2 mL 2% 伊红水溶液和 1.3 mL 0.5% 美蓝水溶液，摇匀，冷至 45～50 ℃，倾注平皿。

（8）结晶紫中性红胆盐琼脂（VRBA）：蛋白胨 7.0 g、酵母膏 3.0 g、乳糖 10.0 g、氯化钠 5.0 g、胆盐或 3 号胆盐 1.5 g、中性红 0.03 g、结晶紫 0.002 g、琼脂 15.0～18.0、蒸馏水 1000 mL。

无须高压灭菌，将上述各成分溶于蒸馏水中，静置几分钟，充分搅拌，调至 pH 为 7.4 ± 0.1，煮沸 2 min，将培养基冷至 45～50 ℃倾注平板。临用时制备，不得超过 3 h。

（9）LST-MUG 肉汤：胰蛋白胨或胰酪胨 20.0 g、氯化钠 5.0 g、乳糖 5.0 g、磷酸氢二钾 2.75 g、磷酸二氢钾 2.75 g、月桂基硫酸钠 0.1 g、MUG 0.1 g、蒸馏水 1000 mL。

将上述各成分溶于蒸馏水中，分装于试管中（内装倒立小发酵管），每管 10 mL，在 121 ℃高压下灭菌 15 min。调节 pH 为 6.8 ± 0.2。

（10）Columbia-MUG 琼脂培养基：胰酪胨 13.0 g、水解蛋白 6.0 g、酵母浸膏 3.0 g、牛肉浸膏 3.0 g、可溶性淀粉 1.0 g、氯化钠 5.0 g、琼脂 13.0 g、蒸馏水 1000 mL。

将上述各成分溶于水中，无须调节 pH。在 121 ℃高压下灭菌 15 min。冷却至 55～60 ℃，倾注平板。

（11）蛋白胨 - 吐温 80 稀释液（PT）：蛋白胨 1.0 g、吐温 80 10.0 g、蒸馏水 1000 mL。

将上述各成分加热溶解并分装 90 mL 于三角瓶中，在 121 ℃高压下灭菌 15 min。

（12）乳糖莫能霉素葡萄糖醛酸琼脂（LMG）：胰蛋白胨 10.0 g、蛋白胨 5.0 g、酵母膏 3.0 g、乳糖 12.5 g、莫能霉素 0.038 g、苯胺蓝 0.1 g、葡萄糖醛酸钠盐 0.5 g、硫酸十七烷基钠盐 0.25 mL、琼脂 15.0 g、蒸馏水 1000 mL。

无须高压灭菌。加热煮沸，温度冷至 45～50 ℃无菌操作，调节 pH 最终为 7.2 ± 0.1。

（13）缓冲 MUG 琼脂（BMA）：磷酸氢二钠 8.23 g、磷酸二氢钠 1.20 g、4- 甲基伞形酮 - β-D 葡萄糖苷酸（MUG）0.1 g、琼脂 15.0 g、蒸馏水 1000 mL。

将上述各成分溶于蒸馏水中。加热煮沸，调节 pH 为 7.2～7.6，在 121 ℃高压下灭菌 15 min。温度冷至 45～50 ℃，倾注平板。

（14）Tris 缓冲剂（1.0 mol/L）：溶解 121.1 g 三（羧甲基）胺甲烷于 500 mL 蒸馏水中，用浓盐酸调节溶液至所需 pH，用蒸馏水定容至 1000 mL，在 4～6 ℃下保存。

（15）营养琼脂培养基：牛肉膏 3.0 g、蛋白胨 5.0 g、琼脂 15.0 g、蒸馏水 1000 mL。

将上述各成分于蒸馏水中煮沸溶解，定容到 1000 mL，在 121 ℃高压下灭菌 15 min。调节 pH 最终为 7.3 ± 0.1。

（16）营养肉汤培养基：牛肉膏 3.0 g、蛋白胨 5.0 g、蒸馏水 1000 mL。

将各成分于蒸馏水中煮沸溶解，定容到 1000 mL，在 121 ℃高压下灭菌 15 min。调节 pH 最终为 7.3 ± 0.1。

（17）高氏 1 号培养基：可溶性淀粉 20.0 g、硝酸钾 1.0 g、氯化钠 0.5 g、磷酸氢二钾

0.5 g、硫酸镁 0.5 g、硫酸亚铁 0.01 g、琼脂 20 g、蒸馏水 1000 mL。

　　配制时，先用少量冷水将淀粉调成糊状，倒入煮沸的水中并在火上加热，边搅拌边加入其他成分，溶化后补足水分至 1000 mL，在 121 ℃高压下灭菌 15 min。调节 pH 最终为 7.4～7.6。

　　（18）查氏培养基：硝酸钠 2.0 g、磷酸氢二钾 1.0 g、氯化钾 0.5 g、MgSO$_4$·7H$_2$O 0.5 g、硫酸亚铁 0.5 g、蔗糖 0.5 g、琼脂 0.5 g、蒸馏水 1000 mL。

　　将上述各成分于蒸馏水中煮沸溶解，定容到 1000 mL，在 121 ℃高压下灭菌 15 min。pH 自然。

　　（19）马铃薯蔗糖琼脂培养基（PDA）：马铃薯 200.0 g、葡萄糖 20.0 g、琼脂 15.0 g、蒸馏水 1000 mL。

　　马铃薯去皮后，切成小块，加水煮烂（煮沸 20～30 min），用 4 层纱布过滤，再加糖和琼脂，溶化后补足水分至 1000 mL，在 121 ℃高压下灭菌 15 min。pH 自然。

　　（20）LB 培养基（Luria-Bertani 培养基）：酵母粉 10.0 g、胰蛋白胨 10.0 g、氯化钠 15.0 g、蒸馏水 1000 mL。

　　将上述各成分于蒸馏水中煮沸溶解，定容到 1000 mL，在 121 ℃高压下灭菌 15 min，调节 pH 最终为 7.2。

　　（21）色氨酸肉汤：胰胨或胰酪胨 10.0 g、蒸馏水 1000 mL。

　　加热搅拌溶解胰胨或胰酪胨于蒸馏水中，分装试管，每管 5 mL。在 121 ℃高压下灭菌 15 min。调节 pH 最终为 6.9±0.2。

　　（22）MR-VP 培养基：蛋白胨 7.0 g、葡萄糖 5.0 g、磷酸氢二钾 5.0 g、蒸馏水 1000 mL。

　　将上述各成分溶于蒸馏水中，分装试管，在 121 ℃高压下灭菌 15 min，调节 pH 最终为 6.9±0.2。

　　（23）Koser 氏柠檬酸盐肉汤：磷酸氢铵钠 1.5 g、磷酸氢二钾 1.0 g、硫酸镁 0.2 g、二水合柠檬酸钠 3.0 g、蒸馏水 1000 mL。

　　将上述各成分溶解于蒸馏水中，分装试管，每管 10 mL，在 121 ℃高压下灭菌 15 min。调节 pH 最终为 6.7±0.2。

　　（24）7.5% 氯化钠肉汤：蛋白胨 10.0 g、牛肉膏 5.0 g、氯化钠 75 g、蒸馏水 1000 mL。

　　将上述各成分加热溶解，调节 pH 至 7.4±0.2，分装每瓶 225 mL，在 121 ℃高压下灭菌 15 min。

　　（25）血琼脂平板：豆粉琼脂（pH=7.5±0.2）100 mL、脱纤维羊血（或兔血）5～10 mL。

　　加热溶化琼脂，冷却至 50 ℃，以无菌操作加入脱纤维羊血，摇匀，倾注平板。

　　（26）Baird-Parker 琼脂平板：胰蛋白胨 10.0 g、牛肉膏 5.0 g、酵母膏 1.0 g、丙酮酸钠 10.0 g、甘氨酸 12.0 g、氯化锂 5.0 g、琼脂 20.0 g、蒸馏水 950 mL。

　　将上述各成分加到蒸馏水中，加热煮沸至完全溶解，调节 pH 至 7.0±0.2。分装每瓶 95 mL，在 121 ℃高压下灭菌 15 min。临用时加热溶化琼脂，冷至 50 ℃，每 95 mL 加入预热至 50 ℃的卵黄亚碲酸钾增菌剂 5 mL 摇匀后倾注平板。增菌剂的配法：30% 卵黄盐水 50 mL 与通过 0.22 μm 孔径滤膜进行过滤除菌的 1% 亚碲酸钾溶液 10 mL 混合，保存于冰箱内。培养基应是致密不透明的，使用前在冰箱储存不得超过 48 h。

　　（27）脑心浸出液肉汤（BHI）：胰蛋白胨 10.0 g、氯化钠 5.0 g、磷酸氢二钠 2.5 g、葡萄糖 2.0 g、牛心浸出液 500 mL。

　　加热溶解，调节 pH 至 7.4±0.2，分装 16 mm×160 mm 试管，每管 5 mL 置于 121 ℃下灭菌 15 min。

（28）缓冲蛋白胨水（BPW）：蛋白胨 10.0 g、氯化钠 5.0 g、磷酸氢二钠（含 12 个结晶水）9.0 g、磷酸二氢钾 1.5 g、蒸馏水 1000 mL。

将上述各成分加入蒸馏水中，搅拌均匀，静置约 10 min，煮沸溶解，调节 pH 至 7.2±0.2，在 121 ℃高压下灭菌 15 min。

（29）四硫磺酸钠煌绿（TTB）增菌液。

① 基础液。

蛋白胨 10.0 g、牛肉膏 5.0 g、氯化钠 3.0 g、碳酸钙 45.0 g、蒸馏水 1000 mL。

除碳酸钙外，将上述各成分加入蒸馏水中，煮沸溶解，再加入碳酸钙，调节 pH 至 7.0±0.2，在 121 ℃高压下灭菌 20 min。

② 硫代硫酸钠溶液。

将硫代硫酸钠（含 5 个结晶水）50.0 g、蒸馏水加至 100 mL，在 121 ℃高压下灭菌 20 min。

③ 碘溶液。

碘片 20.0 g、碘化钾 25.0 g、蒸馏水加至 100 mL。

将碘化钾充分溶解于少量的蒸馏水中，再投入碘片，振摇玻璃瓶至碘片全部溶解为止，然后加蒸馏水至规定的总量，贮存于棕色瓶内，塞紧瓶盖备用。

④ 0.5% 煌绿水溶液。

煌绿 0.5 g、蒸馏水 100 mL。

⑤ 牛胆盐溶液。

牛胆盐 10 g、蒸馏水 100 mL。

加热煮沸至完全溶解，在 121 ℃高压下灭菌 20 min。

⑥ 四硫磺酸钠煌绿（TTB）增菌液配制方法如下。

基础液 900 mL、硫代硫酸钠溶液 100 mL、碘溶液 20.0 mL、煌绿水溶液 2.0 mL、牛胆盐溶液 50.0 mL。

临用前，按上述顺序，以无菌操作依次加入基础液中，每加入一种成分，均应摇匀后再加入另一种成分。

（30）煌绿乳糖胆盐肉汤（BGLB）培养基：蛋白胨 10.0 g、乳糖 10.0 g、煌绿 0.5 g、牛胆粉 20.0 g、蒸馏水 100 mL。

称取各成分后加入蒸馏水或去离子水 1000 mL，加热搅拌并煮沸至完全溶解，分装于带有小倒管的试管中，在 121 ℃高压下灭菌 15 min，待冷至常温，备用。

（31）亚硒酸盐胱氨酸（SC）增菌液：蛋白胨 5.0 g、乳糖 4.0 g、磷酸氢二钠 10.0 g、亚硒酸氢钠 4.0 g、L-胱氨酸 0.01 g、蒸馏水 1000 mL。

除亚硒酸氢钠和 L-胱氨酸外，将各成分加入蒸馏水中，煮沸溶解，冷至 55 ℃以下，以无菌操作加入亚硒酸氢钠和 L-胱氨酸溶液 10 mL（称取 0.1 g L-胱氨酸，加 1 mol/L 氢氧化钠溶液 15 mL，使溶解，再加无菌蒸馏水至 100 mL 即成，如为 DL-胱氨酸，用量应加倍）。摇匀，调节 pH 至 7.0±0.2。

（32）亚硝酸铋（BS 琼脂）：蛋白胨 10.0 g、牛肉膏 5.0 g、葡萄糖 5.0 g、硫酸亚铁 0.3 g、磷酸氢二钠 4.0 g、煌绿 0.025 g、柠檬酸铋铵 2.0 g、亚硫酸钠 6.0 g、琼脂 18.0～20.0 g、蒸馏水 1000 mL。

将前 3 种成分加入 300 mL 蒸馏水（制作基础液），硫酸亚铁和磷酸氢二钠分别加入 20 mL 和 30 mL 蒸馏水中，柠檬酸铋铵和亚硫酸钠分别加入另一 20 mL 和 30 mL 蒸馏水中，琼脂加入 600 mL 蒸馏水中。然后分别搅拌均匀，煮沸溶解。冷至 80 ℃左右时，先将硫酸亚铁和磷酸氢二钠混匀，倒入基础液中，混匀；再将柠檬酸铋铵和亚硫酸钠混匀，倒入基础液中，混匀。调节 pH 至 7.5 ± 0.2，随即倾入琼脂液中，混合均匀，冷却至 50～55 ℃。加入煌绿溶液，充分混匀后立即倾注平皿。

本培养基不需要高压灭菌，在制备过程中不宜过分加热，避免降低其选择性，贮于室温暗处，超过 48 h 会降低其选择性，本培养基宜于当天制备，第二天使用。

（33）HE 琼脂（Hektoen Enteric Agar）：蛋白胨 12.0 g、牛肉膏 3.0 g、乳糖 12.0 g、蔗糖 12.0 g、水杨素 2.0 g、胆盐 20.0 g、氯化钠 5.0 g、琼脂 18.0～20.0 g、蒸馏水 1000 mL、0.4% 溴麝香草酚蓝溶液 16.0 mL、Andrade 指示剂 20.0 mL、甲液 20.0 mL、乙液 20.0 mL。

将前面 7 种成分溶解于 400 mL 蒸馏水内作为基础液；将琼脂加入 600 mL 蒸馏水中。然后分别搅拌均匀，煮沸溶解。加入甲液和乙液于基础液内，调节 pH 至 7.5 ± 0.2。再加入指示剂，并与琼脂液合并，待冷至 50～55 ℃，倾注平皿。

注意：

① 本培养基不需要高压灭菌，在制备过程中不宜过分加热，避免降低其选择性。

② 甲液的配置。硫代硫酸钠 34.0 g、柠檬酸铁铵 4.0 g、蒸馏水 100 mL。

③ 乙液的配置。去氧胆酸钠 10.0 g、蒸馏水 100 mL。

④ Andrade 指示剂。酸性复红 0.5 g、1 mol/L 氢氧化钠溶液 16.0 mL、蒸馏水 100 mL。将复红溶解于蒸馏水中，加入氢氧化钠溶液。数小时后如复红褪色不全，再加氢氧化钠溶液 1～2 mL。

（34）木糖赖氨酸脱氧胆盐（XLD）琼脂：酵母膏 3.0 g、L- 赖氨酸 5.0 g、木糖 3.75 g、乳糖 7.5 g、蔗糖 7.5 g、去氧胆酸钠 2.5 g、柠檬酸铁铵 0.8 g、硫代硫酸钠 6.8 g、氯化钠 5.0 g、琼脂 15.0 g、酚红 0.08 g、蒸馏水 1000 mL。

除琼脂和酚红外，将其他成分加入 400 mL 蒸馏水中，煮沸溶解，调节 pH 至 7.4 ± 0.2。另将琼脂加入 600 mL 蒸馏水中，煮沸溶解。将琼脂加入上述两溶液混合均匀后，再加入指示剂，待冷至 50～55 ℃，倾注平皿。

注：本培养基不需要高压灭菌，在制备过程中不宜过分加热，避免降低其选择性，贮于室温暗处。本培养基宜于当天制备，第二天使用。

（35）蛋白胨水：蛋白胨（或胰蛋白胨）20.0 g、氯化钠 5.0 g、蒸馏水 1000 mL。

将上述各成分加入蒸馏水中，煮沸溶解，调节 pH 至 7.4 ± 0.2，分装小试管，在 121 ℃高压下灭菌 15 min。

（36）尿素琼脂（pH=7.2）：蛋白胨 1.0 g、氯化钠 5.0 g、葡萄糖 1.0 g、磷酸二氢钾 2.0 g、0.4% 酚红 3.0 mL、琼脂 20.0 g、蒸馏水 1000 mL、20% 尿素溶液 100 mL。

除尿素溶液、琼脂和酚红外，将其他成分加入 400 mL 蒸馏水中，煮沸溶解，调节 pH 至 7.2 ± 0.2。另将琼脂加入 600 mL 蒸馏水中，煮沸溶解。

将上述两溶液混合均匀后，再加入指示剂后分装，在 121 ℃高压下灭菌 15 min。冷至 50～55 ℃，加入经除菌过滤的尿素溶液。尿素的最终浓度为 2%。分装于无菌试管内，放成斜面备用。

挑取琼脂培养物接种，在 36 ℃ ±1 ℃下培养 24 h，观察结果。尿素酶阳性者由于产碱而使培养基变为红色。

（37）氰化钾（KCN）培养基：蛋白胨 10.0 g、氯化钠 5.0 g、磷酸二氢钾 0.225 g、磷酸氢二钠 5.64 g、0.5% 氰化钾 20.0 mL、蒸馏水 1000 mL。

将除氰化钾以外的各成分加入蒸馏水中，煮沸溶解，分装试管后 121 ℃高压灭菌 15 min。放在冰箱内使其充分冷却。每 100 mL 培养基加入 0.5% 氰化钾溶液 2.0 mL（最后浓度为 1∶10000），分装于无菌试管内，每管约 4 mL，立刻用无菌橡皮塞塞紧，放在 4 ℃冰箱内，至少可保存两个月。同时，将不加氰化钾的培养基作为对照培养基，分装试管备用。

将琼脂培养物接种于蛋白胨水内成为稀释菌液，挑取 1 环接种于氰化钾（KCN）培养基，并另挑取 1 环接种于对照培养基。在 36 ℃ ±1 ℃下培养 1～2 d，观察结果。如有细菌生长即为阳性（不抑制），经 2 d 细菌不生长即为阴性（抑制）。

注：氰化钾是剧毒物质，使用时应小心，切勿沾染，以免中毒。夏天分装培养基应在冰箱内进行。实验失败的主要原因是封口不严，氰化钾逐渐分解，产生氢氰酸气体逸出，以致药物浓度降低，细菌生长，因而造成假阳性反应。实验时对每一环节都要特别注意。

（38）赖氨酸脱羧酶试验培养基：蛋白胨 5.0 g、酵母浸膏 3.0 g、葡萄糖 1.0 g、蒸馏水 1000 mL、1.6% 溴甲酚紫 - 乙醇溶液 1.0 mL。

除赖氨酸以外的成分加热溶解后，分装每瓶 100 mL，分别加入赖氨酸。L- 赖氨酸按 0.5% 加入，DL- 赖氨酸按 1% 加入，调节 pH 至 6.8±0.2。对照培养基不加赖氨酸。分装于无菌的小试管内，每管 0.5 mL，上面滴加一层液体石蜡，115 ℃高压灭菌 10 min。

从琼脂斜面上挑取培养物接种，在 36 ℃ ±1 ℃下培养 18～24 h，观察结果。氨基酸脱羧酶阳性者由于产碱，培养基应呈紫色。阴性者无碱性产物，但因葡萄糖产酸而使培养基变为黄色。对照管应为黄色。

（39）糖发酵管：牛肉膏 5.0 g、蛋白胨 10.0 g、氯化钠 3.0 g、磷酸氢二钠（含 12 个结晶水）2.0 g、0.2% 溴麝香草酚蓝溶液 12.0 mL、蒸馏水 1000 mL。

葡萄糖发酵管按上述成分配好后，调节 pH 至 7.4±0.2。按 0.5% 加入葡萄糖，分装于有一个倒置小管的小试管内，在 121 ℃高压下灭菌 15 min。

其他各种糖发酵管可按上述成分配好后，分装每瓶 100 mL，121 ℃高压灭菌 15 min。另将各种糖类分别配好 10% 溶液，同时高压灭菌。将 5 mL 糖溶液加入于 100 mL 培养基内，以无菌操作分装小试管。

从琼脂斜面上挑取少量培养物接种，在 36 ℃ ±1 ℃下培养 2～3 d。迟缓反应需观察 14～30 d。

蔗糖不纯，加热后会自行水解者，应采用过滤法除菌。

（40）邻硝基酚 β-D 半乳糖苷（O-Nitrophenyl-β -D-galactopyranoside，ONPG）培养基：邻硝基酚 β -D 半乳糖苷（ONPG）60.0 mg、0.01 mol/L 磷酸钠缓冲液（pH=7.5）10.0 mL、1% 蛋白胨水（pH=7.5）30.0 mL。

将 ONPG 溶于缓冲液内，加入蛋白胨水，以过滤法除菌，分装于无菌的小试管内，每管 0.5 mL，管口用橡皮塞塞紧。

自琼脂斜面上挑取培养物 1 满环接种于 36 ℃ ±1 ℃培养 1～3 h 和 24 h 观察结果。如果 β - 半乳糖苷酶产生，则于 1～3 h 变黄色，如无此酶产生则 24 h 不变色。

（41）半固体营养琼脂培养基：牛肉膏 0.3 g、蛋白胨 1.0 g、氯化钠 0.5 g、琼脂 0.35～0.4 g、蒸馏水 1000 mL。

按上述各成分配好后，煮沸溶解，调节 pH 至 7.4±0.2。分装小试管。在 121 ℃高压下灭菌 15 min。直立凝固备用。注：供动力观察、菌种保存、H 抗原位相变异试验等用。

（42）丙二酸钠培养基：酵母浸膏 1.0 g、硫酸铵 2.0 g、磷酸氢二钾 0.6 g、磷酸二氢钾 0.4 g、丙二酸钠 3.0 g、0.2% 溴麝香草酚蓝溶液 12.0 mL、蒸馏水 1000 mL。

除指示剂外的各成分溶解于水，调节 pH 至 6.8 ± 0.2，再加入指示剂，分装试管，在 121 ℃高压下灭菌 15 min。用新鲜的琼脂培养物接种，在 36 ℃ ± 1 ℃下培养 48 h，观察结果。阳性者由绿色变为蓝色。

（43）志贺氏菌增菌肉汤：胰蛋白胨 20.0 g、葡萄糖 1.0 g、磷酸氢二钾 2.0 g、磷酸二氢钾 2.0 g、氯化钠 5.0 g、吐温 80（Tween-80）1.5 mL、蒸馏水 1000 mL。

将以上各成分混合加热溶解，冷却至 25 ℃左右，调节 pH 至 7.0 ± 0.2，分装适当的容器，在 121 ℃下灭菌 15 min。取出后冷却至 50～55 ℃，加入除菌过滤的新生霉素溶液（0.5 μg/mL），分装 225 mL 备用。如不立即使用，在 2～8 ℃下可储存 1 个月。

（44）麦康凯（MAC）琼脂：蛋白胨 20.0 g、乳糖 10.0 g、3 号胆盐 1.5 g、氯化钠 5.0 g、中性红 0.03 g、结晶紫 0.001 g、琼脂 15.0 g、蒸馏水 1000 mL。

将以上各成分混合加热溶解，冷却至 25 ℃左右，调节 pH 至 7.2 ± 0.2，分装于试管，在 121 ℃高压下灭菌 15 min。冷却至 45～50 ℃，倾注平板。

如不立即使用，在 2～8 ℃条件下可储存 14 d。

（45）木糖赖氨酸脱氧胆盐（XLD）琼脂：酵母膏 3.0 g、L- 赖氨酸 5.0 g、木糖 3.75 g、乳糖 7.5 g、蔗糖 7.5 g、脱氧胆酸钠 1.0 g、氯化钠 5.0 g、硫代硫酸钠 6.8 g、柠檬酸铁铵 0.8 g、酚红 0.08 g、琼脂 15.0 g、蒸馏水 1000 mL。

除酚红和琼脂外，将其他成分加入 400 mL 蒸馏水中，煮沸溶解，调节 pH 至 7.4 ± 0.2。另将琼脂加入 600 mL 蒸馏水中，煮沸溶解。将两溶液混合均匀后，再加入指示剂，待冷至 50～55 ℃，倾注平皿。本培养基不需要高压灭菌，在制备过程中不宜过分加热，避免降低其选择性，贮于室温暗处。本培养基宜于当天制备，第二天使用。使用前必须去除平板表面上的水珠，在 37～55 ℃温度下，琼脂面向下、平板盖也向下烘干。另外如配制好的培养基不立即使用，在 2～8 ℃下可储存 14 d。

（46）三糖铁（TSI）琼脂：蛋白胨 20.0 g、牛肉浸膏 5.0 g、乳糖 10.0 g、蔗糖 10.0 g、葡萄糖 1.0 g、硫酸亚铁铵 0.2 g、氯化钠 5.0 g、硫代硫酸钠 0.2 g、酚红 0.025 g、琼脂 12.0 g、蒸馏水 1000 mL。

除酚红和琼脂外，将其他成分加于 400 mL 蒸馏水中，搅拌均匀，静置约 10 min，加热使完全溶化，冷却至 25 ℃左右，调节 pH 至 7.4 ± 0.2。另将琼脂加于 600 mL 蒸馏水中，静置约 10 min，加热使完全溶化。将两溶液混合均匀，加入 5% 酚红水溶液 5 mL，混匀，分装小号试管，每管约 3 mL。在 121 ℃下灭菌 15 min。制成高层斜面。冷却后呈橘红色。如不立即使用，在 2～8 ℃条件下可储存一个月。

（47）葡萄糖铵培养基：氯化钠 5.0 g、硫酸镁（MgSO$_4$·7H$_2$O）0.2 g、磷酸二氢铵 1.0 g、磷酸氢二钾 1.0 g、葡萄糖 2.0 g、琼脂 20.0 g、0.2% 溴麝香草酚蓝水溶液 40.0 mL、蒸馏水 1000 mL。

先将盐类和糖溶解于蒸馏水内，调节 pH 至 6.8 ± 0.2，再加琼脂加热溶解，然后加入指示剂。混合均匀后分装试管，在 121 ℃高压下灭菌 15 min。制成斜面备用。

用接种针轻轻触及培养物的表面，在盐水管内做成极稀的悬液，肉眼观察不到混浊，以每一接种环内含菌数在 20～100 为宜。将接种环灭菌后挑取菌液接种，同时再以同样的方法接种普通斜面一支作为对照。在 36 ℃ ± 1 ℃下培养 24 h。阳性者葡萄糖铵斜面上有正常大小的菌落生长；阴性者不生长，但在对照培养基上生长良好。如在葡萄糖铵斜面生长极微小的菌落，可视为阴性结果。

注：容器使用前应用清洁液浸泡，再用清水、蒸馏水冲洗干净，并用新棉花做成棉塞，干热灭菌后使用。如果操作时不注意，有杂质污染时，易造成假阳性的结果。

（48）X-Gal 琼脂培养基：蛋白胨 20.0 g、氯化钠 3.0 g、5- 溴 -4- 氯 -3- 吲哚 -β -D- 半乳糖苷（X-Gal）200.0 mg、琼脂 15.0 g、蒸馏水 1000 mL。

将上述各成分加热煮沸于 1000 mL 水中，冷却至 25 ℃左右，调节 pH 至 7.2 ± 0.2，在 115 ℃高压下灭菌 10 min。倾注平板避光冷藏备用。

挑取琼脂斜面培养物接种于平板，划线和点种均可，在 36 ℃ ±1 ℃下培养 18～24 h，观察结果。如果 β -D- 半乳糖苷酶产生，则平板上培养物颜色变蓝色，如无此酶产生则培养物为无色或不透明色，培养 48～72 h 后有部分转为淡粉红色。

（49）氨基酸脱羧酶培养基：蛋白胨 5.0 g、酵母浸膏 3.0 g、葡萄糖 1.0 g、1.6% 溴甲酚紫 - 乙醇溶液 1.0 mL、L 型或 DL 型赖氨酸和鸟氨酸 0.5 g/100 mL 或 1.0 g/100 mL、蒸馏水 1000 mL。

除氨基酸外的成分加热溶解后，分装每瓶 100 mL，分别加入赖氨酸和鸟氨酸。L- 氨基酸按 0.5% 加入，DL- 氨基酸按 1% 加入，再调节 pH 至 6.8 ± 0.2。对照培养基不加氨基酸。分装于灭菌的小试管内，每管 0.5 mL，上面滴加一层石蜡油，在 115 ℃高压下灭菌 10 min。

从琼脂斜面上挑取培养物接种，在 36 ℃ ±1 ℃下培养 18～24 h，观察结果。氨基酸脱羧酶阳性者由于产碱，培养基应呈紫色。阴性者无碱性产物，但因葡萄糖产酸而使培养基变为黄色。阴性对照管应为黄色，空白对照管为紫色。

（50）西蒙氏柠檬酸盐培养基：氯化钠 5.0 g、硫酸镁（$MgSO_4 \cdot 7H_2O$）0.2 g、磷酸二氢铵 1.0 g、磷酸氢二钾 1.0 g、柠檬酸钠 5.0 g、琼脂 20 g、0.2% 溴麝香草酚蓝溶液 40.0 mL、蒸馏水 1000 mL。

先将盐类溶解于水内，调节 pH 6.8 ± 0.2，加入琼脂，加热溶化。然后加入指示剂，混合均匀后分装试管，在 121 ℃下灭菌 15 min。制成斜面备用。

挑取少量琼脂培养物接种，在 36 ℃ ±1 ℃下培养 4 d，每天观察结果。阳性者斜面上有菌落生长，培养基从绿色转为蓝色。

（51）粘液酸盐培养基：酪蛋白胨 10.0 g、溴麝香草酚蓝溶液 0.024 g、粘液酸 10.0 g、蒸馏水 1000 mL。

慢慢加入 5 mol/L 氢氧化钠以溶解粘液酸，混匀。其余成分加热溶解，加入上述粘液酸，冷却至 25 ℃左右，调节 pH 至 7.4 ± 0.2，分装试管，每管约 5 mL，再在 121 ℃高压下灭菌 10 min。

（52）质控肉汤：酪蛋白胨 10.0 g、溴麝香草酚蓝溶液 0.024 g、蒸馏水 1000 mL。

所有成分加热溶解，冷却至 25 ℃左右，调节 pH 至 7.4 ± 0.2，分装试管，每管约 5 mL，在 121 ℃高压下灭菌 10 min。

将待测新鲜培养物接种测试肉汤和质控肉汤，在 36 ℃ ±1 ℃下培养 48 h，观察结果。肉汤颜色蓝色不变则为阴性结果，黄色或稻草黄色为阳性结果。

（53）庖肉培养基：新鲜牛肉 500.0 g、蛋白胨 30.0 g、酵母浸膏 5.0 g、磷酸二氢钠 5.0 g、葡萄糖 3.0 g、可溶性淀粉 2.0 g、蒸馏水 1000 mL。

称取新鲜除去脂肪与筋膜的牛肉 500.0 g，切碎，加入蒸馏水 1000 mL 和 1 mol/L 氢氧化钠溶液 25 mL，搅拌煮沸 15 min，充分冷却，除去表层脂肪，纱布过滤并挤出肉渣余液，分别收集肉汤和碎肉渣。在肉汤中加入成分表中其他物质并用蒸馏水补足至 1000 mL，调节 pH 至 7.4 ± 0.1，肉渣凉至半干。

在 20 mm×150 mm 试管中先加入碎肉渣，高度为 1～2 cm，每管加入还原铁粉 0.1～0.2 g 或少许铁屑，再加入配制肉汤 15 mL，最后加入液体石蜡覆盖培养基 0.3～0.4 cm，在 121 ℃高压下灭菌 20 min。

（54）胰蛋白酶胰蛋白胨葡萄糖酵母膏肉汤（TPGYT）。

① 基础成分（TPGY 肉汤）。

胰酪胨 50.0 g、蛋白胨 5.0 g、酵母浸膏 20.0 g、葡萄糖 4.0 g、硫乙醇酸钠 1.0 g、蒸馏水 1000 mL。

② 胰酶液。

称取胰酶（1∶250）1.5 g，加入 100 mL 蒸馏水中溶解，膜过滤除菌，在 4 ℃下保存备用。

将基础成分溶于蒸馏水中，调节 pH 至 7.2±0.1，分装 20 mm×150 mm 试管，每管 15 mL，加入液体石蜡覆盖培养基 0.3～0.4 cm，在 121 ℃高压下蒸汽灭菌 10 min。冰箱中冷藏，14 d 内使用。临用接种样品时，每管加入胰酶液 1.0 mL。

（55）卵黄琼脂培养基。

① 基础培养基成分。

酵母浸膏 5.0 g、胰胨 5.0 g、蛋白胨 20.0 g、氯化钠 5.0 g、琼脂 20.0 g、蒸馏水 1000 mL。

② 卵黄乳液。

用硬刷清洗鸡蛋 2～3 个，沥干，杀菌消毒表面，无菌打开，取出内容物，弃去蛋白，用无菌注射器吸取蛋黄，放入无菌容器中，加等量无菌生理盐水，充分混合，调均，在 4 ℃下保存备用。

将基础培养基成分溶于蒸馏水中，调节 pH 至 7.0±0.2，分装锥形瓶，在 121 ℃高压下灭菌 15 min，冷却至 50 ℃左右，按每 100 mL 基础培养基加入 15 mL 卵黄乳液，充分混匀，倾注平板，在 35 ℃下培养 24 h 进行无菌检查后，冷藏备用。

附录 10　常用试剂配方

（1）磷酸盐缓冲液：磷酸二氢钾 34.0 g、蒸馏水 500 mL。

（2）贮存液：称取 34.0 g 的磷酸二氢钾溶于 500 mL 蒸馏水中，用大约 175 mL 的 1 mol/L 氢氧化钠溶液调节 pH 至 7.2±0.1，用蒸馏水稀释至 1000 mL 后贮存于冰箱中。

（3）稀释液：取贮存液 1.25 mL，用蒸馏水稀释至 1000 mL，分装于适宜容器中，在 121 ℃高压下灭菌 15 min。

（4）无菌生理盐水：氯化钠 8.5 g、蒸馏水 1000 mL。称取 8.5 g 氯化钠溶于 1000 mL 蒸馏水中，在 121 ℃高压下灭菌 15 min。

（5）Kovacs 氏靛基质试剂：对二甲氨基苯甲醛 5.0 g、戊醇 75.0 mL、浓盐酸 25.0 mL。将对二甲氨基苯甲醛溶于戊醇中，然后慢慢加入浓盐酸即可。

（6）甲基红指示剂：甲基红 0.1 g、95% 乙醇 300 mL。将甲基红溶于 300 mL 乙醇中，加水稀释至 500 mL。

（7）Voges-Pros kauer（V-P）试剂。

甲液：a-萘酚 5.0 g、无水乙醇 100 mL。

乙液：氢氧化钾 40.0 g、用蒸馏水加至 100 mL。

（8）结晶紫染色液：结晶紫 1.0 g、95% 乙醇 20 mL、1% 草酸铵水溶液 80 mL。

将结晶紫完全溶于乙醇中，然后与草酸铵溶液混合。

（9）革兰氏碘液：碘 1.0 g、碘化钾 2.0 g、蒸馏水 300 mL。

将碘与碘化钾先行混合，加入蒸馏水少许充分振摇，待完全溶解后，再加蒸馏水至300 mL。

（10）沙黄复染液：沙黄 0.25 g、95% 乙醇 10 mL、蒸馏水 90 mL。将沙黄溶于乙醇中，然后用蒸馏水稀释。

（11）胰蛋白酶贮存液：用 Tris 缓冲稀释剂 10.0 g 胰蛋白酶至 100 mL，pH=7.6。如需要加热至 35 ℃ 以助溶，通过滤纸过滤以除去不溶物质，再用 0.45 μm 滤膜过滤除菌。在 4~6 ℃下保存 14 d 或 -18 ℃ 下保存 3 个月。

（12）兔血浆：取柠檬酸钠 3.8 g，加蒸馏水 100 mL，溶解后过滤，装瓶，在 121 ℃ 高压下灭菌 15 min。

（13）兔血浆制备：取 3.8% 柠檬酸钠溶液 1 份，加兔全血 4 份，混好静置（或以 3000 r/min 的速度离心 30 min），使血液细胞下降，即可得血浆。

（14）新生霉素溶液：新生霉素 25.0 mg、蒸馏水 1000 mL。

将新生霉素溶于蒸馏水中，用 0.22 μm 过滤膜除菌，如不立即使用，在 2~8 ℃ 下可储存 1 个月。

临用时，每 225 mL 志贺氏菌增菌肉汤加入 5 mL 新生霉素溶液，混匀。

（15）明胶磷酸盐缓冲液：明胶 2.0 g、磷酸氢二钠 4.0 g、蒸馏水 1000 mL。将上述成分溶于蒸馏水中，调节 pH 至 6.2，在 121 ℃ 高压下蒸汽灭菌 15 min。

（16）胰蛋白酶溶液：胰蛋白酶（1∶250）10.0 g、蒸馏水 100 mL。将胰蛋白酶溶于蒸馏水中，膜过滤除菌，在 4 ℃ 下保存备用。

附录 11　检样中最大可能数（MPN）表

检样中最大可能数（MPN）表如附表 3 所示。

附表 3　检样中最大可能数（MPN）

阳性管数			MPN	95% 置信区间		阳性管数			MPN	95% 置信区间	
0.10	0.01	0.001		低	高	0.10	0.01	0.001		低	高
0	0	0	<3.0	–	9.5	2	2	0	21	4.5	42
0	0	1	3.0	0.15	9.6	2	2	1	28	8.7	94
0	1	0	3.0	0.15	11	2	2	2	35	8.7	94
0	1	1	6.1	1.2	18	2	3	0	29	8.7	94
0	2	0	6.2	1.2	18	2	3	1	36	8.7	94
0	3	0	9.4	3.6	38	3	0	0	23	4.6	94
1	0	0	3.6	0.17	18	3	0	1	38	8.7	110
1	0	1	7.2	1.3	18	3	0	2	64	17	180
1	0	2	11	3.6	38	3	1	0	43	9	180
1	1	0	7.4	1.3	20	3	1	1	75	17	200
1	1	1	11	3.6	38	3	1	2	120	37	420

阳性管数			MPN	95% 置信区间		阳性管数			MPN	95% 置信区间	
0.10	0.01	0.001		低	高	0.10	0.01	0.001		低	高
1	2	0	11	3.6	42	3	1	3	160	40	420
1	2	1	15	4.5	42	3	2	0	93	18	420
1	3	0	16	4.5	42	3	2	1	150	37	420
2	0	0	9.2	1.4	38	3	2	2	210	40	430
2	0	1	14	3.6	42	3	2	3	290	90	1 000
2	0	2	20	4.5	42	3	3	0	240	42	1 000
2	1	0	15	3.7	42	3	3	1	460	90	2 000
2	1	1	20	4.5	42	3	3	2	1 100	180	4 100
2	1	2	27	8.7	94	3	3	3	>1 100	420	—

注：① 本表采用 3 个稀释度：0.1 g（mL）、0.01 g（mL）和 0.001 g（mL），每稀释度 3 支管。

　　② 表内所列检样量如改用 1 g（mL）、0.1 g（mL）和 0.01 g（mL）时，表内数字应相应降低 10 倍；如改用 0.01 g（mL）、0.001 g（mL）和 0.0001 g（mL）时，则表内数字相应增加 10 倍，其余可类推。

附录 12　常见沙门氏菌抗原表

常见沙门氏菌抗原表如附表 4 所示。

附表 4　常见沙门氏菌抗原表

菌名	拉丁菌名	O 抗原	H 抗原	
			第 1 相	第 2 相
A 群				
甲型副伤寒沙门氏菌	*S. Paratyphi A*	1, 2, 12	a	[1, 5]
B 群				
基桑加尼沙门氏菌	*S. Kisangani*	1, 4, [5], 12	a	1, 2
阿雷查瓦莱塔沙门氏菌	*S. Arechavaleta*	4, [5], 12	a	1, 7
马流产沙门氏菌	*S. Abortusequi*	4, 12	−	e, n, x
乙型副伤寒沙门氏菌	*S. Paratyphi B*	1, 4, [5], 12	b	1, 2
利密特沙门氏菌	*S. Limete*	1, 4, 12, [27]	b	1, 5
阿邦尼沙门氏菌	*S. Abony*	1, 4, [5], 12, 27	b	e, n, x
维也纳沙门氏菌	*S. Wien*	1, 4, 12, [27]	b	l, w
伯里沙门氏菌	*S. Bury*	4, 12, [27]	c	z_6

续表

菌名	拉丁菌名	O 抗原	H 抗原	
			第 1 相	第 2 相
斯坦利沙门氏菌	*S. Stanley*	1, 4, [5], 12, [27]	d	1, 2
圣保罗沙门氏菌	*S. Saintpaul*	1, 4, [5], 12	e, h	1, 2
里定沙门氏菌	*S. Reading*	1, 4, [5], 12	e, h	1, 5
彻斯特沙门氏菌	*S. Chester*	1, 4, [5], 12	e, h	e, n, x
德尔卑沙门氏菌	*S. Derby*	1, 4, [5], 12	f, g	[1, 2]
阿贡纳沙门氏菌	*S. Agona*	1, 4, [5], 12	f, g, s	[1, 2]
埃森沙门氏菌	*S. Essen*	4, 12	g, m	–
加利福尼亚沙门氏菌	*S. California*	4, 12	g, m, t	[z_{67}]
金斯敦沙门氏菌	*S. Kingston*	1, 4, [5], 12, [27]	g, s, t	[1, 2]
布达佩斯沙门氏菌	*S. Budapest*	1, 4, 12, [27]	g, t	–
鼠伤寒沙门氏菌	*S. Typhimurium*	1, 4, [5], 12	i	1, 2
拉古什沙门氏菌	*S. Lagos*	1, 4, [5], 12	i	1, 5
布雷登尼沙门氏菌	*S. Bredeney*	1, 4, 12, [27]	l, v	1, 7
基尔瓦沙门氏菌 n	*S. Kilwa n*	4, 12	l, w	e, n, x
海德尔堡沙门氏菌	*S. Heidelberg*	1, 4, [15], 12	r	1, 2
印第安纳沙门氏菌	*S. Indiana*	1, 4, 12	z	1, 7
斯坦利维尔沙门氏菌	*S. Stanleyville*	1, 4, [5], 12, [27]	z_4, z_{23}	[1, 2]
伊图里沙门氏菌	*S. Ituri*	1, 4, 12	z_{10}	1, 5
C1 群				
奥斯陆沙门氏菌	*S. Oslo*	6, 7, 14	a	e, n, x
爱丁堡沙门氏菌	*S. Edinburg*	6, 7, 14	b	1
布隆方丹沙门氏菌 n	*S. Bloemfontein n*	6, 7	b	[e, n, x]: z_{42}
丙型副伤寒沙门氏菌	*S. Paratyphl C*	6, 7, [Vi]	c	1, 5
猪霍乱沙门氏菌	*S. Choleraesuis*	6, 7	c	1, 5
猪伤寒沙门氏菌	*S. Typhisuis*	6, 7	C	1, 5
罗米他沙门氏菌	*S. Lomita*	6, 7	e, h	1, 5
布伦登卢普沙门氏菌	*S. Braenderup*	6, 7, 14	e, h	e, n, z_{15}
里森沙门氏菌	*S. Rissen*	6, 7, 14	f, g	–
蒙得维的亚沙门氏菌	*S. Montevideo*	6, 7, 14	g, m, [p], s	[1, 2, 7]
里吉尔沙门氏菌	*S. Riggil*	6, 7	g, [t]	–
奥雷宁堡沙门氏菌	*S. Oranieburg*	6, 7, 14	m, t	[2, 5, 7]
奥里塔蔓林沙门氏菌	*S. Oritamerin*	6, 7	i	1, 5

菌名	拉丁菌名	O 抗原	H 抗原	
			第 1 相	第 2 相
汤卜逊沙门氏菌	*S. Thompson*	6, 7, <u>14</u>	k	1, 5
康科德沙门氏菌	*S. Concord*	6, 7	l, v	1, 5
伊鲁木沙门氏菌	*S. Irumu*	6, 7	l, v	1, 5
姆卡巴沙门氏菌	*S. Mkamba*	6, 7	l, v	1, 5
波恩沙门氏菌	*S. Bonn*	6, 7	l, v	e, n, x
波茨坦沙门氏菌	*S. Potsdam*	6, 7, <u>14</u>	l, v	e, n, z_{15}
格但斯克沙门氏菌	*S. Gdansk*	6, 7, <u>14</u>	l, v	z_6
维尔肖沙门氏菌	*S. Virchow*	6, 7, <u>14</u>	r	1, 2
婴儿沙门氏菌	*S. Infants*	6, 7, <u>14</u>	r	1, 5
巴布亚沙门氏菌	*S. Papuana*	6, 7	r	e, n, Z_{15}
巴累利沙门氏菌	*S. Bareilly*	6, 7, <u>14</u>	y	1, 5
哈特福德沙门氏菌	*S. Hartford*	6, 7	y	e, n, x
三河岛沙门氏菌	*S. Mikawasima*	6, 7, <u>14</u>	y	e, n, z_{15}
姆班达卡沙门氏菌	*S. Mbandaka*	6, 7, <u>14</u>	z_{10}	e, n, z_{15}
田纳西沙门氏菌	*S. Tennessee*	6, 7, <u>14</u>	z_{29}	[1, 2, 7]
布伦登卢普沙门氏菌	*S. Braenderup*	6, 7, <u>14</u>	e, h	e, n, z_{15}
耶路撒冷沙门氏菌	*S. Jerusalem*	6, 7, <u>14</u>	Z_{10}	l, w
C2 群				
习志野沙门氏菌	*S. Narashino*	6, 8	a	e, n, x
名古屋沙门氏菌	*S. Nagoya*	6, 8	b	1, 5
加瓦尼沙门氏菌	*S. Gatuni*	6, 8	b	e, n, x
慕尼黑沙门氏菌	*S. Muenchen*	6, 8	d	1, 2
曼哈顿沙门氏菌	*S. Manhattan*	6, 8	d	1, 5
纽波特沙门氏菌	*S. Newport*	6, 8, <u>20</u>	e, h	1, 2
科特布斯沙门氏菌	*S. Kottbus*	6, 8	e, h	1, 5
茨昂威沙门氏菌	*S. Tshiongwe*	6, 8	e, h	e, n, z_{15}
林登堡沙门氏菌	*S. Lindenburg*	6, 8	i	1, 2
塔科拉迪沙门氏菌	*S. Takoradi*	6, 8	i	1, 5
波那雷恩沙门氏菌	*S. Bonariensis*	6, 8	i	e, n, x
利齐菲尔德沙门氏菌	*S. Litchfield*	6, 8	l, v	1, 2
病牛沙门氏菌	*S. Bovismorbificans*	6, 8, <u>20</u>	r, [i]	1, 5
查理沙门氏菌	*S. Chailey*	6, 8	z_4, z_{23}	e, n, z_{15}

续表

菌名	拉丁菌名	O 抗原	H 抗原	
			第 1 相	第 2 相
C3 群				
巴尔多沙门氏菌	*S. Bardo*	8	e, h	1, 2
依麦克沙门氏菌	*S. Emek*	8, 20	g, m, s	–
肯塔基沙门氏菌	*S. Kentucky*	8, 20	i	z_6
D 群				
仙台沙门氏菌	*S. Sendai*	1, 9, 12	a	1, 5
伤寒沙门氏菌	*S. Typhi*	1, 9, 12, [Vi]	d	–
塔西沙门氏菌	*S. Tarshyne*	9, 12	d	1, 6
伊斯特本沙门氏菌	*S. Eastbourne*	1, 9, 12	e, h	1, 5
以色列沙门氏菌	*S. Israel*	9, 12	e, h	e, n, z_{15}
肠炎沙门氏菌	*S. Enteritidis*	1, 9, 12	g, m	[1, 7]
布利丹沙门氏菌	*S. Blegdam*	9, 12	g, m, q	–
沙门氏菌	*Salmonella* II	1, 9, 12	g, m, [s], t	[1, 5, 7]
都柏林沙门氏菌	*S. Dublin*	1, 9, 12, [Vi]	g, p	
芙蓉沙门氏菌	*S. Seremban*	9, 12	i	1, 5
巴拿马沙门氏菌	*S. Panama*	1, 9, 12	l, v	1, 5
戈丁根沙门氏菌	*S. Goettingen*	9, 12	l, v	e, n, z_{15}
爪哇安纳沙门氏菌	*S. Javiana*	1, 9, 12	L, z_{28}	1, 5
鸡 – 雏沙门氏菌	*S. Gallinarum-Pullorum*	<u>1</u>, 9, 12	–	–
E1 群				
奥凯福科沙门氏菌	*S. Okefoko*	3, 10	c	z_6
瓦伊勒沙门氏菌	*S. Vejle*	3, {10}, {15}	e, h	1, 2
明斯特沙门氏菌	*S. Muenster*	3, {10}{15}{15, 34}	e, h	1, 5
鸭沙门氏菌	*S. Anatum*	3, {10}{15}{15, 34}	e, h	1, 6
纽兰沙门氏菌	*S. Newlands*	3, {10}, {15, 34}	e, h	e, n, x
火鸡沙门氏菌	*S. Meleagridis*	3, {10}{15}{15, 34}	e, h	l, w
雷根特沙门氏菌	*S. Regent*	3, 10	f, g, [s]	[1, 6]
西翰普顿沙门氏菌	*S. Westhampton*	3, {10}{15}{15, 34}	g, s, t	–
阿姆德尔尼斯沙门氏菌	*S. Amounderness*	3, 10	i	1, 5
新罗歇尔沙门氏菌	*S. New-Rochelle*	3, 10	k	l, w
恩昌加沙门氏菌	*S. Nchanga*	3, {10}{15}	l, v	1, 2

菌名	拉丁菌名	O 抗原	H 抗原	
			第 1 相	第 2 相
新斯托夫沙门氏菌	*S. Sinstorf*	3，10	l，v	1，5
伦敦沙门氏菌	*S. London*	3，{10}{15}	l，v	1，6
吉韦沙门氏菌	*S. Give*	3，{10}{15}{15，34}	l，v	1，7
鲁齐齐沙门氏菌	*S. Ruzizi*	3，10	l，v	e，n，z_{15}
乌干达沙门氏菌	*S. Uganda*	3，{10}{15}	L，z_{13}	1，5
乌盖利沙门氏菌	*S. Ughelli*	3，10	r	1，5
韦太夫雷登沙门氏菌	*S. Weltevreden*	3，{10}{15}	r	Z_6
克勒肯威尔沙门氏菌	*S. Clerkenwell*	3，10	z	1，w
列克星敦沙门氏菌	*S. Lexington*	3，{10}{15}{15，34}	z_{10}	1，5
E4 群				
萨奥沙门氏菌	*S. Sao*	1，3，19	e，h	e，n，z_{15}
卡拉巴尔沙门氏菌	*S. Calabar*	1，3，19	e，h	l，w
山夫登堡沙门氏菌	*S. Senftenberg*	1，3，19	g，[s]，t	－
斯特拉特福沙门氏菌	*S. Stratford*	1，3，19	i	1，2
塔克松尼沙门氏菌	*S. Taksony*	1，3，19	i	z_6
索恩保沙门氏菌	*S. Schoeneberg*	1，3，19	z	e，n，z_{15}
F 群				
昌丹斯沙门氏菌	*S. Chandans*	11	d	[e，n，x]
阿柏丁沙门氏菌	*S. Aberdeen*	11	i	1，2
布里赫姆沙门氏菌	*S. Brijbhumi*	11	i	1，5
威尼斯沙门氏菌	*S. Veneziana*	11	i	e，n，x
阿巴特图巴沙门氏菌	*S. Abaetetuba*	11	k	1，5
鲁比斯劳沙门氏菌	*S. Rubislaw*	11	r	e，n，x
其他群				
浦那沙门氏菌	*S. Poona*	<u>1</u>，13，22	z	1，6
里特沙门氏菌	*S. Ried*	<u>1</u>，13，22	z_4，z_{23}	[e，n，z_{15}]
密西西比沙门氏菌	*S. Mississippi*	<u>1</u>，13，23	b	1，5
古巴沙门氏菌	*S. Cubana*	1，13，23	z_{29}	－
苏拉特沙门氏菌	*S. Surat*	[1]，6，14，[25]	r，[i]	e，n，z_{15}
松兹瓦尔沙门氏菌	*S. Sundsvall*	[1]，6，14，[25]	z	e，n，x
非丁伏斯沙门氏菌	*S. Hvittingfoss*	16	b	e，n，x
威斯敦沙门氏菌	*S. Weston*	16	e，h	z_6

菌名	拉丁菌名	O 抗原	H 抗原	
			第 1 相	第 2 相
上海沙门氏菌	*S. Shanghai*	16	l, v	1, 6
自贡沙门氏菌	*S. Zigong*	16	l, w	1, 5
巴圭达沙门氏菌	*S. Baguida*	21	z_4, z_{23}	–
迪尤波尔沙门氏菌	*S. Dieuoppeul*	28	i	1, 7
卢肯瓦尔德沙门氏菌	*S. Luckenwalde*	28	z_{10}	e, n, z_{15}
拉马特根沙门氏菌	*S. Ramatgan*	30	k	1, 5
阿德莱沙门氏菌	*S. Adelaide*	35	f, g	–
旺兹沃思沙门氏菌	*S. Wandsworth*	39	b	1, 2
雷俄格伦德沙门氏菌	*S. Riogrande*	40	b	1, 5
莱瑟沙门氏菌	*S. Lethe* II	41	g, t	–
达莱姆沙门氏菌	*S. Dahlem*	48	k	e, n, z_{15}
沙门氏菌 IIIb	*Salmonella* III *b*	61	l, v	1, 5, 7

注：关于表内符号的说明：

｛｝=｛｝内 O 因子具有排他性。在血清型中｛｝内的因子不能与其他｛｝内的因子同时存在，例如，在 O：3，10 群中当菌株产生 O：15 或 O：15，34 因子时它替代了 O：10 因子。

[ ]=（ ）（无下划线）或 H 因子的存在或不存在与噬菌体转化无关，例如，O：4 群中的［5］因子。H 因子在 [ ] 内时表示在野生菌株中罕见，例如，绝大多数 *S. Paratyphi A* 具有一个位相（a），罕有第 2 相（1，5）菌株。因此，用 1，2，12：a：［1，5］表示。

下划线表示该 O 因子是由噬菌体溶原化产生的。

参考文献

白玲，霍群，2008. 基础生物化学实验 [M]. 2 版. 上海：复旦大学出版社.

边银丙，2017. 食用菌栽培学 [M]. 3 版. 北京：高等教育出版社.

曹际娟. 食品微生物学与现代检测技术 [M]. 大连：辽宁师范大学出版社，2006.

车巧林，胡芳，沈晓红，等，2021. 蛋白质免疫印迹快速测定猪肺炎支原体抗原含量 [J]. 现代畜牧兽医 (1)：14-18.

陈国怀，赵奋公，赵涛，等，2011. 伤寒沙门菌与甲、乙、丙副伤寒沙门菌质控血清的制备 [J]. 微生物学免疫学进展，39(4)：40-45.

陈坚，堵国成，刘龙，2018. 发酵工程实验技术 [M]. 3 版. 北京：化学工业出版社.

陈三凤，刘德虎，2011. 现代微生物遗传学 [M]. 2 版. 北京：化学工业出版社.

韦革宏，史鹏，2021. 发酵工程 [M]. 2 版. 北京：科学出版社.

程洁，靳苏香，王军，等，2011. 两种 Ames 试验方法在槲皮素致突变试验中灵敏度的研究 [J]. 现代生物医学进展 (23)：4649-4651.

程丽，2011. 双重营养缺陷型菌株筛选及其发酵产蛋氨酸的研究 [D]. 长春：吉林农业大学.

程丽娟，薛泉宏，2012. 微生物学实验技术 [M]. 2 版. 北京：科学出版社.

丁延芹，杜秉海，余之和，2019. 农业微生物学实验技术 [M]. 2 版. 北京：中国农业大学出版社.

范丽萍，潘嫣丽，2021. 食品微生物检验技术 [M]. 北京：中国农业大学出版社.

樊明涛，赵春燕，朱丽霞，2016. 食品微生物学实验 [M]. 北京：科学出版社.

甘森宁，陆梅颖，肖志邦，等，2019. 植物内生真菌的分类鉴定方法 [J]. 安徽农学通报，25(10)：36-37.

高文庚，郭延成，2017. 发酵食品工艺实验与检验技术 [M]. 北京：中国林业出版社.

顾欣，刘文辉，杨环羽，等，2019. 有机磷农药广谱降解菌 A1A18 菌株 (Brevundimonas sp.) 的筛选、鉴定与降解特性分析 [J]. 西北农业学报，28(11)：1896-1905.

韩丽，张玉婷，孙晓红，等，2008. 南美白对虾养殖水体 5 株疑似病原菌的分离与初步鉴定 [J]. 食品与发酵工业 (6)：72-75.

郝林，孔庆学，方祥，2018. 食品微生物学实验技术 [M]. 3 版. 北京：中国农业大学出版社.

胡开辉，2004. 微生物学实验 [M]. 北京：中国林业出版社.

黄毅，2008. 食用菌栽培学 [M]. 3 版. 北京：高等教育出版社.

贾士儒，宋存江，2016. 发酵工程实验教程 [M]. 北京：高等教育出版社.

江滟，王和，2011. 微生物学实验教程 [M]. 北京：科学出版社.

金昌海，2018. 食品发酵与酿造 [M]. 北京：中国轻工业出版社.

兰咏哲，李启瑞，黄劲，等，2020. 贵州关岭余甘子内生真菌多样性及其抗菌抗氧化活性 [J]. 贵州医科大学学报，45(9)：1009-1014.

李聪，曹文广，2015. CRISPR/Cas9 介导的基因编辑技术研究进展 [J]. 生物工程学报，31(11)：1531-1542.

李君，张毅，陈坤玲，等，2013. CRISPR/Cas 系统：RNA 靶向的基因组定向编辑新技术 [J]. 遗传，35(11)：1265-1273.

李珣，尚建超，蓝潇，等，2016. 毒死蜱降解菌的筛选及降解特性 [J]. 江苏农业科学，44(9)：479-481.

梁金钟，梅剑秋，王翼雪，2017. 果蔬中残留有机磷农药降解菌的选育及鉴定 [J]. 食品工业科技，38(6)：89-194.

刘冲部，赵伟，王会平，等，2021. 可溶性 B 淋巴细胞刺激因子原核表达及其单克隆抗体制备 [J]. 生物学杂志，38(3)：108-111.

刘长浩，张洪学，张小能，2019. 我国水貂阿留申病的检测及净化 [J]. 经济动物学报，23(3)：166-168.

刘洪道，倪润洲，肖明兵，等，2006. 免疫电泳测定法检测血清 GPDA-F 对肝癌的诊断价值 [J]. 癌症 (2)：247-249.

刘辉，赵竹青，叶志娟，等，2009. 水稻 T-DNA 插入氮营养缺陷型突变体的氮营养特征 [J]. 华中农业大学学报，28(4)：438-441.

刘慧，2017. 现代食品微生物学实验技术 [M]. 2 版 . 北京：中国轻工业出版社 .

刘建军，赵祥颖，李丕武，等，2006. 产 L- 亮氨酸营养缺陷型突变株黄色短杆菌 SFL8-3 的选育 [J]. 中国食品添加剂 (4)：123-128.

刘敬，2010. 苹果褐斑病菌单胞孢子的分离，鉴定与致病性研究 [D]. 咸阳：西北农林科技大学 .

卢陆洋，秦竹，徐金库，等，2010. 一株产紫杉醇内生真菌的分离及其代谢产物的研究 [J]. 中国医药生物技术，5(3)：202-207.

吕作舟，2006. 食用菌栽培学 [M]. 北京：高等教育出版社 .

马福欢，2013. 植物内生真菌的研究概论 [J]. 广西农学报，28(2)：50-53.

马瑞霞，王景顺，2017. 食用菌栽培学 [M]. 北京：中国轻工业出版社 .

孟琼，孔宁，单同领，2016. 猪流行性腹泻病毒间接 ELISA 检测方法的建立 [J]. 中国动物传染病学报，24(4)：7-12.

苗苗，2010. 硫酸盐还原菌和无色硫细菌的分离纯化及鉴定 [D]. 呼和浩特：内蒙古师范大学 .

沈萍，陈向东，2018. 微生物学实验 [M]. 5 版 . 北京：高等教育出版社 .

盛祖嘉，2007. 微生物遗传学 [M]. 3 版 . 北京：科学出版社 .

刘素纯，吕嘉枥，蒋立文，2013. 食品微生物学实验 [M]. 北京：化学工业出版社 .

牛天贵，2011. 食品微生物学实验技术 [M]. 北京：中国农业大学出版社 .

李平兰，贺稚非，2011. 食品微生物学实验原理与技术 [M]. 2 版 . 北京：中国农业出版社 .

孙澜，邹伟，刘晓华，2019. 葡萄球菌凝集试验方法的评价与对比研究 [J]. 中国医药指南，17(21)：42-43.

孙潇，黄映晖，2020. 农业废弃物综合利用研究评述与展望 [J]. 农业展望，16(1)：106-110.

孙晓颖，2014. 五种野生兜兰植物菌根真菌多样性研究 [D]. 北京：北京林业大学 .

滕瑞菊，王雪梅，王欢，等，2016. 有机磷农药的降解与代谢研究进展 [J]. 甘肃科技，32(4)：46-50.

田佳妮，2015. 几种兰花根际土壤真菌及根内生真菌研究 [D]. 北京：中国林业科学研究院 .

田生礼，2014. 分子生物学实验指导 [M]. 杭州：浙江工商大学出版社 .

汪德生，2015. 微生物抗菌、降解有机磷农药研究进展 [J]. 环境保护与循环经济，35(5)：33-36.

王冬梅，2017. 微生物学实验指导 [M]. 北京：科学出版社 .

王国忠，杨佩珍，2008. 农业废弃物综合利用技术研究与应用 [M]. 上海：上海科学技术出版社 .

王贺祥，2014. 食用菌学实验教程 [M]. 北京：科学出版社 .

王恒樑，2021. PCR 最新技术原理、方法及应用 [M]. 3 版 . 北京：化学工业出版社 .

王龙琦，2014. 一株降解有机磷农药细菌的分离与鉴定 [D]. 青岛：青岛大学 .

王苊，袁盛凌，郑继平，等，2004. 一种快速、精确构建大肠杆菌组氨酸营养缺陷型的方法 [J]. 微生物学通报，31(2)：95-99.

王晓青，曾洪梅，石义萍，2005. 农用抗生素 2-16 高产菌株选育及发酵优化组合研究 [J]. 微生物学通报，32(6)：7-11.

王远亮，宁喜斌，2020. 食品微生物学实验指导 [M]. 北京：中国轻工业出版社 .

代萌，2013. 苏云金芽孢杆菌菌株的分离鉴定和杀虫基因的克隆 [D]. 保定：河北农业大学 .

吴庆珊，雷珣，雷友梅，等，2018. 金钗石斛内生细菌的组成及多样性分析 [J]. 植物资源与环境学报，27(1)：79-90.

吴秋芳，付亮，路志芳，2016. 土壤微生物分离纯化和分子鉴定实验研究 [J]. 安阳工学院学报，15(4)：27-29.

辛明秀，黄秀梨，2020. 微生物学实验指导 [M]. 3 版 . 北京：高等教育出版社 .

徐德强，王英明，周德庆，2019. 微生物学实验教程 [M]. 4 版 . 北京：高等教育出版社 .

徐岩，2011. 发酵工程 [M]. 北京：高等教育出版社 .

许奕敏，2020. 毒死蜱高效降解菌固定化菌剂制备及其对有机磷农药的降解 [D]. 合肥：安徽农业大学 .

杨慧林，2018. 发酵工艺学实验 [M]. 北京：科学出版社 .

杨佩林，2019. 中国农业废弃物资源化利用的现状及展望 [J]. 种子科技，37(14)：131-132.

杨汝德，2019. 现代工业微生物学实验技术 [M]. 2 版 . 北京：科学出版社 .

余利，段海明，2017. *Bacillus cereus* HY-4 对有机磷农药毒死蜱的降解特性 [J]. 安徽科技学院学报，31(5)：81-87.

詹昕烨，2018. 药用植物细叶石仙桃内生细菌的分离和分子鉴定 [J]. 浙江农业科学，59(2)：271-274.

赵丽萍，张纽枝，2014. 浅析植物内生真菌的筛选与种类 [J]. 新疆农垦科技，37(12)：44-45.

赵永芳，2021. 生物化学技术原理及应用 [M]. 5 版 . 北京：科学出版社 .

钟亮尹，刘思敏，曾智华，2016. 弓形虫 CDPK5 基因多克隆抗血清的制备及功能鉴定 [J]. 重庆医学，45(16)：2182-2185.

周海岩，2011. L- 苯丙氨酸生产菌株的构建、代谢调控和发酵条件优化 [D]. 无锡：江南大学 .

周岩，赵俊杰，2011. 基因工程实验技术 [M]. 郑州：河南科学技术出版社 .

朱大雁，2019. 中国农业废弃物资源化利用现状及展望 [J]. 农家科技 (12)：229.

朱道银，吴玉章，2008. 免疫学实验 [M]. 北京：科学出版社 .

朱森康，黄磊，李燕飞，等，2011. 制备高效大肠杆菌电转化感受态细胞和电转化条件的研究 [J]. 生物技术通报 (10)：206-209.

朱旭芬，2011. 现代微生物学实验技术 [M]. 杭州：浙江大学出版社 .

奥斯伯，布伦特，金斯顿，等，2021. 精编分子生物学实验指南 [M]. 5 版 . 金由辛，等译 . 北京：科学出版社 .

科利根，比勒，马古利斯，等，2009. 精编免疫学实验指南 [M]. 曹雪涛，等译 . 北京：科学出版社 .

哈蕾，2012. 图解微生物实验指南 [M]. 谢建平，等译 . 北京：科学出版社 .

格林，萨姆布鲁克，2021. 分子克隆实验指南 [M]. 4 版 . 贺福初，译 . 北京：科学出版社 .

侍仕，达什，2021. 微生物生物技术：细菌系统实验室指南 [M]. 4 版 . 朱必凤，等译 . 北京：科学出版社 .

BASSETT A R, LIU J L, 2014. CRISPR/Cas9 and Genome Editing in *Drosophila*[J]. J Genet Genomics，41(1)：7-19.

GIBBS A J, NIXON H L, WOODS R D, 1963. Properties of Purified Preparations of Lucerne Mosaic Virus[J]. Virology(19)：441-449.

JANIK E, NIEMCEWICZ M, CEREMUGA M, et al, 2020. Various Aspects of a Gene Editing System-CRISPR-Cas9 ［J］. Int J Mol Sci, 21(24)：9604.

MA Y, XU Z, SHEN B, et al, 2014. Generating Rats with Conditional Alleles Using CRISPR/Cas9[J]. Cell Res, 24(1)：122-125.

WANG H, LA R M, QI L S, 2016. CRISPR/Cas9 in Genome Editing and Beyond. Annu Rev Biochem(85)：227-264.

WU W, YANG Y, LEI H, 2019. Progress in the Application of CRISPR：From Gene to Base Editing ［J］. Med Res Rev, 39(2)：665-683.

ZEIGER E, 2019. The Test that Changed the World：The Ames Test and the Regulation of Chemicals ［J］. Mutat Res Genet Toxicol Environ Mutagen(841)：43-48.